学前儿童发展心理学

主编 高闰青   马梦晓

郑州大学出版社

图书在版编目（CIP）数据

学前儿童发展心理学／高闰青，马梦晓主编. -- 郑州：郑州大学出版社，
2024.6

ISBN 978-7-5645-9861-7

Ⅰ. ①学… Ⅱ. ①高…②马… Ⅲ. ①学前儿童－儿童心理学－发展
心理学－高等职业教育－教材 Ⅳ. ①B844.12

中国国家版本馆 CIP 数据核字（2023）第 157007 号

学前儿童发展心理学
XUEQIAN ERTONG FAZHAN XINLIXUE

策划编辑	成振珂	封面设计	苏永生
责任编辑	樊建伟	版式设计	苏永生
责任校对	陈　思	责任监制	李瑞卿

出版发行	郑州大学出版社	地　　址	郑州市大学路 40 号（450052）
出 版 人	孙保营	网　　址	http://www.zzup.cn
经　　销	全国新华书店	发行电话	0371-66966070
印　　刷	河南文华印务有限公司		
开　　本	787 mm×1 024 mm　1 / 16		
印　　张	22.25	字　　数	492 千字
版　　次	2024 年 6 月第 1 版	印　　次	2024 年 6 月第 1 次印刷

书　　号	ISBN 978-7-5645-9861-7	定　　价	49.00 元

本书如有印装质量问题，请与本社联系调换。

▶ 本书编委会

主　　编　高闰青　马梦晓

副主编　曹锦丽　张平利　马媛媛

编　　委　（按姓氏笔画排序）

　　　　　马梦晓　马媛媛　王贵玲

　　　　　张平利　宗秀秀　钦占成

　　　　　高闰青　曹锦丽

前言

人生百年,立于幼学。学龄前阶段是人生最重要的启蒙阶段,为人的终身发展奠定了基础。意大利幼儿教育家蒙台梭利曾言:"人生最重要的时期是 0~6 岁这一阶段,而并不是大学阶段。因为,人类的智慧是在这个阶段形成的,而且人的心理也是在这个阶段完成发展并定型的。"①可以说,孩子在学前期的发展是人生打基础的阶段,对他的人生成长和发展具有十分重要的影响。

当前,我国教育高质量推进,必然以学前教育高质量发展为基础。在这一背景下,必将对幼儿园教师的专业能力和职业素养提出新的要求。2018 年 1 月,中共中央、国务院颁布了《关于全面深化新时代教师队伍建设改革的意见》,明确提出:"全面提高幼儿园教师质量,建设一支高素质善保教的教师队伍。办好一批幼儿师范专科学校和若干所幼儿师范学院,支持师范院校设立学前教育专业,培养热爱学前教育事业,幼儿为本、才艺兼备、擅长保教的高水平幼儿园教师。""优化幼儿园教师培养课程体系,突出保教融合,科学开设儿童发展、保育活动、教育活动类课程,强化实践性课程,培养学前教育师范生综合能力。"2021 年年底,为深入贯彻落实党的十九届五中全会"完善普惠性学前教育保障机制""建设高质量教育体系"的决策部署,积极服务国家人口发展战略,进一步推进学前教育普及普惠安全优质发展,教育部决定实施"十四五"学前教育发展提升行动计划,明确提出要通过"深化学前教育专业改革,完善培养方案"等方式,来提高幼儿教师培养质量。2022 年 5 月,教育部等八部门印发《新时代基础教育强师计划》,提出"适应基础教育改革发展,遵循教师成长规律,改革师范院校课程教学内容,改进教学方法手段,强化教育实践环节,提高师范生培养质量"的要求。基于此,高师院校必须加大教材、教法改革力度,支撑课程目标的实现,达到人才培养规格的要求,为社会培养更多卓越的幼儿园教师。

作为未来的幼儿园教师,必须了解学前儿童的心理特征和行为表现。学前儿童正处于身体发育和心理发展的重要时期,其发展是一个持续、渐进的过程,具有一定的规律与特点,同时也表现出一定的阶段性特征。了解学前儿童的身心发展特点,是有针对性地

---

① 玛丽亚·蒙台梭利.有吸收力的心灵[M].蒙台梭利丛书编委会,译.北京:中国妇女出版社,2012:17.

进行幼儿园教育教学、有效开展家庭教育、积极促进学前儿童健康成长的重要前提。

作为发展心理学的一个分支学科,学前儿童发展心理学主要研究 0~6 岁学龄前儿童心理发生、发展的特点和规律,是学前教育专业学生必修的一门专业基础课程。学前儿童天真可爱、童趣盎然,令人不由自主地想去关爱、保护他们,助力他们身心健康、快乐成长。作为未来的幼儿教师,若没有学前儿童心理发展的理论知识及将其在实践岗位中灵活运用的能力,必将影响到学前教育机构的教育质量和学前儿童的身心发展。因此,本课程在学前教育专业学习中具有十分重要的地位,对学生的教育实践也有着极其重要的指导意义。

2012 年,教育部印发《幼儿园教师专业标准(试行)》(以下简称《专业标准》),提出了"师德为先、幼儿为本、能力为重、终身学习"的基本理念,其中"幼儿为本"指的就是幼儿园教师要"尊重幼儿权益,以幼儿为主体,充分调动和发挥幼儿的主动性;遵循幼儿身心发展特点和保教活动规律,提供适合的教育,保障幼儿快乐全面健康地成长"。要做到"幼儿为本",幼儿园教师必须了解孩子、懂得孩子,做到积极关注、欣赏和悦纳幼儿,这样师幼双方才能教学相长、相得益彰。学前儿童发展心理学课程以学龄前儿童的心理发展为基础,结合《幼儿园教育指导纲要》和《3—6 岁儿童学习与发展指南》,强调在幼儿园生活、游戏及教学活动等环节教师的言行对学前儿童心理发展的作用,旨在涵养学生教育情怀,了解孩子心理发展的年龄特点、个性特征,掌握孩子心理变化的规律,能够观察、分析孩子的行为,为有效实施幼儿园教育教学提供科学依据。因此,本教材依据相关国家政策文件的基本精神,遵循师范类专业认证标准提出的"学生中心、产出导向、持续改进"理念,坚持突出师范性、强化教育性、体现发展性的基本原则,借鉴吸收国内外优秀学前教育研究成果编写而成,以期帮助学生凝练知识、锻造技能,掌握方法。

本教材以"双元开发教材""双主体育人"为主要特色,内容全面、基础性强、理论联系实际。一方面,教材突出了基础性的特点,各章节内容的组织以学前儿童心理发展的基础知识和基本理论为主线,通过教材可以使学生了解学前儿童各阶段的心理状态和心理现象,掌握学前儿童心理发展的规律和特点,为学生形成正确的儿童观、教育观、教师观、教学观奠定坚实的理论基础;另一方面,教材突出了实践性的特点,秉持"做中教、做中学"的理念,教材的编写密切联系学前教育的实践,使抽象观点具体化,将儿童心理发展的理论问题融入教育实践之中,注重强化学生能力的培养。此外,本教材吸收了近年来学前儿童心理发展研究的最新成果,增强了教材的适用性和实效性,体现了学前教育的新理念,具有鲜明的时代特征。

本教材在编写过程中,秉持着以下几个方面的特色:

1.理念创新。课程思政浸润,实现价值引领与专业培养有机统一。本教材坚持落实高校立德树人根本任务,以"德育为先、育人为本、能力为重"为指导思想,结合人才培养方案、课程标准及课程思政建设要求,促进学生综合发展为宗旨,推进专业课程教育与思政教育相融合,帮助学生厚植爱国主义情怀,建立文化自信,将知识传授、能力培养融为一体。

2. 内容新颖。基于问题解决,实现理论知识与实践教学有效融合。本教材在内容上保持师范教育本色,体现职教类型特色,融"教师教育的规范体系"与"职业教育的类型特征"于一体,对接国际先进职业教育理念,结合我国基础教育改革现实需求,统筹考虑学前教育专业人才培养中对学生素质、知识、能力的相关要求,以学前儿童心理发展的基础知识和基本理论为主线,章节内容融入了相关的小实验和游戏,重点、难点部分融入案例分析,操作性强,趣味性浓,能较好地提高学生参与的积极性,进一步深化了学生对学前儿童及学前教育专业的情感。

3. 结构科学。以学定教,满足学生多元学习与岗位需求协调统一。本教材根据教育类专业知识体系的逻辑性优化结构,力求保持知识的内在逻辑与教学方法的一致性、理论与实践的一致性、线上与线下的一致性,纸质教材与数字资源有机结合,着力推进以项目学习、案例分析、典型工作任务等为主的学习方式。同时,教材不仅重视优质文本资源的建设,而且考虑音频、视频、多媒体课件、网络课程、试题库及数据库等资源的配套开发,为学生搭建一个全景式的学习平台,实现线上、线下教学有机结合,为教师的"教"和学生的"学"提供方便,能够满足多元化教与学的需求,有力支撑人才培养目标和毕业要求的达成度,充分彰显新师范与新职教的时代性、前瞻性、融合性。

4. 路径创新。模块教学,实现"岗课赛证"综合育人。一是根据《学前教育专业师范生教师职业能力标准(试行)》(以下简称《职业能力标准》)和《教师教育课程标准(试行)》(以下简称《课程标准》)的要求,与幼儿园教师的岗位能力需求相融合,呈现模块化的知识结构,体现教材的实用性。首先,教材内容按照学前儿童心理发展概述、学前儿童认识过程的发展、学前儿童情绪情感和意志行动的发展,以及学前儿童个性、社会性的发展分为四个模块。其次,每章按照三个阶段设置内容:课程教学第一阶段重在理论讲授,以课堂厚实基础,教学中以问题或现象为先导,系统梳理内容,指导学生掌握扎实的理论知识;第二阶段重在丰富和延展知识,以阅读扩大眼界,引导学生对知识的掌握由课内向课外适时拓展;第三阶段提供实验及实训任务,以实训增强技能,模拟真实岗位案例,做理论学习的消化器。三个阶段层层深入、循序渐进,逐步巩固学生的专业知识,强化职业技能,提升服务社会的综合能力和岗位意识,体现创新性。二是根据学生的认知规律和学习特点选择教材内容,与学前教育专业学生的学习方式、学习特点、学习品质发展相融合,体现教材的针对性。三是对接幼儿园教师岗位要求,融入全国职业技能大赛幼儿教育专业教育技能赛项、师范专业毕业生教学技能大赛等赛项中关于幼儿行为分析和心理活动的相关内容,体现适应性。四是适应职业教育"1+X"证书制度试点工作需要,将教师资格证、育婴师、幼儿照护等职业技能等级标准有关内容及要求有机融入教材内容,推进书证融通、课证融通,培养学生的职业能力,体现实用性。

本教材主要面向高职高专院校学前教育专业学生,同时也可为继续教育及幼儿园教师提供资料参考,还可以为幼儿家长了解孩子的心理特点提供理论指导和实践帮助。在编写过程中,我们以《课程标准》为指南,结合《专业标准》《职业能力标准》要求,参阅和借鉴了学前教育领域最新研究成果,力求能较好地反映学前儿童发展心理学的最新理论及实践状况,并以大量生动翔实的案例,为学生呈现学前儿童心理发展的最新理论和实践成果。

本教材由焦作师范高等专科学校从事学前教育理论教学的教师以及焦作市高新区中心幼儿园园长共同编写,主要编写分工如下:高闰青负责策划、统稿、课程思政内容的指导和前言的撰写,钦占成负责该书实践性知识和资源的审核,高闰青、马梦晓编写第一章,马梦晓编写第九章,王贵玲编写第二章、第三章,张平利编写第四章、第五章,马媛媛编写第六章、第七章,宗秀秀编写第八章、第十章,曹锦丽编写第十一章、第十二章。

由于编写组学识水平和能力有限,所以本书可能存在不足和疏漏之处,真诚地欢迎专家、同行和广大读者不吝赐教,我们一定虚心接受,并在日后的修订过程中逐步完善。

高闰青

2024 年 2 月

▶ 目录

模块三　学前儿童情绪情感和意志行动的发展

模块四 学前儿童个性、社会性的发展

模块一

学前儿童心理发展概述

第一章　绪　论

学习目标

素养目标：

1.体会学前儿童发展心理学对观察和了解幼儿的重要性,增强儿童意识。

2.养成认真、严谨的学习作风及用心理学方法解决教育问题的思维习惯。

知识目标：

1.了解学前儿童发展心理学的研究对象和基本任务。

2.熟悉学前儿童发展心理学的理论意义和现实意义,了解常见的心理学研究方法。

能力目标：

1.能够全面把握学前儿童心理发展的各种影响因素及其关系。

2.能够科学分析现实中学前儿童发展现状及其可能的影响因素,并提出合理化建议。

内容导航

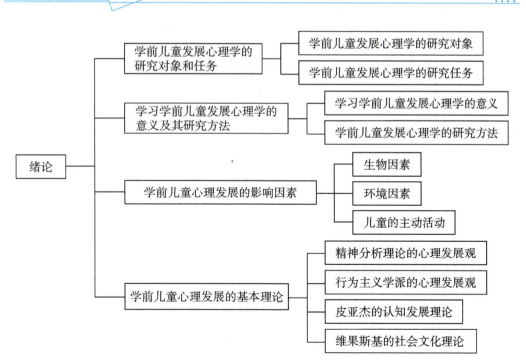

　　某幼儿园教师在工作笔记中写道："工作中常常遇到这些现象,比如有的孩子喜欢玩集体游戏,而有的孩子却乐于独处;小班孩子玩游戏时总是不断地更换材料,而大班孩子却能专注玩一个游戏并乐此不疲;合作做事情时有的孩子喜欢做指挥者而另外的孩子却乐于服从等,这些现象都可以用心理学的规律和特点来解释和说明。为此,我常常翻阅上学时学过的《学前儿童发展心理学》一书以寻求答案。"

　　以上案例从实践层面说明了学前儿童发展心理学在幼儿园工作中的重要地位,同时也启示我们,认真审视这门学科的性质和任务,是开展优质科学学前教育的重要心理学基础,也是实施新时代育人工程的重要组成部分。

第一节　学前儿童发展心理学的研究对象和任务

　　学前儿童发展心理学这门学科是研究哪些内容的? 这门学科发展的主要任务是什么? 这些问题是作为初学者首先应了解的内容。

一、学前儿童发展心理学的研究对象

　　在日常生活中我们经常谈到各种各样有趣又神秘的心理现象,也常常表现出对人们心理世界的关注和兴趣。因此,要了解学前儿童发展心理学的研究对象,需要先了解什

么是心理以及什么是心理现象等基础性问题。

(一)什么是心理

心理学成为一门独立学科后,其发展经历了100多年,概念界定随着发展的各个时期而有所变更。直到20世纪80年代,人们对心理学的界定演变成这样的共识:心理学是研究人的心理现象及其发生发展规律的科学。因此,心理学的研究对象是人的心理。

人的心理是人脑对客观现实能动的反映。具体来说有以下三个要点:

1.心理是人脑的机能

人脑是心理的器官,是心理发生和发展的物质或生理基础。儿童的心理是在大脑发育的基础上发展起来的。先天脑发育严重不健全的孩子,经过极大努力,也不能完全达到正常孩子的心理水平。因此,不能要求几个月大的婴儿说话,因为他的大脑还没有发育到可以说话的水平。正是因为婴幼儿的大脑还没有完全发育成熟,因此其心理具有和其他年龄的儿童以及成年人截然不同的特征和水平。

2.心理是人脑对客观现实的反映

只有当客观现实作用于人脑时,才产生人的心理。各种心理现象就是人脑对客观现实不同的反映形式。如果一个婴幼儿持续生活在人类社会环境里,其心理就是人的心理;而如果他生下来就脱离了人类社会的环境,其心理就不会是人的心理。周围的客观现实不同,人就会产生不同的心理现象。每个人生活的客观环境不一样,其心理现象也会不同。一些家长总喜欢拿自家孩子与别人家孩子相比,这就大错特错了。因为孩子们之间的生活环境差异越大,他们的心理特点和水平差别就越大。

3.心理的反映具有能动性

心理是客观世界的主观映像。它不是消极被动地、像镜子一样地反映现实,而是在实践活动中积极主动地、有选择性地反映现实并反作用于现实。当然,儿童的心理也不是被动地反映客观世界。比如,同一株花朵,在孩子们的笔下却有着截然不同的样子,它们有的羞羞答答,有的昂首挺胸,有的调皮可爱,而之所以形成这么不同的笔触,正是因为每个儿童的心理都有着自己独有的能动性体现。作为成人,一定要尊重这种能动性,因为每个孩子的心理世界都是其积极主动地对客观现实的反映。

(二)什么是心理现象

人的心理现象具有多样性和普遍性。比如,作为学前教育专业的大学生,我们经常到幼儿园"观看"孩子们做游戏,"倾听"孩子们唱歌,"回忆"课堂刚学过的知识,"想象"着今后参加工作的情景,"思考"着未来工作中可能遇到的问题,为自己充实而奋进的状态感到"愉快",对社会上一些错误的育儿行为感到"气愤","决心"更加努力学习,培养读书的"兴趣",提高倾听理解孩子的"能力",培养乐观开朗的"性格"。以上谈到的"观看""倾听""回忆""想象""思考"是人的认识过程;"愉快""气愤""决心"是人的情绪和意志过程;"兴趣""能力""性格"是人的个性心理特征。它们统称为人的心理现象。因此,人的心理现象包括心理过程和个性心理两大部分,其中心理过程包括认识过程、情感过程和意志过程,个性心理包括个性倾向性(如兴趣、理想、信念等)和个性心理特征(如能力、气质、性格等)。

(三)什么是学前儿童心理

学前儿童是学前儿童发展心理学研究的核心对象。关于学前儿童的称谓,有广义和狭义的理解。广义的学前儿童是指从出生到进入小学之前的儿童(0~6岁),而狭义的学前儿童是指年满3岁到进入小学之前的儿童,即通常所说的幼儿(3~6岁)。因此,狭义的学前儿童也称为幼儿。随着对儿童早期发展的关注以及学前教育研究的不断深入,人们对学前儿童概念的理解也逐渐从狭义扩展到广义。本书所述的学前儿童是指广义的学前儿童。因此,学前儿童发展心理学就是指研究儿童从出生到入学前心理发生发展规律的科学。

二、学前儿童发展心理学的研究任务

聚焦学前儿童发展心理学的研究对象,本学科应围绕其完成以下两大任务:一是阐明学前儿童心理特征和心理发展趋势,二是揭示儿童心理发展变化的机制。

(一)阐明学前儿童心理特征和心理发展趋势

0~6岁是人生的初始阶段。这一阶段儿童的身心处于快速的发展之中,他们有既不同于成人,也不同于学龄期儿童的心理特点。这些特点一方面具有阶段性,明显地反映了初始阶段的特点,另一方面又有持续性,对人的终身发展具有明显的后效作用。对于学前儿童来说,各种心理过程都有其发生和发展的规律和趋势。如有关学前儿童认知、情感、社会化的发生和发展,以及这些发展对个性最终形成的研究,能使我们认识学前儿童心理发展的整体性和连续性。

案例

一天,3岁的笑笑把自己最喜欢的玩具汽车带到了幼儿园,其他小朋友看见了也想玩。于是老师和笑笑商量:"你能把玩具汽车和其他小伙伴分享吗?"笑笑听到后把头摇得像拨浪鼓一样,还紧紧地把玩具汽车抱到怀里。看到这儿,老师笑了笑,并对其他小朋友说:"这是笑笑最心爱的玩具,她想把它保护起来。我们先玩别的玩具好吗?"

以上案例说明,3岁儿童正处于自我意识发展的关键期,教师需要根据幼儿自我意识发展的特征开展适宜的教育。因此,学前儿童发展心理学正是通过科学研究,不断揭示学前儿童心理特征以及发展趋势的学科。

(二)揭示儿童心理发展变化的机制

20世纪50年代以前,儿童心理学偏重对儿童行为的记录和行为模式的归纳。随着研究的深入,儿童心理学进一步注重揭示儿童心理为什么会发生,为什么得以发展,什么因素在推动着儿童心理的发展,儿童心理发展的条件是什么。这些问题就是儿童心理发展的机制。归纳起来,这一任务就是要回答这几个理论问题:一是关于遗传和环境(或称成熟和学习)在儿童心理发展中的关系;二是关于儿童心理发展的因素或动力;三是关于儿童心理的量变与质变、连续发展与发展阶段的关系。

阐明发展趋势和揭示发展机制这两大任务是不可分割的。第一个任务是基础性的,因为只有完成第一个任务,我们才有认识儿童的可能;第二个任务是本质性的,只有完成第二个任务,才能真正掌握儿童心理发展的本质规律,才能有效地促进和预测儿童心理和行为的变化。两大任务的核心是"发展","发展是由一种新结构的获得或从一种旧结构向一种新结构的转化组成的"①过程。发展并不是简单的数量积累或直观的位置移动,也不是单纯的内部次序的轮回,它意味着一个结构的内部出现了性质的改变。

为了阐述发展,在儿童心理学范畴内涌现出众多流派,这对于认识儿童心理发展的实质具有重要的意义。

 拓展阅读

学前儿童的心理营养②

儿童在成长的不同年龄阶段,不仅需要身体营养,还需要心理营养。只要父母注重对孩子的心理营养,孩子就真的如同生命得到了滋养一般健康成长。如果幼年时孩子没有得到足够的心理营养,他一生都会不断寻觅,并因此引发各种状况,直到找到曾经缺失的心理营养。"如同种子,生命原来就在其中,但是如果没有阳光、空气和水,藏在其中的生命就无法展开!人也一样,我们的生命有无穷的能力,但是如果没有生理营养,身体就不会健康;没有心理营养,心理的巨大能力也就无法实现。"对于学前儿童,父母需要注重提供以下五个方面的心理营养:

1. 接纳

0~3个月,孩子刚出生不久,在需求表达不明确、未来的一切不确定的时候,他最需要的是爸爸妈妈无条件地接纳自己。

2. 重要

此时此刻,在你的生命中,我最重要。对于母亲而言,做到这一点并不难。生理上,提供乳汁;心理上,提供无条件的爱。如果妈妈情绪发生变化,那么爸爸就要承担起这个任务。如果此时,父母经常吵架、打架,那么孩子就会在成长过程中,寻找另外一个人替代原本由父母扮演的"重要他人"的角色。

3. 安全

从4个月开始,孩子进入另一个阶段——想要分离,成为一个独立的人。从4个月到3岁,是孩子和妈妈剪断心理脐带的过程。如果这个过程没有做好,孩子日后极难独

① 卢文格.自我的发展[M].韦子木,译.杭州:浙江教育出版社,1998:31.
② 林文采,伍娜.心理营养[M].上海:上海社会科学院出版社,2016:2-10.(有改动)

立。这个阶段,孩子需要的心理营养是安全感。妈妈要情绪稳定,妈妈稳定孩子就会安定;同时还要注意夫妻之间的关系。

4. 肯定、赞美、认同

当孩子有了"我"这个意识的时候,他非常需要获得父母的肯定、赞美和认同。如果说在安全感的给予方面,母亲比父亲更重要,那么在肯定和认同方面,父亲的重要性要大过母亲。父亲对孩子的肯定、认同、赞美,不管是对儿子还是女儿,其分量都特别重。如果父亲愿意认真地对孩子说:"孩子,我很喜欢你,也很高兴你是我的孩子。"这句话孩子会铭记一生,并且会开心一辈子。如果父亲愿意用语言和行动表达出来对孩子的欣赏,如"你很棒,爸爸好爱你",孩子会认为"我很好,爸爸妈妈觉得我很可爱",他也会因此充满自信,感觉自己是个有价值的人,就会很有信心地去面对他的人生。

5. 学习、认知、模范

对于6~7岁的孩子来说,要有一个人能做他的模范。这个模范可以帮助他解决这些问题:当碰到麻烦时,我怎么办? 如果心情不好,我怎么办? 与别人的意见不同,我怎么办? 孩子需要学习如何管理他的情绪,如何处理他生活中的问题,而这份学习来源于一个模范。对于孩子来说,他的第一个模范就是母亲或者父亲:当生活中遇到一些具体问题时,爸爸妈妈用什么态度来面对问题? 用怎样的方法来解决问题? 这就是孩子将来走向社会以后处理问题的示范和模板。

总之,儿童未来所有学习能力的基础,很大程度上取决于7岁前所获得的心理营养。这样孩子自然会有生命力去探索、学习新东西。如果没有,他就会耗费大量生命能量,寻找曾经未被满足的需求,比如过于渴望得到他人的肯定、赞美,而不能自如地展现他那个年龄阶段最好的生命力。心理营养,父母给得越早越全就越好。当然,如果没有从一开始就给予孩子心理营养,只要家长及时意识到了、发现了,任何时候开始都不算太晚。

本节小结

心理学的研究对象是人的心理现象,包括心理过程和个性心理。学前儿童发展心理学是研究0~6岁儿童心理发生发展规律的一门科学。其研究任务主要有两点:第一,阐明学前儿童心理的特征和各种心理过程的发展趋势;第二,揭示儿童心理发展变化的机制。这两大任务是不可分割的。第一个任务是基础性的,第二个任务是本质性的。两大任务的核心是"发展"。

第二节 学习学前儿童发展心理学的意义及其研究方法

学习学前儿童发展心理学,对于学前教育工作者来说,具有重要的意义。但是,学习这门学科需要掌握科学的方法,才能取得应有的效果。

一、学习学前儿童发展心理学的意义

学习学前儿童发展心理学,不仅可以帮助学习者了解学前儿童心理发展变化的基本规律和特点、影响因素及机制等基本知识,还可以培养其对学前儿童发展的兴趣和感情,初步掌握学前儿童心理研究的方法,并有助于其形成科学的世界观。

(一)了解学前儿童心理发展的基市知识

学前儿童发展心理学是学前教育专业理论基础课。为更好地掌握学前教育领域系统知识,首先需要认真学习这门基础课程,了解学前儿童心理学的基本知识,为进一步深入学习学前教育理论奠定基础。

1.儿童心理变化的基本规律

学习学前儿童发展心理学,可以了解学前儿童心理发展变化的规律,包括各种心理现象发生的时间、出现的顺序和发展的趋势,以及随着年龄的增长,学前儿童各种心理活动所出现的变化和各个年龄阶段心理发展的主要特征。

案例

又到了"点瓜种豆"的季节,我们中三班的孩子们急着把从家里带来的各种各样的种子种在班级户外种植区。可是,我并没有满足他们的需要,而是提出"什么样的种子是好种子?""如何判断一粒种子是好种子?"等话题引发孩子们进行讨论和探究。之所以这样做,是因为和去年同时期相比,孩子们关于种植的认识经验在增加,思维水平在提高,关注的问题也发生了变化,因此,简单的种植活动已经不能满足孩子们的需要,此时的重点应该是跟随孩子们的成长,引导他们通过科学观察、查阅资料、专家访谈、主题讨论等方式逐步了解种植农作物的科学规律和方式。

——选自某幼儿园 M 老师的教育随笔

2.儿童心理变化的原因

学习学前儿童发展心理学,可以了解学前儿童心理发展变化的原因,明确是什么因素影响学前儿童心理的变化。幼教工作者掌握了学前儿童发展心理学的基本知识,可以提高自己了解孩子和教育孩子的能力。

案例

王老师为了准备一节集体教学活动,准备了很多色彩鲜艳又好玩的教具。或许是教具太逼真好玩了,当她出示完教具,试图引导孩子们自己活动时,孩子们的关注点仍停留在教具上,议论纷纷,甚至想把教具拿到手中玩一玩。看到这种情景,王老师只好赶快把教具收回。

以上案例说明,教师没有充分掌握幼儿知觉和注意的特征,从而使其精心准备的课堂教学被那些新奇好玩的教具打乱。

(二)培养对学前儿童的兴趣和感情

作为幼儿园教师,需要处理日常的儿童保育教育问题,有时候会因为孩子们的交往问题、情绪问题以及陌生环境的适应问题等而无所适从,也会因为自己的教育行动不能有效解决孩子的发展问题而无比烦恼。然而,当一名教师置身于儿童世界,不断通过观察、倾听去探究儿童的心理需求、兴趣和学习特点时,他会愈发觉得儿童心理世界的有趣和神奇,并加深对儿童的喜爱和尊重。因此,学习学前儿童发展心理学,有助于培养学习者对学前儿童的热爱和探究儿童心理世界的兴趣,并进一步坚定专业精神和职业信念。

案例

有位老师刚接一个新班,班上一名幼儿是有名的"淘气包"。班上组织集体活动时,他或是满屋子乱跑,或是在地上乱爬,或是钻到桌子底下,或是爬到小朋友的座位旁边,使老师十分头疼。在一次音乐活动中,老师发现这个孩子节奏感非常强。在学习一段较难的按节奏谱拍手时,别人都没有拍对,唯独他拍得好。老师请他带小朋友拍,这时,他脸上满是诧异,当确认是请他时,他激动地站起来,把椅子都踢翻了。他紧张地看了看老师,见老师没有批评他的意思,于是走到老师身旁,认真地完成了任务。老师当众表扬了他,他高兴极了。从此,这个孩子转变了,变得时时遵守规则,认真学习。老师经过反思,明白了这个活跃的孩子也有自尊心,需要被肯定和信任,老师按儿童心理规律办事,他立即表现为一个非常可爱的孩子。[①]

(三)初步掌握研究学前儿童心理的方法

作为幼儿园教师,日常教育生活中需要时时处处对儿童的发展现状进行评估,对发展目标做出预测。做出评估和预测的依据并不是教师的教育经验,而是通过对学前儿童开展科学、系统的研究方法做出的严密分析和客观判断。因此,通过学习学前儿童发展心理学,可以帮助学习者掌握研究学前儿童心理的常用方法,并逐步养成依靠科学诊断而不是简单判断来实施教育的思维习惯和工作作风。

---

①　陈帼眉.学前心理学[M].北京:高等教育出版社,2016:8.

(四)有助于形成科学的世界观

学习学前儿童发展心理学可以帮助学习者深入了解学前儿童的各种心理现象是在什么条件下产生的,在什么条件下发生变化和发展的,外界环境对心理发展起什么作用等。每个孩子的心理特点和心理行为,都可以探求其发生原因。学习学前儿童发展心理学,可以清楚地看到人的认识是如何从感知发展到思维以及思维如何促进感知的提高,这些知识有助于理解辩证唯物主义认识论关于感性认识与理性认识的关系、认识与实践的关系。学习学前儿童发展心理学还有助于理解量变到质变、矛盾的对立统一思想。总之,学习学前儿童发展心理学有助于形成科学的世界观。

二、学前儿童发展心理学的研究方法

学前儿童发展心理学的研究方法既有儿童心理学研究方法的普遍性,又有该学科的特殊性。作为学前教育工作者,常用的研究方法有以下几种。

(一)观察法

观察法是研究学前儿童的基本方法。运用观察法了解学前儿童,就是有目的、有计划地观察学前儿童在日常生活、游戏、学习和劳动中的表现,包括言语、表情和行为,并根据观察结果分析儿童心理发展的规律和特征。学前儿童的心理活动有突出的外显性,通过观察其外部行为,可以了解他们的心理活动。同时,观察对象处于正常的生活条件下,其心理活动及表现比较自然,观察所得材料也比较真实。

运用观察法研究学前儿童心理时应注意以下几个问题:

第一,制订观察计划时,必须充分考虑到观察者对被观察儿童的影响。要尽量使儿童保持自然状态。根据观察目的和任务之不同,可以采用局外观察或参与式观察。局外观察是使儿童不知道自己正在被观察。有条件的话最好通过专门的观察窗或利用有关的仪器设备进行观察和记录。参与式观察是观察者以某种身份参加到儿童的活动中,在和儿童共同活动中观察儿童。这种观察能使儿童表现自然。观察者应注意避免使儿童意识到自己被注意。以下案例就是教师针对某一个个体开展的深入的参与式观察。

📖 **案例**

泥巴池是孩子们普遍比较喜欢的游戏区域,投放的材料有铲子、桶、树枝等,他们在泥巴池挖土、踩泥坑、挖小河、塑泥等。整体来讲,全班幼儿还处在对泥这种游戏材料的探索阶段。本次的观察对象轩轩很喜欢泥巴池,每次泥巴池游戏时都积极主动参与,过程中经常第一个跑过去选择材料探索泥巴。他会使用工具探究泥巴,如拿锤子敲一敲把土块敲碎,用铲子挖泥巴装到小桶里做蛋糕给小朋友过生日,在湿泥巴池里走走踩踩、摸摸捏捏等,玩得比较畅快。

——摘自某幼儿园 Y 老师的观察记录

第二,观察记录要求详细、准确、客观。不仅要记录行为本身,还应记录行为的前因后果。由于学前儿童的心理活动主要表现于行动中,其自我意识水平和言语表达能力又不强,因此必须详细记录,以便依靠客观材料进行分析。由于学前儿童的言语表达方式和成人不同,更要避免以成人的语言记录,改变了儿童语言的本来面目。为了使记录准确迅速,可以采用适当的辅助手段,如录音、录像等。也可以依靠事先设计好的表格记录,但这种表格的设计往往要经过若干次试用和修改,否则难以搜集到所需资料。

第三,由于学前儿童心理活动的不稳定性,其行为往往表现出偶然性,因此对学前儿童的观察一般应反复多次进行。又因为对学前儿童行为的评定容易带有主观性,因此通常需要两个观察者同时分别评定。如果过分强调儿童处于日常的自然状态,不去控制刺激变量,观察者处于被动地位,则观察可能得不到所要求的资料。因此,观察法往往要与实验法相结合,并辅之以调查访问法、谈话法、作品分析法等间接观察法。

（二）实验法

对学前儿童进行实验,就是通过控制和改变儿童的活动条件,以发现由此引起的心理现象的有规律性变化,从而揭示特定条件与心理现象之间的联系。

研究学前儿童心理常用的实验法有三种,即实验室实验法、自然实验法和教育心理实验法。

1. 实验室实验法

实验室实验法是在特殊装备的实验室内,利用专门的仪器设备进行心理研究的一种方法。实验室实验法在研究初生头几个月的婴儿时被广泛运用。心理学家们为了研究婴儿的某种心理现象,设计了特殊的装置,如为研究婴儿的深度知觉设计的"视崖"等。

实验室实验法最主要的优点是能够严格控制条件,可以重复进行,可以通过特定的仪器探测一些不易观察到的情况,取得有价值的科学资料,如利用微电极技术研究新生儿对语音和其他声音刺激的辨别能力。

用实验室实验法研究学前儿童心理的不足之处,在于幼儿在实验室环境内往往产生不自然的心理状态,由此导致所得实验结果有一定局限性。特别是研究一些复杂的心理现象,如幼儿活动的特点等问题,就比较困难。

因此,运用实验室实验法研究学前儿童心理时,应考虑到以下几点:

第一,贴近日常生活。学前儿童心理实验室内的布置,应尽量接近学前儿童的日常生活环境,同时要避免无关刺激引起被试的分心,例如,把不必需的物品放在离其较远的地方。在一般情况下,无关人员不得进入实验室。如有必要,可以通过观察窗观察。

第二,采取游戏形式。针对学前儿童的实验室实验,可通过游戏等儿童喜闻乐见的活动进行。对于年龄较小的儿童,要用直接兴趣去激发其努力完成实验任务的动机,因为他们的竞争心尚未发展,也还没有形成力争获得好成绩的愿望和习惯。

第三,注意环境的适应。实验开始前要有较多的"预热"时间,使被试熟悉环境和熟悉主试,从怕生、不愿意参加实验,或过度兴奋等不正常心理状态,转入自然状态。对不易进入实验的儿童,实验者必须掌握一些技巧,诱导其接受实验。

第四，指导具体明确。对学前儿童的实验指导语，要用简明的语言和肯定的语气。学前儿童对语言的理解能力发展不足，指导语过于冗长，或者一次布置的任务过多，会使儿童抓不住要领。学前儿童易受暗示，指导语最好不要用商量的语气（如问儿童是否愿意等）来引导被试接受任务。布置任务后，要准确查明儿童是否清楚实验要求，可以让他做一些预备性练习，有时需要具体示范，以帮助儿童理解任务。

第五，关注学前儿童身心。实验进行过程应考虑到被试的生理状态和情绪背景。儿童处于疲劳、困倦、饥饿及身体其他方面不适状态时，不要勉强让他参加实验。实验过程中尽可能使被试集中精力，保持注意。为此，实验时间应比较短，一般应在儿童的兴趣消失前完成。主试对实验应有充分准备，不但做好各种物质准备，而且要在操作技术上做好准备，使实验过程中动作迅速利落。因此，在实验中主试操作不熟练是不允许的，因为这样不能得出科学的结果。

第六，关注学前儿童多样表达。实验记录应考虑到学前儿童表达方式及能力的特点。要准确地记录其原话，不要用成人语言代替儿童的语言。儿童常用动作和各种表情手段来补充或辅助其语言表达，对这些非语言表达方式也应记录。

2. 自然实验法

幼儿园教师常用的实验法是自然实验法。自然实验法的特点在于，实验的整体情境是自然的，但某种或某些条件是有目的、有计划地控制的。即在儿童的日常生活、游戏、学习和劳动等正常活动中，创设或改变某种条件，以引起并研究儿童心理的变化。例如，研究不同年龄幼儿观察力的发展，可以采取正常的教学形式，向不同年龄班的幼儿提供相同的实物或图片，请他们讲述。然后根据记录分析整理，从中找出各年龄阶段幼儿观察力的基本特点，以发现幼儿观察力发展的趋势。

自然实验法的优点是：儿童在实验过程中心理状态比较自然，而研究者又可以控制儿童心理产生的条件，既与观察法接近，又是实验方法，兼有二者的优点。

自然实验法的缺点是：由于强调在自然的活动条件下进行实验，难免出现各种不易控制的因素。此外，一般来说，自然活动条件不如实验室那样有各种仪器设备，因而对实验自变量和因变量的控制和记录条件不及实验室实验。

3. 教育心理实验法

教育心理实验法是自然实验法的一种重要形式。由于它在学前儿童心理研究中占有重要地位，所以在这里把它单列出来。这是把学前儿童心理的研究和教育过程结合起来的一种方法。其重点在于比较不同的教育条件对儿童心理发展的影响，揭示学前儿童心理发展的潜能，从而为教育改革服务。

用实验法，特别是教育心理实验法研究学前儿童时，常用实验组和控制组（或称对照组）对比。即把条件基本相同的儿童，随机分为两组，但对实验组采取某种特殊的教育措施，对控制组则不给予任何特殊措施。通过两组比较，测查这种特殊措施（自变量）对因变量的影响。但是，在实验生活中，这种对比只能在一定程度上反映假设的自变量的作用。因为，事实上在实验过程中影响儿童心理的因素是复杂的，并不像理论上设想的那样,只有一个自变量在起作用。

另外,在儿童心理实验中,客观上不能回避主试和被试的关系。这种关系就是人际关系。而人际关系对学前儿童心理活动的影响是不可忽视的。实验设计过程中应充分估计这种关系的作用,如被试儿童与主试的熟悉程度,对主试可能产生的情感,以及主试对被试的期望,或其他态度对被试的影响等。即使这样,有时,仍然可能产生一些不被觉察或意料不到的人际关系的效应。

(三)测验法

测验法是根据一定的测验项目和量表,来了解儿童心理发展水平的方法。测验主要用于查明儿童心理发展的个别差异,也可用于了解不同年龄儿童心理发展的差异。

测验的目的是以同样的刺激看反应的不同。运用测验量表就是为了确定测验时所提供刺激的严格一致性。编制测验量表需要经过"标准化"过程,制定固定的测验项目、测验程度、用具和分析方法,从大量数据中取得年龄常模。对儿童进行测验时,以被测儿童得分和常模相比,得出表示其发展水平的分数。国际上已有一些较好的婴幼儿发展测量表,如格赛尔成熟量表(1938)、贝利婴儿发展量表(1969)、韦克斯勒学前和小学智力量表(1967)等。由于编制智力测验的工作量很大,大多数研究者都是根据本国基本情况对较好的量表进行修订。我国早在1924年已有陆志韦修订的《中国比纳西蒙智力测验》,1936年进行了第二次修订,1982年吴天敏做了第三次修订,该修订本名为《中国比内测验》。近年来,各地还有一些对其他量表的修订。

对学前儿童的测验应注意以下几点:

第一,由于学前儿童的独立工作能力差,模仿性强,对学前儿童的测验都是用个别测验,不宜用团体测验。

第二,测验人员必须经过专门训练,不仅要掌握测验技术,还应掌握对学前儿童工作的技巧,以取得学前儿童的合作,使其在测验中表现出真实的水平。

第三,学前儿童的心理尚不成熟,其心理活动的稳定性差。因此,切不可仅凭任何一次测验的结果判断某个儿童的发展水平。一般来说,几次测验中成绩好的便能说明被测儿童的发展水平较高,成绩差的则可能是发展水平较差,或者是受测验当时其他因素的干扰。因此,判断某个儿童的发展水平和状况,还应用多种方法从多方面进行考察。

测验法的优点是比较简便,在较短时间内能够粗略了解儿童的发展状况。但是测验法也有严重缺点。比如,测验所得往往只是被试完成任务的结果,不能说明达到结果的过程;测验只做量的分析,缺乏质的研究;测验题目很难同时适用于不同生活背景的各种儿童等。因此,对测验法的争议较大。随着科学技术的发展,心理测验成为专门的学科,测验法将会不断改进。然而,测验法和儿童心理研究的其他方法一样,只能作为了解儿童心理的方法之一,还应与其他方法配合使用。

(四)调查法

调查法是研究者通过学前儿童的家长、教师或其他熟悉儿童生活的成人,去了解儿童的心理表现。

调查法在学前儿童心理研究中有特殊作用,原因有以下两点:

第一,学前儿童的心理活动常常在日常生活中偶然地自然表露,而不能在研究者规定的时间和场合被诱发出来。一些有研究价值的儿童心理表现,往往不能在研究者的观察和实验中得到,却可以被和儿童生活在一起的成人所捕捉。

第二,学前儿童心理活动变化大,研究人员与学前儿童接触的时间毕竟有限,他们所观察到的往往只是一时一事。家长或老师等人与儿童朝夕相处,较容易从许多事件中概括出儿童的心理活动倾向和特点。

调查法可以采取当面调查的方式,也可以采取书面调查的方式。当面调查可以是个别访问,也可以是开调查会。前者有利于研究者与被访问的儿童家长、教师或其他成人个别交谈,较深入地了解情况。后者则有利于集体讨论研究,互相补充情况。对学前儿童的家长一般采用个别访问法,对托儿所和幼儿园教师则可采用访问或座谈法。

调查访问必须有充分准备,拟定调查提纲。调查访问人员还应善于向被访问者提出问题。当面调查访问的缺点是比较费时间。书面调查则往往因被调查者不十分了解调查意图而不能提供所需资料。此外,调查访问法的缺点,还在于被调查者的报告往往不够精确,可能出于记忆不确切,也可能是受个人偏见及态度的影响。

(五)问卷法

问卷法可以说是把调查问题标准化。运用问卷法研究学前儿童的心理,所问对象主要是与学前儿童有关的成人,即请被调查者按拟定的问卷表作书面回答。问卷法也可以直接用于年龄较大的幼儿。幼儿不识字,对幼儿的问卷要采取口头问答方式。

问卷法的优点是可以在较短时间内获得大量资料,所得资料便于统计,较易得出结论。但是编制问卷表并非容易的事情,题目的信度、效度要经过考验。即使是较好的问卷表,也容易流于简单化,其题目也可能被回答者误解。学前儿童心理的问卷对象,往往是儿童家长或一般教师,其中许多人缺乏有关知识和训练,不善于掌握回答的标准,往往影响回答的质量。答题还往往可能受回答者偏见的影响。总之,儿童心理的复杂情况,有时难以从一些问卷题目上充分反映出来。因此,也不能过高估价由此得出的统计结论。

(六)谈话法

谈话法是研究者根据一定的研究目的和计划直接询问儿童的看法、态度,以了解他们的想法,从中分析儿童的心理特点。采取谈话法时,研究者应根据具体的情境,灵活、合理、恰当地提出问题,这些问题往往是根据儿童的回答情况逐渐深入的。研究者首先要确定一个谈话的主题,根据这一主题,口头提出问题,然后根据儿童的回答提出进一步的问题。例如,某研究者想了解幼儿对情绪的认识,采取了以下谈话方式:

你刚才生气了?……你是生那个小朋友的气吗?……是因为他拿走了那个玩具而生气的吗?……你确定是因为这个玩具是你先看到但是被他抢走了而生气的吗?……你生他的气是因为他在玩游戏时不守规矩吗?

采用以上谈话方式,可以逐步明晰儿童对自己情绪产生动机以及对情绪本身的认识状况,同时和孩子深入谈论自己的情绪可以帮助其提高情绪判断和情绪调控能力。因此,谈话法在实际的教育生活中发挥着重要的作用。

(七)作品分析法

作品分析法是通过分析儿童的作品(如手工、图画等)去了解儿童的心理。由于幼儿在创造活动过程中,往往用语言和表情去辅助或补充作品所不能表达的思想,所以脱离幼儿的创造过程来分析其作品,难以充分了解其心理活动。对幼儿作品的分析最好是结合观察和实验进行。也有一些比较成功的幼儿作品分析法,如"绘人测验"。它既是测验法,又是作品分析法。要求幼儿尽量细致地画出一个正面人,根据所画的细节,按已有的标准计分,以得分多少作为幼儿智力发展的一种指标。

案例

上午区域活动,镇宇小朋友和同伴搭建了一个环形地铁轨道。在整个游戏过程中,镇宇始终围绕着地铁弯道的搭建进行探索,过程中解决问题成功时,会和同伴们欢呼:"成功了!"表现出愉悦的情绪状态,这说明镇宇对搭建地铁弯道具有浓厚的兴趣。当列车无法顺利地通过弯道时,遇到不同的问题镇宇积极尝试解决:遇到车头不能顺利拐弯的问题,他选用不同的积木材料调整弯度;遇到轨道外侧积木不稳定问题,他采用增加积木的厚度和高度,以此来提高轨道的稳定性和反作用力;遇到列车运行时被地垫绊住的问题,就在轨道里面铺积木,以减少地面和列车间的摩擦力;遇到列车拐弯时车身会散开的问题,他用不同形状的积木和积木数量的不同来改变列车车体组合形式;遇到列车总会被有棱角的积木绊住的问题,他将正方体车头调整为圆柱体车头,从而解决了列车不能灵活转弯的问题。镇宇通过此次搭建活动,解决问题的能力得到锻炼,丰富了关于圆柱体在平面上旋转时能形成一定弧线轨迹的物理经验,增强了自我胜任感。

——摘自某幼儿园 L 老师的观察记录

以上案例是一名幼儿教师对幼儿的建构作品进行分析的过程,充分说明了该名幼儿的兴趣经验和解决问题的能力。

综上所述,研究学前儿童心理的方法是多种多样的,运用各种方法时都必须以正确的思想为指导,根据研究目的和课题的不同,采用不同的方法。由于各种方法都有缺点,研究时也可以综合运用。一项研究用两种或更多的方法,使所得结果互相补充和印证。

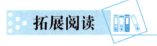 **拓展阅读**

如果没有皮亚杰[1]

瑞士心理学家皮亚杰是 20 世纪最伟大的儿童心理学家。有人认为,如果没有皮亚

---

[1] H.鲁道夫·谢弗.儿童心理学[M].王莉,译.北京:电子工业出版社,2016:56.

杰,儿童心理学也许只是一门非常不起眼的学问。

22 岁的皮亚杰取得自然科学博士学位后,在西蒙(T. Simon)实验室里协助测试儿童的推理能力。他发现不同年龄的儿童所犯的测验错误是不同的,但同一年龄的儿童所犯错误的类型往往相同。他与儿童交谈,向他们提出关于周围世界的问题,仔细听他们的回答。从此,他开始了终生的研究方向——人是怎样获得知识的。他欣喜地说:"我终于找到了自己的研究领域。"从青年时代到 80 岁,皮亚杰大部分时间都在观察儿童,并参加儿童的游戏。他给儿童讲故事,也让儿童给他讲故事。他不时地问儿童:"走路的时候,为什么太阳跟着你一起走?""做梦的时候,梦在哪里?"有时,皮亚杰也使用一些小道具,做一些小实验,并向儿童提出一些问题。皮亚杰把自己使用的研究方法称为临床法,通过这种方法,收集到大量有关儿童思维发展的事实。皮亚杰自己的三个孩子也成为他的主要研究对象。美国发展心理学家卡根(J. Kagan)说:"皮亚杰发现的这些现象司空见惯,就在每个人的鼻子底下,可并非每个人都具有发现这些现象的天分。"还有人称,皮亚杰收集的事实是儿童心理学最可靠的事实。在此基础上,皮亚杰构建了一套建立在生物学与认识论之间的全新的"发生认识论",极大地推动了儿童心理学的研究和发展,把 20 世纪的儿童心理学推到了高峰。皮亚杰去世后,他的理论的丰富性和对学科的启迪性并没有消逝,相反,更加激发了后人深入研究的激情。

本节小结

学习学前儿童发展心理学,可以了解儿童心理变化的基本规律、儿童心理变化的原因等学前儿童心理发展的基本知识,可以培养对学前儿童的兴趣和感情,初步掌握研究学前儿童心理的方法,有助于形成科学的世界观。学前儿童发展心理学的研究方法包括观察法、实验法、测验法、调查法、问卷法、谈话法和作品分析法等。

第三节　学前儿童心理发展的影响因素

学前儿童的心理是怎样发展的,有哪些因素影响其发展,这是一个关于儿童发展的根本问题。长期以来,儿童心理学家往往从这些因素对儿童心理发展的作用探求儿童心理发展过程的实质和规律。具有不同思想观点的人对此有不同看法,有遗传决定论、环境决定论等。现在为大多数人所接受的观点是:影响儿童心理发展的因素有很多,但是基本因素有三个,即生物因素、环境因素和儿童的主动活动。

一、生物因素

遗传因素和生理成熟,是影响学前儿童心理发展的生物因素。

（一）遗传因素

遗传因素就是个体从父母那里得到的身体构造、生理机能和身心发展的潜能。关于儿童心理发展,历史上曾经有过"遗传决定论"。这种理论认为,儿童心理发展是由先天不变的遗传所决定的,儿童的智力和品质在生殖细胞的基因中就已被决定了,心理发展只不过是这些先天遗传素质的自然展开过程,环境和教育仅起一个引发的作用,而不能从根本上改变它。

美国心理学家霍尔(G. Hall)提出的"复演说"就是遗传决定论。霍尔有一句名言:"一两遗传胜过一吨教育。"复演说是霍尔在《青年期》(1904)一书中提出来的,他不恰当地用当时生物学上的复演学说来解释儿童心理的发展,认为个体心理发展是人类进化过程的简单重复,个体心理发展是由种系发展决定的。

"成熟势力说"是美国心理学家格塞尔(A. Gesell)的观点。他认为支配儿童心理发展的因素有两方面,即成熟与学习。发展是儿童行为或心理形式在环境影响下按一定顺序出现的过程。这个顺序与成熟的关系较多,而与学习的关系较少,学习只是促进成熟,只是为发展提供适当的时机而已,格赛尔以"双生子爬梯实验"来证明自己的观点。

格塞尔选择了双生子 T 和 C 在不同年龄开始学习爬梯。T 从出生后第 48 周起接受爬梯训练,每日练习 10 分钟,连续 6 周;C 则从出生后第 53 周开始,仅训练 2 周,就赶上了 T 的水平。格塞尔等人根据这一事实认为,在没有达到生理成熟水平之前,训练儿童去学习和掌握某种技能,效果是欠佳的。

我们认为,遗传在儿童心理发展中的作用是应当肯定的,但是遗传决定论过于绝对化。遗传因素对儿童心理发展的作用,不仅表现在提供最初的自然物质基础上,遗传因素还制约着儿童的生长发育过程。比如,儿童并不是生下来就会走路、说话,但是儿童到了一定年龄能够学会走路、说话,则是人类种系的遗传因素决定的。遗传对儿童心理发展的具体作用表现在以下两个方面:

第一,提供人类心理发展最基本的自然物质前提。人类在进化过程中,机体得到高度的发展,特别是脑和神经系统高级部位的结构和机能达到高度发达的水平,获得了不同于其他一切生物的特征。人的天然族类特征是正常儿童出生时都具有的遗传素质。人类共有的遗传因素是使儿童在成长过程中有可能形成人类心理的前提条件,也是儿童有可能达到一定社会所要求的那种心理水平的最初的、最基本的条件。由于遗传缺陷造成脑发育不全的儿童,其智力障碍往往难以克服。

第二,奠定儿童心理发展个别差异的最初基础。一些对同卵双生子的研究说明,同卵双生子有近乎相同的智力。同卵双生子是由一个受精卵分裂为两个发育而成的,具有相同的遗传素质。英国心理学家西里尔·伯特(Cyril Burt)的研究材料表明:在一起长大的无血缘关系的儿童智力相关很小,而有血缘关系的儿童之间的智力相关依家族谱系的亲近程度而逐渐增高,同卵双生子的智商有很高的相关。

美国教育心理学家詹森(Jenson,1968)对 8 个国家 100 多种有关不同亲属关系者智商的相关研究材料做了总结,也得出类似结论:儿童与亲生父母的智商相关高于与养父

母的;异卵双生子与一般兄弟姐妹间的智商相关相似;同卵双生子的智商相关最高。遗传关系越近,智力发展越相似。(见表1-1)

表1-1　不同血缘关系儿童的智商关系①

遗传变量	同卵双生子	异卵双生子	非孪生兄弟姐妹	无血缘关系儿童
环境变量	一起长大	分开长大	一起长大	一起长大
智商相关	0.87	0.75	0.53	0.23

遗传因素不仅影响儿童的特殊能力和一般智力的发展,而且在一定程度上影响其个性的形成。儿童高级神经活动过程的特征——强度、平衡性、灵活性,奠定了其气质类型的基础,为智力品质和性格(性格的情绪性、倾向性)的形成和发展染上一层底色,使之易于朝向某个方向发展。如,多血质的儿童容易形成敏捷的思维品质和活泼、乐观的性格,而抑郁质的儿童则容易形成深刻的思维品质,易于发展为忧郁、内倾的性格。

由此可见,遗传在儿童心理发展中的作用是客观存在的。它为心理发展提供了最初的物质前提和可能性。在环境的影响下,最初的可能性能够变为最初的现实,而这个现实又将成为继续发展的前提和可能。儿童每一步的发展现实总是先天和后天相互作用的结果。

(二)生理成熟

生理成熟是指机体生长发育的程度或水平,也称为生理发展。生理成熟主要依赖机体族类遗传的成长程序,有一定的规律性。在遗传所提供的最初的自然物质基础上,经过胎内时期的发展,儿童出生后又经历十多年的生理成熟过程。儿童身体生长发育的规律明显表现在发展的方向顺序和发展的速度上。

儿童生长发育的顺序是从头到脚、从中轴到边缘,即所谓的首尾方向和近远方向。儿童的头部发育最早,其次是躯干,再次是上肢,最后是下肢。新生儿从出生到长大,头部只增长1倍,躯干增长2倍,上肢增长3倍,下肢增长4倍。儿童动作的发展,也是按首尾和近远规律进行。其顺序是:先会抬头,后会翻身,再会坐、会爬,最后才会用腿走路;先发展臂部动作,后发展手指的动作。儿童体内各大系统成熟的顺序是:神经系统最早成熟,骨骼肌肉系统次之,最后是生殖系统。例如,5岁时儿童脑的重量已达成人的80%,骨骼肌肉系统的重量只达成人的30%左右,生殖系统则只达成人的10%左右。

从生长发育的速度看,也有一定的规律。总的来说,在出生的头几年,生长发育很快,到了青春期,又出现一个迅速生长的阶段。不同器官的发展速度可以归为四种类型:①淋巴结型:胸腺、淋巴结、内脏淋巴块等开始时增长得很快,然后逐渐下降,发展曲线似

① 黛安·E.帕普利,萨莉·W.奥尔兹.儿童世界:从婴儿期到青春期(上册)[M].郝嘉佳,译.北京:人民教育出版社,1981:110.

倒"V"字形。②神经系统型:脑和脊髓等头几年生长很快,然后突然降下来,呈负加速生长曲线。③生殖器官型:儿童期发展很慢,青春期发展很快,呈正加速曲线。④一般型:呼吸和消化器官,胃、肌肉系统和骨骼系统,开始和末尾生长较快,中间有一个很长的慢增速期。

生理成熟为儿童的心理发展提供了自然物质前提。成熟对儿童心理发展的具体作用是,使心理活动的出现或发展处于准备状态。若在某种生理发展的机能达到一定成熟时,适时地给予适当的刺激,就会使相应的心理活动有效地出现和发展。如果机体尚未成熟,那么,即使给予某种刺激,也难以取得预期的效果。上述成熟规律对儿童心理发展都有制约作用。我们充分肯定成熟对儿童心理发展的作用,研究儿童心理在各年龄阶段及各个方面的发展时,都要涉及其生理基础问题。

遗传素质以及遗传的发展程序虽然制约着儿童的生理成熟,成熟却并不是完全由遗传绝对决定的。生物发展本身存在着遗传和变异辩证统一的规律。遗传的东西在一定条件下会发生变化,人类的种系特征就是世世代代遗传和变异进化的产物,而生理成熟过程始终受到环境的影响。

二、环境因素

儿童生活所在的自然和社会环境以及各种教育影响可以说是儿童心理发展的环境因素。历史上曾经有过"环境决定论"之说。这种理论把儿童心理的发展,归结为环境教育的结果。美国行为主义心理学派创始人华生(J. B. Watson)就是这一观点的代表。他曾说:"给我一打健康的婴儿,一个由我支配的特殊的环境,让我在这个环境里养育他们,我可担保,任意选择一个,不论他父母的才干、倾向、爱好如何,他父母的职业及种族如何,我都可以按照我的意愿把他们训练成为任何一种人物——医生、律师、艺术家、大商人,甚至乞丐或强盗。"他甚至说:"让我们把能力倾向、心理特征、特殊能力遗传的鬼魂永远赶走吧!"程序教学理论的创立者、美国新行为主义心理学家斯金纳(B. F. Skinner)认为,可以通过"操作"和"强化"任意塑造人的行为。他说,"一旦安排好称为强化的特殊形式的后果,我们的技术就容许我们几乎随意塑造一个有机体的行为","正如一个雕塑师塑造一块烂泥一样"。由此可见,环境决定论完全否定了儿童的遗传素质、年龄特征以及自身状态等的作用。

儿童周围的客观世界,就是儿童所处的环境,分为自然环境和社会环境。

自然环境提供儿童生存所需要的物质条件,如空气、阳光、水分、养料等。儿童出生前所处的胎内环境,也是一种自然环境。人的自然环境带有程度不同的社会性,是人类化的自然,比如胎儿的生理环境,很大程度上受母亲所处的社会环境所制约。

社会环境指儿童的社会生活条件,包括社会的生产发展水平、社会制度、儿童所处的地位、家庭状况、周围的社会气氛等。儿童处于受教育过程,教育条件是儿童社会环境中最重要的部分,是有目的性、方向性最强、最有组织地具体引导儿童发展的环境。所谓环境对儿童心理发展的作用,主要指社会生活条件和教育的作用。

（一）社会环境使遗传所提供的心理发展可能变为现实

社会环境，首先是指人类生活的环境，它不同于动物生活的环境，人的后代如果不生活在社会环境里，虽然遗传提供了儿童心理发展的可能性，这种可能性也不会变成现实。野兽哺育长大的孩子，虽然具有人类遗传素质，却不具备人类的心理。直立行走和说话本来是人类的特征，但是，对每一个具体的儿童来说，遗传只提供了直立行走和说话的可能性，没有人类的社会环境，这种可能性不能变为现实性。

许多正常儿童似乎是自然而然地学会走路和说话的，但丹尼斯（W. Dennis）在德黑兰的孤儿院发现，该院58%的孤儿1岁多还不会独立坐，85%的孤儿到3岁多还不会走路，开始站立和扶着栏杆走的平均年龄为70周。后来，抽出10个婴儿进行实验，增加保育员，这些婴儿开始站立和扶着走的年龄提前到平均41周。因为婴儿具备了站和走的环境条件，才有可能利用其平衡机制，并把重量放在腿上，获得练习站和走的机会。丹尼斯1957年据此否定了自己原来的结论，以前丹尼斯认为行走是本能，环境和经验的作用很小。

在早期隔离或称剥夺实验研究中，美国心理学家哈洛（F. Harrow）关于恒河猴行为发展的研究很有影响。哈洛发现，在实验室孤独长大的猴子（失去母爱）和野生猴子（有母亲和伙伴）的行为有很大不同。实验室长大的猴子常常呆呆地坐着，两眼直视，有生人接近时，不会像野生猴子那样对生人做出恐吓或攻击行为，而只是自己打自己，甚至撕咬自己，社交行为的发展受到极大损害。

同样，具备正常遗传因素的儿童，其心理发展受环境的影响是相当大的，甚至是决定性的。实际上，除去一些极端事例外，每个孩子在出生时所带的个人特点，已经不只是包含了遗传的因素，还带有在胎内阶段通过母体得来的社会性烙印，即所谓的非遗传性的先天因素。

（二）社会生活条件和教育是制约儿童心理发展水平和方向的最重要因素

儿童心理发展与动物的心理发展有着本质不同，动物发展靠本能，靠成熟，靠个体的直接经验，而儿童发展主要靠学习，靠文化传递，靠群体经验，靠社会生活条件和教育的影响。因为儿童既是一个自然实体，也是一个社会实体，更重要的，他是一个社会实体。儿童的心理，从一开始就是社会的产物。

当今世界，儿童的社会地位已得到了极大的提升，人们已经认识到儿童期的客观存在和价值，儿童的权利受到了前所未有的尊重，为儿童创设良好的环境以促进其健康发展已成为绝大多数人的共识。但是，不可否认的是，世界上还有许多儿童正生活在贫困甚至极度贫困、战争、饥饿、疾病、与亲人长期分离等不利的环境中，这不可避免地会影响甚至严重影响到这些儿童的身心成长与发展。

儿童自出生时开始，就生活在一个生态系统之中。在这个生态系统里，各种环境因素相互作用，共同影响着儿童的发展，其中，越是微观的环境对早期儿童的成长与发展产生的影响越是重要。而在微观环境中，对儿童发展的影响最为重要的则是家庭、幼儿园以及儿童生活的社区。

家庭是儿童最早直接接触的社会环境,也是对儿童的影响最早又最深远的社会环境。与一般的社会环境相比,家庭是一个依靠血缘与亲情维系的人际关系系统,在这个系统中,家庭成员的互动质量直接影响着儿童的认知、情感、个性与社会性的发展。家庭对儿童发展的影响可以是直接的也可以是间接的。直接影响可表现为父母对儿童的成长的直接指导或控制。间接影响则表现为父母的世界观、价值观、教养方式,甚至待人接物的特征等潜移默化地对儿童发生的影响。在家庭中,亲子关系的质量不仅直接影响儿童的身心发展,而且也影响儿童以后形成各种人际交往关系。

社会越是发达,教育(包括儿童教育)对儿童心理发展的作用越是明显。与一般社会环境相比,教育通过有目的、有计划、系统地组织和选择信息,引导并促进儿童通过学习而获得心理的发展。

具体的社会生活条件和教育条件是形成儿童个别差异的最重要条件。在同一个社会里,儿童所处的环境是千差万别的。如果说,世界上除了同卵双生子外,没有任何两个儿童具有相同的遗传模式,那么,可以毫不夸张地说,环境的多样性更超过遗传模式的多样性。即使是一起长大的同卵双生子,各自的环境也有所不同,如在胎内所处的位置、出生的顺序以及由此引起的成人对其的不同要求等。尽管这些差别与其他儿童相比要小得多,但也会产生某些影响。

不少研究材料表明,分开抚养的同卵双生子,其智商的相关比一起抚养的异卵双生子智商相关要高,于是有人认为,这足以说明在儿童的智力发展上遗传的作用。对此,不少人提出了批评意见。批评者指出,事实上,父母在为自己的同卵双生子选择养父母时,总是倾向于寻求与自己家庭的经济条件、文化教养及社会地位相似的人家。因此,就不能简单地把分开抚养的同卵双生子的智商相关仅仅看作是遗传的影响,仍然应该看到环境的作用。应当指出,影响儿童心理发展的因素是非常复杂的,儿童的成长很难说是单纯由某一种因素所决定的。

三、儿童的主动活动

除了生物因素和环境因素外,儿童心理发展的另一个重要因素就是儿童自身的主动活动。因为儿童是活生生的、有主观能动性的人,任何外界的因素,没有儿童与之相互作用,就难以发挥影响作用。可以说,儿童心理的发展离不开活动,活动是儿童心理发展的必要条件。正是在活动中,儿童可以发挥自身的主观能动性,通过感官、动作、语言、思维等机能与物或与人相互作用,从而有效促进儿童心理由低级向高级逐渐转化和发展。

学前儿童的活动,主要包括对物的活动和与人的交往活动以及兼而有之的如游戏等活动。对物的活动也称为及物活动,是指以操作和摆弄物体为主的活动。与人的交往活动主要包括与成年人的交往和与同伴的交往。游戏活动是学前儿童的主要活动形式。

(一)儿童心理是在活动中产生、发展并表现出来的

儿童心理不仅在活动中产生,而且是在活动中发展的。活动是心理的外部表现,也

是儿童心理发展的表现。研究幼小儿童心理的学者们，更多是通过儿童的活动了解其心理发展，以儿童的动作发展水平作为心理发展的体现和客观指标，作为儿童发展的测量依据。儿童往往是通过自己的动作和活动认识事物、表达情绪。以简单的"伸手取物"动作为例，它至少说明儿童能辨别出所要拿取的物体的空间位置，也说明儿童有拿取某物体的目的或动机。儿童通过手的抓握和摆弄物体的动作，逐渐认识到物体表面的光滑或粗糙、冷或热、软和硬等不同特性；儿童学会翻身、坐、爬和直立行走，就从只能向上方看发展到向两侧看，能看到较远的事物，直到去观察房子外面的事物和亲身自由地接触较多的物体，从而使认识的范围逐渐扩大，心理也随之逐步发展。在手足动作发展的基础上，儿童能学会一些简单的活动，进行最初步的集体学习和游戏。到了儿童期，儿童能进行游戏、学习和日常生活等多种多样的活动。儿童在语言发生之前，通过动作和表情表达自己的需求。正是在活动中，儿童不仅认识了更多更广的事物，逐步掌握知识技能，而且能逐步体会到人对事物的态度，各种心理过程和个性特征都能得到发展。

案例

近期，我非常关注我班孩子的角色游戏。比如孩子们比较热衷于进入小商店的角色区，他们通过扮演售货员、老板以及顾客等角色，充分体现了他们对角色的认知，并通过宣传海报的制作、甩卖货物、商品推荐等活动对商店的各种物品进行了充分的了解。同时，小朋友在扮演各种角色的过程中，大量使用了表征的方式，比如用纸条代替面条、用积木代替肥皂等，充分锻炼了孩子们的语言、记忆以及思维的能力。

——摘自某幼儿园 L 老师的教育笔记

（二）儿童心理内部矛盾是在活动中产生并转化的

影响学前儿童心理发展的种种主客观因素是在儿童的积极活动中相互联系、相互作用的。只有通过儿童本身的积极活动，外界环境和教育的要求（客观因素）才能成为儿童心理反映的对象，才能转化为儿童的主观心理成分（主观因素）。也只有在活动中，儿童的需要才能产生，新的需要和原有水平的内部矛盾运动才能形成。同时，也只有通过活动，儿童才有可能反作用于客观世界。这也就是说，离开活动，离开儿童主体和客观事物的相互作用，离开了儿童本身积极主动的活动，也就不可能产生儿童心理的内部矛盾，也就谈不上儿童心理的发展。例如，在某幼儿园的一个班级里，孩子们喜欢玩有双胞胎角色的游戏，这种情况在一般幼儿园班级里则相对少见。这是由于该园儿童的游戏活动开展得比较好，班上新近又配备了成双成对的玩具娃娃，激发了双胞胎游戏主题的主客体相互作用。

儿童从来不是消极被动地接受外界环境的影响的，儿童从一出生就在积极的活动中反映周围现实，反映客观现实中的各种矛盾，反映客观现实和儿童主体之间的矛盾。儿童心理内部矛盾就是这些矛盾在儿童头脑中的反映。例如，当新生儿饥饿需要喝奶时，母亲的乳头和母亲的指头在满足新生儿的食物需要上，关系是不一样的，二者在满足充饥的矛盾上有所不同，这在新生儿的头脑中就会产生不同的反映。过些时候，由于妈妈奶水不足,要用牛奶代替母乳,这时儿童与周围环境产生了新的矛盾关系,他不仅有满足充饥的需要,还有要适合他习惯了的口味的需要。这种新的矛盾关系同样会在儿童头脑中产生新的反映。可见,儿童心理内部矛盾是儿童主体和客观事物相互作用的结果,是在儿童积极的活动过程中,客观事物的矛盾以及客观事物同儿童主体的矛盾在儿童头脑中的反映。一句话,儿童心理的内部矛盾是在儿童本身的积极活动中产生的。

不仅如此,儿童心理内部矛盾双方的转化和统一,也同样是在活动中实现的。大量事实说明,如果没有儿童积极的语言交际活动,儿童的语言不可能由简单句发展到多词句;如果儿童没有适时地进入小学,积极参加小学的教育教学活动,仍以游戏活动为主的话,他在一定时期内肯定仍保留着学前儿童的心理特点,比如自我控制、任务意识、全面发展的知识能力发展缓慢等。

(三)游戏是最适合学前儿童心理发展的活动

学前儿童的基本活动,一般被区分为日常生活活动、游戏活动、学习活动,以及劳动活动等。各种活动在儿童各年龄阶段中的地位是不一样的,幼儿期的主要活动是游戏。正如我国著名教育家陈鹤琴先生所说的:"小孩子生来是好动的,是以游戏为生命的。"

到了幼儿期,由于动作和言语的发展,以及生活范围的扩大、独立性的增强,幼儿对周围的事物有强烈的兴趣,产生了渴望参加成人的某些社会实践活动的强烈愿望。但是幼儿年龄小,由于受知识、经验、能力等的限制,不可能真正像成人一样参加社会实践活动。也就是说,幼儿渴望参加成人社会实践活动的需要同从事这些活动的知识经验和能力水平之间发生了矛盾。这也就是推动幼儿心理发展的内部矛盾。

游戏是解决这个矛盾最好的活动方式。因为,在游戏活动中,幼儿可以用假想的物品代替现实的物品(如用塑料管代替听诊器),用虚构的操作代替实际的操作(如幼儿扮演医生给病人看病)。在游戏活动中,幼儿能在假想的情景中自由地从事所向往的活动,如开汽车、当医生、做妈妈等,而不受真实生活中知识、技能、体力、工具等实际条件的限制。正因为游戏活动适应幼儿心理发展的需要,符合幼儿心理发展水平,因而是促进幼儿心理发展的最好的活动方式。

在正确组织的游戏活动中,儿童的心理过程和个性品质能够得到更好更快的发展。

1. 游戏活动可以促进幼儿认知能力的发展

(1)游戏活动有助于幼儿感知和观察力的发展。幼儿在游戏活动中直接接触各种玩具和材料,通过具体的操作活动,促进了幼儿各种感觉器官和观察力的发展。有研究发现,幼儿在游戏活动中,通过练习,视敏度可提高15%~20%,幼儿晚期可提高30%,错误显著减少。

(2)游戏活动有助于幼儿记忆能力的发展。这主要表现在以下方面:由于幼儿往往反复地从事各种游戏活动,在游戏中多次重复地反映他们经历过的事情,从而加深了其对某些知识的理解,有助于意义识记的发展和记忆的巩固;由于在游戏中扮演某种角色的需要,幼儿必须自觉地、有目的地去记某些游戏的规则或追忆事件的情节,从而促进了幼儿的有意识记。比如,幼儿在游戏中扮演售货员,他必须努力记住货架上商品的名称等。

(3)游戏有助于幼儿思维能力的发展。游戏,特别是创造性游戏,是一个积极、主动的再创造过程。幼儿在游戏活动中,需要共同确定主题,构思情节,分配角色,制作"道具",这就要求幼儿积极思考想办法解决问题,从而促进思维能力的发展。游戏可以促进幼儿思维概括能力的提高,因为游戏行为是带有概括性的。如,在"开汽车"的游戏活动中,幼儿把自己当成汽车司机,他表现的是一般司机开汽车的一般行为;只有当他看到自己和司机的共同特点时,他才能担当起"司机"的角色。这种从具体的事物(许多个别司机)抽象出共同特征(一般司机的行为特点),并把不同事物的共同特点结合起来的过程,就是一种最初步的概括。

(4)游戏活动可以促进幼儿解决问题的能力乃至整个认知能力的提高。一位英国心理学家设计了一个"警察捉小偷"的游戏情景实验:实验者给孩子呈现一个"十"字形的高墙模型,然后把一个玩具警察放在模型的一边,其角度和孩子的角度不同。实验者问孩子:小偷在哪个位置偷东西才不会被警察发现? 结果表明,很多在三山实验(具体在本书第七章第二节中有介绍)中判断错误的孩子,在这项游戏实验中都能够站在他人的角度看问题了。为什么会出现这种变化或者说进步呢? 原因可能有许多,但最主要是因为孩子经常玩捉迷藏的游戏,孩子在这个游戏中,为了不被同伴找到,就经常动脑筋想办法,站在同伴的角度考虑藏在哪儿才能不被发现。在游戏活动中,孩子们不仅学会如何找到躲藏起来的同伴,而且学会怎样才能不被同伴找到。他们经常玩这样的游戏,因而大大提高了他们在类似情景中解决问题的能力。

(5)游戏有助于幼儿想象的发展。游戏是以想象为条件的,没有想象也就没法进行游戏活动。在游戏活动中,幼儿常常以"好像""好比""假装"等词语表示想象的事物。在角色游戏中,他们要把自己想象成所"假装"(即扮演)的人物,并模仿所想象的角色来行动,而且力求假装得真实、自然,和实际情况一样。幼儿经常参加这样的游戏,就大大促进了他们想象力的发展。

2.游戏活动可以促进幼儿情感的发展

(1)游戏可以丰富、深化幼儿积极的情感。比如在角色游戏中,幼儿在再现周围生活中人物的动作和言语的同时,也认识和体验着人物对周围其他人和事物的情感与态度。幼儿扮演"医生",在模仿医生给病人看病的动作和言语的同时,体验着"医生"体贴、关怀、尊重"病人"的情感。如此潜移默化,使幼儿的情感不断丰富和深化,促进了幼儿关心、体贴、同情等情感的发展。

(2)游戏活动有利于幼儿消极情感的疏导。这是因为在游戏活动当中,幼儿可以在轻松、愉快的气氛中自由自在地抒发情感,他们的某些忧愁、苦闷、烦恼、恐惧等消极情感就可以得到疏导,正因为如此,游戏常常作为治疗情绪障碍的手段。从这个意义上说,游戏活动是有利于儿童的心理卫生与心理健康的。

3.游戏活动可以促进幼儿个性的发展

幼儿最喜爱游戏,在游戏活动中,他们的心理压力最小,身心最自在和放松,因为,他们在游戏活动中很容易表现出他们的兴趣、态度、能力、特长与不足。在内容健康的角色游戏中,幼儿扮演某一社会角色,模仿社会生活中成人的言谈举止,体验着所扮演角色的情感,遵守着社会所要求的行为规则。多次反复地进行这样的游戏活动,幼儿就逐渐把社会所要求的行为规则变为自己自觉的行动,并迁移到现实的生活中。比如一些原来比较内向、少言寡语的孩子,在经常扮演交往机会比较多的教师、售货员等角色后,变得较为活跃了;一些原来比较好动、自制力较差的孩子,在多次扮演要求安静、自制的角色如打字员、交通警察等以后,变得较为稳重了,他们都克服了个性上的某些不足,养成了良好的个性品质,不少幼儿园教师报告说,有的孩子一直害怕去医院看病,特别怕打针,但让他在游戏中扮演医生,假装给别的孩子看病之后,就不再害怕去医院看病了。

不可忽视的遗传作用[1]

领养研究利用另一种天然实验梳理了遗传和环境各自的作用。它涉及对儿童与养父母和儿童与亲生父母之间的比较。如果出生后不久就被领养的儿童与养父母的相似性多于与亲生父母的相似性,那么环境因素可能是他们成长的主要影响因素;但如果子女与亲生父母的相似性大于与养父母的相似性,那么尽管他们彼此几乎毫无接触,基因的作用也会凸显出来。当这种方法被用于研究外向型人格和神经质时,子女与亲生父母有更强的相似性。尽管不同的心理特征受到基因的影响程度有所差异,领养研究所提供的证据却证实了亲子之间的相似性,这些在过去通常被认为是社会化的产物,其实很大程度上反映了遗传的作用。

本节小结

影响学前儿童心理发展的基本因素有三个,即生物因素、环境因素和儿童的主动活动。遗传因素和生理成熟是影响学前儿童心理发展的生物因素,其为学前儿童心理发展提供了最初的物质前提和可能性,使心理活动的出现或发展处于准备状态。成熟过程始终受到环境的影响。所谓环境对学前儿童心理发展的作用,主要指社会生活条件和教育的作用。社会环境使遗传所提供的心理发展可能变为现实。社会生活条件和教育是制约学前儿童心理发展的水平和方向的最重要因素。学前儿童心理发展的另一个重要因素就是学前儿童自身的主动活动。正是在活动中,学前儿童可以发挥自身的主观能动

① H.鲁道夫·谢弗.儿童心理学[M].王莉,译.北京:电子工业出版社,2016:40.

性,通过感官、动作、语言、思维等机能与物或与人相互作用,从而有效促进学前儿童心理由低级向高级逐渐转化和发展。游戏活动是学前儿童的主要活动形式。

第四节 学前儿童心理发展的基本理论

一、精神分析理论的心理发展观

精神分析理论是西方现代最重要的学术思潮之一,代表人物是弗洛伊德和埃里克森。

(一)弗洛伊德的心理性欲发展理论

弗洛伊德是奥地利精神病医生和心理学家,他从自己的临床经验出发,对儿童的人格(也称个性)结构和心理发展阶段进行了系统的阐述,并逐步发展为精神分析理论。

1.弗洛伊德的人格结构

弗洛伊德认为人格由三个部分组成:本我、自我和超我。人格结构中最基本的层次就是本我,其主要功能就是最大限度地满足与生俱来的生物本能,它按照快乐原则行事,盲目地追求满足。当新生儿饿了或尿湿了的时候,他们就会不顾一切地哭闹,直到有人来满足他们的需要。中间一层是自我,是人格中有意识的、理性的部分。自我的功能就是寻求更为实际的、被社会允许的方式来满足本能的需求。如当婴儿想要喝奶时,他会用手指向奶瓶,或者发出"nai-nai"的声音信号,而非一味地哭闹。超我是人格结构中的最上层结构,也称道德化的自我。超我一旦形成,儿童就不再需要成人来指出他们表现的好坏了,他们已经知道自己的所作所为是好还是不好,并会对自己的不好行为感觉愧疚和羞耻。如幼儿不小心打碎杯子后,尽管妈妈并未责怪他(她),他(她)仍然会感到难过和自责。

2.弗洛伊德的心理发展阶段论

弗洛伊德认为性本能是最重要的生命本能,人在不同的年龄,性的能量力比多(libido)投向身体的不同部位,弗洛伊德称这些部位为"性感带"。早期力比多的发展决定了人格发展的特征和心理生活的正常与否。以此为依据,弗洛伊德将儿童心理发展分为五个阶段,即口唇期(0~1岁)、肛门期(2~3岁)、性器期(4~5岁)、潜伏期(6~16岁)以及生殖期(13~18岁)等,并描述了各个阶段的特征。

弗洛伊德的精神分析理论第一次强调了早期经验和家庭教养对学前儿童心理和行为发展的影响,但由于其关于人格结构和发展阶段的假设不能被证实,带有很强的假设性,在应用于学前儿童时仍有很大的局限。

(二)埃里克森的心理社会发展理论

埃里克森是美国的精神分析医生,是新精神分析学派的代表人物。尽管他接受了弗洛伊德的许多观点,但是他更强调儿童是积极主动且能适应环境的探索者,强调自我的功能,认为人在各个发展阶段,都要发挥自我的功能来处理社会现实问题,以便成功地适应环境,此外他还特别强调社会文化对人格发展的影响。

埃里克森认为人的发展可分为八个阶段,每个阶段都面临一对危机或冲突。要想顺利进入下一个发展阶段,人就必须先解决好当前所面临的危机。学前儿童的发展主要处于埃里克森心理社会发展的前四个阶段:

1. 基本信任对不信任阶段(0~1岁)

婴儿必须学习相信别人。如果照顾者常以拒绝的态度或不一致的方式来照顾婴儿,婴儿可能会认为这个世界是个危险的地方,到处充满不值得信赖或依靠的人。

2. 自主对羞愧阶段(1~3岁)

儿童必须学习自主,自己吃饭、穿衣及照顾自己的个人卫生等。儿童若无法自己独立,可能会使儿童怀疑自己的能力,并觉得羞耻。

3. 主动对内疚阶段(3~6岁)

儿童企图向别人表明自己已经长大,并开始尝试做一些自己的能力尚无法应付的事。他们的目标或所进行的活动常和父母或其他家庭成员相抵触,这些冲突使他们觉得有罪恶感。儿童必须保持自动自发的精神,但也必须学习不去侵犯他人的权利、隐私或目标,这样才能克服这种冲突。

4. 勤奋对自卑阶段(6~12岁)

儿童必须能胜任社会及学习的技巧。在这阶段,儿童常会和同伴比较。只要勤奋,儿童就能学得社会及学习技巧,就会获得自信;但若不能习得这些重要的特质,则会变得自卑。

二、行为主义学派的心理发展观

虽然精神分析理论有许多贡献,但只有小部分同时代的儿童心理学家支持这个观点,主要是因为精神分析的理论很难加以证实或证伪。而儿童心理学家放弃精神分析理论的主要原因之一,是因为出现了更具说服力的理论即行为主义心理观。该理论的最基本要旨就是认为心理发展都是量的不断增加过程,是由环境和教育塑造起来的。华生、斯金纳和班杜拉是行为主义心理观在不同阶段的代表人物。

(一)华生的行为主义观点

华生是美国心理学家,行为主义的创始人。他认为一切行为都是刺激(S)—反应(R)的学习过程。与洛克的"白板说"一样,华生也把婴儿看作一块白板,可以被各种经验填满。所以,他坚信儿童没有任何先天倾向,他们要发展成什么样子完全取决于他们所处的养育环境,取决于父母和其他重要人物对待他们的方式,他甚至号称能将12个健康的婴儿塑造成医生、律师、乞丐等任意的社会角色,而无须考虑这些婴儿的背景或血统。华生还认为儿童发展是一个连续的行为变化过程,是由个人独一无二的经验锻造的,因此存在巨大的个体差异。

(二)斯金纳的行为主义观点

美国心理学家斯金纳继承了华生行为主义理论的基本信条,与华生的刺激–反应观的不同点在于,他区分出应答性行为(即由刺激引起的行为)和操作性行为(即个体自发出现的行为)。操作性行为的发生频率会在紧随其后的强化作用下增强,如食物、称赞,友好的微笑或一个新玩具,同样该行为也能通过惩罚,如不同意或取消特权等来减少其发生的频率。

通过实验研究,斯金纳认为人和动物一样,都会重复导致积极结果的动作,并消除导致消极结果的动作。例如,小白鼠按压杠杆而得到食物以后就倾向于重复按压杠杆这个动作,而使操作得到强化的食物被称为"积极强化物"。所以,当一个小女孩的安抚行为经常受到父亲的表扬和赞许时,那么,这个小女孩以后每每面对情绪低落的伙伴时,都可能表现出她的同情。又如,一个十几岁的男孩努力学习后取得了好成绩,那么他就会因为这种积极的回报而继续努力读书。

与积极强化物相对的一个概念,称作消极强化物,又称负强化,是指好的行为出现时,撤销或减弱原来存在的消极刺激以使这些行为发生的频率提高。例如,平常不怎么吃青菜的豆豆今天主动吃了不少青菜,妈妈说他今天可以不用站墙角。因此,不用站墙角就是负强化,它的出现可以提高豆豆吃青菜的行为频率。又如,当处于电击状态下的白鼠按压杠杆时停止电击,停止电击就是负强化。因此,凡是能增加行为发生概率的刺激和事件都叫强化物。反之,在行为之后施加一个消极的刺激从而导致行为发生率下降,则是惩罚。和华生一样,斯金纳也相信我们每个人的行为模式与环境密切相关。他相信,一个男孩之所以会有攻击性行为,可能是因为在一段时间里伙伴"投降"于他的攻击性行为(积极强化)。而另一个男孩之所以没有表现出攻击性,则可能是由于他的攻击行为受到了伙伴的"回敬",消退了他的攻击性行为(惩罚)。如此,这两个小男孩日后会走上完全不同的两条道路。在斯金纳看来,环境塑造了习惯反应,而习惯反应构筑了人格,使我们每个人都成了独一无二的个体。

(三)班杜拉的社会学习理论

班杜拉是美国新行为主义心理学家,在其理论中最强调的就是观察学习和替代强化。所谓观察学习,就是通过观察他人(称为榜样)的行为进行的学习。在他看来,儿童总是用眼睛和耳朵观察和模仿周围人们的那些有意的和无意的反应,观察、模仿带有选择性。通过对他人行为及其结果的观察,儿童获得某些新的反应模式,或调整和修正了现有的反应特点。例如,当一个 2 岁的儿童观察到他的姐姐总是呵护和喂养一只流浪的小狗后,他可能会与小狗建立积极的关系,而当一个 6 岁的儿童看到父母对待环卫工人态度轻蔑,那么他也可能学会了用消极的态度对待这些劳动者。

由于观察到他人的行为受到表扬或惩罚,而使儿童受到了相应的强化,这就是替代强化。如当儿童看到他的一个同伴推倒了另一个同伴,并获得了他想要的玩具,那么,他以后可能也会尝试使用这个方法。除了观察学习过程中的替代强化外,个体还存在自我强化,当自身的行为达到自己设定的标准时,儿童就会用自我肯定或自我否定的方法来对自己的行为做出相应的反应。如4岁的幼儿会为自己完成拼图而拍手叫好,5岁的幼儿会因为自己难以搭建一个稳定的拱桥而自责和懊恼。

班杜拉认为,儿童还会通过对他人自我表扬和自我批评的观察,以及对自己行为价值的评价,逐步发展出自我效能感(即认为自己的能力与个性能使自己获得成功的信念)。

三、皮亚杰的认知发展理论

皮亚杰是瑞士心理学家,他以发生认识论为基础,提出了心理认知发展理论,该理论对于当代心理学的发展和教育改革具有重要的影响。

(一)皮亚杰对认知发展的观点

皮亚杰认为,智力是可以协助个体适应其环境的基本生活过程。适应就是指个体能应付现有环境的要求。例如,饥饿的婴儿抓起奶瓶送入口中,青少年在旅行时能成功地使用地图,这都是适应的表现。当儿童成熟时,他们会获得更为复杂的"认知结构",以协助其适应环境。

(二)皮亚杰认知发展理论中的几个主要概念

1.认知结构或图式

认知结构或皮亚杰所说的图式,是指有组织的思维或行动模式,可用来整合经验、解决问题。例如,3岁的幼儿可能会认为,太阳是有生命的,因为太阳每天一早就出来,到晚上就下山了。幼儿就会以简单的认知图式——会移动的物体是有生命的为基础来思维。

最早的图式在婴儿期形成是一些简单的习惯性动作,如伸手、抓握或举高,这些是具有适应意义的。这些简单的"行为图式"可让婴儿操作玩具、打开柜子,用其他方法驾驭环境。随后,在婴儿期后期,儿童能在心中对经验进行表征,形成"符号图式",于是他们开始进行假装游戏,并尝试使用直觉的方式解决生活中的问题。

2.组织和适应

组织是指儿童将现有的图式结合而成为新的、复杂的智力结构的过程。例如,幼儿一开始可能会认为,所有会飞的都是鸟,后来他慢慢发现有许多东西不是鸟,但会飞,于是,他就可能会将这些知识进行组织而成为新的、更复杂的认知结构。

组织的目的是促进适应。适应是通过同化和顺应这两个互补的活动而发生的。同化是使外在刺激适应于个体内在心理结构的过程,而顺应则是改变个体原有的认知结构,以适应外在刺激结构的过程。同化及顺应是两个互补的过程,二者的平衡与失衡促成了认知结构的发展。

案例

幼儿在生活中发现有些物体从高处掉落会发出响声。他开始四处找东西扔地上,听到响声非常开心,自得其乐。可是有一天他把毛绒熊扔到地上后,竟然没有发出响声,他看上去很疑惑的样子。接下来就去找类似的东西(大且软)不断地扔,当没有响声的时候,他都会有相同的疑惑表现。慢慢地,再扔软的东西时,他的表情开始变得自然轻松了,直到有一天不再扔这些东西。

从上述案例可以看出,幼儿把东西扔地上期待听到响声,这一过程是同化,是幼儿已有的认识"物体从高处掉落会发出响声"不发生变化,而只是让外界各种物体适应这一认识而已;然而,不是所有的东西掉在地上都会发出响声,因此,在幼儿多次使用软的物体时,已有的认识和现有的情景发生了冲突,于是,幼儿通过多次使用软的物体去探究尝试,并最终改变了已有的认识而形成了新的认识(只有硬的躯体掉在地上才会发出响声),这就是顺应的产生。幼儿的认识就是在同化和顺应的不断交替中得以发展的。

（三）认知发展阶段

皮亚杰认为,儿童的认知的发展可以分为三个阶段:感知运动阶段,前运算阶段和具体运算阶段。7岁前处于前两个阶段。他还认为,这些阶段的次序是固定不变的,所有儿童都以相同的次序经历这些阶段,每一个阶段的发展都以上一个阶段的发展为基础,并为下一个阶段的发展提供支持。

1. 感知运动阶段（0~2岁）

儿童通过感知和动作认识环境,创造出动作图式以适应周围环境,这些动作图式逐渐内化为心理符号,使儿童逐渐获得客体永久性,发展出延迟模仿,并使儿童不再依靠试误的方法,而是能借助表征解决简单的问题情境。在该阶段的后期,儿童建立了初步的因果关系概念,开始认识到主体自身既是动作的来源,也是认识的来源。

2. 前运算阶段（2~7岁）

前运算阶段也称自我中心的表征活动阶段。这个阶段又分为象征性阶段和直觉思维阶段。

（1）象征性阶段（2~4岁）

这一阶段的主要特点是思维开始运用象征性符号进行,出现表征功能,或称象征性功能。儿童可以用一物代表另一物,而后者是与之有意义联系之物。如孩子们在玩过家家游戏时,会用一只小木棍代替锅铲,用树叶代替蔬菜,就是因为木棍和锅铲之间、树叶和蔬菜之间有着功能或者特征上的联系。这一阶段的思维也称自我中心思维,即儿童倾向于从自己的立场、观点认识事物,而不太能从客观事物本身的内在规律以及他人的角度认识事物。因此,自我中心思维具有绝对性特点、表面性特点、不可逆性特点以及拟人化特点。

（2）直觉思维阶段（4~7岁）

如果说象征性思维反映的是个别与个别的联系,那么直觉思维则开始反映事物整体的复杂的结构和关系。如中班幼儿可以通过一一对应来比较两排珠子的多少,从而对集合有了一定的认识。但是,直觉思维仍然是具体的,需要表象做工具支持。如幼儿在理解加与减在生活中的意义时,需要在头脑中对具体事物(如树木)的表象进行"增加几

(棵树)会怎么样"或"减少几(棵树)会怎么样"的思维运算。此阶段,儿童的思维逐渐脱离了神话色彩,而逐渐向现实靠近。他们常常追究事物的因果关系,如提出"天上的云就是下到地面的雨吗""是坡推动皮球滚动的吗"等。尽管这样的思考还停留在现象层面,然而已经思维的发展中搭建起了通向抽象思维的桥梁。

3. 具体运算阶段(7 ~ 11 岁)

7 岁以后,儿童思维进入运算阶段。所谓运算,就是在心理上进行操作,是外部动作内化为头脑内部的动作。儿童能借助具体实物的支持进行运算。思维获得了内化性、可逆性、守恒性和整体性的特点,但是还不能对假设性命题进行逻辑思考。

四、维果斯基的社会文化理论

苏联心理学家维果斯基同皮亚杰一样,强调儿童能积极主动地探索世界,但和皮亚杰不同的是,他认为儿童心理的发展并不完全取决于认知成熟,儿童与成人或年长伙伴的社会互动是影响儿童发展的重要因素。

维果斯基还提出了"最近发展区"的概念。他认为儿童的"现有发展水平"与"潜在发展水平"之间的距离,就是儿童的"最近发展区"。为此,他还特别说明了"现有发展水平"就是儿童独自解决问题所显示的实际发展程度,而"潜在发展水平"是指经由成人指导或与有能力的同伴合作来解决问题所显示的发展程度。最近发展区是一个动态的概念,处于某一年龄阶段的儿童,他的最近发展区在一定条件下会转变为下一个年龄阶段的现实发展水平,而下一个阶段又有了自己的最近发展区。最近发展区概念在教育领域已受到了极为广泛的重视,教学在发展中起主导作用,"教学应走在发展的前面",就学前教育而言,其组织形式应符合社会文化的特点,其表达则要考虑儿童的最近发展区。

在维果斯基的理论指导下,有研究者提出了"支架"概念。当成人根据儿童表现水平调整有关的指导后,有效的"支架"就出现了:当儿童是一个新手时,成人提供直接的手把手的指导,当儿童逐渐掌握并越来越有能力时,成人的帮助可以随儿童的进步而减少。

拓展阅读

表征与思维①

表征在思维过程中具有十分重要的地位。表征是将客观世界的直接感知过渡到抽象的思维过程的一个中间环节。因此,有心理学家认为,表征在思维过程中具有桥梁作用。思维过程中的表征显然是与内化密不可分的。更进一步讲,在诸多制约思维发展水平的因素中,表征因素具体地讲就是表象的操作、加工的方式、方法以及模式的发展将直接受制于思维发展的水平,同时又制约思维发展的水平。一方面,对表象加工效率、加工

---

① 陈帼眉.学前心理学[M].北京:人民教育出版社,2015:189.

的方法和加工策略的发展体现、制约着思维发展的各个不同阶段和水平;另一方面,思维发展的水平也制约着表象加工的基本效率和策略的发展。所以,从思维发展的角度也可将表象定义为:表象是外在活动内化的一种表现,是在一系列的同化、顺应和平衡过程中发展起来的内在表征客观事物或事件的一种能力。

从儿童思维的发生发展来看,最初的概念形成,是和表征活动分不开的。必须在运用象征的过程中,使象征积极化,使头脑中的一个象征和另一个象征发生关联,才能进行思维活动。

本节小结

本节主要介绍了世界范围内儿童心理发展研究理论流派的重要观点及阐释。精神分析理论主要介绍了弗洛伊德的人格结构和心理发展阶段论以及埃里克森的心理社会发展理论;行为主义学派主要介绍了华生的刺激—反应理论、斯金纳的强化理论以及班杜拉的社会学习理论;同时,重点介绍了皮亚杰关于认知发展理论中的认知结构及图式、组织和适应等概念以及儿童认知的阶段及特点;最后介绍了维果斯基的社会文化理论中的"最近发展区"概念以及"教学引导发展"的相关观点。

思考与练习

一、选择题

1.以下属于人的心理现象的是(　　)。

　A.看见色彩斑斓的花草　　　　　　B.想起很久以前的朋友

　C.想象未来美好的生活　　　　　　D.对新鲜的事物感兴趣

2.以下属于调查法的是(　　)。

　A.谈话法　　　　　　　　　　　　B.问卷法

　C.个别访问法　　　　　　　　　　D.作品分析法

3.关于遗传因素对学前儿童心理的影响,以下说法正确的是(　　)。

　A.学前儿童心理发展是由遗传决定的

　B.遗传因素提供了学前儿童心理发展的自然物质前提

　C.遗传奠定了学前儿童心理发展个别差异的最初基础

　D.学前儿童心理发展完全由后天环境决定,和遗传因素无关

二、简答题

1.学前儿童发展心理学的研究任务是什么?

2.学前儿童发展心理学的研究方法主要有哪些?

3.学前儿童心理发展的影响因素主要有哪些?它们之间的关系是什么?

三、论述题

论述生理成熟对学前儿童心理发展的作用。

四、材料分析题

材料：

在幼儿园大班构建活动中，大部分幼儿都只构建出一栋房子，而有一个幼儿不仅构建出了一栋房子，而且房子有围墙，围墙里有花草树木，大门的外面是一条大街，大街上有来来往往的汽车，一个孩子正扶着一位老人过人行道。通过对幼儿构建作品的分析可以看出，这个儿童有良好的观察能力和全面思考问题的能力，在其作品中有环境意识，充满人文关怀。

根据以上材料，说明作品分析法在学前儿童心理研究中的重要作用。

第二章　学前儿童心理发展的年龄特征

学习目标

素养目标：

感受学前儿童心理发展的年龄特点，树立科学的儿童观。

知识目标：

1. 了解学前儿童身心发展的年龄特征、发展趋势。

2. 认识学前儿童身体发育、动作发展的基本规律和特点。

能力目标：

1. 运用学前儿童心理发展的年龄特征分析教育活动的适宜性。

2. 根据学前儿童心理发展的规律和特点，对学前儿童教育活动案例进行分析，并提出有效的解决方法。

内容导航

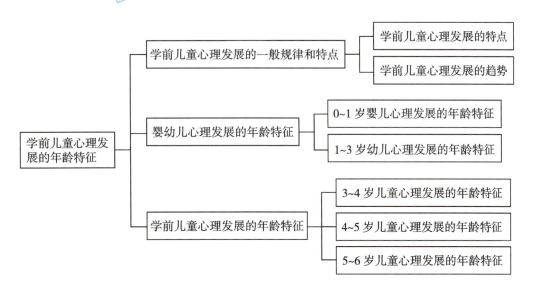

案例导入

芊芊和朵朵是一对漂亮的双胞胎姐妹,芊芊语言表达能力很强,乐于交谈,热爱运动,且平衡能力和身体协调性很好,遇到困难会想办法解决;朵朵不喜欢与他人交流,总是默默地做自己的事,她不爱运动,平衡能力和身体协调性较差。同一个妈妈生的孩子,怎么差别这么大呢? 芊芊和朵朵的妈妈很是苦恼。

生活中,不仅芊芊和朵朵这样的双胞胎会有差异,就性别群体而言,男孩和女孩在很多方面也存在着巨大的差异。为什么会有这些差异呢? 同一年龄的学前儿童是否具有相同的特点? 他们是否还有其他差异? 本章我们将共同探讨这些问题。通过学习,我们将了解学前儿童的心理发展特点和年龄特征,进而树立科学的儿童观和教育观。

第一节　学前儿童心理发展的一般规律和特点

心理发展是指个体从出生、成熟、衰老到死亡的整个生命过程中所发生的一系列心理变化。学前儿童心理的正常发展以身体(生理)的发展为基础,心理的正常发展又会促进生理的发展。学前儿童心理发展的进程、顺序、水平等是因人而异的。但是总体而言,心理的发展具有一些共性的规律,体现出一些基本的特性,即学前儿童心理的共同发展特点。

一、学前儿童心理发展的特点

学前儿童心理发展呈现连续性与阶段性、方向性与顺序性、不平衡性、个别差异性及互补性等特点。

(一)连续性与阶段性

个体的心理发展是一个由低级逐渐向高级演进的过程,高级的心理是在低级的心理发展的基础上进行的,具有连续性、累积性。

连续性体现心理发展的量变过程,指的是后一阶段的发展总是在前一阶段的基础上发生的,而且又萌发着下一阶段的新特征,使个体的心理处于一种量变的积累过程,从而表现出心理发展的连续性。

同时,心理发展又是一个逐渐由量变到质变的过程,呈现出阶段性。但阶段与阶段之间不是截然分开的,每一阶段都是前一阶段发展的继续,同时又是下一阶段发展的准备;前一阶段中总包含有后一阶段某些特征的萌芽,而后一阶段又总带有前一阶段某些特征的痕迹。阶段性体现心理发展的质变过程。在心理发展过程中,当代表新特征的量达到一定程度时,就会取代旧特征而占据主导地位,从而标志着心理发展达到了一个新的阶段,表现为心理发展的阶段性。

学前初期儿童的情绪性强,爱模仿,思维带有直觉行动性;学前中期儿童热爱游戏,开始接受任务,开始自己组织游戏,思维带有具体形象性;学前晚期儿童好学好问,个性初具雏形,抽象思维能力开始发展。这是不同阶段学前儿童的年龄特征和心理特点,体现了阶段性。而学前晚期儿童的思维仍保留着学前中期时的典型思维特征——具体形象性,学前初期儿童的思维还带有3岁之前婴儿的典型特征——直觉行动性,体现了心理发展的连续性。因此,心理发展是阶段性与连续性的辩证统一。

(二)方向性与顺序性

在正常条件下,心理的发展总是具有一定的方向性和先后顺序。尽管发展的速度有个别差异,会加速或延缓,但发展是不可逆的,也是不可逾越的。比如,儿童身体和动作机能的发展是按照从上至下的规律(首尾规律)和从中心到边缘的规律(近远规律)进行的。首尾规律是指儿童的动作发展从头部开始依次向身体的下部发展。不同儿童学会某一动作的具体时间可能各不相同,但任何一个儿童的动作发展一定遵循着"抬头—翻身—坐—爬—站—行走"的方向和顺序。近远规律是以人体直立的中轴线为起点,动作的发展从身体的中部开始,越接近躯干部位的动作发展就越早,而远离身体中心的肢端动作发展则越晚。比如上肢动作中,肩、头和上臂动作先发展,然后依次是肘、腕、手,最后发展的是手指的动作。

其他心理机能的发展也有顺序性。比如感知能力最先发展,其后是运动、言语等能力,而抽象思维能力发展最晚。心理机能发展的速度会有个体差异,或加速或延缓,但发展的顺序不会改变。

（三）不平衡性

人类个体从出生到成熟的进程不是千篇一律地按照一个模式进行的,也不总是匀速发展,心理的发展会因进行的速度、到达的时间和最终达到的高度而表现出不平衡性。发展的不平衡性主要表现在以下两个方面:一是同一方面的发展在不同时期速度不相同。比如,婴儿出生时身高约为50厘米,体重为3~4千克。1岁时身高达到约74厘米,体重约为10千克。身高和体重在出生后1年内发展最快,以后缓慢,到青春期又会高速发展。二是不同方面的发展不平衡,有的方面在较早阶段就能达到较高水平,有些方面则要成熟得晚些。比如,感觉、知觉在新生儿期就已经开始出现,到少年期已发展到相当水平,而抽象逻辑思维要到五六岁才开始萌芽,青年期才有相当程度的发展。

心理学家所提出的关键期的概念就是针对个体心理发展的不平衡性而言的。这一概念起初是从动物行为研究中提出来的。奥地利生态学家劳伦兹在研究鸟类的自然习性时发现一种印刻现象,即刚孵出的幼禽在出生后很短一段时间内,会将其出生后最先看到的对象当成"母亲",总是追随和亲近母亲。一旦错过这段时间,"认母"的行为能力就会丧失。这种印刻现象只在动物出生后的一个短时期内发生,劳伦兹将这段时间称为关键期。后来,人们把关键期引入儿童心理学,此时的关键期是指儿童身体或心理的某一反应或某种行为最适宜形成和发展的大好时机或最佳年龄。如果成人在这个最佳年龄期为儿童提供适当的条件,那么就会有效地促进这方面心理的发展,往往能起到事半功倍的效果。如果错过关键期,这种反应或行为的学习就会变得困难,甚至造成难以弥补的损失。

学前阶段存在许多的关键期,了解和把握好相应的关键期,对促进学前儿童的全面发展意义重大。（见表2-1）

表2-1　0~6岁关键期

年龄	关键期
4~6个月	吞咽、咀嚼
7~10个月	爬
10~12个月	站、走
2~3岁	口头语言
2.5~3.5岁	行为规范
4岁	形状知觉
5岁	数概念
5~6岁	书面语言

除了关键期,儿童心理学中还有一个危机期的概念。危机期是指在发展的某些年龄时期,儿童的心理常常发生紊乱,表现出各种否定和抗拒的行为。比如一些儿童常与人

发生冲突、违抗成人的要求等。3 岁、7 岁、11～12 岁都是发展的"危机年龄"。危机期一般处于两个发展阶段之间的过渡时期,心理变化急剧,特别是儿童的需要发生了很大的变化,而成人往往还用老眼光看待儿童,要求儿童,因而引起儿童的否定性行为。①

3 岁儿童的自主能力有所增强,希望独立做事,但妈妈们总是会阻挠或打扰儿童的活动。比如,晨晨正在搭积木,妈妈总是在旁边说:"宝宝,你这样搭会倒塌的,应该用这块积木放在这边支撑一下。"这个时候儿童的心理往往会产生一定的挫败感,进而发脾气,以"我不"表示自己的反抗。长此以往,儿童就会变得更加固执。面对危机期,家长应及时改变态度以适应儿童的变化,支持并满足儿童的合理需要,那么危机期很快就会顺利过去,紧接着儿童就会进入一个心理发展的新阶段。

(四)个别差异性

学前儿童的发展既有共同规律,又有个别差异。个别差异性包括群体差异和个体差异两方面。群体差异指的是性别、年龄等方面的差异。性别差异主要表现在优势领域、认知方式等方面的不同。比如,男性儿童在数理逻辑方面占优势,而女性儿童在语言领域表现得更为突出;男性儿童偏向场独立型的认知方式,而大多数女性儿童为场依存型。不同年龄的群体在发展的速度、类型和领域等方面也存在差异,比如 6 岁儿童比 3 岁儿童在想象、记忆、思维等方面更为敏捷。

尽管儿童的心理发展都要按照基本的方向、顺序进行,都会经历共同的路线,但事实上,个体的心理发展在发展的速度、最终达到的水平、发展的优势领域、发展的类型及时间上往往是千差万别的。同一个班的学前儿童,为什么有的孩子善于语言表达,有的孩子善于空间想象,还有的孩子在音乐方面展现出不凡的成就呢? 美国著名心理学家霍华德·加德纳教授通过研究发现,人类的智能是多元化而非单一的,由言语/语言智能、逻辑/数学智能等智能组成,每个人都在不同程度上拥有这些智能。② 每个人都拥有不同的智能优势组合,加德纳的多元智能理论说明了个体发展的差异性。

除此以外,个体在智力表现早晚等方面也存在差异,有的人年少成名,而有的则大器晚成;有的儿童 2 岁就能背儿歌了,有的才刚刚会说话。语言方面也存在差异,有的人能说会道,有的则沉默寡言。个性方面的差异也较为明显,有的儿童文静、腼腆,有的则活泼开朗;有的人热情,善于社交,而有的则孤僻、不合群。

学前儿童发展的个别差异性为我们提供了教育启示:作为学前教育工作者,在教育过程中要学会因材施教,有效地促进儿童各方面的发展。

(五)互补性

互补性是指机体某一方面的机能受损或缺失后,可通过其他方面的超常发展得到部分补偿。首先,机体各部分存在互补的可能性,这一互补性为个体在自身某方面缺失的

---

① 陈帼眉,冯晓霞,庞丽娟.学前儿童发展心理学[M].北京:北京师范大学出版社,2013:6-7.

② 霍力岩,房阳洋.智力的重构:21 世纪的多元智力[M].北京:中国轻工业出版社,2004:50-78.

情况下依然能与环境协调,从而继续为生存和发展提供条件。其次,个体的心理机能与生理机能之间存在互补性,这种互补性使得人的精神力量、意志、情绪状态对整个机体起到调节作用,进而帮助人战胜疾病和残缺,使身心依然得到发展。

互补性为学前教育工作者提供了教育启示。首先,帮助教育对象树立信心,特别是生理或心理机能方面有障碍的儿童,引导其相信自己可以通过某方面的补偿性发展达到一般正常人的水平;其次,应注意观察特殊儿童身上的闪光点,帮助这些儿童发现和发挥自身的优势,扬长避短,激发学生自我发展的自信和自觉,促进学生的个性化发展;最后,应注重营造和谐亲密的班级环境,在关注特殊儿童的同时也要兼顾全体儿童,引导儿童之间进行同伴交往与互助合作。

二、学前儿童心理发展的趋势

学前儿童心理发展遵循着由简单到复杂、由零乱到成体系、由被动到主动、由具体到抽象的规律。

(一)由简单到复杂

学前儿童最初的心理活动,只是非常简单的反射活动,以后越来越复杂化。这种由简单到复杂的发展趋势表现在两个方面。

1. 从不齐全到齐全

新生儿并不完全具备人所特有的全部心理活动。各种心理过程和个性特征都是在出生后的发展过程中先后形成的,各种心理过程出现和形成的次序,遵循由简单到复杂的发展规律。比如,头几个月的孩子不认识人,1 岁半以前仍没有想象活动,2 岁左右才开始真正掌握语言,6 岁左右个性才初具雏形。感觉和知觉最先发展,然后出现记忆,再发生想象和思维等复杂的认识过程。

2. 从笼统到分化

学前儿童最初的心理活动是笼统、弥漫而不分化的。无论是认知活动还是情绪活动,都是从混沌或笼统到分化和明确。比如,婴儿的情绪最初只有笼统的喜怒之别,之后逐渐分化出愉悦和喜爱、惊奇乃至厌恶等各种各样的情绪。

(二)由零乱到成体系

学前儿童的心理活动最开始时是十分零散的,各种心理活动之间缺乏有机的联系。比如,萌萌刚才还在哭,一转头就笑了起来;刚才说想吃水果,现在又说要喝水;一会儿说看书,一会儿说搭积木,这些都是其心理活动没有形成体系的表现。正因如此,学前儿童的心理活动才易变,表现出情绪易变、注意力不集中等心理特点。随着年龄的增长,心理活动逐渐组织化,有了系统性,形成整体,并且有了稳定的倾向,然后出现了每个人特有的个性。

(三)由被动到主动

学前儿童心理活动最初是被动的,心理活动的主动性后来才发展起来,并逐渐提高,直到具备成人所具有的极大的主观能动性。学前儿童心理发展的这种趋势主要表现在两个方面。

1. 从无意向有意发展

无意的心理活动指的是主体直接受外来影响支配的心理活动。比如，窗边突然飞来一只小鸟，儿童会不自觉地看向它，这就是无意注意。有意的心理活动指的是由主体有意识地控制的心理活动。比如，当幼儿园教师正在组织集体游戏活动时，虽然童童想看看教室外的风景，但是他还是将注意力集中在了游戏上，这是有意注意。新生儿原始的动作是本能的反射活动，是对外界刺激的直接反应，完全是无意识的。比如吸吮反射、抓握反射。随着年龄的增长，儿童逐渐出现自己能够意识到的、有自觉目的的心理活动，然后发展到意识到活动目的和自己心理活动的过程。比如，学前晚期儿童不仅能知道要记住什么，而且知道自己是用什么方法记住的。

2. 从受生理制约发展到自己主动调节

学前儿童的心理活动最初受生理制约，比如，两岁的儿童注意力之所以不集中，主要是生理不成熟所致。随着生理的成熟，生理限制作用渐渐减少，心理活动的主动性也渐渐增长。比如，学前晚期儿童在班级汇报活动中能够集中注意力，积极回答幼儿园教师提出的每个问题。但是，在活动结束后，他们的注意力就容易分散，这就体现了个体的主动选择和调节。

(四)由具体到抽象

学前儿童的心理活动最初是非常具体的，以后越来越抽象化。比如认知过程的发展。首先出现的是感觉过程，感觉是对事物个别属性的反映。比如，我们看到香蕉的外皮是黄色的，这是对香蕉的颜色属性的反映；我们摸到石头是硬的，也只是对石头的硬度这一属性的反映。之后出现比感觉更为概括化的知觉，知觉是对事物整体属性的反映。比如，迎面走来一个人，学前儿童通过观察她的体态，听她说的话，综合各种因素得出结论——这是妈妈。然后再发展到思维，思维是对事物本质属性的反映。比如，早上起来，我们看见马路是湿的，猜想昨天晚上一定下过雨。虽然我们没有直接看见下雨，但是通过湿湿的地面，通过先前多次的经验，我们很容易推测出昨夜下过雨，这是抽象概括化的思维过程。从非常具体的感知发展到抽象概括，到最后形成人类典型的抽象逻辑思维。

学前儿童心理发展趋势的几个方面之间密切相关。心理活动的复杂化和心理活动的抽象概括化分不开，心理活动的复杂和概括化又和主动性的增长紧密相连，与此同时，逐渐形成个性体系。[①] 上述发展趋势贯穿在儿童心理发展的各年龄阶段，各种心理过程和心理活动的形式陆续出现，从笼统状态开始分化，从非常具体到出现抽象概括的萌芽，从完全被动到出现最初的主动性，从极其零乱到有了一定体系。

---

① 陈帼眉,冯晓霞,庞丽娟.学前儿童发展心理学[M].北京:北京师范大学出版社,2013:286.

拓展阅读

个体差异现象①

1796 年,格林尼治天文台的皇家天文学家马斯基林辞退了他的助手金内布鲁克,因为金内布鲁克观察星体通过(或星之中天)(stellar transits)的时间,比马斯基林迟约 1 秒钟。1795 年 8 月,金内布鲁克所记录的时间比马斯基林迟 0.5 秒。他对此种误差大加注意,并力求纠正。然而其后数月,这种误差仍然存在,甚至有所增加。到 1796 年 1 月,竟达 0.8 秒。于是马斯基林辞退了他。因为钟表的准确性有赖于天象的观察,所以马斯基林认为此种误差是严重的。

当时观察星体通用的方法是布雷德利的"眼耳"法。望远镜的视野因测镜网内平行的交叉线而划分。观察者须记录某星跨过某线的时间,即达到 0.1 秒。天文学家都深信布雷德利法为精确的方法,至多也只能有 0.1 秒或 0.2 秒的误差。因为有这一假设,所以金内布鲁克的十分之八秒的误差就是一个重大的错误。

这一事件引起了可尼斯堡天文学家贝塞尔的注意。1820 年,他与另一研究人员共同进行了观察。他们选定十个星,各于某夜观察五个星的中天,次夜观察其他五个星的中天,如此轮流五个晚上。结果贝塞尔的观察常常较早于另一人,其平均差异为 1.041 秒。假使金内布鲁克的 0.8 秒的误差为不可信,则此差异更大。此后的几年,贝塞尔又与多位研究者进行了个体观察差异的研究,并发现了"人差方程式"。这一研究成为个体差异研究的开始。

本节小结

学前儿童心理发展呈现由简单到复杂、由零乱到成体系、由被动到主动、由具体到抽象的趋势。学前儿童心理发展表现出连续性、阶段性、方向性、顺序性、不平衡性、个别差异性等特点。了解学前儿童心理发展的趋势以及特点,能够帮助我们在教育实践中科学地引导教育对象循序渐进,因材施教,把握好关键期,促进学前儿童的发展。

第二节　婴幼儿心理发展的年龄特征

学前儿童发展的阶段,往往以年龄为标志,所以又称"年龄阶段"。在儿童心理发展的每个阶段都具有一般的、本质的心理特征,我们称之为"年龄特征"。年龄特征不是个

---

① 陈帼眉,姜勇.学前儿童教育心理学[M].北京:北京师范大学出版社,2007:63.

别儿童表现出来的特征,而是从众多儿童的发展过程中概括出来的普遍事实,是各年龄阶段中大多数儿童心理发展的一般趋势和典型特征。学前儿童心理发展的年龄特征具有稳定性与可变性。这是因为每一阶段儿童表现出来的典型特征是共同的、普遍的,表现出稳定性;同时,不同的社会和教育条件会使儿童心理发展的特征发生变化,这就构成了儿童心理发展的可变性。因此,年龄特征是稳定性和可变性的辩证统一。

一、0～1岁婴儿心理发展的年龄特征

(一)0～1个月婴儿心理发展的年龄特征

1.心理发生的基础:无条件反射

过去人们认为婴儿刚出生时是无能的,什么也不会。可是近年来的研究发现,婴儿先天带来了应付外界刺激的许多本能,天生的本能表现为无条件反射。

无条件反射是先天的、与生俱来的反射。它是在种族发展过程中建立并遗传下来的,是那些为数有限的固定的直接刺激作用于一定的感受器所引起的恒定的活动,基本上是皮层下中枢的活动。

新生儿先天的无条件反射主要有吸吮反射、眨眼反射、怀抱反射、抓握反射、巴宾斯基反射、迈步反射、惊跳反射、游泳反射、巴布金反射等。(见表2-2)

表2-2　新生儿先天无条件反射

名称	表现	时间
吸吮反射	乳头或手指等其他物体碰到了新生儿的脸,虽然并未直接碰到他的嘴唇,但是新生儿也会立即把头转向物体,张嘴做出吃奶的动作	0～3个月时出现,3～4个月后消失
眨眼反射	物体或气流刺激睫毛、眼皮或眼角时,新生儿会做出眨眼动作	2～3个月时出现,不再消失
怀抱反射	当新生儿被抱起时,他会本能地紧紧贴靠成人	3个月左右出现,6个月后消失
抓握反射	又称达尔文反射。当物体触及新生儿掌心时,新生儿会立即紧紧握住	出生后产生,3～4个月时消失
巴宾斯基反射	物体轻轻地触及新生儿的脚掌时,新生儿会本能地竖起大脚趾,伸开小脚趾,5个脚趾形成扇形	出生后产生,6个月时消失
迈步反射	又称行走反射。成人扶着新生儿腋下,把他的脚放在桌子、地板或其他平面上,他会做出迈步的动作,好像两腿协调地交替走路	出生后产生,2个月时消失

续表2-2

名称	表现	时间
惊跳反射	又称搂抱反射。当新生儿感到身体突然失去支撑,或突然受到强声刺激,就会出现仰头、挺身、双臂伸直、手指张开等动作,然后弯身收臂,紧贴胸前,做搂抱状	出生后产生,3~5个月时消失
游泳反射	又称潜水反射。让新生儿俯卧在小床上,托住他的肚子,他会本能地抬起头,用四肢做出协调很好的类似游泳的动作。如果将新生儿放入水中,新生儿的双臂和双腿会自然地做出游泳式的运动	出生后产生,6个月时消失
巴布金反射	又称手掌传导反射。如新生儿的一只手或双手的手掌被压住,他会转头张嘴;当手掌上的压力减去时,他会打哈欠	出生后产生,3岁以后逐渐消失

婴儿先天带来的本能动作有不同的性质,并对婴儿维持生命和保护自己有现实意义。这些无条件反射大多在婴儿长大到几个月时会相继消失,如果过了一定年龄还继续出现,反而是婴儿发育不正常的症状。所以,各种无条件反射是否在特定的时间消失,可以作为诊断儿童神经系统发育是否正常的参考指标。比如,6个月以后的婴儿不再出现巴宾斯基反射,物体接触脚掌时,代之以脚掌向内弯起,而不是成为扇形。

无条件反射保证了新生儿最基本的生命活动。但是,无条件反射具有刻板性,它是有机体与环境某些刺激之间的固定联系,只有当某种特定的刺激在特定的情况下出现时,才能发出特定的反应,因而局限性很大,适应性很低,不足以使新生儿应付面临的复杂多变的环境。[①]

2. 心理的发生:条件反射的出现

虽然婴儿出生时已有多种无条件反射,但是,无条件反射对适应日常生活有很大的局限性。具体体现在:一是无条件反射的种类或数量毕竟很有限;二是无条件反射只能对固定的刺激做出固定的反应,不足以应付外界变化多端的刺激。而条件反射的出现,使婴儿获得了维持生命、适应新生活需要的新机制。条件反射是心理发生的标志。

条件反射既是生理活动,又是心理活动。婴儿出生后不久,就能够建立条件反射。孩子所获得的一切知识和能力,都经过学习,而每一次学习活动都是条件反射活动。比如,妈妈每次给孩子喂奶,都是将其抱在怀里,经过多次强化,被抱起来喂奶的姿势和奶头在嘴里吃奶的无条件反射相结合,婴儿就形成了对吃奶姿势的条件反射。

因此,孩子从新生儿期开始就在各种生活活动中学习,发展各种心理能力。正因为这样,从孩子出生起家长就要注意对他的教育。

---

① 陈帼眉,冯晓霞,庞丽娟.学前儿童发展心理学[M].北京:北京师范大学出版社,2013:23.

(二)1~6个月婴儿心理发展的年龄特征

这个阶段心理发展的突出表现为视听觉的发展,在此基础上,依靠定向活动认识世界,手眼动作逐渐协调。

1.视听觉迅速发展

满月以后,婴儿的眼睛更加灵活了。比如,他的视线可以追随着物体移动,而且会主动寻找视听的目标;会积极地用眼睛寻找成人,还会主动寻找成人手里摇动着的玩具。2~3个月以后,婴儿会把听觉和视觉结合起来感知世界。比如他会凝神地倾听洗衣机脱水的声音,听见说话声或铃声时,会把身体和头转过去,用眼睛寻找声源,对声音的反应也比以前积极了。半岁以内的婴儿认识周围事物主要靠视听觉,因其动作刚刚开始发展,所以婴儿能直接用手、身体接触到的事物很有限。

2.手眼协调动作开始发生

手眼协调动作指眼睛的视线和手的动作能够配合,手的运动和眼球的运动协调一致。能抓住看到的东西,这是手眼协调的主要标志。

3.会与成人互动

从3个月开始,婴儿不但会用哭来吸引成人的注意,也会用笑来吸引人,喜欢别人和他玩。这时出现了最初的亲子游戏,亲子游戏可以满足婴儿的社会性交往需要。婴儿即使是饿了、困了,亲子游戏也能够使其在短暂时间内停止哭闹,亲子游戏还可以通过不同渠道开发孩子的智力。

4.开始认生

婴儿5~6个月开始认生,出现对人的依恋。"生"指的是"陌生人"和"陌生环境"。比如茉茉5个月了,一直是妈妈照顾她,爷爷、奶奶、外公、外婆抱她时她会大哭,身体会主动朝向妈妈,并做出要妈妈抱的姿势。认生是儿童认知和社会性发展过程中的重要变化,明显表现了感知辨别能力和记忆能力的发展以及儿童情绪和人际关系发展上的重大变化。

(三)6个月~1岁婴儿心理发展的年龄特征

这一阶段的明显变化是婴儿的动作更加灵活了,表现为身体活动范围比以前扩大,双手可模仿多种动作,逐渐出现言语萌芽,亲子关系、依恋关系更加牢固。

1.身体动作迅速发展

婴儿6个月坐,8个月爬,9个月左右站立,1岁左右行走,坐、爬、站、走等动作逐步形成。值得注意的是,婴儿动作的发展存在个体差异。比如,有的孩子10个月已经能够比较自如地行走,而有的孩子直到1岁半左右才会行走。

2.手的动作开始形成

从半岁到1岁,儿童的手的动作日益灵活,其中最重要的是,五指分工动作发展起来了。五指分工是指大拇指和其他四指的动作逐渐分开,而且活动时采取对立的方向,而不是五指一把抓。五指分工动作和眼手协调动作是同时发展的,这是人类拿东西的典型动作。

3.言语开始萌芽

这时期的婴儿已能听懂一些词,并按成人说的去做一些动作,比如成人说"欢迎",他拍拍手;成人说"谢谢",他作揖。这时发出的音节较清楚,能重复、连续。比如,婴儿可以清晰地发出"baba,mama,papa"等音节。

4.依恋关系发展

分离焦虑是指当与依恋对象分开后,婴儿长时间哭闹,情绪不安。随着年龄增长,孩子开始出现用"前语言"方式和亲人交往,理解亲人的一些词,做出亲人所期待的反应,使亲人开始理解他的要求,彼此之间的依恋关系进一步发展。比如,妈妈说"公园",1岁的甜甜指着婴儿车,想让妈妈把她抱上车。

二、1~3岁幼儿心理发展的年龄特征

1~3岁这个时期是真正形成人类心理特点的时期,表现在儿童在这一时期学会走路,开始说话,出现思维,有了最初的独立性,这些都是人类特有的心理活动。因此,人的各种心理活动是在这个时期逐渐齐全的。1~3岁是儿童心理发展的一个重要的转折期,这一时期言语对个体心理发展有着重要意义。

1.言语的形成

随着与成人的交往日益发展,婴儿主要的交际工具——身体接触、表情等渐渐显得不太适用了,而言语交际的优越性越来越明显。这种变化促进了学前儿童言语的迅速发展。婴儿期是掌握本族语言的准备期,幼儿期则是初步掌握本族语言的时期。在短短两三年时间里,儿童不仅能理解成人对他说的话,而且能够运用口语比较清楚地表达自己的思想,同时,还能根据成人的言语指示调节自己的行为。言语的形成和发展有力地促进了心理活动的有意性和概括性的发展。

2.思维的萌芽

思维是高级的认识活动,是智力的核心。思维的发生,不仅意味着儿童的认识过程基本形成,同时也引起原有的低级认识过程的质变:知觉不再单纯反映事物的外部特征,也开始反映事物的意义和事物之间的关系,成为"理解性的知觉",即思维指导下的知觉;记忆的理解性增强了,有意性也出现了;情绪情感逐渐深刻,意志行动产生了;儿童的心理开始具有最初的系统性。但儿童的思维总是在动作中进行的,离不开对事物的感知和自身的动作,具有直觉行动性,最初的概括和推理也随之出现。比如,儿童能够把性别不同、年龄不同的人加以分类,主动叫"爷爷""奶奶"或"哥哥""姐姐"。与此同时,想象也开始出现。2岁左右的幼儿已经能够拿着物体进行想象性活动,出现游戏的萌芽。比如,2岁左右的幼儿拿着一块长方形的小积木,会放在头上擦,想象着用梳子梳头。

3.自我意识的萌芽

自我意识就是个体对自己所作所为的看法和态度。儿童在与他人的交往中,在与客

观事物的相互作用中,在"人"与"我"、"物"与"我"的比较中,逐渐认识到作为客体的外部世界与作为主体的自己之间的区别,从而形成对自己的认识,这也就是我们所说的"透过他人的眼睛看自己"。

掌握代名词"我"是自我意识萌芽的最重要标志。2岁左右的幼儿知道"我"和"他人"的区别,在语言上逐渐分清"你""我",在行动上要"自己来"。这一阶段既是人生的第一个转折期,也是第一个危机期。面对儿童的"闹独立",儿童的意见往往会和成人的意见相矛盾,成人一定不要和儿童正面冲突,可以利用儿童的注意力容易转移的特点,用其他事物来吸引儿童的注意力,先暂时解决问题,再找适当的时机进行教育引导。

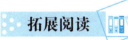 **拓展阅读**

主我和客我①

美国心理学家威廉·詹姆斯于100多年前就提出两种意义上的"我":主我(I-self)和客我(me-self)。"主我"是指独立于其他人和物,能回应并能控制周围的环境,有别人无法介入的私人内部世界。"客我"是指站在观察者角度所认识到的自我,即把自己看作认识和评价的对象。它包括所有使自己独一无二的特征——物理特征,比如外貌和财产;心理特征,包括欲望、态度、信仰和思维方式及人格特点;社会特征,比如社会角色和人际关系。"主我"和"客我"是相互影响的。

1. 开始意识到"主我"

研究者认为,孩子最早萌生的自我概念是"主我","主我"先于"客我"出现。当孩子最早意识到自己的行为能够以可预测的方式引起物体移动和他人的反应时,他的主我意识就开始出现了。比如,敲打一个悬挂着的小铃,孩子发现小铃左右摇晃的样子与在风中摇摆的样子不同,于是他们意识到自己和外在物质世界的联系;对照料者微笑或发出声音,照料者也会回应他(对他微笑或说话),这也使孩子意识到自己与他人的联系。通过这些经历的比较,孩子逐渐建立起一个独立于外在现实世界的自我形象,也就是"主我"。

那么,婴儿在出生后何时发展出"主我"呢?为了回答这个问题,研究者设计了一个巧妙的实验。他们给婴儿和学步儿童看自己和其他小朋友的录像和照片,结果发现3个月大的孩子看他人录像和照片的时间更长些。这就说明婴儿在3个月大时,已经具有区分自己和他人的能力,这是"主我"的萌芽。研究还发现,依恋安全感强的婴儿,即家长能长期地对婴儿发出的信号做出敏感反应的婴儿,"主我"发展得更快一些。他们会在角色扮演的游戏中,假装自己吃东西,并喂给妈妈吃。

2. 开始意识到"客我"

婴儿出生后第二年,开始构建"客我"。他们更多地意识到了自己的一些外在特征。

① 周念丽.学前儿童发展心理学[M].上海:华东师范大学出版社,2017:110-111.

婴儿自我认知的发生经历了从视觉自我认知到言语自我认知的发展变化过程。2岁左右,婴儿能用第一人称"我"表述自己。自我认知的发生从感觉过渡到表象,再从表象过渡到思维。在发展早期,自我认知时感觉运动只是直接由婴儿通过感知觉和身体运动获得,随着表征能力的发展,婴儿能表征个体,能与当前的感觉运动相对独立地思考自己,自我认知从感觉运动过渡到表征能力。

■ 本节小结 ■

本节主要讲述0～3岁婴幼儿心理发展的年龄特征,0～1岁婴儿心理发展的特征主要有无条件反射与条件反射、手眼协调与开始认生、动作灵活与依恋的发展。接着从言语的形成、思维的萌芽、自我意识的萌发三个方面详细分析了1～3岁幼儿心理发展的主要特征。0～3岁是早期教育阶段,理解并掌握不同年龄段婴幼儿的特征,能够帮助我们更好地开展教育活动。

第三节　学前儿童心理发展的年龄特征

3～6岁学前期可以划分为学前初期(3～4岁)、学前中期(4～5岁)、学前晚期(5～6岁),对应的是幼儿园的小班、中班和大班学段。不同年龄段学前儿童的心理发展具有不同的特点。

一、3～4岁儿童心理发展的年龄特征

对于多数儿童来讲,3岁是生活上的一个转折年龄。从3岁起,儿童开始离开家庭进入幼儿园,过集体生活。生活范围扩大了,其心理也发生了很多变化。处于学前初期的学前儿童心理具有以下特点。

(一)情绪性强

学前初期儿童的行动常常受情绪支配,而不受理智支配。情绪性强,是整个学前期儿童的特点,年龄越小越突出。学前初期儿童情绪性强的特点表现在很多方面。比如,高兴时听话,不高兴时说什么也不听;如果喜欢幼儿园哪位教师,就特别听这位教师的话。学前初期儿童的情绪也很不稳定,很容易受外界环境的影响。比如看见别的孩子都哭了,自己也莫名其妙地哭起来。

针对以上特点,幼儿园教师在日常教育工作中,应采取多样化的教育方法引导学前儿童。比如,每年新生入园时,儿童离开熟悉的家庭,来到陌生的幼儿园,会产生焦虑的情绪。有经验的幼儿园教师一般会采取拥抱的方式给予其妈妈般的关怀,也会运用可爱的玩偶、好玩的玩具等吸引他们的注意力,逐步引导其熟悉幼儿园环境,了解幼儿园的一

日生活内容,并加入教师所开展的各类活动。

(二)爱模仿

3～4 岁学前儿童的动作认识能力比以前有所提高,因此特别喜欢模仿。学前初期儿童看见别人玩什么,自己也玩什么;看见别人有什么,自己就想有什么。所以,学前初期玩具的种类不必很多,但相同的玩具要多准备几套。

学前阶段的儿童具有向师性,在日常生活中,教师常常是学前儿童模仿的对象。教师的一言一行都会对学前儿童产生潜移默化的影响。因此,教师应该时刻注意自己的言行举止,为孩子们树立好榜样。

(三)思维的直觉行动性

思维依靠动作进行,是学前初期儿童的典型特点。由于学前初期儿童的思维还要靠动作,因此他们不会计划自己的行动,只能是先做后想或者边做边想。比如,2 岁的果果通过拖动桌上的布来获得她不能直接拿到的玩具;画画时,往往没有事先想好要画什么,而是拿起笔就画,画出来像什么她就说是什么。

学前初期儿童的思维很具体,很直接。他们不会做复杂的分析综合,对别人的话往往只做简单、直接、表面的理解,只能从表面理解事物。比如,幼儿园常常会有这样的事情发生,一名儿童想要去厕所小便,其他儿童也嚷着要去,教师生气地说:"去,去,去,都去!"然后所有的儿童便会高高兴兴地一起去厕所。这是因为学前儿童只从表面理解事物,不理解幼儿园教师讲气话的真实用意,不理解成人所说的"反话"。因此,针对学前初期儿童,成人尽量不要讲"反话",讲反话往往会适得其反,教师要注意正面教育。对学前儿童提要求也要注意具体。比如,一名内向的儿童突然敢于在大家面前讲故事,这个时候教师可以这样鼓励他:"明明,你勇敢地站在大家面前讲故事,老师为你鼓掌! 你讲的故事很生动,小朋友们都很喜欢听,大家听得都很认真,谢谢你的故事!"此外,当学前儿童注意力分散时,我们最好对儿童说"眼睛看着老师",而不要说"注意听讲",因为学前儿童不容易接受这种一般性的抽象的要求。

二、4～5 岁儿童心理发展的年龄特征

4～5 岁属于学前中期,学前儿童在这一时期主要表现出以下心理特点。

(一)活泼好动

学前儿童都喜欢玩。学前初期儿童虽然爱玩,却不大会玩。学前晚期儿童不仅爱玩,也会玩,但由于学习兴趣日益浓厚,游戏的时间相对少了一些。学前中期儿童明显比学前初期儿童活泼好动,动作灵活,头脑里主意也更多。

活泼好动的特点在学前中期更为突出,原因是:①学前中期儿童经过一年的集体生活,对生活环境已经比较熟悉,也习惯了幼儿园的生活制度;②4～5 岁的学前儿童在心理上进一步成熟,特别是神经系统进一步发展,兴奋和抑制过程都有较大提高。

（二）思维的具体形象性

学前中期儿童较少依靠行动来思维，其思维过程还必须依靠具体实物的形象做支柱。具体性和形象性是学前中期儿童思维的主要特点。

学前儿童思维的内容是具体的。学前儿童在思考问题时，总是借助于具体事物或其表象。学前儿童容易掌握那些代表实际东西的概念，不容易掌握比较抽象的概念。比如"交通工具"这个概念比较抽象，而"小汽车"这个概念较为具体，所以学前中期儿童掌握"小汽车"这个概念比"交通工具"要容易。

学前中期儿童常常根据自己的具体生活经验理解成人的语言。因此，教师应注意了解儿童的水平和经验。学前儿童对具体的语言容易理解，而对抽象的语言则不容易理解。比如，教师说"请小朋友们把绘画材料放回原位！"不如说"请美工区的小朋友把绘画材料放回原位！"更容易被儿童理解。学前儿童思维过程是具体事物可以在眼前，也可以不在眼前，但头脑中必须有事物的表象，依靠表象进行理解和想象。比如，学前儿童听故事时，教师常常借助绘本、音频、视频等帮助儿童理解故事。

学前儿童思维的形象性，表现在儿童依靠事物的形象来思维。学前儿童的头脑中充满着各种各样的颜色和形状等事物的生动形象。比如，爷爷总是长着白胡子，奶奶总是头发花白的；穿军装的才是解放军；兔子总是"小白兔"等。

（三）愿意接受任务

教师给学前初期儿童布置任务，一般需要结合他们的爱好和心情。严格地说，学前初期儿童还不能理智地按任务的要求行动。如前所述，学前初期儿童的行动往往受情感支配，常常是无意性的。学前中期儿童开始能够接受严肃的任务。在实验室进行的一些比较单调的任务，都只能从 4 岁开始。4 ~ 5 岁学前儿童的有意注意、有意记忆、有意想象等过程都比 3 岁学前儿童有较大发展，自我控制发展迅速。在坚持性行为的实验中，4 ~ 5 岁学前儿童的坚持性行为发展最为迅速，其增长程度比 3 ~ 4 岁和 5 ~ 6 岁都大。在日常生活中，4 岁以后的学前儿童对于自己所担负的任务已经出现最初的责任感。学前初期儿童完成值日生任务常常还是出于对完成任务过程的兴趣，或对所用物品的兴趣。学前中期儿童开始理解值日工作是自己的任务，并对自己或别人完成任务的质量有了一定要求。

4 岁以后的学前儿童之所以能够接受任务，与他们思维的概括性和心理活动有意性的发展密切相关。由于思维的发展，他们的理解力增强，能够理解任务的意义，由于心理活动有意性的发展，学前儿童行为的目的性、方向性和控制性都有所提高，这些都是接受任务的重要条件。

（四）喜欢玩游戏

学前儿童都喜欢玩游戏，玩游戏是最适合学前儿童心理特点的活动。学前初期儿童已经有游戏活动经历，但是他们还不大会玩，需要成人领着玩。4 岁左右是游戏蓬勃发展的时期。学前中期儿童不但爱玩而且会玩，他们能够自己组织游戏，自己规定主题。他们不再像学前初期儿童那样，出现许多平行的角色。他们会自己分工，安排角色，组织游戏。学前中期儿童游戏的情节也比较丰富,内容多样化。在沙坑里玩沙子,能够发展起钻地洞的游戏;搭积木时,在搭好"动物园"后,接着玩动物园游戏。游戏内容和形式不但反映日常生活的事件,还经常反映电影电视里的故事情节。

学前中期儿童在游戏中逐渐结成同龄人的伙伴关系,不再总是跟着成人,而是用更多的时间和小朋友相处,一同游戏,只有遇到困难的时候他们才求助于成人,或者是请求帮助解决活动中的实际障碍,或者是请求判断是非,有时则是要求成人对他们的成功加以肯定。

可见,从4~5岁开始,学前儿童的人际关系发生了重大变化,同伴关系打破了亲子关系和师生关系的优势地位,开始向同龄人关系过渡。当然,这时的同伴关系还只是最初级的,结伴对象很不稳定,成人的影响仍然远远大于同伴的影响。

三、5~6岁儿童心理发展的年龄特征

5~6岁属于学前晚期,这一时期学前儿童的心理特点表现为以下几点。

(一)好学好问

好奇是学前儿童的共同特点。学前初期和学前中期儿童的好奇心较多表现在对事物表面的兴趣上。他们经常向成人提问题,但问题多半停留在"这是什么""那是什么"上。学前晚期儿童与其不同,他们不光问"是什么",还要问"为什么"。问题的范围也很广,天文地理,无所不有,他们渴望知道答案,因此常常向成人寻求帮助。当他们从成人那里得到答案后就会心满意足,但是当成人也给不了答案时,他们会通过阅读书籍、听故事、与同伴讨论等方式尽力地寻找答案。

好学好问是求知欲的表现,甚至一些淘气行为也反映学前儿童的求知欲。家长和教师都应该保护学前儿童的求知欲,不应该因嫌麻烦而拒绝回答孩子的提问。对类似破坏玩具的行为也不要简单地训斥了事,而应该加以正面引导,一边耐心讲道理,一边向学前儿童介绍一些简单的机械原理,满足他们渴求知识的愿望。

(二)思维的抽象概括性

学前晚期儿童的思维仍然是具体形象的,但已有了抽象概括性的萌芽。抽象逻辑思维反映的是事物的本质特征,是运用概念、根据事物的逻辑关系进行的思维。学前晚期儿童抽象思维开始萌芽表现在以下四个方面:

第一,学前儿童思维可逆。学前儿童开始认识到如果在一堆珠子中减去几个,然后再增加相同数目的珠子,这堆珠子的总数将保持不变。

第二,学前儿童的思维表现出去自我中心化。去自我中心化是指学前儿童认识到他人的观点可能与自己有所不同,学前儿童能站在他人的立场和角度考虑问题。比如,学前儿童开始能够解决"三山问题"。

第三,学前儿童开始关注某一物体的多种属性,并开始认识这些属性之间的关系。比如,学前儿童开始认识到一个物体有大小、重量、颜色、形状等多种属性,并且认识到这

些属性是可分离的。

第四,学前儿童可以进行逻辑推理。学前儿童到了 5~6 岁,开始对事物进行逻辑推理。比如,学前儿童知道 A＝B,而 B＝C,则学前儿童能够推理出 A 必然等于 C。由于学前晚期儿童已有了抽象概括能力的萌芽,在教育活动中,教师也应该进行一些简单的科学知识教育,引导他们去发现事物间的内在联系,促进智力发展。

(三)个性初显

学前晚期儿童初步形成了比较稳定的心理特征。他们开始能够控制自己,做事也不再随波逐流,显得比较有"主见",他们对人、对事、对己开始有了相对稳定的态度和行为方式。有的活泼好动,有的文静内敛;有的做事认真,有耐心,有的粗枝大叶,爱急躁;有的乐于表现自己,有的羞于开口;有的爱好唱歌跳舞,有的喜欢绘画等。遇到困难,有的先自己尝试解决,有的先寻求幼儿园教师和同伴的帮助。

对于学前儿童最初的个性特征,成人应当给予充分的关注。教师在面向全体学前儿童进行教育的同时,还应该因材施教,针对儿童的特点,长善救失,促进儿童全面健康地发展。

(四)开始掌握认知方法

5~6 岁的学前儿童出现了有意地自觉控制和调节自己心理活动的方法,在认知活动方面,无论是观察、注意、记忆过程还是思维和想象过程,都有了方法。4 岁以前的学前儿童往往不会比较两个或更多图形之间的异同,而 5 岁以后的学前儿童则能较好地完成任务,因为他们已经掌握了对比的方法,把图形或图形的相应部分一一对应地进行比较。在注意力的活动中,5~6 岁的学前儿童能够采取各种方法使自己的注意力不分散。

学前晚期儿童在进行有意记忆时也运用各种方法。比如,在"跟读数字"测验中,学前儿童一边听任务,一边默默地跟着念。在识记图片时,学前儿童暗暗地以数手指的活动帮助记忆。在识记字形或其他不熟悉的形状时,自行做各种联想,使无意义的形状带有一定意义,以帮助记忆。用思维解决问题时,学前晚期儿童会事先计划自己的思维过程和行动过程。比如,在绘画活动中,学前初期儿童毫不思索就动手去画,学前晚期儿童则要求想一想。他们在头脑中先构思以确定有意想象的目标,做出行动的计划,然后基本上按预定计划去行动。5~6 岁的学前儿童不仅在认知活动中能够采取行动计划和行动方法,在意志行动中也往往用各种方法控制自己。

 拓展阅读

孩子是家长的"影子"①

5 岁半的豆豆经常坐爸爸的车外出,每逢堵车或有人超车时,爸爸总是出言不逊,张嘴就骂,不是骂警察就是骂别的司机。一天,妈妈接豆豆放学,正看见他在幼儿园门口对

① 刘红燕,王永存.学前儿童发展心理学[M].北京:首都师范大学出版社,2017:23.

一个小朋友口出狂言:"小子,你不想活啦,竟敢抢你大爷的玩具。"妈妈非常吃惊,小小的孩子竟能说出这样的话来。

点评:孩子是世界上最伟大的模仿师。他的语言是模仿的,他的行为是模仿的,他的观点是模仿的。家长的兴趣往往会成为孩子的兴趣,家长的坏习惯往往会成为孩子的习惯。班杜拉指出,观察学习是学前儿童学习的一个重要方式。家长的一言一行潜移默化地影响着孩子。托尔斯泰有句名言:"全部教育,或者说千分之九百九十九的教育都归结到榜样上,归结到父母自己生活的端正和完善上。"育人先育己,这是每位家长和教育工作者都应牢牢记住的。

本节小结

本节主要阐述的是3~6岁学前儿童心理发展的年龄特征。3~4岁学前儿童的情绪比较强烈、易波动,喜欢模仿,思维仍带有直觉行动性;4~5岁学前儿童活泼好动,思维呈现具体形象性,愿意接受任务,乐于组织游戏;5~6岁学前儿童好学好问,思维开始抽象概括,个性初具雏形,开始掌握认知方法。理解不同年龄段学前儿童的心理特点并将其灵活地运用在教育实践工作中,从而科学地促进儿童的发展。

思考与练习

一、单选题

1.我国历史上著名的思想家王阳明5岁时还不能开口说话,却能默背祖父的众多藏书,这说明(　　　)。

    A.人的发展具有阶段性　　　　　　　B.人的发展具有不均衡性

    C.人的发展具有顺序性　　　　　　　D.人的发展具有整体性

2.上课时幼儿园教师说:"看,小刚坐得多直!"顿时就有许多学前儿童挺起腰来坐直,而不必逐个点名叫他们坐直。这体现了学前儿童性格(　　　)的特点。

    A.好奇心强　　　　　　　　　B.易冲动

    C.活泼好动　　　　　　　　　D.爱模仿

3.学前儿童经常把动物或一些物体当人来对待,比如经常看见学前儿童和花儿说话。这体现了学前儿童具体形象思维的(　　　)特点。

    A.具体性　　　　　　　　　　B.形象性

    C.经验性　　　　　　　　　　D.拟人性

二、简答题

1.简述学前儿童心理发展的基本趋势。

2.简述学前儿童心理发展的特点。

3.简述学前中期儿童心理发展的年龄特征。

三、论述题

请论述 0～6 岁学前儿童心理发展的年龄特征。

四、材料分析题

材料：

不,一百种是在那里

孩子是由一百种组成的

孩子有一百种语言

一百双手

一百个念头

还有一百种思考、游戏、说话的方式

有一百种快乐,去歌唱去理解

一百种歌唱与了解的喜悦

一百种世界去探索去发现

一百种世界去发明

一百种世界去梦想

（摘自卡洛琳·爱德华兹、莱拉·甘第尼、乔治·福尔曼著,罗雅芬、连英式、金乃琪译:《儿童的一百种语言》,南京师范大学出版社 2008 年版。）

问题：

(1) 你能从诗中读到学前儿童心理发展的什么特点?

(2) 依据这些特点,教师应该怎样对待学前儿童?

模块二

学前儿童认识过程的发展

第三章　学前儿童感觉和知觉的发展

学习目标

素养目标：

充分认识学前儿童感知觉的发展价值，重视对学前儿童观察力的培养。

知识目标：

1.掌握感觉和知觉的含义。

2.理解感觉和知觉的种类、特点。

能力目标：

1.能够分析学前儿童感知觉发展的趋势和特点。

2.能根据学前儿童观察的特点，在一日活动中培养学前儿童的观察力。

内容导航

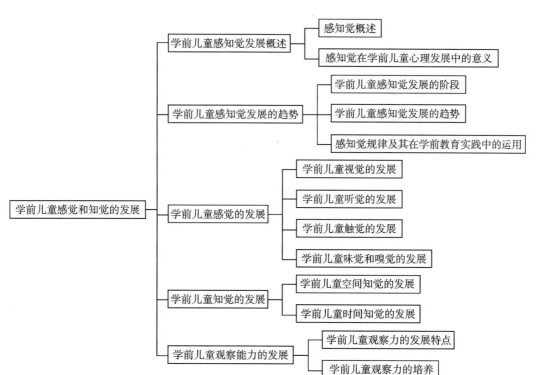

案例导入

1954 年,心理学家 Heron 和他的同事 Bexton、Scott 在加拿大的麦克吉尔大学首先进行了"感觉剥夺"实验研究。他们设计了一个隔离室,在隔离室中,给被试者戴上半透明的护目镜,使其难以产生视觉;用空气调节器发出的单调声音限制其听觉;给手臂和手戴上纸筒套袖和手套,腿脚用夹板固定,限制其触觉。被试者单独待在实验室里,几小时后开始感到恐慌,进而产生幻觉……在实验室连续待了三四天后,被试者产生了许多病理心理现象:出现错觉幻觉;注意力涣散,思维迟钝;紧张、焦虑、恐惧等。实验后需数日才能恢复正常。

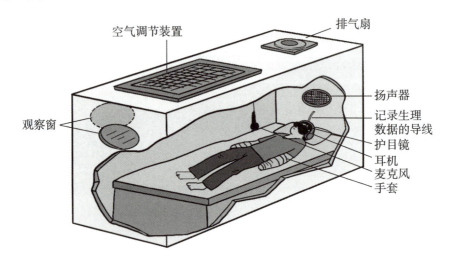

上述实验就是著名的感觉剥夺实验,感觉剥夺能够对被试的心理和行为产生重要的影响作用,这种影响涉及感知觉、记忆、思维、想象等心理过程,也触及了诸如态度、遵从、动机与需要等个性心理特征。人的感觉和知觉一旦被剥夺,就会产生恐慌、幻觉等病理心理现象。感知觉是人们认识外部世界的基础,我们离不开感觉和知觉。感知觉具有哪些特点? 学前儿童感知觉是如何发展的? 如何促进学前儿童感知觉的发展? 本章我们共同探讨这些问题。

第一节　学前儿童感知觉发展概述

感知觉是人们认识事物的开端,一切认知活动都始于人的感知觉。人们根据四季变化而增减衣物,品尝不同风味的地域美食,倾听美妙悦耳的音乐……都离不开感知觉。本节我们就来共同探讨感知觉的概念、种类、特性以及其对学前儿童发展的重要意义。

一、感知觉概述

感知觉是一切高级、复杂心理现象的基础,是联系大脑和客观现实的通道,如果没有感知觉,人就无法接收外部信息,记忆、思维、想象、言语等方面就无法发展。

(一)感觉和知觉的概念

1.感觉的概念

感觉是人脑对直接作用于感觉器官的客观事物的个别属性的反映。任何事物都有一定的属性,比如软硬、温度、颜色等,人们通过眼、耳、口、鼻、舌、皮肤、肌肉等器官感受外界事物的刺激,大脑就产生了反应。感觉是个体最早发生和成熟的心理过程,是人类认识世界的开始,也是人类最简单的心理现象和一切高级、复杂心理现象的基础。比如,在我们面前放着一个橙子,我们用眼睛看到它的颜色是橘黄色,形状是椭圆的;走上前用鼻子闻一闻,有一股清香;切开后尝一尝,味道酸甜酸甜的。橙子的这些属性作用于我们的感觉器官(眼睛、鼻子、舌头),便产生了相应的感觉。

2.知觉的概念

知觉是人脑对直接作用于感官的客观事物的整体、综合的反映。知觉是对事物整体、综合的反映,受过去经验、兴趣、需要、动机、情绪和态度等因素的影响,知觉是比感觉更复杂的心理过程。

我们对事物的整体认识不能只关注它的一种属性,而是要认识事物的多种属性并将其综合起来。知觉是在感觉的基础上,整合各种感觉信息而产生的综合反映,是多种感觉器官联合活动的结果,是记忆、想象、思维、言语等高级心理产生的基础。比如,面对一只小狗,儿童大脑并非只对小狗的叫声或者皮毛颜色的一种属性做出反映,而是将小狗的大小、颜色、叫声等属性综合起来做出一个整体的反映。

(二)感觉和知觉的种类

1.感觉的种类

根据刺激物的来源不同,我们通常把感觉分为外部感觉和内部感觉。外部感觉是由机体以外的客观刺激引起的,一般来说外部感觉有视觉、听觉、嗅觉、肤觉等。其中最重要的是视觉和听觉,人们获取的信息80%是通过视觉,通过听觉获取的信息约占10%,其余信息通过其他感觉获得。内部感觉是有机体内部的刺激引起的,反映机体的自生状态。内部感觉有平衡觉、运动觉、机体觉。(见表3-1)

表 3-1　人类的主要感觉分类

感觉分类	不同的感觉	适宜刺激	感觉器官	获取的信息
外部感觉	视觉	光波	眼	颜色、模式、结构、运动、空间深度
	听觉	声波	耳	噪声、音调
	嗅觉	挥发性气体分子	鼻	气味
	肤觉	外界接触	皮肤	触、痛、温、冷
内部感觉	平衡觉	机械和重力	内耳	空间运动、重力牵引
	运动觉	身体运动	肌肉、肌腱和关节	身体各部分的运动和位置
	机体觉	身体内部状态或需要	身体各内脏器官	饥、渴、性冲动、恶心、胀、便意、痛

2. 知觉的种类

(1)根据知觉过程中起主导作用的分析器不同,将知觉分为视知觉、听知觉、味知觉和触知觉等。

(2)根据知觉对象不同,将知觉分为物体知觉和社会知觉。物体知觉主要是对物体的知觉,包括空间知觉、时间知觉、运动知觉。社会知觉是对人的知觉,包括对自己的知觉、对别人的知觉和人际关系的知觉。

(3)错觉。错觉是对客观事物的不正确的知觉。而在特定的条件下,错觉的产生不可避免。

(三)感觉和知觉的特性

1. 感觉的特性

(1)感觉的测量。并不是所有的刺激物作用于感官都能产生相应的感觉,比如,人耳能听到的声音频率范围是 16～20000 赫兹,也就是说低于 16 次/秒的次声波和高于20000 次/秒的超声波,人耳都是听不到的。所以,只有当刺激物的刺激达到一定的强度或量时,才能引起人体的感觉。多大的刺激才能引起人体的感觉? 什么样的变化才能让人产生差异感? 这就涉及两对重要概念:绝对感觉阈限和绝对感受性,差别感受阈限和差别感受性。

1)绝对感觉阈限和绝对感受性。感受性即感觉器官对适宜刺激的感受能力。人的感受性是不一样的,同样一种刺激,有人感受到了,有人却感受不到。感受性是用感觉阈限来衡量的。感觉阈限就是刚刚能够引起感觉的最小刺激量,与之相应的感觉能力称为绝对感受性。二者在数值上成反比关系,即:$E = 1/I$(E 为感受性,I 为能引起感觉的最小刺激量)。能够引起感觉的最小刺激量越大,人的感受性越低。能够引起感觉的最小刺激量越小,人的感受性越高。

人类几种感觉器官的绝对阈限各不相同,比如,视觉的绝对阈限是人能看见晴朗的黑夜中 50 千米远处的一支烛光;听觉的绝对阈限是在安静的状态下人能听到 6 米远处手表的滴答声;味觉的绝对阈限是人能尝出 7.5 升水中加一匙蔗糖的甜味;嗅觉的绝对阈限是人可以闻到三居室中洒一滴香水的气味;触觉的绝对阈限是人能够觉察出一片蜜蜂翅膀从 1 厘米处落在脸颊上的压力。需要我们注意的是,人的感受性并不是一成不变的,受适应、对比、生活需要、训练等因素的影响。

2)差别感受阈限和差别感受性。多大强度的刺激变化才能使人产生差异感呢?差别感觉阈限是指刚刚能引起差别感觉的刺激物间的最小差异量,与之相应的感觉能力称为差别感受性。二者在数值上成反比关系,差别阈限越小,差别感受性越高。差别感受性受刺激物增加或减少绝对量以及原有刺激物大小等因素的影响。比如,学校走廊原有 5 个 10 瓦的灯泡,现在增加 1 个 10 瓦的灯泡,学生很难发现其亮度发生了变化。但是,如果学校走廊原有 1 个 10 瓦的灯泡,又增加了 5 个 10 瓦的灯泡,那么走廊亮度的增加便极易被察觉。

(2)感觉的基本规律。人的感觉存在一定的规律性,包括感觉适应、感觉对比、联觉、感觉补偿。

1)感觉适应。感觉适应是刺激物持续作用于同一感受器而使感受性变化的现象。适应现象表现为感受性的提高,也会表现为感受性的降低。感觉适应是很普遍的感觉现象。"入芝兰之室,久而不闻其香;入鲍鱼之肆,久而不闻其臭。"这就是嗅觉的适应现象。我们去看电影,刚进入电影院,觉得眼前一片漆黑什么也看不见,过一会儿就能看见了,这是暗适应。相反,从电影院里走出来,最初只感到刺眼,什么也看不清楚,只要过几秒,就能看清楚了,这一过程就是视觉的明适应。还有肤觉的适应,洗澡的时候,刚进去觉得水很烫,但是过几分钟就觉得没那么热了,这是肤觉对温度的适应。不是所有的感觉都可以适应,听觉的适应就不明显,还有痛觉就很难适应,正因如此,痛觉成为伤害性刺激的预警信号而颇具生物学意义。

2)感觉对比。感觉对比就是同一感受器接收不同的刺激而使感受器发生变化的现象。感觉对比分为同时对比和继时对比。同时对比是指两个刺激同时作用于同一感受器时所产生的感觉对比现象。如图 3-1 所示,中间的灰色方块,哪一个亮一些,哪一个暗一些呢?很明显,A 图中的方块亮一些,而 B 图中的方块暗一些。深色背景上灰色显亮,浅色背景上灰色显暗,这就是同时对比的结果。再比如,"万花丛中一点绿""鹤立鸡群","绿"和"鹤"更容易被人看到,就是视觉的同时对比。继时对比是指两个刺激先后作用于同一感受器产生的感觉对比现象。比如,我们吃完糖后再吃苹果,会觉得苹果更酸了;吃完药后吃一颗糖,就会觉得糖更甜了,这就是味觉的继时对比。

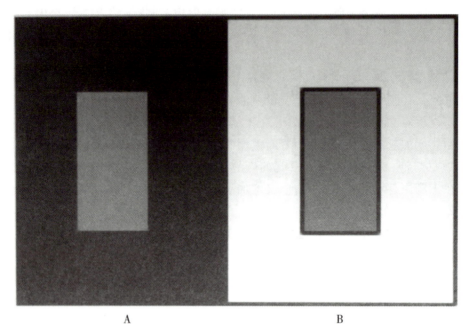

A　　　　　　　　　　　　　B

图3-1　不同背景下的灰色图形①

3）联觉。联觉就是一种感觉引起另一种感觉的心理现象。颜色是最容易引起联觉的。我们把颜色分为冷色和暖色。红色、橘色、黄色会给人以温暖的感觉，我们称为暖色。红色象征热烈、喜庆。比如，过春节时我们会挂上大红灯笼，贴上红色的对联，穿上红色的新衣，以红包的形式表示新春的祝福。蓝色、紫色、绿色给人以寒冷、凉爽和安静的感觉，我们称为冷色。比如，站在大海边望着一望无际的海洋，我们会感到心情平静、心旷神怡。色听联觉是人在听到某种声音时产生的鲜明色彩形象。比如，听《稻香》能让我们头脑中出现一片金黄的稻田。视听联觉是人在声音作用下产生的某种视觉形象。比如，听《贵妃醉酒》会让我们的头脑中不自觉地出现一位美丽的贵妃正在饮酒的画面。

4）感觉补偿。感觉补偿是指由于某种感觉缺失或机能不足，促进其他感觉的感受性提高，以取得弥补与代偿作用。比如，盲人的视觉缺失，但是其听觉、触觉、嗅觉特别发达，以此来补偿丧失了的视觉功能。而失聪的人往往视力特别发达。需要注意的是，这种补偿是由于长期练习获得的结果。感觉补偿的现象恰恰说明了人的感受性可以通过训练得以提高。人们在生活中，长期从事某项工作或某种训练，对某种感觉做精细长期的训练，可以使感受性提高，从而达到"熟能生巧"。比如，一个熟练的车床工人可以看到我们普通人无法看到的缝隙；一位教音乐的教师能精确地分辨微弱的音高偏差；一名老司机单凭汽车发出的声音就能听出汽车的故障在哪里；一个印染工人能分辨几十种不同

①　覃敏，彭本峰.幼儿心理学［M］.南京:南京师范大学出版社,2018:21.

的颜色,而我们普通人只能看出几种。

2. 知觉的特性

（1）知觉的选择性。人所处的环境是纷繁复杂的,人不可能对所处环境中所有事物都进行感知,只能选择一个事物去进行知觉。知觉的选择性是指人受自己的需要和兴趣等因素的影响,有意或无意地把某些刺激信息或刺激的某些方面作为知觉对象,而把其他事物当作背景。知觉的对象与背景是相互转换的,此时的知觉对象可以成为彼时的知觉背景;同样,此时的知觉背景也可以成为彼时的知觉对象。因此,知觉对象和背景不是一成不变的,它们之间不断发生着转换,以保证有意义的事物成为知觉对象,例如,图3-2是知觉对象和背景相互转换的两歧图形。若以黑色部分作为知觉对象,看到的是两个人脸的侧面影像;若以白色部分作为知觉对象,看到的是一个花瓶。

知觉的选择性在日常生活中有很多应用。比如,幼儿园教师用白色的粉笔在黑板上书写授课内容,学生用红笔或荧光笔画出重点知识,这些都是为了优先知觉到黑板或者书中的重点内容。

图3-2　知觉的选择性①

知觉选择对象的影响因素主要有两个方面:①对象和背景的差别。对象和背景差别越大就越容易从背景中选择出来;反之,对象则容易消失在背景之中。比如当大家都穿了黑色衣服,穿红色衣服的你就特别显眼。②刺激物在空间上的接近、连续或形状相似。刺激物本身的结构常常是分出对象的重要条件。在视觉刺激中,凡是距离上接近或形态上相似的各部分容易组成知觉的对象。在听觉上,刺激物各部分在时间上的组合,即"时距"的接近也是我们分出知觉对象的重要条件。

除了以上客观因素,影响知觉选择的主观因素包括:知觉者的需要与动机、兴趣与爱

---

① 张慧超,郭俊伟.普通心理学[M].北京:航空工业出版社,2018:59.

好、目的与任务、已有知识经验及刺激物对其的意义等。比如在同一个空间内,由于每个人的知识经验、兴趣爱好不同,就会有不同的知觉对象。进入一个商场,会有琳琅满目的商品,我们通常会把自己要买的东西作为知觉的对象,也会把自己喜欢的商品作为知觉对象,所以每个人知觉的对象是不同的。

（2）知觉的整体性。知觉对象具有不同的属性,由不同的部分构成,但人们通常不把知觉对象当成孤立的个体,而是把它感知为一个整体,这就是知觉的整体性。比如,一株绿树上开有红花,绿叶是一部分刺激,红花也是一部分刺激,我们将红花绿叶合起来,在心理上所得的美感知觉,超过了红与绿两种物理属性之和。一首乐曲由很多音符组成,但是人们将其知觉为一首乐曲,而不是一个个单独的音符。一个人换了衣服和发型,但是我们仍然能够认出他来。当我们只看到豹子身上的一小块斑点的时候,我们就知道了它是豹子,因为我们知觉的是整体而不是一部分。

知觉的整体性纯粹是一种心理现象。有时即使引起知觉的刺激是零散的,但所得的知觉经验仍然是整体的。知觉对象作为整体主要取决于关键部分的特征,人们通常通过关键部分来识别事物。就像漫画家画漫画时,寥寥几笔,并没有把人物的特征全部表现出来,但只要关键特征出现,我们就可以认出漫画中的人物。如图3-3所示,通过这寥寥数笔的轮廓,我们就能够轻松认出"三毛"。

图3-3　知觉的整体性①

知觉的整体性与知识经验有关。知识经验越丰富,越能识别出事物的关键性特征,从而精确地把握知觉对象。根据此规律,教师在教学过程中一定要从各方面丰富学前儿童的知识经验。

（3）知觉的理解性。在对事物进行知觉时,人们往往会根据自己的知识经验对事物

---

①　刘红燕,王永存.学前儿童发展心理学[M].北京:首都师范大学出版社,2017:38.

进行加工处理并用词语把它标记出来,这就是知觉的理解性。

知觉的理解性是以人的知识经验为基础的,知识经验越丰富对知觉对象理解得越深刻。言语对人的知觉具有指导作用。言语提示能在环境相当复杂、外部标志不很明显的情况下,唤起人的回忆,运用过去的经验进行知觉。言语提示越准确、越具体,对知觉对象的理解也越深刻、越广泛。如图3-4所示,教师向幼儿展示该图片,刚开始,幼儿并没有理解这幅图展示的是什么,教师在一旁加以引导和讲解:"看看这是不是一个小动物呀? 还有一个尖尖的鼻子哦。"很快,幼儿就认出这是一只小狗。在教师用语言提示之后,幼儿就会将成人的引导与自己的知觉结合起来,从而理解这幅图是由很多斑点组成的一只小狗,这就是知觉的理解性的结果。

图3-4　知觉的理解性①

(4)知觉的恒常性。当知觉的条件发生了一定的变化时,我们对知觉的映像仍然保持不变,这就是知觉的恒常性。知觉的恒常性包括大小恒常性、形状恒常性、亮度恒常性、颜色恒常性等。恒常性使人在不同的条件下,始终保持对事物本来面貌的认识,保证知觉的精确性。比如,我们身边有一辆小汽车,离我们很远的地方有一辆公交车,在视网膜成像时,身边的小汽车要比远处的公交车大,但知觉的恒常性让我们保持对事物的正确认识,也就是公交车比小汽车大。又比如,白色的粉笔,无论是在白天还是在夜晚,都会被知觉为白色,这就是颜色恒常性。再比如,我们看到这样一幅图(见图3-5),家里的门,无论是开着还是关着,我们总知道门是长方形的,这就是形状恒常性。

知觉的恒常性主要是过去经验作用的结果。人们对知觉对象的知识经验越丰富,就越能够保持对事物认识的恒常性。知觉的恒常性在我们的工作生活中有着很重要的意义,无论周围环境发生什么样的变化,人们都能够保持对事物本来面貌的认识,这可以让我们更好地认识和适应环境。

① 覃敏,彭本峰.幼儿心理学[M].南京:南京师范大学出版社,2018:30.

图3-5 知觉的恒常性①

二、感知觉在学前儿童心理发展中的意义

感知觉是联系大脑和客观现实的通道,是儿童出现得最早、发展得最快的心理过程,其在学前儿童发展中具有重要意义。

(一)感知觉是最早发生的心理过程,是其他认识过程的基础

感知觉是心理活动中较低级的心理过程。感觉是身体内部或外部刺激直接作用于感觉器官,经过神经系统而传递到大脑产生的一种心理映像。知觉是大脑对有机体内部和外部多种刺激综合属性的反映,反映的是对感觉信息的初步组织、整合、解释。知觉未与思维、言语结合之前仍是一种低级的心理机能,而低级的心理机能往往受遗传因素的影响和制约。

新生儿出生时感觉器官已经较为成熟,神经系统的成熟度较高,因此感觉和知觉能力发展得最快。许多感知觉在儿童期已接近甚至达到成人的水平。这是人与外界环境联系的基础,也直接或间接地为其他认识过程(如记忆、思维、想象等)的产生和发展奠定了基础。让我们以视觉、听觉和思维的关系为例说明这一点。

大脑皮层的不同区域有不同的功能,总体可划分为感觉区、运动区、言语区和联合区。感觉区包括感觉中枢、视觉中枢、听觉中枢、味觉中枢和嗅觉中枢。感觉中枢接收来自各种感觉器官的神经冲动,并对这些信息进行整合加工。视觉中枢位于枕叶内,属于勃路德曼第17区。若大脑两半球的视觉中枢遭到破坏,即使眼睛的功能正常,人也将完全丧失视觉。听觉中枢在颞叶的颞横回处,属于勃路德曼第41、第42区。若破坏了大脑

---

① 刘红燕,王永存.学前儿童发展心理学[M].北京:首都师范大学出版社,2017:39.

两半球的听觉中枢,即使双耳的功能正常,人也将完全丧失听觉。①

视觉中枢和听觉中枢如果在童年时期出了毛病,就会影响思维的发展。原因就在于童年时期儿童的思维具有具体性、形象性的特点,其对客观事物的认识主要依赖于感知觉,看一看、听一听是儿童获取外部信息和直接经验的主要途径。如果大脑的视觉中枢和听觉中枢出现了问题,外部信息就无法通过眼睛和耳朵进入儿童的头脑中,从而导致儿童无法获取丰富的感知经验。

思维具有间接性和概括性的特点,思维的发展必须建立在直接经验的基础上,对于儿童而言,直接经验的多少将直接影响其思维能力的发展。大脑的视觉中枢和听觉中枢如果在成年期出了毛病,此时成人的思维能力已经形成,其头脑中已经积累了大量直接经验,他们凭借这些已有的经验去认识外部世界,所以其思维能力并未下降。综上所述,感知觉是认识的来源,是高级心理活动得以发展的基础。

(二)感知觉是学前儿童认识外部世界的主要方式

感觉器官是婴儿认识和理解周围世界,建构自我世界的重要通道。许多研究表明,自胎儿时期人就已经开始借助听觉、视觉、触觉、味觉、运动觉等感知觉熟悉和适应环境。感知觉是儿童出生之后出现得最早、发展得最快的认识过程。在感知觉发展的基础上,记忆、想象、思维等高级心理机能才得以发展起来。感知觉是学前儿童认识世界和认识自我的主要方式。让我们以视觉、听觉、触觉为例说明这一点。

科学实验证明,婴儿的视力在6个月时就基本上达到了成人的水平。视觉是人最重要的知觉,婴儿出生后就开始用眼睛认识周围的事物,2~3个月的婴儿会"追物",且对喜欢的物体注视时间较长。处于学前阶段的儿童更是如此。比如,在去幼儿园的路上,看到初升的太阳,他们会兴奋地对妈妈说:"妈妈,太阳像一个巨大的蛋黄。"看到公园里五颜六色的花儿,他们也会情不自禁地走上前去,嘴里说着:"这是红色的花儿,这是黄色的花儿……"听觉方面,出生不久的婴儿就能辨别声源,能够区别不同的人以及物体发出的声音,并能确定方位。比如,母亲和陌生人同时呼唤婴儿,婴儿会快速转向母亲所在的方位,同时表现出愉悦的情绪。学前儿童在面对不同声音时,也会做出不同的身体反应,进而认识不同事物的属性。比如,鞭炮声响起,他们会迅速捂住耳朵;听催眠曲,会不自觉地闭上眼睛。此外,学前儿童通过触觉认识事物,通过触摸周围的物体获取其物理性能,比如光滑或粗糙,柔软或坚硬,锋利或粗钝,冷或热等。通过摸一摸,他们感知到汽车的外壳是硬的,座位是软的,轮胎有弹性等。洗脸、洗澡时,让儿童自己用手试水温,从而了解水有凉的、温的和热的,知道喝开水前要晾一晾。综上所述,感知觉是学前儿童认识和了解外部世界的主要途径,学前儿童认知的发展离不开感知觉。

(三)感知觉在学前儿童的认识活动中仍占主导地位

随着年龄的增长,儿童陆续出现了言语、思维等心理过程,认知结构的组成成分也发生

---

① 张慧超,郭俊伟.普通心理学[M].北京:航空工业出版社,2018:22-23.

了很大变化,但各组成成分之间的力量仍十分不均衡。由于感知觉出现得最早,发展得也最快,其力量相对大于后来出现的几种认识过程。虽然从长远来看,"后来者居上",但在整个儿童期,感知觉在其认识活动中仍占主导地位,即使是思维活动,也摆脱不了它的制约和影响。①

皮亚杰通过"守恒实验"证明了处于前运算阶段(2~7岁)的儿童还不具备"守恒概念",处于这个阶段的儿童只能从一个维度看待问题。实验的开始首先给儿童呈现两个一模一样的玻璃杯(a和b),杯子的粗细和高度均相同,杯子里装有等量的染色的水。待儿童确认两杯水一样多后,当着儿童的面把其中一个玻璃杯(b)里的水倒入一个略粗一些的玻璃杯(c)里,放在儿童面前,问现在这两个玻璃杯(a和c)里的水是否一样多。这时儿童会认为两杯水不一样多,a中的水比c多,因为a的水面看起来比c的水面高(如图3-6所示)。在这个实验中,儿童似乎宁愿相信自己的眼睛,也不肯相信自己的判断。这充分说明学前儿童的感知觉在其认识活动中的主导地位以及与思维活动的特殊关系。学前也正是因为这种特殊关系,学前儿童的思维才有了所谓的"直觉行动思维""具体形象思维"和"抽象逻辑思维萌芽"的区分。

图3-6 守恒实验

综上所述,学前儿童的感知能力发展得越充分,记忆贮存的知识经验就越丰富,思维、想象发展的潜力就越大。因此,国内外很多教育家认为教育应注重"感知教育"。比如意大利教育家蒙台梭利认为,智力的发展首先要依靠感觉,只有利用感觉的搜集和辨别,才能产生初步的智力活动。3~6岁是儿童发展感觉功能的重要时期。通过发展感知觉,帮助儿童形成概念,建立逻辑思考能力,并能培养其手眼协调能力,专心独立,建立秩序感,并为写、读、算做准备。通过适当的教具,科学地刺激儿童的感知觉,将帮助他们成为一个敏锐的观察者,也更容易适应现在和未来的实际生活。

① 陈帼眉,冯晓霞,庞丽娟.学前儿童发展心理学[M].北京:北京师范大学出版社,2013:76.

拓展阅读

图形——背景规律的应用①

在阳光照射下,白色物体比其他颜色的物体更容易被发现。一座白色房屋看起来要比地平线的天空和周围较暗的背景亮得多,形成了鲜明的对比,在很远的地方也能看清楚。但是,在阴天或在阴影中,白色物体和天空背景的亮度差别较小,看起来就不明显。如果有雾,白色物体所反射的光亮穿过雾以后减弱了,同时雾中的漫射光线均匀地照在周围原来较暗的背景上而使背景的亮度增大,因此物体与背景的亮度对比减小,也不易辨认出来。在阴天或有雾的时候,黑色物体与周围背景的亮度对比程度最大,所以最容易看清楚。因为人要从各个方向和在各种天气条件下观看信号设施,所以灯塔、栏杆、路标常漆上白色和黑色相间的条纹。

在军事中常常利用知觉对象与背景的规律来发送信号、进行伪装和发现目标。如果物体与背景的颜色相同,便不容易区分出来,当二者是互补色的时候,最容易分辨出来。例如,航海中的信号旗虽然面积不大,但是与海面、舰艇的颜色形成鲜明的对比,所以很容易被看到。在白天,黄是鲜明的颜色,做信号用是有利的;在夜晚,绿、蓝、红较鲜明,是信号灯光的有利颜色,而黄是不利的颜色。为了在各种颜色背景上和各种明暗条件下辨认目标,信号标志通常是由红和黄两种颜色设计的。

为了隐蔽目标,在伪装中应设法使物体和周围背景的颜色相同,因此,军事设施、车辆、飞机等都漆上与环境类似的颜色。有时候也用破坏对象轮廓的办法进行伪装,特别是被伪装的物体需要在各种颜色的背景上活动的时候,只用一种颜色进行伪装比较困难,所以常采用不固定形状的斑点和条纹或利用网纹进行伪装。当伪装的物体和周围的物体形成交错重合的画面,就破坏了对象组成部分的结构。由于物体的某些部分难以辨别出来,人便无法推测伪装物体的外形了。

本节小结

本节主要阐述了感知觉的定义、感知觉对学前儿童心理发展的意义和价值,感觉和知觉作为人们认识世界的通道,其种类和规律也是学前教育者应该掌握的。知觉有选择性、整体性、理解性、恒常性四种特性,学习知觉的特性能够帮助学前教育者在日常工作中更好地感知学前儿童并进行指导。

---

① 张慧超,郭俊伟.普通心理学[M].北京:航空工业出版社,2018:59-60.

第二节　学前儿童感知觉发展的趋势

感知觉是人类获得信息和认识世界的一种重要方式,它随着人类认知能力的发展而逐渐演化和发展。

一、学前儿童感知觉发展的阶段

学前儿童感知觉的发展具有一定的阶段性。

（一）原始感知的发展阶段

儿童最初的感觉是与生俱来的。儿童出生时,已经有各种感觉,这些最初的感觉是生理性活动,同时又是原始的心理活动。知觉在儿童出生后不久,已经在感觉的基础上发展起来。因此,从新生儿期开始,就很少有纯粹的感觉。感知过程是对刺激物初级的分析和综合。在原始的感知发展阶段,对刺激物的分析和综合能力是很低的,以后这种能力不断地提高。

（二）从知觉概括向思维概括的过渡阶段

婴儿出生后第一年,认识事物依靠的是知觉的恒常性。1 岁以后,随着语言的萌芽和发展,知觉的概括性水平逐渐提高。随着儿童语言和思维的发展,知觉的概括逐渐向思维的概括过渡。

（三）掌握知觉标准和观察力的发展阶段

3 岁以后,儿童对物体的知觉,比如对空间和时间的知觉,渐渐和有关的概念相联系。与此同时,学前儿童的知觉活动已发展到能够进行观察,即有目的、有意识地去知觉。4～5 岁以后,儿童的观察力进一步发展,能够掌握观察方法。

二、学前儿童感知觉发展的趋势

学前儿童感知觉发展呈现以下趋势:

（一）感知的分化日益细致

感知过程必须从对所感知对象的分析或分解开始。学前儿童最初的感觉表现为无条件反射,已带有分化的成分,但是分化性很差。比如,新生儿对任何触及嘴唇或面颊的东西都会做出吸吮反应。随着分析器的成熟,特别是分析器中大脑皮层部分的成熟、经验的积累、语言的发展,学前儿童感知的分化水平逐步提高。但是,直到入学时,儿童还可能分不清近似的事物。

（二）感知过程趋向组合和协调

各种分析器成熟的时间早晚不同,因而相应感知觉的出现和发展的时间也有迟早之别。一般来说,最早出现的是单个感觉器官的感觉和知觉。比如,新生儿对温度刺激有反应。但是一些研究认为,婴儿出生后已经开始有不同感觉器官的协调活动,比如视与听、触与视等组合而成的知觉。出生后第一年,对时间和空间的知觉,对整个事件、物体和场所的知觉迅速发展起来。学前儿童期,这些复合和复杂的知觉也有较大发展。

(三)感知过程概括化和系统化

感知过程分析综合水平的提高,表现为既能对客体进行细致的分化,又能分清主要和次要,并且对事物的特征进行概括的反映,把主次特征组成系统。5 岁之前的儿童常常按某个显眼的特征辨认物体。比如,儿童根据一个扣子找到心爱的玩偶,根据颜色辨认苹果、芒果、草莓,根据形状选择搭建游乐场的材料。而 5~6 岁的儿童则能学会通过物体多种特征的分析综合来认识它。比如,教师出示一个机器人卡通图片,儿童会通过分析它的整体以及各部分构成得知这是一个餐饮服务机器人,而不是工业机器人。

(四)感知过程的主动性不断增加

学前儿童的感知从一开始就有主动性,这种主动性随着学前儿童的成长不断增长。学前儿童感知过程的主动性最初表现为选择性,对不同客体表现出不同的感知倾向。在儿童期的观察活动中,特别是用眼和手以及其他感官去感知事物的过程中,更明显地表现出感知的选择性和目的性。比如,观察树叶活动中,学前儿童会先用眼睛看一看,然后拿在手中摸一摸,甚至闻一闻,通过眼睛和手感知树叶的形状和结构。

(五)感知过程的效率不断提高

随着感知过程分化和综合水平提高,感知过程系统性和目的性的加强,学前儿童感知过程的效率逐渐提高,不但可以感知许多以前不能感知到的事物及其特性,还能够抓住关键性特征,减少多余动作,通过较少的感知动作获得更多的有效信息。比如,学前儿童看到满地的落叶,不仅仅是看到树叶变黄了、变干了,而是能够通过落叶知道秋天马上就到了。

三、感知觉规律及其在学前教育实践中的运用

感知觉发展存在适应性、对比性、补偿性等规律,学前教育工作者利用这些规律,可以更好地开展教育教学活动。

(一)感受性变化规律

1.感觉适应

感觉是由于分析器工作的结果而产生的感受性,会因刺激持续时间的长短而降低或提高,这种现象叫作适应现象。根据感受性变化的规律,教师在组织教育和生活活动中,要有效利用学前儿童的各种感觉适应现象。幼儿园各班活动室都应有通风换气设施,以保证空气清新。由光线较强的室外进入光线较暗的室内时,要让学前儿童有暗适应的过程,以避免学前儿童发生摔跤、踩踏等安全事故。播放音乐给学前儿童听,不应声音过

大,以免学前儿童的听觉感受性下降,甚至损失听力。在教育活动中避免单一的刺激持久作用于学前儿童,否则会使学前儿童对其变得不敏感,影响学前儿童参与活动的兴趣。

2.感觉对比

前文已经提及,同一分析器的各种感觉会因彼此相互作用而使感受性发生变化,这种现象叫作感觉对比。掌握感觉对比规律对幼儿园教师在制作和使用直观教具,提高学前儿童感受性方面具有重要意义。比如,用颜色对比,可以使活动室的美术装饰互相衬托;制作多媒体课件可以利用视觉对比,突出要演示的对象,使学前儿童看得清楚,印象深刻。此外,为学前儿童准备膳食也要考虑味觉的对比现象,可以先咸后甜或先酸后甜。

3.感觉补偿

感觉补偿规律给特殊儿童的教育带来了启示。在教育过程中,我们可以对残疾儿童进行感觉补偿训练,从而帮助残疾儿童获得生活自立的机会和条件。比如,对盲童进行听觉补偿训练和触觉补偿训练。听觉补偿训练包括声响定向、各方杂乱声响综合定向、回声定向(前方回声、侧面回声)。触觉补偿训练包括足底触觉定向、气流压力定向、盲杖震动定向。

(二)知觉中对象与背景的关系

只有对象与背景分离时,人才能产生相应的知觉。对象与背景之间可以相互转化,知觉也会随之变化。把对象从背景中分离出来,受以下几种因素影响:

1.对象与背景的差别

对象与背景的差别越大,对象越容易从背景中区别出来;反之,对象则容易消失在背景之中。因此,教师要根据一定的教学目的,适当运用对象与背景关系的规律。教师的板书、挂图和实验演示,应当突出重点,加强对象与背景的差别。比如,板书时,使用不同颜色的粉笔突出教学重点;在科学发现室,将人体器官的平面图挂在教室前的空白墙面上,更容易被学生知觉到。学生对教材的重点学习内容,应尽量使用波浪线、直线或用彩色笔画线,使它们特别醒目,容易被自己知觉。另外,教学指示棒与直观教具的颜色不要接近,如果颜色过于接近,学生很难知觉。

2.对象的活动性

在固定不变的背景上,活动的刺激物容易被知觉为对象。学前儿童爱看动态的物体就是与此规律有关。根据这个规律,教师应尽量多地利用活动模型、活动玩具以及幻灯片、录像等,使学前儿童获得清晰的知觉。比如,在幼儿园科学教育活动"认识水果"中,教师可以播放《水果分类》动画视频,也可以通过不断展示水果实物来吸引学前儿童的注意力。

3.刺激物本身各部分的组合(相邻性原则)

在视觉刺激中,凡是距离上接近或形态上相似的各部分容易组成知觉的对象。在听觉上,刺激物各部分在时间上的组合,即"时距"的接近也是我们分出知觉对象的重要条件。比如,教师在绘制挂图时,为了突出需要观察的对象或部分,周围最好不要附加类似的线条或图形,注意拉开距离或加上不同的色彩。凡是说明事物变化与发展的挂图,更应注意每一个演进图之间的距离,不要将它们混淆在一起。另外,教师讲课的声调应抑扬顿挫,如果教师讲课平铺直叙,变化很少,几无停顿,学前儿童就不容易抓住重点。

4.教师的言语与直观材料相结合

语词的作用可以使学前儿童知觉的效果大大提高,有些直观材料,只让学前儿童自己观察不一定看得清楚,如果加上教师的讲解,学前儿童就能很好地理解。因此,教师对直观材料的运用,必须与正确的言语讲解结合起来。通过讲解联系学前儿童已有的知识经验,并调动其学习兴趣,教学才能够收到较好的效果。比如,教师为儿童讲故事《我妈妈》,一边利用多媒体课件展示绘本故事图片,一边绘声绘色地讲述:"这是我妈妈,她真的很棒。我妈妈是个手艺特好的厨师……"通过生动的图片欣赏和真挚的语言讲述,学前儿童真切地体会到了妈妈的多才多艺、辛苦付出以及妈妈对孩子的爱。

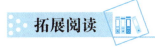 **拓展阅读**

马赫带现象

所谓马赫带,是指人们在明暗变化的边界上,常常在亮区看到一条更亮的光带,而在暗区看到一条更暗的线条。然而,实际上亮区的明亮部分与暗区的黑暗部分在刺激的强度上和该区其他部分相同,而我们看到的明暗分布在边界处却出现了起伏现象(见图3-7)。可见,马赫带不是由于刺激能量的实际分布,而是由于神经网络对视觉信息进行加工的结果。

图3-7 马赫带现象①

我们可以用侧抑制解释马赫带的产生。由于相邻细胞间存在侧抑制的现象,来自暗

---

① 张慧超,郭俊伟.普通心理学[M].北京:航空工业出版社,2018:51.

明交界处亮区一侧的抑制大于来自暗区一侧的抑制,因而使暗区的边界显得更暗;同样,来自暗明交界处暗区一侧的抑制小于亮区一侧的抑制,因而使亮区的边界显得更亮。

在日常生活中,经常可以观察到马赫带现象。例如,当我们凝视窗棂时,会觉得木条两侧各镶上了一条明亮和浓黑的线,即在木条这边出现一条更明亮的线条,在木条那边出现一条更暗的线条。在观察影子的时候,在轮廓线的两侧也会看到马赫带现象:暗的地方更暗,亮的地方更亮。

本节小结

本节首先介绍了感知觉发展的三个阶段:原始感知的发展阶段、从知觉概括向思维概括过渡的阶段、掌握知觉标准和观察力的发展阶段。其次,感知觉呈现感知的分化日益细致、感知过程趋向组合和协调、感知过程概括化和系统化、感知过程的主动性不断增加、感知过程的效率不断提高的发展趋势。最后,我们在学前儿童教育中应该做到灵活运用感知规律。

第三节　学前儿童感觉的发展

学前儿童感觉的发展主要包括视觉的发展、听觉的发展、触觉的发展、味觉和嗅觉的发展。

一、学前儿童视觉的发展

在婴儿的所有感觉器官中,眼睛是最活跃、最主动、最重要的感官,而视觉却是新生儿身上最不成熟的感觉。学前儿童视觉的发展主要表现在三个方面:视觉集中、视敏度和颜色视觉。

(一)视觉集中

视觉集中是指通过两眼肌肉的协调,能够把视线集中在适当的位置观察物体。刚出生的婴儿,双眼不能协调运动,经常是一只眼偏左,一只眼偏右,或者两只眼睛对起来。遇到光线,眼睛就会眯成一条缝或是闭上。大约半个月以后,双眼才协调起来。视觉集中现象在婴儿出生2个月后比较明显,婴儿对鲜艳明亮的物体尤其是人脸容易产生视觉集中,能够追随水平方向移动的物体;3个月时能追随物体做圆周运动,这种能力在头半年持续提高。随着婴儿的成长,视觉集中的时间和距离逐渐增加,3~5周的婴儿能对1~1.5米处的物体注视5秒;3个月的婴儿能对4~7米处的物体注视7~10分钟;5~6个月的婴儿能注视较远处的物体。

（二）视敏度

视敏度即视觉敏锐度,是指人分辨细小物体或远距离物体细微部分的能力,也就是人通常所称的视力。视力主要靠晶状体的变化来调节。看远处的物体,睫状肌放松,晶状体变得扁平;看近处的物体,睫状肌则收缩,晶状体随之变凸。因此,通过睫状肌的松紧调节,近处或远处物体恰好清楚地成像于视网膜上。新生儿晶状体不能变形,因而投射到其视网膜上的形象比成人模糊。[①]

影响视敏度的因素主要有物理、生理、心理因素等。物理因素包括亮度、物体与背景之间的对比度、光的波长等;生理因素包括遗传、年龄、视网膜适应状态、瞳孔大小等;心理因素包括疲劳适应和练习等作用。

婴儿视敏度的测量方法有视觉偏好法、视动眼球震颤法、视觉诱发电位测量法。大多数研究表明,新生儿具有一定程度的视敏度,出生1天的新生儿,其视力相当于成人的20/150。婴儿期视敏度的改善极其迅速,不少研究认为,半岁到1岁期间,儿童的视力已可达到成人的正常水平。[②] 也有研究认为,学前儿童的视觉敏锐度比成人低,在整个学前儿童期,视觉敏锐度处于不断提高的状态。并非人的年龄越小,视力越好,随着学前儿童年龄的增长,其视觉敏锐度也在不断提高,但发展速度并不均衡。这些都是学前儿童视力发展的一般情况。

事实上,学前儿童的视力存在很大的个别差异。先天视力缺陷的儿童与正常儿童在视力方面的差异显而易见,正常儿童也存在视力差异,有的儿童远视,有的近视,有的弱视。

视力是视觉功能的一个重要方面,对儿童而言,保护视力是非常重要的。科学用眼,保护视力,预防近视,要注意这几点:一是规范的坐姿。无论是看书还是其他活动,儿童都要保持正确的坐姿,背部挺直,两肘平放在桌上。随着儿童身高的增长,家长和幼儿园还要注意调整桌椅的高度。二是充足的光照条件。让儿童在光线充足的地方阅读图书或者玩游戏,有利于儿童的视力。三是图书、玩教具上的字体形象应大而清晰。四是定期检查视力。一旦发现视力问题,应及时矫正或治疗。

（三）颜色视觉

颜色视觉是指区别颜色细微差异的能力,也称辨色力。学前期,颜色视觉的发展主要表现为区别颜色细微差别能力的继续发展。与此同时,学前儿童对颜色的辨别往往和掌握颜色名称结合起来。

1. 学前初期(3~4岁)

3~4岁的学前儿童已能初步辨认红、橙、黄、绿、蓝等基本色,但在辨认紫色等混合色及蓝与天蓝等近似色时往往较困难,也难以说出颜色的正确名称。

---

① 魏勇刚.学前儿童发展心理学[M].北京:教育科学出版社,2021:63.

② 陈帼眉,冯晓霞,庞丽娟.学前儿童发展心理学[M].北京:北京师范大学出版社,2013:79.

2. 学前中期(4~5岁)

大多数4~5岁的学前儿童能认识基本色、近似色,并能说出基本色的名称。

3. 学前晚期(5~6岁)

5~6岁的学前儿童不仅能认识颜色,而且在画图时能运用各种颜色调出需要的颜色,并能正确地说出黑、白、红、蓝、绿、黄、棕、灰、粉红、紫等颜色的名称。

学前儿童的颜色视觉能力可以通过训练得以提高。学前儿童的颜色视觉存在个体差异和性别差异。一般情况下,女孩辨别颜色的能力比男孩强。

颜色视觉的缺陷包括色弱、局部色盲和全色盲。色弱是指辨别颜色的能力较一般人差。局部色盲可分为红绿色盲和蓝黄色盲,前者较为常见。全色盲是指患者的视野中只有灰色和白色,丧失了对颜色的感受性。色盲大多数是先天的,色盲患者在生活和学习中会有一些不便,家庭和幼儿园可以通过色盲检查确定学前儿童是否色盲。

二、学前儿童听觉的发展

听觉是儿童探索外部世界、获取环境信息的重要渠道。听觉是个体对声音刺激的物理特性的感觉。婴儿自出生起就有听觉反应。对胎儿的研究结果表明,5~6个月的胎儿已开始建立听觉系统。相对于物体的声音,新生儿更偏爱人的声音,其中最爱听母亲的声音。除此之外,新生儿爱听柔和的或高音调的声音。新生儿的听觉往往和视觉协调发展,出生后半个月已经很明显,比如新生儿听见人声时,眼睛会朝着声音方向转去。3个月后,婴儿有意义的听觉活动逐渐发展。6个月的婴儿能够敏感地识别母亲的声音。7个月以后,婴儿的听觉发展主要和语言发展联系起来。7个月到1岁的婴儿已经可以分辨不同的声音,尤其是母亲的声音,这时叫婴儿的名字婴儿多半会有反应。1岁到1岁半的儿童,会按照大人的指令做动作,会随着音乐节拍手舞足蹈。

对于年龄小的儿童而言,言语是非常复杂的,他们不能辨别语音,故此阶段他们的言语听觉能力较差。随着年龄的增长,儿童的言语听觉能力发展明显。学前中期,儿童可以辨别语音的微小差异;学前晚期,儿童几乎可以非常轻松地辨别母语的各种语音。

三、学前儿童触觉的发展

触觉是皮肤受到刺激产生的感觉,是肤觉和运动觉的联合,尤其是在2岁以前,由于学前儿童的言语发展尚不成熟,主要依靠动作和触觉认识世界,触觉在学前儿童认知中占有重要地位。2岁以后,随着儿童视觉、听觉的发展,触觉所起的作用相对减少。在整个学前期,儿童还是主要依靠触觉、视觉、听觉等感知觉的协同活动来认识外部环境。

(一)口腔触觉

新生儿一出生就有触觉反应,很多天生的无条件反射都有触觉的参与,比如吸吮反射。当用乳头或手指碰新生儿的口唇时,婴儿会相应出现口唇及舌的吸吮蠕动,这就是吸吮反射。婴儿主要通过口腔和手来探索事物。婴儿经常把自己的手,或是手抓到的东西放到嘴里吸吮,感觉一下味道、质地、形状等,并以此来认识事物。6个月以后,婴儿会坐了,手眼的协调完成了,能够主动抓到的东西更多了,几乎把所有的东西都放到嘴里去感知。

1岁以前口腔是婴儿最重要的认识手段,1岁以后很长的一段时间,在2岁以前甚至3岁前,孩子无论拿到什么东西,即便是地上捡到的东西也往嘴里放,因此很多玩具都标注3岁以下儿童不宜。家长和幼儿园教师也要把特别细小的物体、药片放在孩子拿不到的地方,以免发生危险。

（二）手的触觉

学前儿童通过触觉认识世界的另一个重要手段就是手。手的触觉活动主要经历两个阶段:手的本能性触觉反应阶段和视触协调阶段。

手的本能性触觉反应表现在婴儿刚出生时就有手的触觉反应。手的抓握反射说明新生儿手的触觉已经存在。2个月时,婴儿无意间碰到物体会抚摸它,会用自己的一只手去抚摸另一只手,也会沿着物体的边缘摸来摸去,但这种抚摸没有任何的方向,也没有目的,是早期的一种触觉探索。3个月时,婴儿的小手无意间碰到玩具,会把玩具弄响,但这只是手的无意动作带动了玩具发出响声,这种抓握依然是无意的、偶然的。大约4个月的时候,婴儿看见眼前的物体有了想抓住的愿望,但这时手的动作和眼睛的配合还不够协调,表现出来就是伸出去的手围着物体打转,却总是抓不到。到了4~5个月的时候,手眼协调了,孩子就可以抓住看见的东西,开始逐渐学会用手抓握物体、摆弄物体。

视触协调主要表现为手眼探索活动的协调。手眼协调活动是婴儿认知发展过程中重要的里程碑,也是手真正探索活动的开始。

手眼协调动作出现的主要标志是伸手能抓到东西。产生这种动作所要求的知觉条件有三个:①知觉到物体的位置——主要是视觉;②知觉到手的位置——主要是动觉;③视觉指导手的触觉活动。

在成长的过程中,儿童表现出喜欢故意扔东西玩,扔完了就发出"嗯嗯"的声音,要求大人帮着捡起来,然后又扔掉。其实,这是一件很有意义的事情。说明他们能够初步有意识地控制自己的手了,这是脑、骨骼、肌肉以及手眼协调活动的结果。反复扔东西,对于训练学前儿童眼和手活动的协调性大有好处,对于听觉、触觉的发展,以及手腕、上臂、肩部肌肉的发展也有促进作用;通过扔东西,还可使儿童看到自己的动作能影响其他物质,使之发生形态上或位置上的变化,这是自我意识的最初萌芽。

（三）动觉

动觉也叫运动知觉,是身体各部位的位置和运动状况的感觉。学前儿童动觉的感觉性随年龄的增长而提高,具体表现为学前初期对物体的大小、轻重和形状等属性的感知错误率高,精确性差。到学前晚期,感知的错误明显减少。比如,取同样轻重的两块彩泥,一块搓成三角形,一块搓成正方形,学前初期儿童会认为正方形的彩泥比三角形的彩泥更重,而学前晚期儿童则会认为两者一样重。此外,反映唇、舌、声带等言语器官运动的言语运动觉也在学前儿童的活动中不断发展。

四、学前儿童味觉和嗅觉的发展

（一）味觉的发展

味觉是个体辨别物体味道的感觉。味觉是生来就有的，是婴儿出生时最为发达的感觉。在成人的舌头和软腭上大约有 9000 个味蕾，而婴儿的味蕾数在 10000 个以上。随着年龄的增长，味觉系统逐渐衰退。

新生儿对不同的味觉刺激有不同的反应。比如，婴儿对糖水做吸吮动作，而对酸水的反应是做怪相。出生后 2 个月内，在实验室里，小婴儿可以对普通水、甜水或酸水的味道形成条件反射。3 个月时，对各种主要味觉物质的溶液，已经能够精确分化，能够分辨含糖 1% 和 2% 的两种糖水，也能分辨含盐 0.2% 和 0.4% 的两种盐水。

在日常生活中也可以看到，婴儿对味觉上的差异非常敏感，遇到与习惯了的滋味有细微区别的东西，能立刻辨别出来。几个月的婴儿常常对新食物非常敏感，有时甚至抗拒。从儿童很小的时候，就要使儿童习惯适应各种味道的食物，以免养成偏食的习惯，有损儿童的健康。

（二）嗅觉的发展

嗅觉是指辨别物体气味的感觉。嗅觉是孩子寻找和选择食物的重要手段，新生儿期嗅觉功能很早就开始发挥作用，比如，婴儿的全身性运动、踢腿、呼吸变化等。新生儿已能辨别不同的气味。研究发现，在出生仅 12 小时的新生儿面前挥动沾有香蕉精的棉花球，他们会显露出兴奋的神情；对臭鸡蛋的气味则皱眉、转头，背向臭味飘来的方向。

婴儿出生时已经具有一定的嗅觉能力，随后不断发展，3 岁时对气味的感受性就有了很好的发展。嗅觉的改善一直延续到成人期，然后发生衰退。需要注意的是，嗅觉对人类有一种自我保护功能，嗅觉敏锐可以帮助人及早发现危险（比如烧焦的气味、煤气味等不正常气味），逃避危险。保持儿童敏锐的嗅觉，无疑等于增加了他们对周围环境做出正确判断的能力。

拓展阅读

视线追踪[①]

婴儿的视线追踪能力发展遵循着由点到线再到面的顺序。1~2 个月时，当成人将物品拿到婴儿视野中并来回移动时，婴儿会出现极不明显的追视（以点的方式追视）；在 3 个月时，当婴儿呈现仰卧姿势，可以对在其左右及上下（头足）方向移动的物体进行追视（以线的方式追视），此时婴儿开始用视线追踪经过身边的人，或回头观望自己感兴趣

---

① 河原纪子.0 岁~6 岁幼儿成长保育大全[M].北京:中国青年出版社,2012:19.

的东西,如果视线受到遮挡,会出现反抗;4 个月左右时,婴儿对于运动的物体,无论采用顺时针还是逆时针方式,都可以以仰面的形式完成 360 度流畅追视;5 个月时,婴儿就可以做到全方位追视了。

本节小结

本节首先从视觉集中、视敏度、颜色视觉三个方面阐述了学前儿童视觉的发展;其次,从听觉的产生、辨认以及听觉的感知讲述了 0～6 岁学前儿童听觉的发展;从口腔触觉、视触协调、动觉等方面讲述了触觉的发展;最后,讲述了味觉和嗅觉的发展。

第四节　学前儿童知觉的发展

知觉是一种比感觉复杂得多的心理活动。在知觉客观事物时,人们总是有意或无意地对所获取的信息进行加工,然后归纳到自身已有的认知体系中,进而说出其名称。

一、学前儿童空间知觉的发展

空间知觉包括形状知觉、大小知觉、方位知觉和距离知觉,是用多种感官进行的复合知觉。

(一)形状知觉

形状知觉是对物体形状的辨别,它依靠运动觉和视觉的协同活动。人在注视物体时,视线沿物体的轮廓运动,形成形状知觉。婴儿出生后几天便出现视觉偏好。给婴儿看线条图、靶心图、棋盘图、正方形图、交叉十字、圆形,发现婴儿注视复杂的靶心图和线条图的时间最长。对婴儿注视物体轮廓的眼动研究表明,婴儿更喜欢注视物体的边缘部分。婴儿在识别物体时表现出明显的视觉偏好,与不对称的物体相比,他们更喜欢对称的物体。比如,15 个月的轩轩,总是喜欢正方形的积木,他能够在各种形状的积木中,快速找到正方形积木并开心地玩起来。随着年龄的增长,婴儿对复杂图案的偏好程度逐步增加。

学前儿童的形状知觉发展得很快,通常 3 岁的学前儿童能区别一些几何图形,比如圆形、正方形、三角形等。4～4.5 岁是学前儿童辨认几何图形正确率增长最快的时期。5 岁的学前儿童已能正确辨别各种基本的几何图形。实验表明,学前儿童对八种常见的几何图形的辨别难度有所不同,由易到难的顺序是:圆形→正方形→三角形→长方形→半圆形→梯形→菱形→平行四边形。所以,在幼儿园教学活动中,学前初期儿童已经能基本掌握圆形、正方形、三角形、长方形;学前中期儿童已经能掌握半圆形、梯形、平行四边形;学前晚期儿童已经能掌握较为复杂的平行四边形、菱形、梯形、椭圆形等。

虽然学前儿童已经能辨认图形，但是尚不能完全准确地说出图形名称，因此常常用自己熟悉的事物名称来称呼它们。比如，儿童无法说出椭圆形，但是会说："它像鸡蛋一样。"针对学前儿童的这一特点，教师应根据学前儿童掌握图形的规律，引导其将图形辨认与日常生活经验相结合，由简单到复杂，由易到难，以此辨认图形，在此基础上再指导学前儿童说出图形名称，将形状与名称逐渐对应起来。

（二）大小知觉

大小知觉是人们对物体大小的感知能力。2.5～3岁的孩子已经能够按语言指示拿出大皮球或小皮球，3岁以后判断大小的精确度有所提高。据研究，2.5～3岁是孩子辨别平面图形大小能力急速发展的阶段。

学前儿童对图形大小判断的正确性，依赖于图形本身的形状。学前儿童判断圆形、正方形和等边三角形的大小较容易，而判断椭圆形、长方形、菱形和五角形的大小却有困难。

学前儿童判断大小的能力还表现在判断的策略上。4～5岁的学前儿童在判别积木大小时，要用手逐块地摸积木的边缘，或把积木叠在一起进行比较。而6～7岁的学前儿童，由于经验的作用，已经可以单凭视觉辨别积木的大小。

（三）方位知觉

方位知觉是指对物体的空间关系和自己的身体在空间所处位置的知觉，包括辨别上、下、前、后、左、右、东、西、南、北、中的知觉。

学前儿童方位知觉的发展趋势是：3岁辨别上下方位；4岁开始辨别前后方位；5岁开始能以自身为中心辨别左右方位；6岁学前儿童虽然能完全正确地辨别上下前后四个方位，但以左右方位的相对性来辨别左右仍然感到困难；7岁开始能够辨别以他人为基准的左右方位，以及两个物体之间的左右方位。因此，教师在音乐、体育等教学活动中要采用"镜面示范"，即以学前儿童的角度做示范动作。

（四）距离知觉

距离知觉又叫深度知觉，是人辨别不同物体之间距离的知觉。由于两眼的不同位置，同一刺激在视网膜上的成像有所区别，两眼给大脑提供不同的视觉图像，从而产生深度知觉。双眼视差是产生深度知觉的主要依据。

学前阶段的儿童已经具备一定的生活经验，深度知觉能力也有了很大的发展。他们可以分清所熟悉的物体或场所的远近，但对于比较广阔的空间距离，他们还不能正确感知，还不能很好地掌握透视原理，无法理解"近物大，远物小""近物清楚、远物模糊"等感知距离的视觉信号。因此，他们画出的物体也是远近大小不分。

为了促进学前儿童深度知觉的发展，教师应引导它们观察身边的事物，比如汽车、树木、电视、凳子等，教儿童如何用线段组合成图形。同时教儿童一些判断远近的线索和画法。比如，绘画活动中，同样大小的杯子，近处的要画大些，远处的要画小些。

二、学前儿童时间知觉的发展

时间知觉是个体对客观现象延续性和顺序性的感知。知觉时间与知觉其他事物相比尤其特殊。一方面,作为知觉对象的时间本身没有直观的形象;另一方面,作为知觉主体的人也没有专门感知时间的分析器,因而只能借助于某种反映时间流程的媒介来认识它。这种媒介可以是知觉主体自身的生理变化,比如呼吸、心跳等,也可以是自然界的规律,比如昼夜交替、四季更迭等。

学前儿童的时间知觉表现出四个方面的特点:第一,时间知觉的精确性与年龄呈正相关,即年龄越大,精确性越高;第二,时间知觉的发展水平与儿童的生活经验呈正相关;第三,学前儿童对时间单元的知觉和理解有一个"由中间向两端""由近及远"的发展趋势;第四,理解和利用时间标尺(包括计时工具)的能力与其年龄呈正相关。

(一)学前初期

学前初期儿童已经有一些初步的时间概念,但是往往与他们具体的生活活动联系在一起。生活制度和作息制度在学前儿童的时间知觉中起着极其重要的作用,学前儿童常以作息制度作为时间定向的依据。比如"上午""下午""星期六""星期日"。在理解相对的时间概念方面仍有困难,比如把过去的时间都认为是"昨天",把将来的时间都认为是"明天"。

(二)学前中期

学前中期儿童可以正确理解"昨天""明天",也能运用"早晨"和"晚上"等词。但是对于较远的时间,如"前天""后天"等,理解起来仍有困难。

(三)学前晚期

在前面的基础上,学前晚期儿童开始能辨别"前天""大前天""后天""大后天"等,能够分清早晨、上午、中午、下午、晚上,知道今天是星期几,知道春夏秋冬。但对于更大或更小的时间单位,如几个月、几分钟等,辨别起来仍感到困难。也不能正确理解时间单位,比如不知道"1个月""1小时""1分钟"的意义。

由于时间的抽象性特点,学前儿童知觉时间仍然比较困难,在教育过程中,我们可以借助计时工具或其他反映时间流程的媒介引导学前儿童认识时间。同时培养儿童的时间观念,引导学前儿童养成遵守时间的好习惯。

拓展阅读

颜色知觉的发展①

有研究表明,在婴儿早期,他们更喜欢高对比度和大胆的色彩,而不是饱和的色彩。

---

① 周念丽.学前儿童发展心理学[M].上海:华东师范大学出版社,2017:56.(有改动)

在全白色图和白底彩色(红、绿、黄)格子图之间,婴儿更喜欢白底彩色格子的图案。另一项研究记录了婴儿对蓝、绿、黄、红四色的不同亮度的注视时间,比较发现,婴儿和成人的颜色偏好之间存在不同。出生一个月的婴儿没有表现出任何的颜色偏好,而3个月大的婴儿喜欢波长较长的红色和黄色,成人更喜欢波长较短的蓝色和绿色。有颜色的部分都能吸引婴儿和成人的注意,但是在3个月以前,婴儿是无法分辨不同颜色的。

婴儿在出生几个月后,视觉聚焦能力逐渐提升。3个月左右的宝宝就能像成人那样对物体进行聚焦了。如果这个时候拿一个宝宝喜欢的玩具在他面前移动,就会发现宝宝的眼睛能够慢慢跟随玩具移动。

宝宝对色彩感知的发展使得他们更加偏爱色彩刺激。灰色刺激和彩色刺激相比,宝宝更喜欢彩色。这是因为彩色饱和度高,在视觉上会更醒目,能够吸引宝宝的注意力。在出生几个月之后,宝宝就会显示出这种偏好,看到蓝蓝的天空、红色的花朵,宝宝都会手舞足蹈,眼睛盯着这些色彩鲜艳的物体。

复杂图案的对比敏感度较高。随着婴儿不断成长,他们会更加偏好有着复杂图案的物品。这是因为婴儿更加偏爱有更多对比的图案,而复杂图案的物品对比敏感度较高。

▪▪ 本节小结 📚

本节主要从形状知觉、大小知觉、方位知觉、距离知觉等四个方面详细论述了学前儿童空间知觉的发展。然后,对不同年龄阶段学前儿童时间知觉的发展进行了分析和阐述。对学前儿童空间知觉和时间知觉发展的学习能够帮助我们更好地促进学前儿童知觉的发展。

第五节   学前儿童观察能力的发展

观察是一种有目的、有计划、比较持久的知觉过程,是知觉的高级形态。观察力的发展在3岁以后比较明显,学前期是观察力初步形成的时期。

一、学前儿童观察力的发展特点

(一)观察的目的性增强

随着年龄的增长,学前儿童观察的目的性逐渐增强。学前儿童常常不能自觉地去观察,观察中常常受事物突出的外部特征以及个人兴趣、情绪的支配。学前初期儿童常常忘记观察任务,比如,在学前初期的观察活动中,幼儿园教师给了小朋友一幅图片,图片的内容是草地上有小鸡和小鸭,幼儿园教师问小朋友:"哪些是小鸡,哪些是小鸭?"小朋友大部分不会认真观察,而是在看一些自己喜欢的事物,还有一些小朋友问幼儿园教师:"小鸭子为什么不在水里?"只有一部分小朋友在按照幼儿园教师的要求观察。① 学前中期和学前晚期儿童观察的目的性有所提高,他们能够按照成人规定的观察任务进行观察,有时也会受到其他因素的干扰。对于学前儿童而言,任务越具体,学前儿童观察的目的就越明确,观察的效果就会越好。因此,在教育过程中,教师要发布明确、具体的任务,以便学前儿童更好地观察。

(二)观察持续的时间延长

学前儿童观察持续的时间短,与其观察的目的性不强有关。对于喜欢的东西,学前儿童观察的时间就长些。比如,观察小鱼,时间可达 5～6 分钟,观察大树,则只能持续1～2 分钟。因为前者是活动的,学前儿童较有兴趣。学前初期,儿童观察图片的时间大约为 6 分钟,学前中期时增加到 7 分钟,学前晚期时可达 12 分钟。由此可见,随着年龄的增长,学前儿童观察持续的时间也会逐渐延长。

(三)观察的细致性增加

学前儿童的观察一般是笼统的,看得不细致是学前儿童观察的特点和突出问题。学前儿童观察时,只看事物的表面和较明显的部分,而不去看事物较隐蔽、细致的特征;只看事物的轮廓,不看内在的关系。比如,6 岁左右的儿童往往在认识"m"和"n"、"工"和"土"、"日"和"月"等相似符号时容易出现混淆。但经过系统的培养,学前儿童观察的细致性能够有所提高。

(四)观察的概括性提高

观察的概括性是指能够观察到事物之间的联系。学前儿童对图画的观察逐渐概括化,可以分为以下四个阶段。

(1)认识"个别对象"阶段。只能对图画中各个事物孤立零碎地知觉,不能把事物有机地联系起来。

(2)认识"空间关系"阶段。只能直接感知各事物之间外表的、空间位置的联系,不能看到其中的内部联系。

(3)认识"因果关系"阶段。观察各事物之间不能直接感知的因果联系。

(4)认识"对象总体"阶段。观察图画中事物的整体内容,把握图画的主题。

学前儿童对图画的观察主要处于"个别对象"和"空间关系"阶段。所以,学前初期儿童观察时,常常不能把事物的各个方面联系起来考察,因而也不能发现各事物或事物组成部分之间的相互联系。随着学前儿童思维能力的发展,其观察的概括性不断提高。

(五)观察方法逐步形成

学前儿童的观察从依赖于外部动作,向以视觉为主的内心活动发展。学前初期,儿

---

① 刘红燕,王永存.学前儿童发展心理学[M].北京:首都师范大学出版社,2017:47.

童观察时常常要边看边用手指点,即视知觉要以手的动作为指导。之后,儿童有时用点头代替手的指点,有时用出声的自言自语来帮助观察。学前晚期,儿童可以摆脱外部支柱,借助内部言语来控制和调节自己的知觉。

学前儿童的观察从跳跃式、无序的,逐渐向有顺序性的观察发展。经过教育,儿童能够学会从左向右、从上到下或从外到里进行观察,但学前儿童掌握观察方法需要教师的指导和培养。

二、学前儿童观察力的培养

(一)帮助学前儿童明确观察的目的和任务

观察的首要因素就是目的。在观察之前,幼儿园教师应该让学前儿童明确观察的目的和任务,目的和任务越明确,观察的效果就越好;反之,学前儿童不明白观察的任务,就会在观察中偏离观察目标。给学前儿童布置的观察目的不能太多,也不能太复杂,否则将会影响观察效果。

(二)激发学前儿童观察的兴趣

我们常说兴趣是最好的教师,有了兴趣,学前儿童才能积极主动地去观察。首先,教师要了解孩子喜欢什么,对什么事物有好奇心。其次,教师要让学前儿童对观察的事物有兴趣。教师在布置任务的时候,要用生动的语言和饱满的情绪感染学前儿童,激发学前儿童观察的兴趣。最后,教师也可以用一些奖励的办法让学前儿童乐意完成观察任务。

(三)教给学前儿童观察的方法

学前儿童在观察过程中是没有计划、没有顺序的,遇到什么就观察什么,整个观察过程是杂乱的。这就要求教师在引导学前儿童观察时要教给其观察的方法。让儿童按一定的顺序去看,从上到下,从左到右,从里到外,从整体到局部有顺序地观察。在观察比较复杂的事物时,教师应该帮助学前儿童找出观察的次序,引导其完成观察。而对于有相似特征的事物,教师要教会儿童做比较,比如鸭子和鹅,很多人都分不清楚,把这两个放在一起做比较,相同的有哪些,不同的有哪些,通过比较就能够很好地区分,而且印象深刻。

多种感官参与观察时,大脑可以从多方面对观察对象进行分析,可以提高学前儿童的观察效果。在观察的时候,教师要尽量调动学前儿童的各种感觉去感知事物各方面的特点,让儿童看一看、摸一摸、闻一闻,甚至可以尝一尝,这样可以加深学前儿童对事物的认识。在观察中调动多种感官,学前儿童观察时会更加积极主动,才能够有效地提高观察效果。

拓展阅读

感统失调[①]

感觉统合失调是指外部的感觉刺激信号无法在儿童的大脑神经系统进行有效的组合，而使机体不能和谐地运作，久而久之形成各种障碍最终影响身心健康。学习能力是身体感官、神经组织及大脑间的互动，身体的视、听、嗅、味、触及平衡感官，透过中枢神经分支及末端神经组织，将信息传入大脑各功能区，称为感觉学习。大脑将这些信息整合，作出反应再通过神经组织，指挥身体感官的动作，称为运动学习。感觉学习和运动学习的不断互动便形成了感觉统合。

感觉统合能力正常，儿童就能注意力集中，情绪稳定，动作协调，做事有效率。感统失调将会在不同程度上削弱人的认知能力与适应能力，从而推迟人的社会化进程。常常表现出注意力不集中，学习容易出差错，做事笨手笨脚，拖拖拉拉，丢三落四，有的孩子显得害羞胆小，有的孩子可能脾气暴躁等。

人的感觉统合系统一般分为视觉统合系统、听觉统合系统、触觉统合系统、平衡统合系统和本体统合系统等。感觉统合失调分为以下几种：

视觉统合失调在学习时会出现阅读困难（漏字窜行、翻错页码），计算粗心（抄错题目、忘记进退位），写字时常常出现过重或过轻、字的大小不一、出圈出格等视觉上的错误，从而造成学习障碍。此外，这类儿童在生活上还常常丢三落四，生活无规律。

听觉统合失调表现为上课注意力不集中、多动，平时有人喊他，他也不在意，好像与他无关。同时，这类儿童记忆力差，对学习和生活都会产生不良的效果。

触觉统合失调主要是因为触觉神经和外界环境协调不佳，从而影响大脑对外界的认知和应变，即所谓触觉敏感（防御过当）或迟钝（防御过弱）。有前一种症状的儿童，表现出对外界的新刺激适应性弱，所以喜欢固着于熟悉的环境和动作中（喜欢保持原样和有重复语言、重复动作），对任何新的学习都会加以排斥，不喜欢他人触摸、成绩不佳、人际关系冷漠、常陷于孤独之中；有后一种症状的儿童则反应慢（拖拉行为的生理基础）、动作不灵活、笨手笨脚、大脑的分辨能力弱、缺少自我意识、学习积极性低下，所以也表现出学习困难、人情冷漠的问题。

平衡统合失调在学习和生活中常常表现为观测距离不准、协调能力差。观测距离不准，会使孩子无法正确掌握方向；协调能力差，会让孩子手脚笨拙（常撞倒东西或跌倒）。

本体统合失调在体育活动中表现为动作不协调（不会跳绳、拍球等）；在音乐活动中表现为发音不准（走调、五音不全等）；甚至与人交谈、上课发言时会口吃等。

---

① 刘红燕,王永存.学前儿童发展心理学[M].北京:首都师范大学出版社,2017:43.

本节小结

本节主要阐述的是学前儿童感觉和知觉的发展,通过本节的学习,我们能够很好地了解感觉和知觉在学前儿童发展过程中的意义和作用。了解学前儿童感知觉的发展趋势,准确把握学前儿童观察的特点,将感知觉规律运用到学前儿童教育实践中,同时注重培养学前儿童的观察力,促进学前儿童的全面发展。

思考与练习

一、选择题

1. 婴儿的动作发展中,下列排序正确的是(   )。

　　A. 翻身—抬头—坐—爬—站—行走　　　B. 抬头—翻身—坐—爬—站—行走

　　C. 翻身—抬头—爬—坐—站—行走　　　D. 抬头—翻身—爬—坐—站—行走

2. 下列选项中属于内部感觉的是(   )。

　　A. 嗅觉　　　　　　　　　　　　　　B. 味觉

　　C. 运动觉　　　　　　　　　　　　　D. 肤觉

3. 学前儿童在认识"方""万"和"日""月"等形近符号时出现混淆,这是(   )所致。

　　A. 观察的无序性　　　　　　　　　　B. 观察的目的性不够

　　C. 观察的跳跃性　　　　　　　　　　D. 观察的细致性不够

二、简答题

1. 简述学前儿童感知觉发展的趋势。

2. 简述知觉的种类。

3. 简述学前儿童观察的特点。

三、论述题

请论述学前儿童观察力的培养策略。

四、材料分析题

材料:

幼儿园小班的一位教师在教小朋友认识公鸡时,出示了一幅长25厘米、宽20厘米的画,画上有一只金黄色的公鸡,公鸡的周围是一片黄灿灿的稻田。课一开始,教师就让小朋友自己看,接着讲公鸡的外形特征、习性等,一直讲到下课。

请用感知觉的有关知识,分析这位教师的不妥之处。

第四章　学前儿童注意的发展

学习目标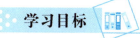

素养目标：

树立重视学前儿童注意力发展的意识。

知识目标：

1. 结合学前儿童发展规律和特点，准确把握注意与其他心理现象的主要区别。

2. 掌握学前儿童注意发展的一般规律和特点，学会运用有效策略促进学前儿童注意的发展。

能力目标：

1. 能够根据学前儿童注意的特征组织游戏和学习活动。

2. 初步具备分析学前儿童注意发展特点及测评其注意发展状况的能力。

内容导航

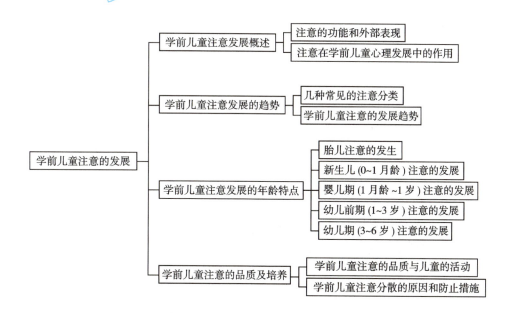

案例导入

　　果果 3 岁了,妈妈听说故事对孩子的想象力、语言表达能力等都有帮助,就买了很多故事书。可是听故事时果果很难安静下来,老想挣扎着出去玩,一会儿要上厕所,一会儿又说有小狗在叫,总是不能专注。妈妈哄着不行,吵也不行,担心果果是不是多动症……

　　在实际生活中,类似果果妈妈烦恼的现象并不少见,案例从实践层面说明了注意在日常生活、工作中的重要地位。同时,案例也启示我们,挖掘注意这个心理现象的内涵,掌握学前儿童注意发展的特点、规律,以及学习使用有效策略促进学前儿童注意的发展等是每一位学前教育工作者的职责和担当,也是实现"幼有所育"教育使命的核心任务。

第一节　学前儿童注意发展概述

　　注意是日常生活中比较常见的一种心理现象,是人心理活动中意识的指向与集中。"指向"是指心理活动在每一瞬间会有选择地反映一定事物,"集中"则是指使这一事物在人脑中得到最清晰和最完全的反映。事实上,人在清醒的每一瞬间,外界都会有大量信息输入,人总是在感知着、记忆着、思考着、想象着或体验着什么。但我们并不是什么都看、都听、都记、都关注到,要获得对事物清晰、深刻和完整的反映,就需要使心理活动有选择地指向有关的对象。因而我们会有意无意选择自己需要的对象指向并集中,比如逛商场时许多商品映入眼帘,但我们可能只被某个商品吸引住并盯着看;在幼儿园活动中,幼儿被教师设计的游戏吸引时可能会忽略身边的事物等。

历史上很多学者都极为强调注意力的重要性。法国生物学家乔治·居维叶说:"天才,首先是注意力。注意力就是学习的窗户,没有它,知识的阳光照射不进来。"英国教育思想家洛克在其著作《教育漫话》中指出:"教员的巨大技巧在于集中学生的注意并且保持他的注意。"俄国教育家乌申斯基说:"注意是我们心灵的唯一门户,意识中的一切必须经过它才能进来。"意大利教育家蒙台梭利也曾告诫我们:"最好的学习方法就是让学生聚精会神学习的方法。"她认为,聚精会神的状态比知识还重要。可以说,注意是人心理活动的开端,没有对事物的注意,就不可能有对事物的认识。

但严格来说,注意不是一种独立的心理过程,而是伴随其他心理过程的一种积极的心理状态,比如"注意看""注意听"等,注意总是伴随着"看""听"这种心理过程而发生。如果没有"注意"这种积极心理状态的参与,单纯"看""听"的心理过程基本上无法独立存在。可以想象,若没有了注意的参与,我们的生活、学习和工作都会受到极大影响,所以幼教工作者或家长一定要重视儿童注意力的培养,为其今后能够更有效地学习、生活提供充分的保障。

在日常活动中,由于注意特有的功能,人在注意状态下,常常伴随着特定的行为变化,很多时候通过观察就可以了解个体的注意状态。

一、注意的功能和外部表现

(一)注意的功能[①]

1.选择功能

这是注意最基本的功能。通过注意,人们能够选择有一定意义、合乎需要的、与当前活动相一致的信息,同时排除那些与当前活动无关的,甚至起干扰作用的刺激,使人对认识对象的反映更加清晰。比如幼儿被动画片吸引时往往听不到别的声音,学生专心解难题时也会忽略周围的动静。如果没有这种选择功能,世界将变得一片混乱。从这个意义上说,注意像是心灵的门户,使阳光照进来,把风沙拦在外面。

2.保持功能

这种功能使注意对象的印象或内容维持在意识中,一直保持到达到目的,得到清晰、准确的反映为止。例如,同学们一直将注意维持在听课这个活动上,边听课边做笔记,非常认真。简而言之,保持功能强调将注意保持在有关活动上。

3.监督和调节功能

心理学普遍认为这是注意最重要的功能。由于注意能从纷杂的内外刺激中区分出与当前活动有关的信息,所以人能觉察反映对象以及自身状态的变化,自觉调节心理活

---

①　陈帼眉,冯晓霞,庞丽娟.学前儿童发展心理学[M].北京:北京师范大学出版社,2013:105.

动和行为,从而保障活动的正常进行。例如,想要取得好成绩的同学,会监督自己将注意集中在听课上,一旦出现走神等干扰听课的情况,就赶紧调整状态,继续认真听课。通常个体在学习和工作中,注意越集中,效率越高,错误率越低。

(二)注意的外部表现

人在注意状态时,通常会有以下三种显著的外部表现:

1. 适应性动作出现

当人在注意状态,感觉器官会做出适应性反应。比如,注意一个物体时我们会“注目凝视”;注意一种声音时会“侧耳细听”;在专注于回忆往事或思考问题时,我们又常会“眼神发呆,若有所思”。当然,最明显的适应性动作就是个体能够跟随组织者的思路,配合做各种操作,这也说明个体正处于积极的有意注意状态。

2. 无关动作停止

当人高度关注当前的活动对象时,一些与活动本身无关的动作会相应减少甚至停止。因此,课堂上认真听讲的学生一定会跟随教师的节奏思考、书写或喃喃自语,不会东张西望、交头接耳,或者玩一些与听课不相干的东西。

3. 呼吸轻微和缓慢

人在集中注意时,呼吸会变得轻微缓慢,吸气短促,呼气延长,有一定节律。当注意的紧张性达到高峰时,甚至会发生呼吸暂停的状况,屏息静气,牙关紧咬,双拳紧握。

根据注意的外部表现,很容易判断个体的专注程度。但有时候注意的外部表现和内心状态是不一致的,看起来某些人“聚精会神”地盯着某物体,而事实上他们的注意可能已指向完全不同的物体。比如,幼儿盯着老师一动不动,似乎在认真听讲,实则可能在想“妈妈什么时候来接我呢”。因此,只凭注意的外部表现说明人的注意状态,有时会得出错误结论。

二、注意在学前儿童心理发展中的作用

作为智力的重要组成因素之一,注意力和观察力、记忆力、思维力及想象力等在人的生活、工作和学习中都不可或缺,是儿童能够顺利学习的前提条件,也是儿童活动成功的必要条件。其中,注意力更是学习生活的开端。古往今来,凡是有成就的人,都有一个共同的特点,就是在学习和工作时注意力高度集中。因为人的精力是有限的,学习要高效,就必须选择重要的信息,排除无关刺激信息的干扰和影响。在学前阶段,注意对儿童发展的作用具体表现在以下几个方面。

(一)注意与学前儿童学习活动的关系

首先,注意是研究婴幼儿感知发展的重要指标。婴儿无法用语言准确表达自己的心理感受以及对事物的反映,我们就可以通过观察婴儿注意的表现来了解其心理反应。例如,研究婴儿注意集中于颜色、形状的时间长短可以了解婴儿对颜色、形状的偏

好特点;研究婴儿对注意对象的选择以及注意时间的长短,可以了解婴儿的依恋行为表现特点。[①]

其次,注意对学前儿童智力的发展具有重要作用。注意能使儿童感知到的信息进入长时记忆系统,注意发展水平越高,越有利于儿童有意记忆的发展;注意能加强儿童观察的有意性、细致性以及理解性,儿童只有集中注意,才能提高观察的效率;注意还能加强儿童思维活动以及实践活动的持久性,注意力差的孩子,思维的持久性不强,思维活动的广度和深度受到限制,进而影响其思维水平的提高和实践能力的提高。因此,没有专注力的参与,观察、记忆、思维、想象等活动都难以开展。

最后,儿童集中注意时学习效果好,能力提高也快。大量调查表明,在学前和小学阶段的学习、游戏以及其他一些活动中,经常取得成功的不见得都是智商很高的儿童,往往是注意力发展水平较好的儿童。对少年大学生的追踪研究也发现,这些"超常"少年的超人之处,也往往在于他们从小就有超常的注意力。

(二)注意与学前儿童社会性的发展

注意有利于儿童及时发现周围环境的变化,不断调整自己的状态,把注意力集中到新变化的情况,从而适应环境。注意力差的孩子往往不能及时发现周围人际关系以及事物的变化,难以遵守集体行为规则,容易成为班里让老师头疼的对象,长此以往很可能会影响人际交往,甚至影响其道德行为和人格的发展。

(三)注意与学前儿童坚持性的发展

注意能加强人行动的力量,行动的坚持性和注意密不可分,儿童更是如此。因为儿童只有在集中注意时才能坚持某一行动,比如搭积木、玩沙子或者画画等;但如果注意转移到别处,原来坚持的活动也就终止了。在集中注意的情况下,幼儿往往会调动全身能量专注到此活动中,活动完成得会比较好,坚持性和专注性也都能得到较大发展。

蒙台梭利曾说:"当儿童开始专注于某件事情之后,他们所有的缺陷都会随之消失。对待这些孩子,我们的说教是没有用处的。当他们专注于某件事情时,他们的心里好像突然长出了某些东西,被外界活动深深地吸引住了。这些活动抓住了儿童的注意力,他们会不断地重复做一件事情。"[②]可以说,专注力是一种态度,更是一种关键能力。因此,注意对人的生活有重要意义,成人应重视并用心呵护、培养儿童的注意力,帮助儿童从小养成专注认真的习惯。儿童才能在生活、学习的道路上随时觉察外界变化,集中自己的心理活动,正确反映客观事物,更好地适应客观世界、改造客观世界。

---

① 罗家英.学前儿童发展心理学[M].北京:科学出版社,2007:102.

② 玛丽亚·蒙台梭利.有吸收力的心灵[M].蒙台梭利丛书编委会,译.北京:中国妇女出版社,2012:153.

拓展阅读

促进学前儿童注意力发展的方案——开火车①

活动目标:通过让幼儿边唱儿歌、边做动作、边听指令训练幼儿的注意力;培养幼儿的团队意识和合作能力。

活动准备:与幼儿乘客角色人数相同的小椅子;一把带有"操作台"教具的椅子。

活动过程:

1.参加开火车游戏的小朋友围坐成半圆形。

2.教师分配角色,讲解游戏规则。

3.教师发出游戏指令,游戏开始。

最前面的是"司机",后面的都是"乘客","司机"坐到带有"操作台"教具的椅子上,做开火车的动作,其他幼儿做好游戏的准备。

幼儿集体唱儿歌:"我的火车好,我的火车快。运粮食,运钢材,运到全国各地来。找个好伙伴和我一起开,谁是你的好伙伴,快快把他请出来。"然后司机说:"×××,请你快出来。"

4.被请到的小朋友与司机对换座位。游戏周而复始。

本节小结

作为一种积极的心理状态,注意通常伴随心理过程而出现。在人的日常工作生活中,注意主要有选择、保持、监督和调节三种功能,并伴随三种显著的外部表现:适应性动作出现、无关动作停止、呼吸轻微和缓慢。注意对人的生活影响深远,特别是在学前儿童的学习、社会性和坚持性等方面,需要引起幼教工作者和家长的重视,成人应帮助儿童养成认真专注的良好习惯,为其今后的发展奠定良好基础。

第二节　学前儿童注意发展的趋势

一、几种常见的注意分类

(一)无意注意和有意注意

这是根据注意有没有自觉目的性和意志努力而划定的分类。

---

① 张永红.学前儿童发展心理学[M].北京:高等教育出版社,2011:94.

1. 无意注意

无意注意也叫不随意注意，是指没有预定目的、不需要意志努力、自然而然发生的注意。一般是被动的、对环境变化的应答性反应。引起无意注意的原因主要有以下两类：

（1）刺激物的物理特性。刺激物本身的新异性、强度，刺激物之间的对比等都容易引起无意注意。对学前儿童来说，形象鲜明的、直观的、富于变化的刺激往往容易引起他们的无意注意。比如，活动室里忽然飞进来一只小鸟，孩子们不由自主去看小鸟便是无意注意；夏天巨大的打雷声、动画片中夸张的人物造型等都容易引起孩子的无意注意。这时的注意既没有自觉的目的，也不需要意志努力，属于无意注意。

（2）人本身的状态。无意注意不仅由外界刺激被动地引起，而且和人自身状态（兴趣、需要、经验等）有密切关系。面对同样的刺激物，自身状态若不同，人的注意情况就可能不一样。比如，有的孩子从小喜欢挖土机，尽管家里已经买了很多挖土机玩具，但看到商场里的挖土机玩具时还是会停下来观看；而有的孩子则完全不会注意到挖土机玩具，吸引其注意的可能是芭比娃娃。

2. 有意注意

有意注意也叫随意注意，是指有自觉目的、需要一定意志努力的注意。它是注意的一种积极、主动的形式，也是人特有的注意形式。有意注意通常服从于一定的活动任务，并受人的意识自觉调节和支配。比如，正上课的时候下雨了，外面天色变暗，电闪雷鸣，但同学们知道学习的重要性，仍然把注意力集中在听课上，这就需要有一定的自觉目的性和意志努力，这样的注意形式就是有意注意。

伴随着言语的发展，学前儿童对心理活动的调节能力有了一定的提高，开始出现有意注意的萌芽，即开始自觉地将心理活动集中指向所选择的事物。随着身心不断发展，儿童参与实践锻炼的机会越来越多，加上成人有意识的教育及引导，儿童的有意注意逐渐形成和发展。有意注意依赖于很多因素，主要有以下几方面：

（1）明确的活动目的和任务。一般来说，目的越明确、越具体，个体的有意注意就越容易引起和维持。比如幼儿拒绝其他玩具和零食，一心想要挖土机玩具，直到把挖土机玩具拿到手才破涕为笑。

（2）直接兴趣和间接兴趣。兴趣是引起注意的主观条件，兴趣可以分为直接兴趣和间接兴趣。对事物本身和活动过程的兴趣是直接兴趣，而对活动目的和结果的兴趣叫间接兴趣。直接兴趣在无意注意的产生中有重要作用，而间接兴趣则与有意注意有关。稳定的间接兴趣，可以引起和保持有意注意。比如，儿童不关注画出什么，就喜欢使用画笔涂鸦的过程，这种兴趣是直接兴趣；有人对学习的过程并不感兴趣，但因渴望获得好成绩而努力学习，这种对结果的兴趣就是间接兴趣。

（3）合理的活动组织。活动组织得是否合理会直接影响有意注意的产生和维持。如果日常活动组织得不合理，没有动静交替、劳逸结合，或者儿童经常处于消极等待状态，他就难以调动和组织自己的有意注意。比如，教师注重讲授和演示，整个活动中儿童只能安静地坐到椅子上听讲，他们的注意力极易分散。

（4）已有知识经验的影响。若人们已有的知识经验与注意对象差异较小，个体无须进行深入的智力活动就能把握，也不需要刻意的集中注意。反之，当两者差异较大时，个体即使积极开动脑筋也难以理解，有意注意就很难维持下去了。比如，儿童在教师语言引导下，能有意识地注意画面上蝴蝶的颜色、大小和数量等信息；若教师只是在叙述蝴蝶的种类、分类，相信很难引起他们的有意注意。

（5）良好的意志品质。有意注意需要用坚强的意志力来维持，因而和人的意志品质关系密切。意志坚强的人能主动调节自己的注意，使之服从当前的活动目标和任务；意志薄弱的人则很难排除环境中及自身各种干扰的消极影响，因而也就不可能很好地保持自己的有意注意。比如，著名的"延迟满足"实验，自控力较强的孩子才能获得第二块棉花糖的奖励。

（二）定向性注意和选择性注意

这两种注意形式在新生儿时期均已出现，而且表现明显。

1. 定向性注意

定向性注意是婴儿与生俱来的生理反应，主要是由外物特点引起的，通常是较为强烈的刺激，比如突然的电话铃声等。实质上这就是最初的无意注意。随着年龄的增长，本能的定向性注意在儿童生活中所占据的地位日益缩小，但不会消失。

2. 选择性注意

选择性注意是指儿童偏向对一类刺激物注意得多，而在同样情况下对另一类刺激物注意得少的现象。选择性注意在儿童最初的定向性注意之后也已出现，通常采用视觉偏爱法、眼动仪等研究方法能够测定。选择性注意的发展主要表现在两个方面：第一，选择性注意性质的变化。在儿童发展过程中，注意的选择性最初决定于刺激物的物理特点，以后逐渐转变为主要决定于刺激物对儿童的意义，即满足儿童需要的程度。比如女孩对娃娃或男孩对玩具车的选择性注意。第二，选择性注意对象的变化。其包括两点内容：一是选择性注意范围的扩大，注意的事物日益增加；二是选择性注意对象的复杂化，即从更多注意简单事物发展到更多注意较复杂的事物。

二、学前儿童注意的发展趋势

新生儿已经出现了注意现象。随着年龄的增长和各种经验的积累，学前儿童注意也在不断地发展，注意活动的性质和对象的变化发展过程主要体现以下三个趋势。

（一）无意注意的发生发展早于有意注意且在学前阶段占优势

1. 无意注意的发生发展

外界刺激物能够引起新生儿定向的生理反应，这便是无意注意的最初形式。无意注意的发生较早，且在学前阶段占优势。同时，随着儿童接触环境的变化，接触事物的增多，无意注意对象的范围不断扩大并趋向稳定。

大约出生两三周后,新生儿出现了明显的视觉集中和听觉集中现象。他们已能注视出现在视野中的物体,如果物体做缓慢运动,新生儿的视线也会随之移动,双眼运动不协调的现象基本消失。若有声音传来,他们不仅会中止正在进行的活动(如哭),而且会侧耳倾听,直到声音消失。一般认为,这时注意已出现了。

新生儿的注意往往是由外界刺激引起的,但也应看到,他们又是刺激的主动探索者。他们并不是完全消极被动地等待外界刺激的作用。在清醒时,他们总是睁大眼睛到处搜索,甚至在微弱的光线下,也还是不停地环顾四周,并对不同的刺激做出不同的选择性反应。"感觉偏好"现象就是选择性反应的一种表现。所谓"感觉偏好",是指婴儿对某些信息比较喜爱,注意它们的时间比较长。研究发现,出生几天的婴儿就能表现出视觉偏好,对某些视觉刺激的注视时间更长一些。

学前儿童的注意最初只有无意注意,定向性注意和婴儿的选择性注意都属于无意注意。在整个学前期,儿童无意注意的性质和对象不断变化,无意注意的稳定性不断增长,注意对象的范围不断扩大。随着语言和认识过程有意性的发展,学前儿童有意注意开始发展。有意注意的发展,使儿童的注意发生更大变化,同时,使儿童心理能动性大大增强。

2. 有意注意的萌芽

随着学前儿童年龄的增长,其注意逐渐带有预期性,"客体永久性"的出现即是证明。研究发现,婴儿早期时不会追踪、寻找在他们视线下消失的物体。长到七八个月以后,婴儿能够注视物体被藏匿的地方,甚至能把它找出来。能够采用视线引导寻找的动作,说明婴儿的注意已带有预期性。

到幼儿前期,由于言语能力的发展和有意识认知活动的进行,儿童出现了有意注意的萌芽。在与成人的社会交往中对言语的掌握和使用,使其有意注意逐渐产生。由于有意注意是由脑的高级部位特别是额叶控制的,而额叶的发展又比脑的其他部位迟缓,因此,到幼儿期额叶的发展才促进了有意注意的发展,同时也增强了儿童心理活动的能动性。儿童有意注意的形成大致经历以下三个阶段[①]:

第一阶段,儿童的注意由成人的言语指令引起和调节。七八个月以后,成人常常自觉或不自觉地用言语引导儿童的注意:"宝宝,看! 汽车!""宝宝,听! 什么响了?"一边说,一边用手指向汽车或某处。成人用言语给儿童提出注意的任务,使之具有外加的目的。这时,儿童的注意就不再完全是无意的了,而开始具备有意性的色彩。

第二阶段,儿童通过自言自语控制和调节自己的行为。掌握言语之后,儿童常常一边做事(游戏或绘画等),一边自言自语:"我得先找一块三角积木当屋顶……""可别忘了画小猫的胡子……"在这种情况下,儿童已能自觉地运用言语使注意集中在与当前任务有关的事物上。

---

① 陈帼眉,冯晓霞,庞丽娟.学前儿童发展心理学[M].北京:北京师范大学出版社,2013:108.

第三阶段,运用内部言语指令控制、调节行为。随着内部言语的形成,儿童学会了自己确定行动目的、制订行动计划,使自己的注意主动集中在与活动任务有关的事物上,并能排除干扰,保持稳定的注意。这已是高级水平的有意注意。

可见,有意注意是在无意注意的基础上产生的,是人类社会交往的产物,是和儿童言语的发展分不开的。

(二)定向性注意的发展早于选择性注意

外来的新异刺激会引起新生儿把视线转向刺激物或停止哭泣,这就是最初的定向性注意,这种反应一般是不学就能具有的,而且在孩子出生乃至成人后的活动中都不会消失,例如突然出现强烈的刺激总会引起人们本能的注意反应。只是这种定向性注意会随着年龄的增长其地位逐渐降低,而选择性注意却逐渐上升为儿童注意发展的主要表现。

注意的选择性主要表现在注意对象选择的偏好上,呈现三个趋势:第一,在儿童发展过程中,注意的选择性由倾向于刺激物的物理特点转向刺激物对儿童的意义;第二,选择性注意的对象逐渐扩大;第三,从注意简单的刺激物发展到更多注意较复杂的刺激物。比如,孩子开始时只是被玩具上花花绿绿的颜色所吸引,后来男孩子更倾向注意玩具车,女孩子更倾向注意娃娃等。

(三)儿童注意的发展与认识、情感和意志的发展相联系

儿童注意伴随着认知、情感和意志水平的发展而逐步提升。从信息加工的观点来看,认知的发展就是人的信息加工系统不断改进的过程,幼儿认知发展的主要特点是具体形象性和不随意性占主导地位,抽象逻辑性和随意性初步发展。注意的发展本身就是认知发展的一部分,其他认知层面的进步是注意发展的结果,又是注意发展的原因。儿童认知的发展推动了个性的初步形成和社会性发展,无论是学前儿童自己对周围事物的探索,还是成人有意识地对学前儿童进行认识活动训练,都与其注意的发展相辅相成。

幼小儿童的注意往往带有情绪色彩,情绪因素影响了注意的指向性;意志具有引发行为的动机作用,但比一般动机更具有选择和坚持性,意志力的发展能够进一步保持儿童认知过程中的注意集中性。比如,当教师讲课生动有趣、表情丰富、热情洋溢时,儿童在集中注意的过程中也会表现出相应的兴奋情绪色彩;相反,如果教师的教学活动枯燥无味,只重知识,没有神采,儿童注意的情绪特点会减弱。

拓展阅读

范兹的"注视箱"①

范兹(Fantz)在婴儿形状知觉和视觉偏好方面做出了不少贡献。他专门设计了"注视箱",让婴儿躺在小床上,眼睛可以看到挂在头顶上方的物体。观察者通过顶部的窥测

---

① 唐利平.学前儿童心理发展[M].贵州:贵州大学出版社,2015:69.(有改动)

孔,记录婴儿注视不同物体所花的时间。该实验假定:看相同的两个物体要花同样长的时间,看不同的物体所花的时间则不同。这样就可以从婴儿注视两样不同的物体所花费的时间是否相同来判断婴儿早期能否辨别形状、颜色。婴儿喜欢看什么,不喜欢看什么,也就是视觉偏好。

范兹(1963)曾让8周的儿童注视三角形的图形和靶心图,他发现婴儿对2个三角形注视的时间相同,而对三角形和靶心图注视的时间不同,说明婴儿能区别两种不同的形状。此后的实验对象年龄更小,出生5天就参加实验。

格林堡(Greenberg)也曾做过类似的试验,以6~11周的婴儿为对象,给婴儿出示三类图(圆点图、方格图和线条图),且复杂程度都不同。结果发现:不同年龄儿童对不同复杂程度图形注视的时间也不同。年龄小的,倾向于注视中等复杂程度的刺激;而年龄大的,则倾向于比较复杂的刺激。这些结果表明,不同年龄的儿童可能有一个与其发育阶段相适应的输入刺激和处理信息的最适宜水平。

本节小结

注意现象最早可追溯到胎儿期,新生儿最先表现出来的是定向性注意,这就是最初的无意注意,很快选择性注意也出现了。随着年龄的增长,学前儿童注意也在不断地发展,其认知、情感和意志水平也逐渐提升,但总体上还是无意注意占主导,有意注意初步发展。

第三节　学前儿童注意发展的年龄特点

学前时期,随着年龄的逐渐增长,儿童的注意发展呈现不同的特点。

一、胎儿注意的发生

研究发现,一般在怀孕15~20周时胎儿开始有听力。正常情况下,在怀孕24周左右胎儿耳蜗的形态和听神经基本发育完成,所以在怀孕25周以后,胎儿的听力基本相当于成人听力,此时个体就开始对声音有了定向反射。胎儿在母体内受到多种复杂的、不同强度的声音刺激,比如来源于母亲的呼吸、心跳、血液流动、胃肠蠕动等内部声音,以及来源于外界环境中的自然界、生活环境中的各种声音,比如父母说话的声音,播放音乐的声音等。大量的研究表明,胎儿在母体内已经会对不同分贝的声音刺激做出不同反射,即对不同声音刺激有选择性注意。

二、新生儿(0~1月龄)注意的发展

新生儿大部分时间处于睡眠状态,觉醒时间非常短暂。这是由于新生儿神经系统和

脑发育尚不成熟,为避免经受过多刺激的自我保护性特征。这一时期研究新生儿的注意很有难度,其发展主要表现为两个方面。

(一)原始的注意行为

新生儿有一种无条件反射。比如高强度的声音刺激会使新生儿暂停吸吮动作或暂停哭闹;明亮的物体会引起新生儿视线的片刻停留。这种无条件定向反射可以说是原始的、初级的注意,即定向性注意。这种定向性注意主要是由外界事物的特点引起的。由于新生儿心理活动的外在表现极少,而且新生儿无法用语言表达自己的心理活动状况,因此,采用定向反射表现出来的生理指标测量儿童的注意能力是很好的研究方法。比如常用的测量新生儿注意的指标有瞳孔放大、吸吮抑制、心率变化等,记录这些指标可以研究新生儿的注意行为。

(二)选择性注意的发展

虽然新生儿的注意大都是由外界刺激引起的,但他们并不是被动地等待刺激,也不是对外界所有的刺激都做出反应,而是主动探索、发现信息,然后对这些信息或刺激做出有选择的反应。"感觉偏好"现象就是低月龄孩子选择性注意发展的一个重要表现。比如,有研究(Haith,1980)表明,新生儿对不同对象有不同偏好,对简单的成形图案的注视时间比对不成形的零乱物体要长些,对人脸的注视时间会比对其他物体要长些。

总之,新生儿简单的定向性注意有较好的发展,选择性注意伴随其动作、认知的发展也有一定进步。

三、婴儿期(1月龄~1岁)注意的发展

随着神经系统的发育,满月后婴儿觉醒状态持续时间不断延长,注意的客体不断增加,也逐渐具有规律性。婴儿的注意开始迅速发展,且主要表现为注意选择性的发展。

有研究指出,这一时期婴儿注意的发展主要呈现以下特点:

(一)婴儿注意的选择有一定的偏好

研究发现,婴儿偏好复杂刺激物多于简单刺激物,偏好曲线多于直线,偏好对称的刺激物多于不对称的刺激物,偏好不规则的图形多于规则图形,偏好具有同一中心的刺激物多于无同一中心的刺激物,偏好熟悉或新奇的刺激物,偏好轮廓密度大的图形。从注意轨迹的变化看,婴儿对物体的注意由局部轮廓向较全面的轮廓发展,由注意外周向注意形体的内部成分发展。

(二)知识经验逐渐在婴儿注意的发展中发挥作用

6个月以后,婴儿的知识和经验逐渐增加,开始记人识物。因此,他们会对熟悉的事物增加注意,尤其在社会性方面,对具有特别意义的人会特别注意,例如对熟悉的面孔微笑,对陌生的面孔焦虑。

(三)出现动作协调的注意

6个月以后随着动作的发展,婴儿的注意从主要表现在视觉方面扩展到注意的手眼

协调,比如选择性够物、选择性抓握和选择性吸吮等,这对婴儿来说是注意发展的一大进步。

四、幼儿前期(1~3岁)注意的发展

1岁以后,儿童开始逐步掌握语言,表象开始发生,记忆与模仿能力迅速发展,这一系列认知方面的突飞猛进使得儿童的注意能力继续发展。由于大脑神经系统抑制能力和第二信号系统的发展,儿童注意能力和注意分配有了较大发展,但不成熟,这一时期依然以被动引起的无意注意为主。此时期有以下几个典型发展。

(一)"客体永久性"对注意的影响

客体永久性是指儿童知道即使物体看不到,它们依然是存在的。客体永久性的发展使得儿童开始去关注那些被隐藏起来的物体。

(二)注意发展开始受表象影响

当眼前事物和已有表象或事实与期待之间出现矛盾或较大差距时,幼儿会产生最大的注意。比如,孩子母亲原本是长头发而且没有戴眼镜,但有一天她把头发剪短,还戴上了眼镜,此时母亲的形象与孩子大脑中已有的母亲表象产生了较大差距,就会引起孩子的注意。

(三)注意发展开始受言语支配

儿童的注意与其认知发展尤其是语言的发展有密切关系,当儿童听到别人说出某个物体的名称时(儿童以前认识过的物体),他会把注意指向这个物体,不论这个物体是否新异刺激,是否能直接满足儿童机体的需要。此时言语活动不仅能够引起幼儿的注意,而且还能支配其注意的选择性。比如,妈妈说"看,小汽车!"孩子就会去寻找小汽车,如果妈妈进一步询问小汽车的轮子在哪儿,孩子的注意力就会集中到车轮上。

(四)注意时间延长,注意事物增加

随着年龄的增长,儿童在活动中注意的时间逐渐延长,注意的事物逐渐增多,注意的范围也越来越广。在这些注意当中,儿童一方面开始更多地积累知识经验,另一方面观察的水平也逐渐提高。比如,孩子会注意到爸爸在看报纸,妈妈在做饭,他自己在地板上玩积木时有一只小虫子在爬等。

五、幼儿期(3~6岁)注意的发展

总体来说,3~6岁的儿童无意注意占优势地位,有意注意逐渐开始发展起来。两种注意各有特点:无意注意不需意志努力,较为轻松,因而保持时间较长,但单靠无意注意难以完成有目的活动;有意注意是完成任何有目的活动都必需的,但有意注意需要意志努力,容易引起疲劳,儿童难以长时间保持有意注意。

（一）幼儿期无意注意的发展

幼儿期儿童无意注意已高度发展，而且具有相当的稳定性。3 岁左右，儿童进入幼儿园接受教育，各年龄班儿童的注意有共同特点也有各自差异，具体表现在：

1. 不同年龄班儿童无意注意发展的共同点

（1）刺激物的物理特性仍然是引起无意注意的主要因素。强烈的声音、生动的形象、明亮的颜色、刺激物的突然变化等都容易引起儿童的无意注意。比如，突然有一只小鸟误飞进活动室，或者闯进来一个陌生人，儿童很容易被吸引，对其产生无意注意。

（2）与儿童兴趣和需要有密切关系的刺激物，逐渐成为引起儿童无意注意的重要原因。随着年龄增长，儿童接触的环境和事物都在增多，认知能力以及情绪情感都在不断发展，个性开始萌芽，也逐渐有了自己的兴趣和爱好。那些符合儿童兴趣，能够满足其需要的事物，较容易引起儿童的无意注意。值得注意的是，与儿童原有经验不符的事物也容易引起其无意注意。因此，教师在选择活动内容时，应以儿童兴趣为出发点，设法吸引其注意。比如，对汽车感兴趣的儿童，汽车模型、图片、宣传画等都会引起他的注意；在儿童的经验中，兔子是生活在草地上的，如果画面中的兔子在厨房里，兔子就容易引起儿童的注意。

2. 不同年龄班儿童无意注意发展的不同点

（1）小班幼儿无意注意较突出，不稳定，容易转移注意目标，尤其容易被新异的、鲜明的、活动的刺激物吸引。比如，当一个小班幼儿哭闹时，教师给他一个好玩的玩具，他会马上把注意力转移过来。

（2）中班幼儿无意注意进一步发展，相对于小班幼儿来说比较稳定。幼儿对于感兴趣的活动能够长时间保持注意，而且集中程度较高。比如，在"警察抓小偷"游戏中，幼儿戴上警帽，拿着玩具枪，便会很神气地扮演警察，而且在游戏中能较长时间保持注意。

（3）大班幼儿无意注意已经高度发展，而且相当稳定，对于感兴趣的活动能比中班的幼儿保持更长时间的注意力。即便不是游戏和活动，单纯听老师讲故事，大班的幼儿也能够较长时间地集中注意力。

（二）幼儿期有意注意初步发展

幼儿前期儿童已开始独立行动，用双手摆弄物体，这时儿童就会更多地关注周围的环境，成人也会给儿童提出各种各样的要求。例如，走路的时候要小心，插座不能乱动等。这些都会促使幼儿前期的儿童主动去注意周围事物，但这种主动的注意还是处在萌芽状态，持续时间不长，儿童还不能完全通过自己的意志努力去集中注意，必须由成人不断提醒。

进入幼儿期以后，有意注意逐渐形成，但还处在发展的初级阶段，注意水平低，稳定性较差，需要依赖成人的组织和引导。从生理上来说，有意注意是由脑的高级部位控制的，大脑皮质的额叶部分是控制中枢所在。额叶的成熟使幼儿能够把注意指向必要的刺激物和有关动作，主动寻找需要的信息，同时抑制对此不必要的反应，即抑制分心。在大约 7 岁时,额叶才能成熟。因此,幼儿期容易出现注意力不集中或者注意力分散,老师应该给予儿童更多的耐心,而不是指责。

不同年龄班儿童有意注意呈现不同的特点:

(1)小班幼儿无意注意占绝对优势,有意注意只是初步形成。在成人的帮助下,小班幼儿开始主动调节自己的注意、明确注意的目的和任务,成人可以用语言提示组织幼儿活动,这样就会促进幼儿有意注意的发展。成人有计划地提出儿童能够完成的各种任务,儿童为了完成任务,就会不断地有意识调节和控制自己的行为,这样有意注意才能够得到逐步发展。但是,即使在较好的教育下,小班儿童注意集中的时间也只是 3～5 分钟,而且注意的对象比较少。

比如,让小班幼儿观察画有一束花和几只蝴蝶的图画,如果笼统地让幼儿观察图画,他可能看一会儿就不知道在看什么了,注意维持的时间很短。但如果成人向幼儿提出明确的观察问题则能较好地提升幼儿注意力,比如问"看看画上都有什么",儿童答出后再继续问"有几朵花,几只蝴蝶""花是什么颜色的,每朵花都有几朵花瓣"等,就会使儿童的注意一直坚持到活动结束。

(2)中班幼儿有意注意有一定发展。随着年龄增长以及幼儿园教育的影响,中班幼儿的有意注意较小班幼儿有了一定发展。比如,儿童读书时可以用手指着书来加强自己的注意,短时间内还能对并非十分吸引他们的事物集中注意。在适宜的教育条件下,中班幼儿注意集中的时间可达 10 分钟左右,而且注意对象的范围扩大,能同时注意几种对象。

(3)大班幼儿有意注意迅速发展。在正确的教育下,大班幼儿有意注意迅速发展,还能够按照成人的要求组织自己的注意,或者学习运用有意注意的方法,教师可以采用游戏、竞赛等方式培养儿童的有意注意。比如让注意力不稳定的儿童当"哨兵",他就会控制自己不受外界干扰而坚守岗位,努力克服长时间站立而引起的疲劳。因为游戏或竞赛性的活动会让儿童身心投入,自觉遵守游戏或竞赛规则,从而助力其有意注意的形成和发展。在适宜的条件下,大班幼儿注意集中的时间可延长到 15 分钟左右,而且注意范围扩大。不仅能注意到客观对象,观察到事物细节,还能对自己情感等内部状态予以注意。

比如,在蒙台梭利数学教育中,若在进行教具训练之前要求幼儿按照长短有规律排列长棒,中班以下幼儿往往难以正确完成任务,更找不到排列的规律,可能会排成无序状态,说明注意的范围狭窄,而且只注意表面现象的一部分。而大班幼儿基本能按照长短顺序排好,在教师的提示下还能够理解排列的规律并示范。

总之,大脑发育为幼儿有意注意的发展提供了前提条件,各种生活制度、行为规则、教育条件又是促使幼儿有意注意发展的主要因素。在整个学前期,幼儿有意注意发展水平不足,在日常教育活动中,教师需要把智力活动与实际操作结合起来,让注意对象直接成为幼儿行动的对象,使他们处于积极的活动状态,从而有利于幼儿有意注意的形成与发展。

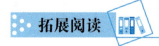　**拓展阅读**

注意力缺失/多动症①

注意力缺失/多动症(ADHD)儿童表现出三个主要症状:①不专注,他们常常不听别人说话,不能集中注意和完成任务;②多动,他们坐立不安,不停地扭动身体,到处走动;③冲动,他们通常不经过思考就行动,想到任何事情都会脱口而出。

注意力缺失/多动症的儿童早期容易表现出冲动、身体动个不停,在强烈好奇心的驱使下有不怕危险、易怒等行为模式,常需要家人时刻不离身地关注照顾;因为无法专心,有些儿童也有语言发展落后的情况,使得父母与儿童常处于紧张的状态。孩子往往被误认为故意不听话,父母则被指责为管教不当。到了学龄期,因注意力缺失,儿童的学习表现不佳,常无法独立完成作业,进而出现书写困难、阅读困难、活动量大、易冲动的情形,使得孩子不自主地无法遵守课堂纪律;无法等待、挫折容忍度低、易与人冲突,也容易造成团体生活中人际互动的困扰,让老师认为不易管教。

对患有多动症的学前儿童来说,由于其年龄明显偏低,除了接受基本的训练和治疗外,还需要适合其年龄的教材和练习方式。多动症学前儿童的训练特点:①练习时间短(20～30分钟);②寓教于乐(练习内容融入游戏中,使用游戏材料);③分小组练习(如两人一组);④加强对父母的指导,特别针对如何教育和带领游戏方面;⑤强调和孩子建立关系或突显这种关系的必要性(如延长彼此互动和游戏的时间)。训练应该是可视训练,重点可以选择画图、走迷宫、简单的配对练习、分辨形状和颜色练习、拼图、找出彼此相关或不相关的图画、分辨视觉刺激并予以分类、排序等。

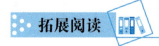　**本节小结**

学前期不同年龄阶段的孩子注意发展有不同特点。胎儿期和新生儿期孩子对声音已出现定向反射和选择性注意,婴儿期孩子出现了客体永久性、感觉偏好等现象,幼儿期无意注意得到高度发展,有意注意初步发展。在整个学前期儿童的注意总体上是以无意注意为主导,有意注意初步发展。

---

① 劳特,施洛特克.儿童注意力训练手册[M].杨文丽,叶静月,译.成都:四川大学出版社,2006:360.(有改动)

第四节　学前儿童注意的品质及培养

注意本身可以表现为各种不同的品质,主要包括注意的稳定性、注意的广度、注意的转移和注意的分配四种品质。在学前阶段,儿童注意的品质随其年龄的增长以及教育的影响不断发展。

一、学前儿童注意的品质与儿童的活动

(一)注意的广度与儿童的活动

注意的广度是指人在同一瞬间所把握对象的数量,也就是注意范围的大小。这与人的年龄有一定关系。注意的广度有一定生理制约性,在1/10秒的时间里,成人一般能注意到4~6个相互之间没有联系的对象,而儿童只能注意2~4个。注意的广度还和儿童原有的知识经验及注意对象的特点相关。一般来说,知识经验越丰富,注意对象越集中,排列越有规律,注意的广度就越大。比如,游戏区一堆散乱的彩色小棒不容易引起幼儿的注意,但是如果把它排列成一只漂亮的蝴蝶,就很容易被幼儿注意到。

幼儿期之前的儿童注意广度非常狭窄,这和他们与周围世界交往经验少有很大关系。随着年龄的增长、经验的丰富以及学习活动和生活实践的锻炼,儿童注意的广度会逐渐扩大。天津市幼儿师范学校心理组的研究表明,在1/10秒的时间内,较大部分4岁幼儿只能辨认2个点子,大部分6岁幼儿已能辨认4个点子;4岁幼儿根本不能正确辨认6个点子,6岁幼儿则已有44%的人能辨认6个点子。(见表4-1)

表4-1　不同年龄幼儿正确辨认点子数的百分比①

正确辨认点子数	4 岁	6 岁
2	73.5%	99.5%
3	43.5%	93.5%
4	13.5%	66.6%
5	5.3%	51.5%
6	0	44.6%
7	0	27.3%

幼儿注意的广度较小,教师在教学中需注重知识的形象化、具体化,将知识有规律地呈现,将有助于扩大儿童注意的广度。可从以下几点入手:

---

① 罗家英.学前儿童发展心理学[M].北京:高等教育出版社,2011:71.

第一,要求具体明确。要提出具体而明确的要求,在同一个短时间内不能要求幼儿注意更多方面。比如教师让幼儿分别注意观察挂图上蝴蝶的颜色、数量及大小等。

第二,数量适宜,排列规律。在呈现挂图或其他直观教具时,同时出现的刺激物数目不能太多,而且排列应当规律有序,不可杂乱无章。

第三,方式多样。要采用各种儿童喜闻乐见的方式或方法,帮助儿童获得丰富的知识经验,以逐步扩大他们注意的范围。比如游戏方式能让儿童参与积极性更高,更好地把握注意对象。

(二)注意的稳定性与儿童的活动

注意的稳定性是指注意集中于同一对象或同一活动中持续的时间。注意的稳定性是儿童游戏、学习等活动获得良好效果的基本保证。

儿童注意的稳定性与注意对象及儿童的自身状态都有关系。注意对象单调无变化、不符合儿童兴趣,注意的稳定性就差;反之,对象新颖生动、活动方式适宜有趣,注意的稳定性就强。需要强调的是,注意的稳定性并不意味着它总是指向同一对象。为了完成一项活动内容,可能要求注意不同的对象。比如在搭积木过程中,儿童时而自言自语,时而和同伴交流,时而看看别人的作品。虽然儿童注意的具体对象不断变换,但只要是围绕着搭积木这一总任务而变,就是稳定的注意,所以要把注意的稳定性理解为动态的稳定。

总体而言,学前期儿童的注意稳定性不强,特别是有意注意的稳定性比较低,容易受到外界无关刺激的干扰。但在良好的教育条件下,儿童注意的稳定性随年龄增长而不断提高。因此,教师在组织活动时应注意:①教育教学内容难易适当,符合儿童心理水平;②教育教学方式方法要新颖多样,富于变化;③不同年龄班儿童活动时间应当长短有别。集中活动的时间不宜过长,活动内容要多样化,不能要求儿童长时间做一件枯燥无味的事情。

(三)注意的转移与儿童的活动

注意的转移是指自觉地调动注意,使之从一个对象转换到另一个对象上。注意的转移可以发生在同一活动的不同对象之间,也可以发生在不同活动之间。

注意转移的快慢和难易,依赖于前后活动的性质、关系以及人们的态度。如果前一种活动中注意的紧张度高,两种活动之间没有什么内在联系,或者主体对前种活动特别感兴趣,注意的转移就困难而且缓慢。注意的转移与分心不同。转移是主动的,是主体根据任务需要,自觉地将注意指向新的对象或新的活动;分心是被动的,是受到无关刺激的干扰而使注意离开活动任务。

儿童易分心,不善于根据任务的需要灵活地转移注意。随着儿童活动目的性的提高和言语调节机能的发展,自然逐渐学会主动转移注意。

儿童的注意转移能力较差,教师在组织活动时应注意:①活动开始时,运用猜谜、谈话、出示教具等多种方式引起儿童的兴趣,让其注意转移到当前活动中来;②活动中运用语言指导让儿童明确活动目的,主动转移注意;③引导儿童从小养成良好的生活和学习习惯,能帮助发展其注意转移的能力。

（四）注意的分配与儿童的活动

注意的分配是指在同一时间内把注意集中到两种或两种以上的活动上。注意分配的基本条件，就是同时进行的活动中至少有一种非常熟练。

婴儿和幼儿前期的儿童对注意的事物大多不熟悉、不理解，掌握的熟练技巧较少，因此不善于分配自己的注意。随着年龄增长和经验的积累，幼儿期儿童注意的分配能力逐渐提高，成人有意的训练培养也可以帮助幼儿提高注意分配的能力。比如，教师要求儿童以上身挺立的姿势坐好，同时去想屏幕上显示的小动物是什么，小班幼儿完成这一任务是有难度的，中班和大班幼儿既能坐好，又能去注意教师的问题。

培养熟练活动的技能是提高儿童注意分配能力的重要途径。因此，教师应创造儿童活动和锻炼的机会，让他们在各种活动中逐渐发展动作熟练能力，并动用多种感官协调活动，逐步培养其分配能力。

注意的这四种品质，均是儿童注意发展过程中的一般情况和基本特点，但儿童的心理发展是存在年龄特征和个别差异的，在注意方面的个别差异更为明显，对于那些注意力水平较差的儿童，成人应格外注意引导、培养。

二、学前儿童注意分散的原因和防止措施

受身心发展水平的限制，加上后天教养的不恰当，可以说整个学前期儿童的注意发展水平相对成人来说都较低，难以长时间把注意力集中在应该注意的对象上。由于儿童还不善于控制和调节自己的注意，在教育活动中很容易出现注意分散即分心现象。事实证明，经常出现注意分散现象的儿童，其智力、学习能力、生活能力的发展都会受影响。因此，了解学前儿童注意分散的原因，掌握防止注意分散的措施以及培养注意力或专注力的方法，都是学前教育中不容忽视的重要内容。

（一）学前儿童注意分散的原因

造成学前儿童注意分散的原因是多方面的，主要表现在以下几个方面：

1. 生理方面

（1）儿童神经系统的耐受力较差，长时间处于紧张状态或从事单调活动，便会引起疲劳，降低觉醒水平，从而使注意涣散。同时，儿童大脑发育不完善，神经系统兴奋和抑制过程发展不平衡，先天的神经发育达不到常态，会导致自制力差、注意力不集中。

（2）诊断为多动症（又称注意缺陷多动障碍，ADHD）的患儿，主要表现为注意力不集中、情绪不稳定、行为异常、学习困难；患有听觉障碍或视觉障碍的孩子也可能表现为不注意听或视若无物。

（3）在气质方面，有的儿童先天气质中对任何光、声、味或触觉的敏感度都比别人高，因此，较容易受周围环境刺激的干扰而分散注意。例如，有研究表明，气质类型为胆汁质

的儿童注意稳定性比较差,而且遇到挫折时注意容易起伏。①

2. 环境方面

(1)无关刺激过多。儿童以无意注意为主,一切新异多变的事物都能吸引、干扰他们正在进行的活动。比如活动室或儿童房间的布置过于繁杂,装饰物过多、声音过多或过于喧闹,光线过强,教师的服饰过于奇异等都可能分散幼儿的注意,使他们不能把注意集中到该注意的对象上。

(2)儿童血液中铅含量过高。家具装修时选用劣质材料,或者空气污染严重,可能造成儿童血液中铅的含量过高,患儿常常会出现神经系统的症状,比如容易激动、多动、注意力缺陷等,自然影响儿童的注意程度。

3. 教育方面

(1)活动目的不明确。教师没有说清楚活动的目的或要求,儿童不知道该干什么,短暂的新鲜感过去后就可能注意分散,左顾右盼,从而影响应该积极从事的活动。

(2)活动形式单一。教师的活动组织没有合理兼用无意注意和有意注意,形式单调乏味,容易引起儿童注意的分散。如果教师只是考虑有意注意,忽视儿童的兴趣和发展特点,也会引起儿童的疲劳,导致注意分散。比如,教师选用玩偶导入活动,吸引幼儿的无意注意,但当玩偶失去新异性时,儿童便不再集中注意。

(3)作息制度不合理。有些家长不重视儿童的作息制度,晚上不督促孩子早睡,让他们长时间玩耍。孩子睡眠不足,第二天自然无精打采,难以集中精力进行学习活动。同时,在幼儿园教育活动中,有些教师没有遵循儿童年龄特点,要么活动时间太长儿童得不到充分休息,要么玩耍过于兴奋,都会导致儿童疲劳或情绪难以稳定,从而引起注意分散。

4. 其他方面

(1)儿童的饮食问题。若饮食中糖类、咖啡因、防腐剂等含量过多(比如油炸类、烧烤类、零食等),或以饮料代水,忽视维生素的摄取,都会刺激儿童的情绪,影响其注意的集中。

(2)家长的教育方式。孩子天性是专注的,但是被家长一次次无意地干扰后就逐渐趋向分散。比如孩子在专注游戏、绘画等活动时,家长一会儿送吃的,一会儿送喝的,一会儿又过来询问孩子,或者在旁边大声说话、做事等,随意干扰打断孩子,无形中逐渐破坏了孩子的注意力。同时,家庭矛盾、意外变故等可能使儿童处在紧张和焦虑中,也会导致儿童注意分散。

(二)防止学前儿童注意分散的措施

针对学前儿童注意分散的原因,成人应具体问题具体分析,采取适当的防止措施,尤其要明确注意分散原因的类别。

对于生理方面的原因,尤其是先天不足或病理导致的多动症,必须经过专业机构的鉴定和指导,不能单纯从注意分散上下结论,采取的治疗措施也要慎重。

---

① 罗家英.学前儿童发展心理学[M].北京:科学出版社,2007:109.

对于环境方面的原因,无论是家庭还是幼儿园,装修材质一定要选择健康环保的,新装修的住宅不要急于入住,要保持自然通风;室内外光线和声音都不要太强,尤其注意干净整洁。

对于教育因素导致的注意分散,可以采用如下措施:

第一,防止环境中无关刺激的干扰。活动中一次不要呈现过多刺激,尤其是对年幼的孩子。需要儿童集中注意时更应该把无关的玩具、图片等容易引起儿童兴趣的东西收好,而且呈现的教具每次不要出示过多,用完后应当立即收起。教师本身的衣饰要整洁大方,不要过于奇异,以免分散儿童的注意。

第二,遵循合理的生活作息制度。充足的休息对保护神经细胞免于衰竭很重要,教师和家长都要关心儿童休息的质和量,督促孩子早睡早起,遵循一定的生活规律,使孩子们能有充分的睡眠和休息;幼儿园教师的日常活动安排要劳逸结合,动静交替,遵循儿童的年龄特点,以保证他们有充沛的精力从事学习等活动。

第三,灵活运用儿童无意注意和有意注意的特点。教师既要充分利用儿童的无意注意,也要培养和激发其有意注意。因此,在教育活动中可使用新颖多变的刺激、丰富灵活的语言吸引儿童的无意注意。同时,教师要向儿童解释进行某种活动的意义和重要性,并提出明确具体的要求,使儿童能主动地集中注意力。两种注意形式灵活交替运用,使其大脑活动有张有弛,既能完成活动任务,又不至于过度疲劳。

第四,明确任务要求和活动目的。在日常的教育活动中,教师应保证儿童能听清楚并切实理解活动的要求、目的,可以采用图示辅助、请幼儿做记录、复述要求等多种形式进一步帮助幼儿明确要求,难点部分更要反复强调。对于缺乏趣味性的学习材料,除了设计生动形象的教具配合以外,教师还要给儿童强调学习该方面知识的重要性,有目的地激发儿童集中注意的自觉性和克服困难的自制性。

第五,根据儿童的兴趣和需要组织活动。幼儿园的教育活动应符合儿童的兴趣和发展需要,活动内容尽可能贴近幼儿的生活,选择他们关注和感兴趣的事物,比如春天的风筝、夏天的沙水、秋天的瓜果和冬天的冰雪等。教师应尽量以游戏化的方式组织各种教学活动,使儿童积极、主动地参与活动。在这样的活动过程中,儿童不仅可以有愉快、自信的情感体验,还有利于师生之间、同伴之间的交往。

第六,尽量让儿童多感官参与,活动形式灵活多样。若长时间用同一方式进行单调教学,势必会引起儿童大脑皮质的疲劳,使神经活动的兴奋性降低,从而导致分散注意。心理学研究表明,大脑神经与身体的各个部位神经紧密相连,人全身各部位协调地运动才不容易疲劳。调查发现,学习时若只用听觉,效率为13%;只用视觉,效率为18%;只动口,效率为32%;如果耳、眼、口并用,效率为52%;如果再加上双手不断地参与做动作,则效率可高达72%,而且不容易感到累。因此,如果教师交替使用不同的感觉器官和运动器官,不但可以使幼儿减少疲劳,更能引起儿童的注意。尤其是对学前儿童来说,教师运用多种教学方法,重视儿童的实际操作,将会非常有利于集中儿童的注意力。

第七,尊重并鼓励儿童所进行的集中注意的活动。当学前儿童全神贯注于他的某项活动时,比如画画、游戏或玩耍时,成人(尤其是家长)切莫轻易去打断,应该让他尽兴之后自己停止。如果经常随心所欲地打断儿童的活动,不仅不利于儿童注意的发展,反而容易使其注意分散。成人要尊重儿童的兴趣,像尊重成人一样不轻易打扰他的"工作",这对于儿童形成稳定的注意是非常重要的。

总之,注意力对儿童的学习和生活都有重要的作用,培养儿童的注意力更是提高儿童学习效率的最有效途径。因此,成人首先应审视自己的教育方式是否可行,再来确定儿童注意分散的原因。当然也不能忽视儿童注意分散的生理原因,切不可对注意力容易分散的儿童盲目地加以指责和推卸责任,而是应当积极研究儿童注意分散现象,探讨防止儿童注意分散的措施和提高注意力的方法,培养儿童良好的注意习惯,切实促进儿童注意的发展。

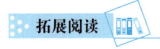　拓展阅读

注意的测量与评估[①]

1. 测量项目与评估标准

对学前儿童注意的测量与评估,可以围绕注意的广度、注意的稳定性、注意的转移和注意的分配等几个方面来进行。(见表4-2)

表4-2　注意的测量项目与评估标准

测量项目	A 级	B 级	C 级
注意的广度	在单位时间内(1/10 秒)能注意到 3 个或以上毫无联系的对象	在单位时间内(1/10 秒)能注意到 2 个或以上毫无联系的对象	在单位时间内(1/10 秒)能注意到 1 个或以上毫无联系的对象
注意的稳定性	根据任务,对注意对象持续15 分钟以上	根据任务,对注意对象持续10～15 分钟及以上	根据任务,对注意对象持续5～10 分钟及以上
注意的转移	根据要求迅速、连续地从一个活动转移到另外的活动中来	根据要求连续地在不同类型的活动中相互转移	能在成人的要求和督促下从一个活动转移到另外一个活动中来
注意的分配	在成人的要求下熟练、迅速地同时进行两种或两种以上不同性质的活动	在成人的要求下熟练、迅速地同时进行两种相同性质的活动	在成人的要求下基本上能同时进行两种简单的学习、游戏、生活活动

---

① 张永红.学前儿童发展心理学[M].北京:高等教育出版社,2011:90.(有改动)

2.测评方法

采用观察法。在各种活动中,抓住时机,围绕目标进行观察和分析。如在语言活动中观察幼儿听故事注意集中的时间;在音乐活动中看幼儿边唱歌边做动作,以了解其注意的分配情况等。

本节小结

学前儿童注意的品质一方面受儿童生理发展的影响,另一方面更受教育和训练的影响。父母和教师应当充分认识学前阶段儿童注意的发展对其以后心理发展的作用。在各种教育中重视儿童注意发展的特点,分析儿童注意分散的原因,培养儿童良好的注意力,为学前儿童以后的学习、生活乃至其他能力的培养创造良好条件。

思考与练习

一、选择题

1.注意的两个最基本的特性是( )。

  A.指向性与选择性   B.指向性与集中性

  C.指向性与分散性   D.集中性与紧张性

2.当教室里一片喧哗时,教师突然放低声音或停止说话,会引起幼儿的注意。这是( )。

  A.刺激物的物理特性引起幼儿的无意注意

  B.与幼儿的需要关系密切的刺激物,引起幼儿的无意注意

  C.在成人的组织和引导下,引起幼儿的有意注意

  D.利用活动引起幼儿的有意注意

3.小班集体教学活动一般都安排15分钟左右,是因为幼儿有意注意时间一般是( )。

  A.20~25分钟   B.3~5分钟

  C.15~18分钟   D.10~12分钟

4.下列关于婴儿注意选择偏好的描述中,正确的是( )。

  A.偏好分散刺激多于集中刺激   B.偏好直线多于曲线

  C.偏好规则模式多于不规则模式   D.偏好复杂的刺激

二、简答题

1.简述注意对学前儿童心理发展的重要作用。

2.在幼儿期,无意注意和有意注意的发展有什么特点? 教育活动中教师应如何运用这两种注意?

三、论述题

见习幼儿园活动,实地观察记录幼儿注意力的发展状况,以及引起幼儿注意分散的

主要原因及防止措施。

四、材料分析题

材料1：

教师组织小班幼儿的诗歌活动"七彩的梦"，既没有直观教具，也没有给幼儿动手操作的机会，只是一遍又一遍地教幼儿朗诵诗歌。许多孩子很快坐不住了，有的与身边的幼儿打闹，有的漠然地看着老师，有的甚至表现出反感的情绪。

结合幼儿注意发展的特点，试分析材料中教师在组织教育活动时存在什么问题。

材料2：

一天，李老师教大班的幼儿读儿歌。李老师一遍一遍地教，小朋友一遍一遍地学。但在活动中，李老师发现有几个小朋友没有专心学习：皮皮总是不停地玩旁边桌子上的一个玩具；果果老趴在桌子上，一副很累的样子；晓晓则东张西望，明显对读儿歌不感兴趣……

结合以上材料，分析说明这几个幼儿注意分散的原因。如果你是李老师，你将如何防止幼儿注意分散呢？

第五章　学前儿童记忆的发展

学习目标

素养目标：

1. 认识记忆力在学前儿童成长过程中的作用。

2. 树立促进学前儿童记忆力发展的意识。

知识目标：

1. 掌握学前儿童记忆发展的一般规律和特点。

2. 学会运用有效策略促进学前儿童记忆的发展。

能力目标：

1. 能够根据学前儿童记忆的特征组织游戏和学习活动。

2. 初步具备分析学前儿童记忆发展特点及测评其记忆发展状况的能力。

内容导航

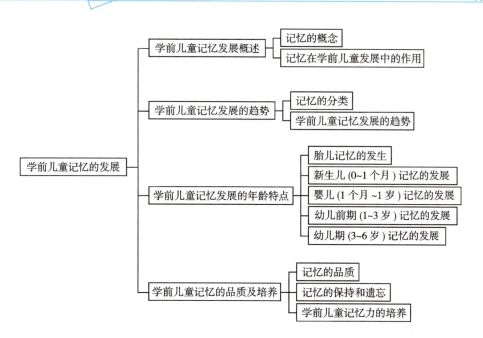

案例导入

　　琳琳4岁半了,妈妈非常重视早期教育,在家里经常给琳琳播放经典音乐、唐诗宋词及童话故事等。琳琳虽然边玩边听,但已经记住不少唐诗宋词了。暑假期间,琳琳去海边的姥姥家住了两个月,非常开心,回来之后兴奋地给爸爸妈妈讲海边的趣事。可是妈妈检查发现,很多诗词琳琳都忘记了,令人不解的是,半年前大家一起去滑雪的场景琳琳却还记得十分清楚。

　　记忆是怎么发生的? 记忆对人类社会的发展起什么作用? 学前儿童的记忆与成人的记忆又有什么异同? ⋯⋯关于记忆的诸多问题曾经吸引了不少研究者潜心研究,直至今天,幼儿园教师和家长在实际工作中还经常遇到不少困惑,需要得到专业的指导。所有这些启示着我们,只有不断探索学前儿童记忆的规律和特点,充分发挥学前儿童记忆存储和提取信息的功能,才能提高其记忆力水平,使其在生活和学习中更加从容自信。

第一节　学前儿童记忆发展概述

　　一个人若没有记忆,他就没有过去,准确而敏锐的记忆力是所有工作成功的基础。古往今来,人类几乎所有的知识都是在记忆的基础上不断发展完善起来的。俄国著名心理学家谢切诺夫曾提出,一切智慧的根源都在于记忆。可以说,记忆是整个心理生活的基本条件。多年来,人们对记忆的探索从未停歇,记忆什么时候发生、怎么发生,怎样能提高记忆效果等问题一直被人们所关注。

一、记忆的概念

记忆是人脑对过去经验的反映。过去经验是广义的范畴,包括人们过去所有发生的事情,如感知过的事物、体验过的情感、思考过的问题以及练习过的动作等。比如,儿童见过的人,再次看到时能认出;听过的歌曲,再次听到歌曲的旋律就会哼唱起来;打过预防针,再次见到打针的保健医生就害怕地哭等。

记忆与感知觉不同,感知觉是对当前直接作用于感觉器官的事物的反映,具有表面性和直观性;而记忆是对曾经经历过的事物的反映,具有内隐性和概括性。

从发生过程来说,记忆的发生不是瞬间的,而是一个从"记"到"忆"的过程,这个过程通常可分为三个阶段:识记、保持和回忆。按照信息加工论的观点,识记是对信息进行编码的过程,保持是将编码过的信息以一定方式储存在头脑中,而回忆则是提取和输出信息的过程。回忆又分为再认和再现:再认是指去经历过的事物再度出现时,人们能够识别它;再现是指过去经历过的事物不在面前,人能把它在头脑中重新呈现出来。这三个阶段是密切联系、不可分割的。没有信息的输入,就谈不上保持,信息没有保持就提取不出来,也就没有回忆,所以记忆也可以说是对信息的输入、存储和提取的过程。(见表5-1)

表5-1　记忆的过程[①]

发生过程	传统观点	信息加工论观点	记与忆的关系
记 ↓ 忆	识记	信息的输入	记是忆的前提
	保持	信息的存储	
	回忆	信息的输出(提取)	忆是记的结果和加强

二、记忆在学前儿童发展中的作用

一切知识的获得都依靠记忆,记忆是一切智力活动的基础,它为人们日益丰富的心理世界创造了必不可少的条件。如果没有记忆,人类的生活、学习每天都要从零开始,无法持续探究、累积经验,人类社会就难以发展。对学前儿童来说也是如此,没有记忆的辅助,日常学习难以开展,自然也难以产生表象、想象和思维,更难以发展情感、意志,形成独特的个性特征。因此,记忆在学前儿童发展中起到了重要作用。

(一)记忆促进学前儿童感知觉的发展

知觉是记忆产生的基础,而个体知觉的发展也离不开记忆。因为知觉的形成离不开个体的知识经验,而知识经验的获得与积累就依赖于记忆。例如,儿童观看图片时,看到

---

① 张永红.学前儿童发展心理学[M].北京:科学出版社,2011:100.(有改动)

小兔子的身体被花草树木挡住了,虽然只露出一双长耳朵或一条短尾巴,但儿童依然把它作为一个整体辨认出来,这就是以往的经验在起作用,属于知觉的整体性特征。此外,知觉恒常性的形成、儿童对熟悉事物的偏爱、客体永久性等均需要记忆。

（二）记忆是学前儿童想象、思维产生的直接基础

学前儿童的思维和想象过程依靠记忆,最初他们原始的想象与记忆常常混淆。当学前儿童感知客观事物时,他们尝试着与客观事物相互作用,用实际动作去解决自己遇到的各种问题。在这个过程中,事物的形象、活动的过程以及解决问题的动作都会贮存在记忆中,为今后的想象和思维活动提供素材。可以说,记忆是联系感知与想象、思维的桥梁,是想象、思维过程产生的直接前提。比如,儿童有游泳的经验,他就倾向于以游泳为素材想象构思游泳的故事或画作,难以创作从无涉足的滑雪题材。

（三）记忆促进学前儿童语言的习得与发展

学习语言必须依靠记忆,这主要表现在儿童对语音的模仿、对语词和语句的学习上。首先是对语音的模仿,儿童先要感知语音,模仿、记住语词的正确发音和表述的语义;其次是对语言的理解,儿童必须在别人把话说完之前先记住前面的部分,然后和后面的部分结合起来,才能准确理解整个语句的意思;最后是对语言的输出,若完整表述一句话或一段话,儿童需要把自己说过的词语暂时记住,以使自己的表述前后连贯。在日常生活中,我们经常发现儿童学话初期有前后言语不连贯现象,可能是儿童言语活动与记忆联系的不足造成的。[①]

（四）记忆影响学前儿童情绪情感的发展

儿童只有通过记忆才能够对经历过的事情产生情绪情感体验。若与经验相联系形成的是恐惧、喜悦情绪,表明儿童记住了事件或物体曾经给自己带来的痛苦或喜悦,从而形成恐惧情绪或喜悦情绪。比如,孩子被狗咬后害怕狗,被针扎后害怕针,这是与记忆相关的恐惧情绪;孩子玩过滑梯、吃过冰激凌后意犹未尽,这是与记忆相关的喜悦情绪。此外,儿童道德感、美感等高级情感的形成也离不开记忆。比如,儿童之前因争抢玩具抓伤了别的孩子,被老师严肃批评教育后知道了要"轮流玩""不能随便打人"等,学习合理解决矛盾。

有一句话简明而且公正地评价了记忆在儿童心理发展中的作用:"若无记忆,人类只能永远停留在新生儿时期。"[②]

---

① 罗家英.学前儿童发展心理学[M].北京:科学出版社,2007:116.
② 陈帼眉.学前儿童发展心理学[M].北京:北京师范大学出版社,2013:121.

拓展阅读

童年的记忆①

海伦·凯勒

童年的记忆对于我来说是一种奇怪的体验,即使时间已经流逝很久,很多情景仍然清晰如昨。但是最遗憾的是当时的我又聋又哑,陷入了双重孤独之中,并不懂得这些对于我的人生的意义。

我已经记不清在生病后几个月里发生的事情,只记得常常坐在母亲的腿上,或者拉着她的裙角,随她忙里忙外。我用手去触摸每一件物体,去感觉每一个动作,通过这种方式,我熟悉了许多事物。

很快,我就发现了与人交流的必要性,并且开始尝试用简单的手势或动作来表达我的所思所想,说出我想说的话。如摇头是表示"不",点头是表示"是",往我这边拉是表示"来",往外推是表示"去",当我想吃面包的时候,我会做出切面包片、抹黄油的动作,当我希望母亲为我的晚饭准备冰激凌的时候,我会模仿制作冰激凌的工人的动作,并通过身体的发抖来表达寒冷的意思。

本节小结

作为人脑对过去经验的反映,记忆不是瞬间发生的,而是一个从"记"到"忆"的心理过程,包括识记、保持、再认或再现三个阶段。记忆在学前儿童发展过程中起着重要的作用,主要表现在四个方面:促进学前儿童感知觉的发展;是学前儿童想象和思维产生的直接基础;促进学前儿童的语言习得和发展;并且只有通过记忆,儿童才能够对经历过的事情产生一定的情绪情感体验。

第二节　学前儿童记忆发展的趋势

从出生到入学短短几年的时间里,随着学前儿童生理和心理各方面的发展,其记忆无论是从质还是从量上都在不断地变化和发展。

---

① 海伦·凯勒.假如给我三天光明[M].哈尔滨:哈尔滨出版社,2019:7.

一、记忆的分类

(一)根据记忆内容不同划分

1. 形象记忆

形象记忆是以感知过事物的具体形象为内容的记忆。最早出现在婴儿末期,即6～12个月时。婴儿能够认识自己熟悉的物体(如玩具、奶瓶、婴儿车等)和人物(如母亲),就是此阶段形象记忆的表现。

形象记忆可以是多种感官的,比如我们看过的人、物和画面,听过的歌曲、尝过的味道和触摸过的物体等,都属于形象记忆。在幼儿前期,幼儿的形象记忆和动作记忆、情绪记忆紧密联系。例如,婴儿对母亲的形象记忆既有见到母亲后产生的愉快情绪体验,也有动作记忆的成分。随着年龄的增长,形象记忆迅速发展,到了幼儿期,形象记忆占据主导地位。

2. 运动记忆

运动记忆又称动作记忆,是以过去做过的运动或动作为内容的记忆。儿童最早出现的就是运动记忆,约在出生后2周出现,因为婴儿主要通过感知动作适应环境,比如妈妈一伸手抱,宝宝就会去寻找乳头,就是动作记忆的一种表现。运动记忆在此阶段成为婴儿主要的记忆手段,记忆的效果优于其他记忆方式。例如,教一个两岁的孩子唱儿歌《数星星》,成人边唱边做出数星星的动作,孩子一边模仿成人的动作一边唱,很快就学会了。如果让他把小手背在身后再学习,孩子往往容易转移注意力,而且记忆速度慢,效果也不好,很容易忘记。

学前时期一切生活习惯上的技能,如儿童对吃饭、洗手等一系列动作的记忆都是运动记忆。而且动作记忆一旦形成,终身难以忘记。像钢琴、书画、体操动作等很多儿时练习形成的动作记忆,长大后即使不再从事这方面的工作,通常也比没练习过的人表现突出。因为他们在练习过程中同时也在发育,当他们发育成熟后,练习成为习惯模式,就很自然地表露出来,俗称"童子功",其实就是一种肌肉神经的习惯记忆。

3. 情绪记忆

情绪记忆是以体验过的情绪或情感为内容的记忆。情绪记忆的出现稍晚于运动记忆,一般在出生后6个月左右。婴幼儿对带有感情色彩的东西,容易识记和保持。情绪记忆与皮下结构,特别是丘脑有密切关系。因此,虽然儿童的大脑皮质还没有发育成熟,但情绪记忆的发生与发展还是比较早的。

儿童喜爱什么、厌恶什么、恐惧什么都是情绪记忆的表现。情绪记忆很难忘记,尤其当它来源于视觉感官时,能够引起情绪波动的画面,要比平淡无奇的画面更让人印象深刻。如果这种记忆在童年发生,会植入潜意识深处,影响更为深远,甚至伴随终生,即我们所说的"童年阴影"。

4. 语词记忆

语词记忆是以语言材料作为内容的记忆,是儿童在掌握语言的过程中逐渐发展的。在儿童记忆发展的过程中,语词记忆出现最晚,一般出现在 1 岁左右。语词记忆之所以出现最晚,是因为语词记忆的发生与发展要建立在大脑皮质活动机能的发展,特别是语言中枢发展的基础之上。只有在习得语言的过程中,语词记忆才逐渐发展起来。但是,语词记忆虽然发生较晚,发展却很快,并且逐渐占据主导地位成为主要的记忆方式。语词记忆所保持的不是具体的形象,而是反映客观事物本质和规律的定义、定理、公式等。比如反复读儿歌给宝宝听,宝宝就会逐渐记住儿歌,先记住儿歌的某一个字,某几个字,直到完整记住。

(二)根据记忆信息保持的时间长短划分

1. 瞬时记忆

瞬时记忆又称感觉记忆,是指客观刺激物停止作用后,感觉信息只保留一瞬间的记忆,存储时间在 1 秒左右。刺激作用停止后,它的影响并不立刻消失,可以形成后像。最为明显的例子是视觉后像。比如,注视亮着的电灯片刻后闭眼,眼前就会有一个灯的光亮形象出现在暗的背景上,这是视觉正后象;长时间凝视纸上的红色方块,再立刻看白纸,会浮现绿色方块,这是视觉负后像。

2. 短时记忆

短时记忆又称工作记忆,是指记忆信息在头脑中保持的时间不超过 2 分钟的记忆。例如,当我们查询到某电话号码后,能马上拨出这个号码,一旦放下电话,刚刚拨过的号码就忘了。一般来说,短时记忆的信息容量为 7 ± 2 个组块。

3. 长时记忆

长时记忆是指信息在头脑中保持的时间超过 1 分钟,乃至一生的记忆。长时记忆储存的信息时间长,可随时提取,与短时记忆相比,受干扰少,而且容量是没有限制的。长时记忆的信息主要是对短时记忆内容加以复述而来的,也有由于印象深刻一次形成的。还有研究认为,如果提取方式足够,我们长时记忆里曾经的记忆都能被唤醒。比如有些老人忘了很多事,却能记起幼时的人、事或歌谣等。

(三)根据识记的目的性和自觉性划分

1. 无意识记

无意识记是指事先没有明确的目的,也不需要意志努力的识记。比如幼儿常常能记住电视上的卡通广告、朗朗上口的歌谣等。这种识记带有直观性、偶然性和片面性。

2. 有意识记

有意识记是指有明确目的、需要一定意志努力而且采用一定方法的识记。日常的工作和学习主要依靠有意识记。比如幼儿为"六一"儿童节排练的舞蹈、朗诵节目,需要识记舞蹈动作、大量台词等。

（四）根据识记是否建立在理解的基础上划分

1.机械识记

机械识记是指对所记材料的意义和逻辑关系不理解,采用简单、机械重复的方法进行的记忆。如有的家长不加解释,只是让幼儿反复背诵唐诗,甚至让幼儿背诵乘法口诀的记忆。

2.意义识记

意义识记是指对所记材料的内容、意义及其逻辑关系已经理解的记忆。比如背诵唐诗时,家长给幼儿讲解了诗词的背景、含义,先让幼儿理解,根据理解进行的记忆就是意义识记。

二、学前儿童记忆发展的趋势

学前儿童的记忆,伴随自身生理的发展,在环境和教育的影响下,呈现出一种有规律的变化,主要表现在以下几点。

（一）记忆保持时间逐渐延长

记忆保持时间是指从识记材料开始到能对材料提取之间的间隔时间,也称为记忆的潜伏期。对学前儿童记忆保持时间、年龄、变化、特点等方面的研究指出,随着年龄的增长,儿童记忆的潜伏期越来越长,再认和再现的潜伏期也都随着年龄的增长而增长。而且,研究发现,儿童再认出现的时间比再现长,而且同一年龄儿童再认的潜伏期也比再现长。因此,随着年龄的增长,学前儿童的记忆保持时间不断延长,记忆能力不断提高。（见表5-2）

表5-2　学前儿童各个年龄呈现的记忆潜伏期情况[①]

项目	1岁	2岁	3岁	4岁	7岁
再认	几天	几个星期	几个月	1年以前	三年前
再现	—	几天	几个星期	几个月	1~2年

（二）记忆容量不断增加

随着年龄的增长,学前儿童记忆容量不断增加。记忆容量的增加主要表现在记忆广度增加、记忆范围扩大以及工作记忆能力提高三个方面。

1.记忆广度增加

记忆广度是指材料在单位时间内一次呈现后被试正确复现的最大量。衡量记忆广度的单位是信息单位,是指彼此之间没有明确联系的独立信息。这种信息单位称为组

---

① 罗家英.学前儿童发展心理学[M].北京:科学出版社,2007:116.（有改动）

块。人类的记忆广度一般为 7±2 个组块。

学前儿童不是一出生就有记忆广度的,其原因在于他们大脑皮质不成熟,在极短时间来不及对更多的信息进行加工,因而记忆广度要少于成年人,约为 3~6 个单位。有人(Dempeter,1981)对记忆广度的研究进行了总结,发现短时记忆广度与年龄之间存在相关,随着年龄的增长,记忆广度也在增长;不同性别幼儿记忆广度差异不大,女孩略好。

2. 记忆范围扩大

记忆范围是指记忆材料种类的多少和内容的丰富程度。学前儿童记忆范围的发展受其知识经验的影响极大,在婴儿期和幼儿前期,由于接触的事物数量和内容有限,儿童记忆的范围极小。随着儿童动作的发展和外界交往范围的扩大,活动能力增强,活动形式多样化,记忆范围也随之越来越大。比如在良好的教育下,儿童能记住各种动植物、玩具、故事诗词及技能动作等。

3. 工作记忆能力提高

工作记忆是由 Baddeley 和 Hited 于 1974 年首次提出的,是一种对信息进行暂时性加工、储存能量有限的记忆系统。工作记忆对个体学习、思维、语言理解等复杂认知任务的完成起关键作用,儿童有了工作记忆意味着能够把新输入的信息和原有的知识经验联系起来,使储存的新信息内容或成分增加。相关研究指出,儿童形成工作记忆以后,可以在30 秒左右的短时间内获得更多的信息。随着年龄的增长,儿童工作记忆的能力也越来越高。

(三)记忆内容随年龄而变化

从记忆内容来看,记忆可以分为运动记忆、情绪记忆、形象记忆和语词记忆。儿童记忆内容也有随着年龄而变化的客观趋势,最早出现的是运动记忆,然后是情绪记忆,再后是形象记忆,最晚出现的是语词记忆。儿童这几种记忆形式的发展,并不是用一种记忆简单代替另一种记忆,而是一个相当复杂的相互作用的过程。

(四)记忆策略逐渐形成与发展

记忆策略是学习者为了有效记忆而对输入信息采取有助于记忆的手段和方法。个体对要记忆的材料进行组织加工的能力直接影响到记忆的效果。学前儿童使用记忆策略了吗?常用的记忆策略有哪些?什么时候开始的?这些问题一直是心理学研究者极其关注的问题。

1. 记忆策略的发展阶段

儿童运用记忆策略经历了一个从无到有的发展过程。这一过程分为四个阶段(Flavell,1994):第一,没有策略阶段,多为 5 岁以前的儿童。儿童不能自发地使用某一记忆策略,也不能在别人的要求和暗示下使用记忆策略。第二,过渡阶段,也叫部分策略阶段,一般为 5~7 岁儿童。儿童部分地使用记忆策略,或使用一种策略的某种变式。表现为儿童能够在有些情况下使用记忆策略,而在另外一些情况下又不会使用记忆策略。第三,策略效果脱节阶段,一般为 7~10 岁儿童。儿童在各种情景下都能使用某一记忆策略,但是记忆的成绩并没有因为策略的使用而提高,表现为记忆成绩滞后于策略使用的脱节现象。第四,有效策略阶段,常在 10 岁以后。儿童能够主动而自觉地运用记忆策略,并使记忆成绩有效提高。

2. 学前儿童的记忆策略

学前儿童尚处于从没有策略向部分策略发展的阶段,他们可运用的记忆策略有以下几种:

(1)视觉复述策略。视觉复述策略是指将注意力不断集中在目标刺激上,以加强记忆。这是幼儿在记忆过程中所运用最简单的策略。例如,让幼儿记忆图片中的动物,幼儿就会不断地注视图片。

(2)特征定位策略。特征定位策略是指捕捉目标刺激的突出特征,并给目标刺激贴上这种特征的标签以便于记忆。有研究发现,5 岁以后的儿童具有了运用特征定位策略的能力。研究者要求学前儿童把小物品藏在一个有 196 个格子的棋盘中,并要求其尽可能多地记住物品所藏的位置(转引自王振宇,2000)。能够运用特征定位策略的学前儿童会选择具有某种特征的位置放置物品,如放置在棋盘的某一角落,以防止遗忘,便于以后寻找。

(3)复述。复述是注意不断指向输入信息,不断重复记忆材料的过程。复述是一个常用的、有效的记忆策略,也是一个将短时记忆转化为长时记忆的手段。研究表明,儿童复述策略的运用能力是随着年龄的增长而不断发展的,5 岁儿童仅有 10% 具有复述行为,7 岁有 60%,而 10 岁达到 85%(Cowan,1997)。这说明学前阶段的儿童复述策略运用较少,但年龄较大的幼儿在识记过程中会反复背诵以避免遗忘。比如,为了记住识记的材料,幼儿会边识记边自言自语地说出材料的名称和内容。

(4)组织策略。组织策略是指把要识记的材料中所包含的项目,按照其间的意义联系归类成系统,使记忆材料条理化,以帮助记忆的方式。有关记忆策略方面的研究发现,学前儿童运用组织策略的能力较差,只有在幼儿中期以后,才能够在记忆过程中根据事物的特征自动对记忆材料加以整理分类。幼儿也会把新词和某种事物或情绪联系起来,但他们使用组织策略较少,而且质量也不高。有关研究指出,只有到了学龄期,儿童才能够较多运用组织策略,其效果也逐渐提高。例如,儿童边识记边把图片分类,并且自言自语地说:"苹果是水果,梨也是水果,萝卜是蔬菜……"

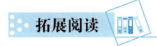 **拓展阅读**

记忆①

马龙·白兰度在他自传的开头讲述了他的早期记忆:"当我回溯我生活的这些年,试图回忆所发生的一切,我发现没有什么事是真正清晰的。我想我的第一个记忆发生在我很小以至于不记得我自己有多小的时候。我睁开双眼,借着曙光环顾四周,发现厄米(白兰度的女家庭教师)还在睡觉,所以我尽自己所能穿好衣服,走下楼梯,每一步都是先迈左脚。我不得不拖足而行走到门廊,因为我扣不上鞋扣。我坐在阳光中的一节台阶上,那是在 32 街的死胡同一头。那一定是春天,因为房子前大树正在掉落像蜻蜓一样的、有两只翅膀的豆荚。在没有风的日子里,它们会轻轻地旋转着飘向地面。我注视着它们飘落的全过程,坐在那里向后伸着脖子直到嘴巴张开,并且伸出手去以防万一,但它们从来没有落在上面。当一个豆荚着地的时候,我将再一次仰视,我的眼睛飞快地转动着,等待下一个奇迹的来临,阳光温暖着我头上的黄色头发。我就是那样期待着下一个奇迹的出现,那是一个美妙的瞬间,和后来的 65 年间发生的我能记得的美好瞬间一样。"

 本节小结

随着年龄的增加,四种常见的记忆分类逐渐在儿童身上显现。在后天环境和教育的影响下,儿童的记忆呈现一种有规律的变化趋势,主要表现在:记忆保持时间逐渐延长,记忆容量不断增加。记忆内容也随着年龄增长发生变化,最早出现的是运动记忆,其次是情绪记忆,再后是形象记忆,最晚出现的是语词记忆,并且逐渐学着使用记忆策略。

第三节　学前儿童记忆发展的年龄特点

学前期儿童的身心成长较为迅速,不同年龄阶段的发展各有特点,记忆这个心理过程同样如此。研究发现,学前儿童记忆的出现最早可追溯到胎儿期。

一、胎儿记忆的发生

有研究发现,如果把记录母亲心脏跳动的声音放给新生儿听,他会停止哭泣。研究者解释说,这是因为婴儿感到他们又回到了熟悉的胎内环境里,由此认为胎儿已经有了

---

① 理查德·格里格,菲利普·津巴多.心理学与生活[M].王垒,王甦,等译.北京:人民邮电出版社,2003:192.(标题为编者所加,有改动)

听觉记忆。胎儿不仅熟悉母亲的心音血流声,还熟悉母亲的说话声、母亲的语调和歌声。

声学研究还发现,胎儿末期听觉记忆确已出现,而且胎儿在子宫内最适宜听中、低频的声音,而男性的说话声音正是以中、低频为主。美国佛罗里达州的爱温夫妇进行胎教的实验证明:只要父亲一开口讲话,胎儿就以动一下表示反应,十分有趣。[①] 已有很多人做了实验,如果胎儿时期经常听到爸爸的声音,婴儿出生后第一时间听到爸爸的声音就会停止哭泣并寻找声音;胎儿时期经常听的曲子,婴儿出生后一听到就趋向于安静下来,这些都足以证明胎儿有听力,是有记忆的。

二、新生儿(0~1个月)记忆的发展

近年来,西方的一些研究者认为,新生儿在出生后两三天就能够对不同的声音刺激产生不同的反应。只是新生儿的记忆方式和成人不同,他记不起视野以外的东西。这就是为什么在新生儿时期,只要宝宝的需要得到满足,他就乐于和任何人待在一起。新生儿时期记忆主要表现在以下两个方面:

1. 条件反射的建立

新生儿记忆的主要表现之一是对条件刺激物形成某种稳定的行为反应(即建立条件反射)。比如,母亲给孩子喂奶时往往先把他抱成某种姿势,然后再开始喂。不用多久(1个月左右),婴儿便对这种喂奶的姿势形成了条件反射,每当被抱成这种姿势,孩子就开始激动,乳头还未触及嘴唇就已开始了吸吮动作。这种情况表明,婴儿已经"记住"了喂奶的"信号"——姿势。如果妈妈哄孩子睡觉时还伴随着关灯,久而久之,关灯本身就会引起孩子的睡意。

2. 对熟悉的事物产生"习惯化"

新生儿记忆的另一表现是对熟悉的事物产生"习惯化"。随着刺激物出现频率的增加而对其注意时间逐渐减少甚至消失的现象,心理学家称为"习惯化"。习惯化研究经常采用注视时间、心率、吸吮频率等作为指标,来测查新生儿对刺激的反映。一个新异刺激出现时,人(包括新生儿)都会产生定向反射,研究人员会监测新生儿的注视时间、心率、吸吮频率等方面的变化。研究发现,如果同样的刺激反复出现,新生儿对它注意的时间就会逐渐减少甚至完全消失,表明对此已经熟悉了。

许多研究表明,即使出生几天的孩子,也能对多次出现的图形产生"习惯化",似乎因"熟悉"而丧失了兴趣。同时,后续研究又提出"去习惯化",即当新生儿对某种刺激习惯后,如果呈现新的刺激,这时孩子又恢复了反射行为,表明个体能把新刺激和旧刺激加以区别。这些案例进一步说明新生儿具有一定的记忆能力。

---

① 代凯军.胎教优生百科全书[M].哈尔滨:黑龙江科学技术出版社,2007:451.

三、婴儿(1 个月~1 岁)记忆的发展

婴儿与新生儿相比,记忆发生了变化。新生儿的记忆主要是短时记忆,而婴儿期不仅是短时记忆的发展阶段,也是长时记忆发生发展的时期,同时出现工作记忆。

帕波塞克(Papousek,1959)采用经典条件反射首次对儿童的记忆进行了研究,发现新生儿末期已具备特定的长时记忆能力,3 个月的婴儿对操作条件反射(用脚踢使小车移动)的记忆能保持 4 周之久,3~6 个月的婴儿长时记忆得到很大发展,记忆保持的时间越来越长。他们学习和掌握的知识技能可保持数天或数周(Fagan,1973)。有研究者以8~12 个月的婴儿为研究对象,当着婴儿的面把玩具放在同样两块布中的一块下面,用幕布遮掩一下,遮掩的时间分别为 1 秒、3 秒和 7 秒,然后让婴儿去找玩具。结果发现,8 个月的婴儿间隔 1 秒就记不得了,找不出玩具来,而 12 个月的婴儿间隔 3 秒都能够记住并找到玩具,间隔 7 秒后 70%的婴儿能记住并找出玩具(转引自许政援等,1987)。[①]

运用条件反射、习惯化等方法对婴儿记忆所做的研究发现,6~12 个月的婴儿再现的潜伏期明显延长(Flavell et al,2001)。例如,在此阶段婴儿的认生越来越明显,认生表明婴儿能够记住熟悉人物的表象,并能够保持较长的时间。婴儿开始出现大量的模仿动作,这些模仿动作的出现也表明了长时记忆的发展。8 个月左右的婴儿开始出现工作记忆,这就意味着婴儿能够把新的刺激和信息与过去的知识经验进行联系和比较。

总之,婴儿期长时记忆迅速发展起来,记忆的保持时间也越来越长,但仍然是不随意记忆,记忆保持的时间相对还是比较短的。

四、幼儿前期(1~3 岁)记忆的发展

幼儿前期与前两个阶段相比,幼儿不仅开始出现有意识记,而且记忆的保持时间明显增长,记忆的提取形式——再现开始出现并进一步发展。

(一)有意识记的出现和发展

不随意记忆是幼儿前期之前的主要记忆,幼儿前期的末期有意识记开始萌芽,可以根据成人提出的一些非常简单的要求进行识记。该领域的研究者做了这样的试验:让幼儿前期的儿童在实验者离开的这段时间里帮助实验者记住哪一个杯子里藏有玩具小狗,实验者布置完任务后借故离开了实验室。结果发现:3 岁的儿童想出了一个办法来记,他们不停地看着那只杯子,并用手摸杯子;而 2 岁的孩子则东张西望,不会有意识记(转引自许政援等,1987)。[②]

(二)识记保持的时间增长

与婴儿期相比,幼儿前期记忆发展最为明显的是记忆保持时间明显加长。婴儿期阶

---

① 罗家英.学前儿童发展心理学[M].北京:科学出版社,2007:126.
② 罗家英.学前儿童发展心理学[M].北京:科学出版社,2007:127.

段记忆最多能够保持几天,而幼儿前期记忆最长可保持几个月。1岁左右的孩子能够回忆几天或十几天前的事情,2岁左右记忆可以保持几个星期。比如,把他熟悉的东西藏起来,过了一些日子之后孩子会去寻找。

（三）再现的发生与发展

根据信息加工理论的观点,记忆的提取过程包括再认和再现。从其发生情况来看,再认最先出现,再现出现较晚。再认先于再现发生,是由于二者的活动机制不同。再认依靠的是感知,回忆依靠的是表象。感知是儿童出生以后就已经具有或开始发展的,而表象则在1岁半至2岁才开始形成。另外,感知的刺激是在眼前的,立即可以引起记忆痕迹的恢复;而表象的活动还有待儿童在头脑中进行搜索。

新生儿以及婴儿阶段的记忆,从其提取形式看都属于再认。如前所述,明显的再认出现在6个月左右。这时,儿童开始"认生",即只愿意亲近母亲及经常接触的人,陌生人走近会使孩子感到不安。幼儿前期的记忆仍主要是再认形式,此阶段末期,再现的形式开始萌芽,1~2岁时才逐渐出现,并且有了一定程度的发展。随着言语的发展,再现的形式越来越确定。在此阶段,儿童出现延迟模仿,即不是即时模仿,而是经过一段时间以后突然模仿曾经看过的事物和行为动作。延迟模仿的出现标志着儿童表象记忆和再现能力的初步成熟。

（四）记忆对象增加

幼儿前期儿童记忆的对象明显增加了。1岁左右的儿童能够记住自己常用的东西（奶瓶、玩具等）和部分小朋友的名字,2岁时不但能够记住小朋友的名字,还能够背诵简单的儿歌。同时,此阶段孩子的记忆富有情绪色彩,特别容易记住那些使他们愉快的事情和那些引起他们强烈消极情绪的事物。

五、幼儿期(3~6岁)记忆的发展

（一）无意识记占优势,有意识记逐渐发展

1. 无意识记占优势

（1）无意识记的效果优于有意识记。在一项实验里,实验桌上画了一些假设的地方,如厨房、花园、睡眠室等,要求儿童用图片在桌上做游戏,把图上画的东西放到实验桌上相应的地方。图片共15张,图片上画的都是儿童熟悉的东西,如水壶、苹果、狗等。游戏结束后,要求幼儿回忆玩过的东西,即对其无意识记进行检查。另外,在同样的实验条件下,要求儿童进行有意识记,记住15张图片的内容。实验结果表明,幼儿中期和晚期记忆的效果都是无意识记优于有意识记。到了小学阶段,有意识记才赶上无意识记。（见表5-3）

表5-3　无意识记和有意识记的比较①

项目	小班	中班	大班	小学生	中学生	成人
无意识记	4.0	9.6	11.1	13.0	14.3	14.1
有意识记	4.0	4.8	8.7	12.4	13.4	13.2

（2）无意识记效果随年龄增长而提高。由于记忆加工能力的提高，幼儿无意识记继续有所发展。比如，给小、中、大三个班的幼儿讲同样一个故事，事先不要求识记，过了一段时间以后进行检查。结果发现，年龄越大的幼儿无意识记的成绩越好。据上海市徐汇区对107名幼儿的调查，幼儿对直观物体的无意识记，小班的完整率为21%，中班为29%，大班为50%。天津幼儿师范学校心理组（1980）对4～7岁儿童无意识记的研究也说明，对10张画有常见物体的图片进行无意识记，其效果随年龄增长有所提高。（见表5-4）

表5-4　4～7岁儿童无意识记效果②

年龄（岁）	平均再现量
4	4.5
5	5.3
6	5.7
7	6.2

总之，幼儿的记忆带有很大的无意性，他们所获得的许多知识都是通过无意识记得来的。心理学研究表明，符合儿童兴趣需要的、能激起强烈情绪体验的事物，记忆效果较好；直观、具体、生动、形象和鲜明的事物，记忆效果较好；要记的东西能成为儿童有目的的活动的对象或活动的结果，记忆效果较好；多种感官参与的活动，即让儿童看看、闻闻、听听、摸摸等，记忆效果较好；与儿童活动的动机、任务相联系的对象，记忆效果较好。

2. 有意识记逐渐发展

有意识记的发展，是幼儿记忆发展中最重要的质的飞跃，幼儿有意识记的发展有以下特点：

（1）幼儿的有意识记是在成人的教育下逐渐产生的。成人在日常生活和组织幼儿进行各种活动时，经常向他们提出记忆的任务。比如，在家里，父母会对孩子说："记住，去问问老师……"在幼儿园，老师也会嘱咐："回家告诉爸爸妈妈……"在讲故事前，预先向幼儿提出复述故事的要求，背诵儿歌时，要求他们尽快记住。这一切，都是促使有意识记

① 张永红.学前儿童发展心理学[M].北京:科学出版社,2011:100.（有改动）
② 张永红.学前儿童发展心理学[M].北京:科学出版社,2011:105.（有改动）

发展的手段。

（2）幼儿的有意识记随年龄增长不断发展。与小班幼儿相比,大班幼儿的有意识记水平有了很大的提高,他们不仅能努力记住和再现所要求记住的材料,还能运用一些最简单的记忆方法加强自己的记忆。如幼儿园的老师交代不同年龄班孩子任务时,孩子们表现的差距就很大,大班的幼儿不时点头,小嘴默念着,还会出声地重复,或怕自己记错要求老师再讲一遍等,努力完成老师交给的任务。如果将此任务布置给小班幼儿,那么会出现另一种情景,孩子可以默不作声地听取布置,但事后却不执行,在听的中途或在听完后对老师说"老师,我不会讲",表示不能接受这个任务。

（3）幼儿有意识记的效果主要依赖于对记忆任务的意识和活动动机。例如,在"开商店"的游戏中,小朋友当"顾客",他必须说出商品的特征才能买到,幼儿意识到这个专门的识记任务,识记的效果就比一般的观察要好得多。又如,幼儿在游戏条件下有意识记的效果要比在实验室条件下好,而在完成实验任务中,如果有赞许和奖励,有意识记的效果有可能比在游戏条件下好。（见表5-5）

表5-5　幼儿在三种不同动机下有意识记的效果①

年龄(岁)	完成实验任务	游戏	完成实验任务(有赞许和奖励)
3~4	0.6	1.0	2.3
4~5	1.5	3.0	3.5
5~6	2.0	3.3	4.0
6~7	2.3	3.8	4.4

(二)较多运用机械识记,意义识记开始发展

1.幼儿较多运用机械识记,但意义识记效果好

和成人相比,幼儿较多用机械识记,他们背诵一些并不理解的诗文,显得挺容易,可以说是"死记硬背"的功夫。既然意义识记效果好,为什么儿童主要不是用意义识记而是大量使用机械识记呢? 这可能出于两个原因:一是幼儿大脑皮质的反应性较强,感知一些不理解的事物也能够留下痕迹;二是幼儿对事物理解能力较差,知识经验少,对许多识记材料不理解,不会进行加工,只能死记硬背。

意义识记的效果明显优于机械识记。事实证明,幼儿识记理解的材料比识记不理解的材料效果要好得多。有些材料看起来他们不熟悉也不理解,实际上幼儿有时候会用自己的理解去记忆,有时还会按照自己的理解对材料加以改造并识记。因此,幼儿的学习需要灵活运用两种识记方式。比如,一个幼儿是这样记住"2000"这个数字卡片的,他说:

---

①　张永红.学前儿童发展心理学[M].北京:科学出版社,2011:105.

"前面是一个鸭妈妈,后面有三个大鸭蛋。"这就是他自己的意义识记。

2.幼儿的机械识记和意义识记都在不断发展

研究表明,在整个幼儿期,无论是机械识记还是意义识记,其效果都随着年龄的增长而有所提高。年龄较小的幼儿意义识记的效果比机械识记高得多,而随着年龄增长,两种识记效果的差距逐渐缩小,意义识记的优越性似乎降低了。这种现象并不表明机械识记的发展越来越迅速,而是由于年龄增长后,机械识记中加入了越来越多的理解成分,使机械识记的效果有所提高;同时,意义识记也越来越多地渗透入机械识记中。可见,两种识记效果差距缩小的原因是两者相互渗透,区别越来越小。(见表5-6)

表5-6　幼儿识记常见物体和无意义图形的比较①

年龄(岁)	常见物体	无意义图形	比率
4	47	4	11.75∶1
5	64	12	5.33∶1
6	72	26	2.77∶1
7	77	48	1.6∶1

(三)形象记忆占优势,语词记忆逐渐发展

1.形象记忆的效果优于语词记忆

形象记忆是根据具体的形象来记忆各种材料。儿童在语言发生之前,其记忆内容只有事物的形象,即只有形象记忆。儿童在语言发生之后,直到整个幼儿期,形象记忆仍然占主要地位。实验材料证明,幼儿对于直观材料记忆的效果要高于语词记忆的效果。(见表5-7)

表5-7　幼儿形象记忆和语词记忆效果比较②

年龄(岁)	熟悉的物体	熟悉的词	比率
3~4	3.9	1.8	2.1∶1
4~5	4.4	3.6	1.2∶1
5~6	5.1	4.6	1.1∶1
6~7	5.6	4.8	1.1∶1

由于形象记忆主要是通过第一信号系统的活动进行的,语词记忆则要求第二信号系统起主要作用。而学前儿童的第一信号系统比较发达,第二信号系统尚在发展之中。所

---

① 张永红.学前儿童发展心理学[M].北京:科学出版社,2011:107.(有改动)
② 张永红.学前儿童发展心理学[M].北京:科学出版社,2011:107.(有改动)

以幼儿更容易记住那些具有生动、鲜明、具体、形象特点的事物。在幼儿园的日常教学中,这个特点也表现得十分明显。例如,幼儿记诗歌、快板比记散文容易,对歌曲表演比单纯的歌词容易记住,有图片、模型、实物等直观教具的配合比单纯讲述内容容易记住。

2. 形象记忆和语词记忆都随年龄的增长而发展

幼儿期形象记忆和语词记忆都在发展。从表5-7中可以看出,3～4岁的幼儿无论是形象记忆还是语词记忆,其水平都相对较低。其后,两种记忆的效果都随年龄的增长而增长。

3. 形象记忆和语词记忆的差别逐渐缩小

如果计算一下表5-7中对熟悉的物体和词两种记忆效果的比率,就可以看到两者的差距日益缩小。原因是随着年龄的增长,形象和词都不是单独在儿童的头脑中起作用,而是有越来越密切的相互联系。一方面,对熟悉的物体幼儿能够叫出其名称,那么物体的形象和相应的词就紧密联系在一起;另一方面,幼儿所熟悉的词,也必然建立在具体形象的基础上,词和物体的形象是不可分割的。形象记忆和语词记忆的区别只是相对的。随着儿童语言的发展,形象和词的相互联系越来越密切,两种记忆的差别也相对减少。

(四)幼儿期记忆的一般特征

从整体上看,幼儿期记忆具有以下几个方面的特征:

1. 以不随意的形象记忆为主

在整个幼儿期,幼儿记忆很难服从于有目的活动,记忆的内容和效果在很大程度上依赖于识记对象的外部特征和幼儿的情绪、兴趣。同时,幼儿容易记住色彩鲜艳、内容新颖的形象识记对象,难以记住需要语言符号为中介的公式、概念。简言之,不随意的形象记忆在幼儿期占主导地位。

2. 记忆策略形成并发展起来

幼儿阶段的记忆策略经历了一个从无到有的过程。随着儿童认知水平的提高、理解能力的增强和知识面的扩大,记忆策略逐渐形成并发展起来。幼儿有意识记和意义识记的发展,意义识记对机械识记的渗透,语词识记对形象识记的渗透,以及它们的日益接近,都反映了幼儿识记过程中识记策略、方法的发展。

3. 记得快,忘得快

幼儿记忆能力受其高级神经活动的影响和制约。幼儿神经联系具有极大的可塑性,2～3次的结合就能够形成暂时神经联系,在言语的影响下暂时神经联系很快就能够形成,因此幼儿能够很快记住新记忆材料,尤其是他们喜欢的带有强烈情绪色彩的事物。但是,幼儿记住后忘得也很快,有时在材料不熟悉的情况下,甚至会把主要的记忆任务忘掉,这是幼儿神经系统容易兴奋,形成的神经联系极不稳定的缘故。

4. 记忆不精确

幼儿记忆的一个显著特征就是记忆不精确,主要表现在以下几个方面:

(1)记忆不完整。婴幼儿记忆的完整性很差,在再现记忆材料时,他们经常出现漏词、颠倒顺序、记忆脱节等情况。

（2）识记混淆。幼儿再现识记材料时经常出现混淆的情况，表现为幼儿经常记住非本质、富有情绪色彩的或偶然感兴趣的东西，而忘记了本质的、核心的内容。

（3）容易歪曲事实。幼儿常常把主观想象的事物和现实中的事物混为一谈，当主观臆想强烈的时候，幼儿甚至会把自己虚构的东西当作现实。

（4）易受暗示。幼儿在回忆识记材料的过程中，所回忆的内容容易受暗示而发生改变。有权威的成年人提出的问题，尤其是以肯定形式提出的问题对幼儿的影响最大。另外，受暗示性还与儿童的年龄有关，年龄越小受暗示性越强，越容易接受成人的结论，有的甚至不相信自己的亲身经历而服从成年人的论断。

拓展阅读

促进学前儿童记忆发展的活动方案——谁不见了①

活动目标：促进学前儿童记忆有意性和精确性的发展

活动准备：蒙眼布一块

活动过程：

1.全班幼儿围坐一圈，让小朋友看清楚并记住谁坐在谁的旁边。

2.教师请某幼儿站到圈子中间将其眼睛蒙上，此时其他幼儿一起反复说"小脑筋转转转，想想是谁不见了"。

3.教师指定一名幼儿躲起来之后，解开该幼儿的蒙眼布，让他说出谁不见了，说对了为他鼓掌。

4.幼儿交换位置，第二遍游戏开始。

如此反复进行，游戏的难度可以随游戏进行逐步加大，躲藏的幼儿可以酌情增加。

本节小结

学前期儿童的身心成长较为迅速，不同年龄阶段记忆力的发展各有特点。对学前儿童记忆的研究最早可追溯到胎儿期，新生儿期记忆出现的标志有两点：条件反射的建立，对熟悉的事物"习惯化"。婴儿期和幼儿前期，儿童开始出现有意识记，而且记忆的保持时间明显增长。到了幼儿期，儿童记忆力进一步发展。整体上呈现的特点：无意识记占优势，有意识记逐渐发展；较多运用机械识记，意义识记开始发展；形象记忆占优势，语词记忆逐渐发展；但此期仍以形象记忆为主，记得快忘得快，记忆不够精确。

---

① 张永红.学前儿童发展心理学［M］.北京:科学出版社,2011:124.

第四节　学前儿童记忆的品质及培养

作为智力发展水平的一个重要标准,记忆一直以来也是颇受学者们关注的研究领域。而如何评价学前儿童记忆发展水平的高低优劣,是记忆的品质问题。记忆的品质是天生的,但却可以通过后天努力改进。培养学前儿童的记忆,主要在于培养记忆的品质。

一、记忆的品质

1.记忆的敏捷性

记忆的敏捷性是指识记速度的快慢,一般是根据一定时间内能记住事物的多少来衡量。成人平时要加强学前儿童记忆的练习,帮幼儿理解识记材料和运用适当的识记方法,可以提高记忆的敏捷性。比如,在理解诗歌的背景及梗概之后儿童能较快地记住。

2.记忆的持久性

记忆的持久性是指记忆保持时间的长短,也就是记忆保持的牢固程度。成人可使用直观教具,激发幼儿的兴趣,让幼儿明确识记目的,并组织及时有效地复习,可以提高记忆的持久性。比如,教师将诗歌改编成小故事,采用直观图片、音乐辅助儿童学习诗歌,在多感官刺激下,儿童记忆可能更持久。

3.记忆的正确性

记忆的正确性是指所识记的材料在再认或再现时没有歪曲、遗漏、增补和臆测。提高幼儿记忆的正确性,首先,要进行认真正确的识记,保证记忆的准确性;其次,及时有效地复习强化巩固;最后,区分类似的材料,比如可以通过找不同、找相同或者综合分类训练法等,帮幼儿认识事物的异同点,锻炼辨别能力,提高记忆的准确性。

4.记忆的准备性

记忆的准备性是指必要时能把记忆中保持的材料迅速地再现出来,以解决当前的实际问题。提高记忆的准备性,最重要的是要把掌握的知识系统化,以便在需要时能一时间提取出来。比如,说到节约粮食,儿童马上想到《悯农》;看到湖里游动的天鹅,儿童能随口吟诵《咏鹅》。

记忆的四方面品质是有机联系的,我们不能只根据一方面的品质去评定一个人记忆的好坏。根据学前儿童的不同情况,家长和教师应具体情况具体分析,采取不同的方法,帮助孩子有针对性地练习。

二、记忆的保持和遗忘

（一）记忆的保持及影响因素

1. 记忆的保持

保持是记忆的中心环节，是通过识记对头脑中建立的印象进行巩固并保存下来的心理过程。识记材料在头脑中的保持不是一成不变的，随着时间的推移会发生质和量的变化。质的变化表现在内容会出现程度不同的加工改造，量的变化表现在保持量减少的趋势，即出现部分遗忘。

2. 影响学前儿童记忆保持的因素

（1）儿童的认知水平。根据皮亚杰的观点，儿童记忆是心理的建构活动。随着年龄的增长和大脑机能的逐渐成熟，儿童认知能力逐步提高，对事物的分析和综合能力也逐渐增强，对事物感知的选择性、持续性、精确性都不断提高，记忆水平也会随之提高。很多实验已验证了这一点。

（2）有关记忆材料的知识准备。相关研究表明，儿童容易记住和已知知识有联系的内容。因此，随着年龄的增长，儿童在生活实践中接触的事物越来越多，知识经验也越来越丰富，这就有利于在记忆对象之间建立各种联系，使回忆容易实现。同时，理解的东西往往容易记住，儿童知道了所记东西的意义，就便于把它同已有的知识经验联系起来，并入自己的知识结构，利于长期保持。

（3）儿童的情绪状态。学前儿童记忆保持的时间受主体情绪的影响，年龄越小这种影响越明显。年幼儿童很容易记住那些富有情绪色彩（愉快或不愉快）的事情。比如暑假去海边玩得特别开心，孩子能记忆很久。许多成人能够回忆起四五岁时候发生的事情，而这些事情往往就是那些曾给自己带来巨大情绪体验的事件。儿童听儿歌、故事时往往容易记住最有感情的那些句子，尤其是那些引起儿童愉快情绪反应的语句保持得特别长久，而那些与情绪态度无联系的、印象不深的材料则不易记住。

（4）对记忆材料的兴趣。儿童感兴趣的事物通常更容易被记住。学前儿童一个突出的特征就是好奇心重、求知欲旺盛，从二三岁时的"是什么"，到四五岁时的"为什么"，儿童能集中注意力去想它，并且喜欢刨根问底。由兴趣产生的"钻研"进一步增加了儿童对这些事物的感知程度，留下了鲜明而深刻的印象，增加了记忆保持的时间。

3. 学前儿童记忆保持的特殊现象

在儿童记忆保持时间的发展中，有一些特殊的现象引起了研究者的注意。

（1）婴儿期健忘。婴儿期健忘是指人们很少能够回忆起3岁以前发生的事情。少数人甚至不能回忆9岁以前发生的事情。有关学前儿童记忆方面的研究发现，婴儿很早就表现出一定的记忆能力，但同时也发现人类普遍存在婴儿期健忘的现象。

研究者提出了不同的理论假设对婴儿期健忘进行解释，但诸多理论假设仅仅为我们解释婴儿期健忘提供了一些视角，导致婴儿期健忘的因素到底是什么，尚需要研究者对此进行进一步的探索和验证。

（2）记忆恢复（回涨）现象。记忆恢复或回涨现象是指在一定条件下，学习后过几天测得的保持量比学习后立即测得的保持量要高。也就是说，儿童在学习某种材料时，不能立刻完整地再现所记住的材料，要经过一段时间后记忆才能够完善，然后才开始出现遗忘。

记忆恢复现象最早是巴拉德（Ballard）在1913年发现的。在此之后，研究者对这一现象产生了浓厚的兴趣。为什么幼儿会产生记忆恢复现象？记忆恢复现象发展变化的规律是什么？受哪些因素的影响？对于第一个问题，研究者通常认为，幼儿记忆恢复可能是幼儿神经系统的发育还不完善，刚识记时接受大量的新异刺激，神经系统容易疲乏并转入抑制状态，所以不能马上恢复识记的材料。而经过一段时间的休息之后，神经系统又恢复了兴奋状态，先前识记的内容从而能够被回忆起来。对于后两个问题，各国的研究者对此进行了大量研究，进一步揭示了记忆恢复现象的发展趋势和影响因素。这些研究指出，记忆恢复现象在年幼儿童身上体现得更为明显。研究者曾以幼儿为被试，让他们识记故事，然后间隔3天、7天、14天检查记忆保持量。结果发现幼儿小班的记忆恢复现象比中班和大班更为明显（见表5-8）。对记忆恢复现象影响因素方面的研究发现，学前儿童记忆恢复经常性程度与识记材料有关。当记忆材料内容复杂、难度大时，记忆恢复现象表现得更为频繁和突出。此外，在智力落后的儿童身上没有发现记忆恢复现象。

表5-8　间隔不同时间幼儿记忆保持量的比较[①]

年级	间隔3天	间隔7天	间隔14天
小班	100	137.58	132.14
中班	100	102.10	106.96
大班	100	103.19	91.64

注：以各年龄阶段儿童立即复述的意义单位的均数为100%进行材料统计，保持量是指比立即复述量增加的数量。

（二）遗忘及其规律

1. 遗忘概述

遗忘是对识记过的材料不能再认和再现，或错误地再认和再现。保持和遗忘是相反的过程，也是同一记忆活动的两个方面。没有保持就无所谓记忆，没有遗忘也无所谓保持。

遗忘通常有四种情况：识记的材料保持不好，能再认而不能回忆叫不完全遗忘；不能再认和回忆叫完全遗忘；一时想不起来，但过后还可能恢复记忆叫暂时性遗忘；对识记材料永远不能再认叫永久性遗忘。

———————————

①　张永红. 学前儿童发展心理学[M]. 北京：科学出版社，2011：104.（有改动）

2. 遗忘规律

心理学研究表明,遗忘是有规律的。德国心理学家艾宾浩斯(1850—1909)最早对遗忘现象做了比较系统的实验研究。为避免经验对学习和记忆的影响,他在实验中用无意义音节做学习材料,用重学时所节省的时间或次数为指标测量了遗忘的进程。实验表明,在学习材料记熟后,间隔20分钟重新学习,可节省诵读时间58.2%左右;1天后再学习可节省时间33.7%左右;6天以后再学习节省时间缓慢下降到25.4%左右。依据这些数据绘制的曲线就是著名的"艾宾浩斯遗忘曲线"。(见图5-1)

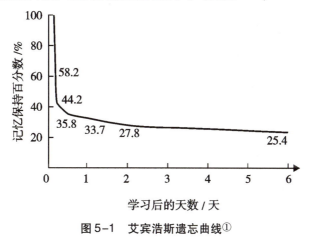

图5-1　艾宾浩斯遗忘曲线[①]

从遗忘曲线中可以看出,遗忘的进程是不均衡的。在学习停止后的短时期内,遗忘特别迅速,后来逐渐缓慢,到了相当时间,几乎不再遗忘了,即遗忘的发展是先快后慢的。

3. 干扰说

导致遗忘的原因很多,"干扰"是影响力比较大的一种说法,持这种观点的理论叫干扰说。这种理论认为,遗忘是因为在学习和回忆之间受其他刺激的干扰。一旦排除了干扰,记忆就能恢复。

(1)前摄抑制和倒摄抑制。前摄抑制是指先前学习内容对后来学习内容的干扰,即旧知识干扰新知识。倒摄抑制是指后来学习内容对先前学习内容的干扰。研究发现,倒摄抑制可能是导致遗忘的最重要原因。

前摄抑制和倒摄抑制一般是在学习两种不同但又彼此类似的材料时产生的。研究表明:在先后学习的材料完全相同时,后来的学习即是复习,不会产生倒摄抑制。在学习材料由完全相同向完全不同逐步变化时,倒摄抑制的作用也随之逐渐变化:开始时抑制作用逐步增加,材料的相似性减小到一定程度时,抑制作用最大;此后抑制作用便逐渐减低,到两种材料完全不同时,抑制作用最小。

(2)材料的序列位置效应。后续研究发现,在学习一种材料的过程中也会出现这两

---

①　张永红.学前儿童发展心理学[M].北京:科学出版社,2011:110.(有改动)

种抑制现象。例如,识记一篇文章时,人们通常容易记住材料的首尾,而中间部分则常常较难识记,也容易遗忘。这是由于识记材料开始部分只受倒摄抑制的影响,识记末尾部分只受前摄抑制的影响,而在识记中间部分时则同时受这两种抑制的作用。

为了更好地区别,研究者将此称为材料的系列位置效应,即记忆材料在系列位置中所处的位置对记忆效果产生的影响,包括首因效应和近因效应。系列开头的材料比系列中间的材料记得好叫首因效应或者首位效应;系列末尾的材料比系列中间的材料记得好叫近因效应或新近效应。

三、学前儿童记忆力的培养

人与人的记忆力有较大的个体差异。针对记忆的四个品质,如何根据学前儿童的身心特点、记忆规律提高记忆效率,是教师和家长共同关心的问题。

（一）科学安排识记材料

1. 排除学习材料之间的干扰

在同一时间里,不能要求孩子学习、识记的内容太多,否则会产生干扰,加重孩子的负担。不要把内容、性质相近或相似的材料安排在一起学习或复习,而应交错安排。先学习、巩固一种,中间安排休息或学习另一种内容、性质完全不同的材料,以减少或防止干扰。

2. 排除疲劳的干扰

学前儿童的生理发育还没有成熟,更容易疲劳。因此要特别注意用脑卫生,以排除疲劳对记忆保持的干扰。一方面,学习或识记活动的安排,要动静交替,劳逸结合。另一方面,不同性质的学习内容交替安排,以使大脑皮质神经细胞轮流工作和休息,以利于提高记忆效果。

（二）全力明确记忆目的

有意识记的形成和发展是儿童记忆中最重要的质变,识记的目的和积极性直接影响记忆的效果。要提高记忆效果,必须使儿童明确地意识到识记任务,一定要交代清楚活动目的。儿童记不住某些事情,常常是因为他们不了解为什么要记,也不清楚要记住什么,因而没有认真去记。因此,幼儿教师可通过变换声音、复述任务或暂停等方式引起幼儿注意,确保幼儿明确活动任务,并集中精力记忆。

（三）丰富识记方式,调动积极思维

记忆常常包含着复杂的思维活动。寓"记"于"思",主动分析理解、运用学习材料,在思维和操作过程中自然而然地掌握它、记住它,是提高记忆效果的有效办法,儿童尤其如此。这一点已被实验证明。发给儿童15张图片,每张图片中央画有幼儿熟悉的动物,如猫、狗等,图片的右上角画有同样醒目的符号,如三角形、圆圈等。将两组儿童分类,一组按动物的特点分类,一组按符号分类。分类活动结束后,出其不意地要求两组儿童都说出各图片上画的物体,结果如表5-9所示。可见,儿童识记的效果依赖于活动任务。

凡是活动的直接对象,就比较容易记住,尤其是多种感觉器官参加的活动。采取灵活丰富的活动方式,寓"记忆"于"活动",也是提高儿童记忆效果的好办法。

表5-9 不同分类识记结果①

项目	15张儿童熟悉的图片	
	按物体特征分类	按符号分类(△、十、○)
识记平均数	10.6	3.1

(四)借助记忆方法或策略

记忆能力强弱的关键之一在于是否会运用记忆策略。成人在向幼儿传授知识技能的同时,要培养他们运用记忆方法的意识,并且教给一些常用的识记策略。比如,利用语言中介的策略;对识记材料进行分析,找出内在规律、进行归类、建立联想("1"像小棍,"2"像鸭子等)等系统化策略;对较长的文字材料分段背诵、突破难点等,只要具有策略意识并掌握一些基本策略,幼儿记忆的效果就会有较大的改观。

(五)科学运用遗忘规律

艾宾浩斯遗忘规律告诉我们,学习之后遗忘立即开始,而且最初忘得快、忘得多,以后遗忘速度会逐渐缓慢下来。根据这个规律,在指导孩子学习时,对孩子刚学过的东西,要及时安排复习,尽量抢在遗忘快速期之前加深记忆的程度,以减少或防止遗忘。

同时,复习时间的合理分配对于记忆效果有重要影响。连续进行的复习叫集中复习,复习之间间隔一定时间的复习,称为分散复习。研究发现,分散复习效果更佳。

(六)培养儿童对学习的兴趣和信心

儿童的记忆效果与其情绪状态有很大关系。能引起兴趣的事物,记忆效果好,主动进行的、满怀信心的学习,记忆效果也好。反过来,无兴趣的、被迫的、缺乏信心的学习,记忆效果就差。因此,激发幼儿的学习兴趣,鼓励他们的每一点成绩和进步,也是培养记忆力的不可缺少的条件。

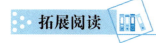 拓展阅读

记忆力的测量与评估②

一、测量项目和评估标准

对学前儿童记忆力的测量与评估,可以围绕记忆的有意性、记忆的精确性、记忆的内

---

① 张艳清.幼儿教育心理实践活动案例[M].哈尔滨:哈尔滨出版社,2020:33.(有改动)
② 张永红.学前儿童发展心理学[M].北京:科学出版社,2011:122.

容和记忆的理解性等几个方面来进行。

二、测评方法

1. 观察法

在幼儿进行各类游戏、参加各种集中教育活动和成人向幼儿委托任务时进行观察。如幼儿对游戏规则的记忆,语言活动中的"生活经验讲述"和"复述故事",让幼儿从家带些材料或物品在幼儿园进行观察,以便分析幼儿记忆的特点。

记忆力的测量项目与评估标准

测量项目	A 级	B 级	C 级
记忆的有意性	根据要求付出努力去记住一定的对象,并能运用一些帮助记忆的方法主动记忆	多数情况下能够完成记忆任务,能付出一定的意志努力进行记忆	对于感兴趣的任务能记住,对于不感兴趣的任务不容易记住
记忆的精确性	正确率达80%以上	正确率达50%以上	正确率50%以下
记忆的内容	虽以形象记忆为主,但语词记忆的成分较多	以形象记忆为主,语词记忆的成分较少	记忆的内容基本上是客观事物的形象
记忆的理解性	学会运用已有的经验理解记忆的材料,意义记忆成分较多	以机械记忆为主,意义记忆开始出现	基本上运用机械记忆的方式

记忆任务观察记录

姓名	剪指甲	带旧玩具	背儿歌	换手帕	穿布鞋
×××					
×××					
……					

说明:

(1)表格中的任务都要能以物化成果来体现是否记住、记正确。例如:"背儿歌"可以让幼儿把儿歌背给家长听,要求家长交背诵的书面记录材料。

(2)如果要了解幼儿个体记忆的持久性,布置任务的时间可逐次往前提。例如,可以交代小朋友明天、后天、再过几天、星期几要带个物品或要做好某件事等。

2. 测验法

可以围绕测评项目和标准,设计有关测验对幼儿的记忆力进行评定。

本节小结

如何评价学前儿童记忆发展水平的高低优劣,即是记忆的品质问题。通常可以从四个方面来评价:记忆的敏捷性、持久性、正确性和准备性。德国心理学家艾宾浩斯的研究发现,遗忘是有规律的:先快后慢,不均衡。"干扰"是导致遗忘最重要的原因,需要引起我们注意。根据学前儿童的身心特点、记忆规律,可以采取一些措施提升幼儿的记忆力,比如科学安排识记材料、明确记忆目的、科学复习等,希望家长和教师能用心研究,切实提升幼儿的记忆品质。

思考与练习

一、选择题

1.儿童最早出现的记忆是( )。
  A.形象记忆   B.运动记忆
  C.情绪记忆   D.语词逻辑记忆

2.在幼儿的记忆中,( )占主要地位,比重最大。
  A.形象记忆   B.动作记忆
  C.情绪记忆   D.语词记忆

3.从记忆发生的顺序来看,儿童最晚出现的是( )。
  A.情绪记忆   B.形象记忆
  C.语词记忆   D.运动记忆

4.幼儿机械记忆和意义记忆效果的比较,是( )。
  A.机械记忆效果好   B.意义记忆效果好
  C.两者都在发展   D.两者不可比较

二、简答题

1.简述记忆的概念及种类。
2.简述学前儿童记忆发展的特点。

三、论述题

比较在游戏与日常生活中学前儿童对儿歌的记忆效果,试述不同动机对学前儿童记忆效果的影响。

四、材料分析题

材料:

我们发现这样一种现象:幼儿园教师花大力气教幼儿记儿歌,幼儿通常不能完全记牢,但他们偶尔听到某个童谣、看到某个电视广告,只需一两次,他们就能将其熟记心中。

根据学前儿童记忆发展的有关原理,对上述材料加以分析。

第六章　学前儿童想象的发展

学习目标

素养目标：

认识学前儿童想象发展的基本规律，树立正确的儿童观。

知识目标：

1. 掌握想象的基本理论知识。

2. 掌握学前儿童想象发展的特点与趋势，了解学前儿童想象发展的年龄特征。

能力目标：

能够根据学前儿童想象发展的规律和特点，对学前儿童进行想象力培养。

内容导航

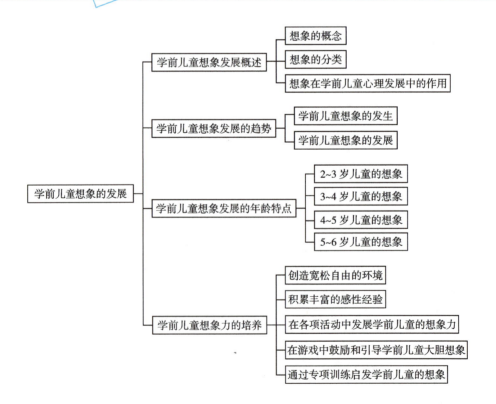

案例导入

　　妈妈买回家两把小椅子,姐姐叮叮和弟弟当当忙活了起来,5 岁的叮叮把椅子摆好,让 3 岁半的当当扮演小学生,自己拿了一根小树枝当教鞭,扮演幼儿园教师开始"上课"。过了一会儿,叮叮把两个小椅子摆在一起,当当乖乖地躺在上面,叮叮假装牙医给当当检查牙齿。妈妈端来了两杯水,叮叮接过水对着弟弟说:"当当,快,可以变身的魔力圣水来了,喝了以后就可以变身了。"当当立马起身,咕咚咕咚喝了下去,喝完后规规矩矩往小凳子上一站,妈妈问他变成了什么,他愣住了,显然还没有想好。叮叮看着他说:"你站得这么直,你变成了一棵大树。"当当立刻站得更直了,妈妈让他下来,他告诉妈妈他现在是树,不能动来动去了。妈妈再去看时,两个人骑着小凳子满屋追逐,叮叮手中的教鞭已经变成了当当的马鞭。

　　象征性游戏是学前儿童的典型游戏形式,而象征游戏的心理基础就是幼儿丰富的想象力。案例中的叮叮和当当想象力丰富,小椅子被他们赋予了各种功能,游戏的情节也随着他们的需要随时变化,学前儿童凭借想象进入了丰富多彩的新世界。幼儿期是想象力表现最活跃的时期,想象力是儿童探索活动和创新活动的基础,教师和家长应该积极为其创设条件,在实践中促进学前儿童想象力的发展。

第一节　学前儿童想象发展概述

一、想象的概念

想象是人脑对已有的表象进行加工改造而形成新形象的心理过程。想象是在已有表象的基础上产生的,表象是事物不在眼前时,在人们头脑中出现的关于事物的形象,而想象是在头脑中对表象材料进行加工、改造而形成的新的形象的过程。我们可能没有亲眼见过大漠日落,但是读了王维的"大漠孤烟直,长河落日圆",脑子里就会出现恢宏无比的画面,仿佛身临其境。比如,幼儿园里的小朋友春游,当他们看见天空中变幻的云朵,这个说是小鸟,那个说是大象,还有的小朋友绘声绘色地编起了故事,表现出丰富的想象力。这些想象的内容都是建立在自己已有感知经验基础之上的。从这个意义上讲,想象看起来天马行空,究其实质是对客观现实的反映。

二、想象的分类

根据不同的分类标准,想象主要分为以下几类。

（一）无意想象和有意想象

根据想象活动是否具有目的性,可以将想象分为无意想象和有意想象。

1.无意想象

无意想象也称不随意想象,是指没有预定目的,不自觉的想象。它是人们的意识减弱时,在某种刺激作用下,不由自主地想象某种事物的过程。例如幼儿抬头看天上的云朵,不自觉地会把它想象成棉花糖、小鸟、大象等。无意想象是最简单、最初级的想象,实际上是一种自由联想。

梦是无意想象的一种特殊形式,是人们在睡眠状态下一种漫无目的、不由自主的被动想象,梦境的内容是过去经验的奇特组合或变形。巴甫洛夫认为,大脑皮层抑制的扩散产生了睡眠,但由于还有一小部分脑细胞仍处于活跃状态,暂时的神经联系以意想不到的方式重新组合而产生了各种形象,就形成了梦。

> **案例**

2岁半的楠楠睡醒后大哭了起来,妈妈问她发生了什么,她说哥哥刚刚拿走了她的苹果,而哥哥今天根本就不在家。妈妈想起来了,就在前一天,她曾经和哥哥争抢过一个苹果。

孩子这么小,会做梦吗? 如果做梦的话,他们会梦到什么呢? 皮亚杰关于梦的论述可能对我们有所启示,皮亚杰认为儿童的梦最早出现在1岁9个月至2岁,这个时候儿童开始说梦话,醒来之后也会简单复述梦境中的情景,而这种情景往往与他们的生活经历有密切关系。无意想象仍然以客观现实为基础材料,是客观现实的反映。

2. 有意想象

有意想象也称随意想象,它是根据一定目的自觉进行的想象。人们在实践活动中为了实现某个目标,完成某项任务所进行的想象属于有意想象,例如,工程师对自己的作品进行构图想象;幼儿为画一幅画,认真想象使用什么颜色的彩笔。

(二)再造想象与创造想象

根据想象的内容、新颖程度和形成方式不同,可以将想象分为再造想象、创造想象和幻想。

1. 再造想象

再造想象是根据言语的描述或者非言语的描绘(如图纸、模型),在人脑中产生相应新形象的心理过程。我们阅读文学作品的时候,根据文字描述想象的人物形象就属于再造想象,比如,幼儿根据《西游记》的故事,想象的孙悟空、猪八戒形象。根据图纸想象的新形象也属于再造想象,比如,建筑工人在看完建筑设计草图以后,就能想象出楼房建起来以后的样子。再造想象具有一定程度的创造性,但其创造性的水平较低,它的形成要求有充分的记忆表象作为基础,同时离不开词语的组织作用。

2. 创造想象

创造想象是在创造活动中,根据一定的目的、任务,在人脑中独立地创造出新形象的过程。在创造发明各种新产品、新技术、新作品时,人脑中构思的新事物形象都属于创造想象,比如鲁班受到下雨天在凉亭避雨的启发后,发明了雨伞。创造想象的主要特点是新颖性和独创性,幼儿歌曲《种太阳》中幼儿关于播种太阳的想象就是新颖的创造想象。创造想象比再造想象更为复杂,它需要对已有的感性材料进行深入的分析、综合、加工、改造,在人脑中进行创造性的构思。如果说读者阅读文学作品而在头脑中形成人物形象是再造想象的话,那么作者进行文学作品的创作就是创作想象。

3. 幻想

幻想是创造想象的一种特殊形式,是一种指向未来并与个人愿望相联系的想象。幻想是个人对于未来的希望和向往,而创造想象的内容却并不都是人们所期望的。幼儿希望自己有翅膀可以飞上天空,希望自己长大以后可以成为宇航员或者大画家,这些都属于幻想。如果是以现实为依据,并指向行动,经过努力最终可以实现,那么它就变成理想。例如,儿童幻想将来自己长大了成为宇航员或画家,这是具有一定的社会价值和实现可能性的,符合事物发展的规律就属于理想。反之,如果幻想完全脱离现实,毫无实现的可能,就称之为空想。例如,有的人幻想长生不老,到处寻找灵丹妙药;有的孩子看了变形金刚幻想自己也能够变身,这些都是不切实际的,也是不可能实现的,这些都属于空想。

想象的分类汇总如表6-1所示。

表6-1　想象的分类

分类		含义	举例
无意想象		没有预定目的,不自觉地产生的想象	庄周梦蝶
有意想象 (根据一定目的自觉进行的想象)	再造想象	根据言语的描述或者非言语的描绘,在人脑形成相应新形象的过程	看《西游记》,头脑中出现孙悟空的形象
	创造想象	根据一定的目的、任务在人脑中独立创造出新形象的过程	吴承恩创作《西游记》,塑造出孙悟空的形象
	幻想	指向未来,和个人愿望相联系,是创造想象的一种特殊形式	小明幻想自己能够变成孙悟空

三、想象在学前儿童心理发展中的作用

想象对学前儿童的发展有着十分重要的作用,具体表现在以下几个方面:

（一）想象在幼儿游戏中扮演重要角色

拥有丰富的想象力是幼儿最为显著的心理特点之一,想象几乎贯穿幼儿的全部活动。幼儿的思维、游戏、绘画、音乐、行动等,都离不开想象,想象是幼儿行动的推动力。游戏是学前儿童的主要活动,游戏是幼儿在原有知识经验基础上把新获得的经验或新学到的技能通过想象不断重复、重现直至完全掌握的活动。孩子们游戏中所说的"假装"就是想象,离开了这种"假装",游戏无法开展。学前儿童游戏中经常出现"以人代人""以物代人""以物代人""以人代物"等丰富的想象。

📘 **案例**

幼儿园自由活动时间,4岁的点点给小朋友们端来一盘彩色的塑料泡沫,她告诉小朋友:"这是一盘食品,白色的是蛋糕,红色的是可乐,黄色的是汉堡。"其他小朋友都围着她,假装津津有味地吃了起来。

4岁的点点用一盘塑料泡沫来代替食品,这就是"以物代物"。本章案例导入中叮叮和当当姐弟在游戏过程中,手中的树枝一会儿充当教鞭,一会儿充当马鞭;小凳子既可以当作牙科椅,也可以是他们的小马。幼儿在现有材料的基础上,充分发挥自己的想象力进行游戏。游戏与想象力相互促进,在松弛快乐的氛围下,幼儿的想象力和创造性更容易得到激发。

（二）想象促进幼儿认知能力的发展

想象与感知觉、记忆、思维等认知活动关系密切。想象的产生是儿童认知发展的标志之一,想象可以补充我们的认知过程,弥补现实中我们不能事事亲见亲历的不足,想象是以头脑中已有的表象为前提,想象的过程是将大脑中已有表象进行加工改造的过程。想象和记忆互为前提,幼儿在进行想象时,需要依靠记忆所保存的表象,比如幼儿见过并

记住了小鸟展翅飞翔的动作,才能够幻想自己拥有翅膀,两个小胳膊展开上下挥舞想要飞起来。而想象又可以帮助幼儿对记忆的材料进行加工,比如幼儿将阿拉伯数字"3"记忆成一个耳朵,将"4"记忆成一面红旗。想象在幼儿的学习过程中帮助幼儿掌握抽象的概念,理解较为复杂的知识,创造性地完成学习任务。

📖 案例

"数字5的分解"对孩子们来说有些抽象,但是幼儿园的王老师有自己的好办法,她带着一群孩子快乐地玩起了手指操"五只小狗学游泳"。"五只小狗学游泳,谁都不敢跳下水,河里没有一只狗,五只小狗岸上瞅。五只小狗学游泳,老大勇敢跳下水,河里有了一只狗,四只小狗岸上瞅。五只小狗学游泳,老二勇敢跳下水,河里有了两只狗,三只小狗岸上瞅。五只小狗学游泳,老三勇敢跳下水,河里有了三只狗,两只小狗岸上瞅……"孩子们一边玩,一边想象着故事的情节,不知不觉间就理解了数的分解。

此外,想象与创造性思维有着密切的联系,想象是人类创造活动不可缺少的心理因素,想象的发展是幼儿创造性思维发展的核心。正如爱因斯坦所说:"想象力比知识更重要。知识是有限的,想象力则环绕着整个世界。"想象让孩子的思维插上翅膀,突破限制,所以幼儿教师要格外珍惜并努力促进学前儿童想象力的发展。

(三)想象是维持幼儿心理健康的重要手段

在现实生活中,当人们的某种需求得不到满足的时候,可以借助想象从心理上得到一定的补偿和满足。幼儿会经常在游戏中假装和怪兽作战,这样做可以体验胜利感和游戏的快乐,降低因为能力不足而产生的焦虑感,心理需求就得到了适当合理的满足。

📖 案例

3岁半的可可刚上幼儿园,她十分想念自己的妈妈,自由活动的时候,老师看见可可拿起手边的玩具放到耳朵边,嘀嘀咕咕假装给妈妈打电话:"好的,好的,你一会儿就来接我,我知道了,回家给我买好多好吃的啊。"可可的声音断断续续地传到了老师的耳朵里,老师微笑地看着可可。放下玩具,可可开心起来,情绪暂时得到了安抚。

📑 拓展阅读

空中楼阁——创造的想象(节选)[①]

比如王渔洋所推为唐人七绝"压卷"作的王昌龄的《长信怨》:"奉帚平明金殿开,暂将团扇共徘徊。玉颜不及寒鸦色,犹带昭阳日影来。"大家都知道,这首诗中的主人是班婕妤。她从失宠于汉成帝之后,谪居长信宫奉侍太后。昭阳殿是汉成帝和赵飞燕住的地

---

① 朱光潜.谈美[M].南京:江苏凤凰文艺出版社,2022:70-72.

方。这首诗是一个具体的艺术作品……

什么叫作想象呢？它就是在心里唤起意象。比如看到寒鸦,心中就印下一个寒鸦的影子,知道它像什么样,这种心镜从外物摄来的影子就是"意象"。意象在脑中留有痕迹,我眼睛看不见寒鸦时仍然可以想到寒鸦像什么样,甚至于你从来没有见过寒鸦,别人描写给你听,说它像什么样,你也可以凑合已有意象推知大概。这种回想或凑合以往意象的心理活动叫作"想象"。

想象有再现的,有创造的。一般的想象大半是再现的。原来从知觉得来的意象如此,回想起来的意象仍然是如此,比如我昨天看见一只鸦,今天回想它的形状,丝毫不用自己的意思去改变它,就是只用再现的想象。艺术作品也不能不用再现的想象。比如这首诗里"奉帚""金殿""玉颜""寒鸦""日影""团扇""徘徊"等,在独立时都只是再现的想象。"团扇"一个意象尤其如此。班婕妤在自己《怨歌行》里已经用过秋天丢开的扇子自比,王昌龄不过是借用这个典故。诗做出来总须旁人能懂得,"懂得"就是能够唤起以往的经验来印证。用以往的经验来印证新经验大半凭借再现的想象。

但是只有再现的想象决不能创造艺术。艺术既是创造的,就要用创造的想象。创造的想象也并非从无中生有,它仍用已有意象,不过把它们加以新配合。王昌龄的《长信怨》精彩全在后两句,这后两句就是用创造的想象做成的。个个人都见过"寒鸦"和"日影",从来却没有人想到班婕妤的"怨"可以见于带昭阳日影的寒鸦。但是这话一经王昌龄说出,我们就觉得它实在是至情至理。从这个实例看,创造的定义就是:平常的旧材料之不平常的新综合。

本节小结

想象是人脑对已有的表象进行加工改造而形成新形象的心理过程。从想象活动是否具有目的性把想象分为无意想象和有意想象,从想象的内容和新颖性的角度把想象分为创造想象和再造想象以及幻想,其中幻想是再造想象的一种特殊形式。想象在学前儿童心理发展中发挥主要作用:想象在幼儿游戏中扮演重要角色,想象促进幼儿认知能力的发展,想象是维持幼儿心理健康的重要手段。

第二节　学前儿童想象发展的趋势

不同年龄阶段的幼儿的想象呈现出不同的特点,本章案例导入中姐姐叮叮的想象和弟弟当当的想象相比就显得更为丰富,学前儿童想象的发生和发展有其自身的规律。

一、学前儿童想象的发生

想象不是与生俱来的,而是学前儿童发展到一定阶段的产物,只有当学前儿童的头脑中积累了大量、丰富的表象,并且大脑拥有了操作表象的能力,想象才能够发生。心理学上一般认为想象发生在 2 岁左右,主要通过动作和语言表现出来,他们已经可以把日常生活场景迁移到游戏中,比如用小手在桌子上假装切来切去,同时告诉妈妈:"我在切水果给你吃。"当孩子能够用语言来表达自己的想象活动时,就说明了想象的存在。因为孩子不仅能够对原有的表象进行加工,而且还能够通过语言来概括其想象活动。

儿童最初的想象是记忆材料的简单迁移,没有太多改造的成分,类似于联想和回忆。比如一个孩子咬了一口烧饼,把剩下的举到妈妈面前说"月亮"。这就是相似联想,由咬了一口的烧饼联想起月亮的形象。

二、学前儿童想象的发展

进入幼儿期以后,孩子的知识经验逐渐积累、不断丰富,语言能力也大大提高,分析、综合的思维能力也有所发展,想象活动活跃起来,体现在学习、生活、劳动、游戏等方方面面的活动中。但是相对简单,水平不高,学前儿童想象的发展呈现从简单的自由联想向创造性想象发展的趋势。主要表现在以下三个方面。

(一)无意想象为主,有意想象开始发展

学前儿童的无意想象占主要地位,有意想象是在教育的影响下逐渐发展起来的。学前儿童的无意想象主要表现出以下特点:

1. 想象目标性不明确,由外界刺激直接引起

学前儿童想象的产生,常是由外界刺激物直接引起的,想象活动缺乏明确的目标。他们往往是看见什么、拿到什么就开始想象,比如看见小棍子就想象成一根魔法棒,开始表演变身;吃饭看见一根红萝卜,就想象自己是一只小兔子,蹦蹦跳跳了一圈。

▌ 案例

小班的可可画画的时候,老师在一旁问她画的是什么,她说不知道,她自己一边画一边嘟囔。等到下课时,可可停下了画笔,转过头对老师说:"我画的是一只恐龙。"这其实是可可根据自己涂鸦的结果进行的即时想象。

2. 想象的内容零散,主题不稳定

在幼儿期,由于生理和心理发育的不成熟性,孩子们在很多方面都呈现不稳定的现象,他们的想象也是如此。由于想象没有预设的目标,主题不稳定,学前儿童想象的内容往往是零散的,所想象的形象之间不存在有机的联系。比如,他们的绘画作品中可能同时出现很多看起来毫不相干的内容;而幼儿的活动也容易从一个主题很快跳转到另一个主题,刚才还在扮演一个牙医,这会儿又去扮演火车司机了。

3. 以想象的过程为满足

由于想象的目标性较差,年龄小的儿童往往并不追求想象的结果,更多的是从想象的过程中得到满足。我们观察到很多幼儿画画的时候,并不是要画出什么结果,而是天

马行空,随意挥洒,他们以想象的过程为满足。

案例

幼儿园的故事角里,"故事大王"楠楠正在给其他小朋友讲故事,只见他讲得有声有色、眉飞色舞、抑扬顿挫,仔细一听,却没有明确的主题和发展脉络,可是小朋友们都听得津津有味。楠楠讲了十几分钟,老师一头雾水,小朋友们却都拍手叫好。

上面的场景并不少见。我们观察到,幼儿尤其是小班的幼儿,追求的不是故事的结果,而是享受听的过程,享受自己想象的过程。

4. 想象受情绪和兴趣的影响

幼儿的想象不仅容易受外界刺激的影响,也容易受自身的情绪和兴趣的影响。情绪高涨的时候,想象力就越发活跃,幼儿在受到赞扬和鼓励时,想象力越发丰富,在小朋友的欢呼中他们的故事可能编得越发离奇。此外,幼儿对自己感兴趣的事物和活动,就会长时间去想象,专注于此;而对于自己不感兴趣的活动或事物则缺乏想象,往往是消极应付。比如,女孩子抱着娃娃过家家的时候,能够编出各种各样的故事,就是因为她们对此兴趣十足。可以说,幼儿想象过程的方向、想象的结果、想象的丰富程度受其情绪和兴趣影响较大。

随着年龄的增长和教育的影响,幼儿的想象呈现一定的目的性,有意想象逐渐发展起来,并日趋丰富,幼儿晚期有了比较明显的表现。幼儿可以按照成人的指令来确定目标,也可以独立确定目标。比如玩积木时,成人为幼儿示范几种简单的积木组合的造型,然后鼓励幼儿去搭建某一主题的造型,幼儿大都可以完成任务。幼儿也会在游戏或活动之前确定主题,比如"我要制作一张飞毯",然后寻找各种材料,完成自己心目中的飞毯。

(二)再造想象为主,创造想象开始发展

再造想象和创造想象的区别主要体现在想象过程的独立性和想象内容的新颖性上,独立性是指这类想象不是在外界指导下进行的,不是模仿的,受暗示性较少;新颖性是就想象所构成形象的新异程度而言,想象的新颖性是通过表象的改造而实现的,想象所构成的形象越是出乎意外,越是异乎寻常,则它越富于新颖性。再造想象在幼儿期占主要地位,创造想象在此基础上逐渐发展起来。

1. 幼儿再造想象的主要特点

(1)想象依赖于成人语言描述。幼儿在听故事的时候,想象会随着成年人的讲述而展开。在游戏的过程中,幼儿的想象也常常跟随着成人的语言描述进行。

案例

可可拿一些积木堆积到面前,随意摆弄着,一开始她并没有试图将它们组合成型。王老师过来问她在盖什么,她随口告诉王老师她在盖房子,然后就努力将积木垒搭起来。起初她好像没有什么思路,老师问她:"房子有多大啊?"她就先用几块积木围了个底座,

想象逐渐活跃起来。

（2）想象依赖于实物刺激或实际行动。同样是讲故事，如果讲故事过程中加上图片和实物，幼儿的想象会更为丰富，幼儿的想象和周围环境密切相关，他们在环境中看见了什么、感知到了什么可能都会成为他们想象的内容。除此之外，实际行动是幼儿期进行想象的重要条件，幼儿摆弄物体时，物体状态无意的改动会在幼儿头脑中引出新的形象，幼儿在游戏的过程中之所以容易产生想象，主要原因之一就是游戏中不断地行动。而依赖实物刺激或实际行动产生的想象中的创造性成分极少。

（3）想象具有复制性和迁移性。幼儿的想象基本上是幼儿生活经验、生活事件的重复和迁移，是幼儿生活的再现。幼儿"过家家"的游戏就是将生活场景再现在游戏中，幼儿自己编的故事大多是生活中经历过的事件的再现，或者是他在书上、动画片中看到过的故事略加改造的照搬。

2.幼儿创造想象的初步发展

幼儿再造想象和创造想象关系密切，随着幼儿再造想象的不断发展，幼儿头脑中积累了大量的新形象，在这些新形象的基础上，幼儿的创造想象开始萌芽。幼儿的创造想象有如下特点：

（1）最初的创造想象是无意的自由联想，可以称为表露式创造，这是一种即兴而发却有某种创意的行为表现，比如即兴表演、涂鸦画作。

（2）幼儿创造想象的形象和范例区别不大，一般是在常见模式的基础上有一点改造。比如画房子时，小朋友在房子上加上各种各样的水果，房子本身并没有太大的变化，而现实中房子上是不会长出水果的。

（3）幼儿创造想象的情节逐渐丰富，从原型发散出来的数量和种类增加，并能够从不同中找出非常规则的相似。

（三）从想象的极大夸张性发展到合乎现实的逻辑性

由于幼儿认知水平的限制，他们观察事物时经常把注意力放在新颖、具体、形象、夸张、有趣的特点上，抓不住事物的本质特征，所以幼儿的想象有着极大的夸张性。

1.夸张部分特征

幼儿喜欢使用夸张的语言或者夸大事物的某部分特征，这在他们讲故事、绘画中都有所表现，我们经常看见小朋友们在一起比画家里面的东西有多大时，都会把手臂张开，张到不能再开为止。比如，在绘画中小朋友给人物画了尽可能多的胳膊和手，这就是将其手部特征的夸张。

2.易与现实混淆

幼儿有时会将希望发生的事情想象为已经发生的事情。幼儿的认识水平不高，他们有时会把想象表象和记忆表象混淆，从而无法分清真假。

3岁的小咪告诉老师,暑假的时候爸爸妈妈带她去了大海边,还吃了好多的螃蟹。妈妈来接小咪的时候,老师顺便聊起了此事,说:"小咪暑假在海边玩得很开心啊!"妈妈挺吃惊的,她根本没有带小咪去过海边啊。老师进一步了解,才知道原来妈妈几天前和小咪说起曾经带哥哥去海边时的趣事。

我们不能因此说小咪在说瞎话,这其实是孩子渴望的事情在头脑中反复出现,孩子尚不能将此和现实进行区分。此外,幼儿在参加游戏或欣赏文艺作品时,往往身临其境,比如,讲到故事中的大老虎,幼儿会真的害怕,甚至被吓哭,这也是将想象和现实混淆的表现。

随着幼儿思维能力的发展,这种想象和现实混淆的情况会慢慢消失,中班以后,我们注意到老师讲完故事,他们经常会问:"这是真的吗?"这说明他们已经意识到想象的东西和真实情况是有区别的,幼儿的想象开始逐渐合乎现实的逻辑。

总之,幼儿期是儿童想象力非常活跃的时期,我们应该了解其想象的特征,顺势引导其想象力的发展,促进其智力的发展。

拓展阅读

幼儿再造想象的种类[①]

再造想象是较低发展水平的想象,它要求的独立性和创造性较少,从内容上可以分为五类。

1. 经验性想象

幼儿凭借个人生活经验和个人经历开展想象活动。如中班的超超对夏日的想象是:"小朋友们在水上世界玩,一会儿游泳,一会儿打滑梯,一会儿又喝冷饮。"

2. 情境性想象

幼儿的想象活动是由画面的整个情境引起的。如中班的霓霓对"暑假"的想象是:"坐在电风扇下,阿婆从冰箱中拿出雪糕让我们一起吃。"

3. 愿望性想象

在想象中表露出个人的愿望。如大班幼儿苏立说:"妈妈,我长大了也想和你一样,做一个老师。"

4. 拟人化想象

把客观物体想象成人,用人的生活、思想、情感、语言等去描述。如中班的霓霓去"海底世界"玩过后,对妈妈说:"有的鱼睁着眼睛在盯着我看,好像在说'我似乎认识你'。"

---

① 陈帼眉.幼儿心理学[M].北京:北京师范大学出版社,2017:93.

5.夸张性想象

幼儿常常喜欢夸大事物的某些特征和情节。如在幼儿的画中,可以发现幼儿画的长颈鹿,从比例来看,脖子特别长,画的大象头特别大,鼻子特别长,这些夸大部分常是幼儿印象深刻的部分。

本节小结

本节主要介绍了学前儿童想象发展的趋势,包括学前儿童想象的发生和发展两个部分,心理学上一般认为想象发生在 2 岁左右,主要通过动作和语言表现出来;学前儿童想象的发展呈现从简单的自由联想向创造性想象发展的趋势,主要有三个特点:无意想象为主,有意想象开始发展;无意想象为主,有意想象开始发展;从想象的极大夸张性,发展到合乎现实的逻辑性。

第三节 学前儿童想象发展的年龄特点

学前儿童的想象一般发生于 2 岁左右,幼儿期是想象发展最迅速、最活跃的时期。

一、2 ~ 3 岁儿童的想象

2 ~ 3 岁是想象的发生期,学前儿童想象水平较低,主要表现出以下特点。

(一)想象缺乏目的性

学前儿童在这一时期的想象大都是无意想象,在某些场景的刺激下,不由自主进行的想象,是他们对日常生活中某些行为的复刻。比如模仿妈妈的行为给布娃娃梳头、喂饭,拿着木棍模仿骑马。我们看到他们在玩橡皮泥,问他想捏个什么,他一般不会回答,大多是等捏够了,看着像什么,就随意说是什么。

(二)想象内容简单贫乏

由于此时期的孩子没有丰富的社会生活经验,想象的内容多和生活中的见闻有关,而且数量少、种类单调。一些小朋友在一起涂鸦,虽然他们画的各不相同,但是他们对图画内容的命名却总是在一定的范围内,这个范围就是他们日常的生活范围。又比如一个刚刚 3 岁的孩子玩积木游戏时,不管搭建成什么形状,他都有可能用同一个名称来命名。

(三)想象依赖感知和动作

此时的孩子进行想象时需要具体形象和动作作为凭借物,他们往往依赖感知的形象,特别是视觉形象展开想象。或者通过动作使感知的视觉形象发生变化,孩子不断变换观察的角度,不断产生新的感知内容,从而产生想象。我们经常看到这个年龄的孩子一边摆弄物品,一边嘟嘟囔囔,一旦脱离了物品,他们嘟囔的故事也就结束了。学前儿童喜欢玩木棍,可能是因为木棍可以做成各种形象,也可以做出各种动作。

（四）想象依赖语言提示

学前儿童的想象多是无意想象,往往缺乏动机,成人的语言可以帮助孩子产生想象的需要和动机,激起孩子去搜索记忆中的表象,选择可以运用的形象和素材,这样孩子的想象内容才能丰富起来。比如前文中成人问孩子在做什么,孩子可能答不上来,如果成人问"这是不是小狗",孩子就有可能回答"是",还可能会拿起来在桌子上比画,嘴里发出"汪汪汪"的声音。

二、3～4 岁儿童的想象

3～4 岁是幼儿想象的迅速发展时期,但基本上仍以无意想象为主,可以说是一种自由联想,在他们的音乐、绘画和游戏活动中都可以看到再造想象的成分。这一时期幼儿想象的特点如下。

（一）以无意想象为主,有意想象萌芽

这一时期幼儿的想象以无意想象为主,部分幼儿可以独立产生活动的目标,并根据目标进行想象,但是他们只能短暂地坚持自己的目标,随着活动的变化,他们的目标可能随时变化。

案例

小班的孩子开始捏橡皮泥的时候,可能会告诉你他要捏一只鸭子,然后一会儿又告诉你他在捏白雪公主。他们在玩的过程中不亦乐乎,似乎对玩的结果并不在意,他们的想象不再局限于事物的具体形象,他们手中的物品可以随着自己的主观需要一会儿变成"电话",一会变成"飞机"。

（二）想象内容零散,无统一主题

此阶段幼儿的想象内容较 3 岁以前有了一定程度的丰富,但是相互之间没有通过清晰的主题进行关联,多是将一些不相干的物品堆积起来,做出看似没有意义的构建。比如他们可能在一幅画上画了火车、太阳和小花,看看没画满,就继续添加了窗户和人物,看似想象丰富,实则想象对象之间毫无关联。想象无统一主题也体现在人物画中,很多这个年龄的孩子画人物时常常缺乏细节的完整性,只画了人物的头和胳膊,腿就不再画了。

（三）经常混淆想象和现实

此时期幼儿的想象一方面与他们的生活密切相关,另一方面也常常与现实不符,主要原因有二:一是他们根据自己有限的经验进行想象,不能掌握事物的本质联系,比如他们见过香蕉、苹果长在树上,于是他们的绘画作品中所有水果都挂在树上,包括西瓜和草莓。二是他们经常混淆记忆表象和想象出的形象,会把想象中的形象当成记忆中发生的,特别是他们渴望的事情,由于经常在头脑中想象从而留下了深刻的印象,以至于分不清是真是假,导致我们经常会感觉到这个年龄段的幼儿"说谎"。

三、4~5岁儿童的想象

幼儿进入中班后,知识经验更为丰富,抽象概括的水平也明显提高,想象中出现了一定的目的性和主动性,在再造想象的基础上出现了一些创造想象的因素。这一时期幼儿的想象呈现出如下特点。

(一)有意想象开始发展

中班以后,幼儿的想象已经具备一定的有意性和目的性。在活动开始之前中班幼儿已经能明确表达自己想做什么,并且有一定的计划,能按照自己的计划进行活动,结果不会偏离主题太远。例如老师对故事的前半部分进行讲述后,幼儿会进行有意想象,续编故事的结尾。续编故事体现了儿童已有明确的想象目的,想象的有意性开始发展了。

(二)想象的目的和计划比较简单

这一时期受幼儿经验和思维水平的影响,幼儿想象过程仍和行为密切结合,他们经常边想边创作,他们无法在想象活动之初就制定十分具体的目标。比如,玩游戏前,他们能够确定游戏的目标是搭建房子,他们会寻找搭建房子的材料,根据自己关于周围的物体和建筑物的经验来进行活动,但是他们心中并没有关于房子样式、材料、搭建程序的整体详细计划。他们想象活动的过程经常随着环境发生变化。

案例

中班的丁丁要画《摘果果》,他一边画,一边构图,选择画几个人物,画什么果树,当他把苹果树画完之后,发现树画得太高了,树下的小朋友手不够长,于是他就将小朋友的胳膊逐段延长,并告诉老师,这个小朋友的胳膊会变形。

(三)想象内容之间具备联系,但缺乏整体性

学前中期儿童绘画中的物品和人物之间已经存在一定的关联,但是缺乏整体性,仔细观察他们的绘画会发现,"所画的人大多是没有活动和操做的,也就是我们从画中看不到人在做什么。在问他们画的内容时,他们多以列举的方式说出画中有哪些人、物,如果没有别人引导或暗示,他们不会说人、物品相互之间正在发生着哪些实际联系,也就是说基本没有情节"[①]。例如在故事续编的过程中,中班的小朋友可以围绕原有的故事情节展开想象,故事中的基本元素都有所体现,但是他们往往是讲到哪里,编到哪里,并不注重故事的完整性。

---

① 沈雪梅.学前儿童发展心理学[M].北京:北京师范大学出版社,2016:86.

（四）创造想象开始萌芽

4～5 岁幼儿的想象仍然是以再造想象为主,随着知识经验的丰富以及抽象概括能力的提高,开始出现一些创造性因素,他们逐渐开始独立地而不是完全根据成人的语言描述去进行想象。

📖 案例

中班的美术课上,老师要求大家看着她在黑板上示范的绘画作品画画。老师在左上角画了个太阳,明明也照着在同样的位置画了个太阳,他想了想,又在太阳的旁边加上了一对翅膀。老师问他画的是什么,他说这是太阳的翅膀,所以太阳才能跑得那么快。

明明的绘画作品是在模仿基础上的创造,他在复述故事的时候已经能够加上自己想象的情节。中班的幼儿能够根据生活经验编出新的、从未听过的故事;看图讲故事的时候,也能够讲出书上没有的内容。

四、5～6 岁儿童的想象

这一阶段幼儿的想象出现了质的飞跃,具体表现为以下几点。

（一）想象的有意性明显

学前晚期儿童在活动中出现了更多有目的、有主题的想象,想象主题逐渐稳定,他们已经不满足于想象的过程,而是使想象服从于一定的目的,为了实现目的,儿童能够克服一定的困难,坚持目的,直到完成。在游戏条件下,幼儿表现出较高的有意想象水平。但是总体来说,幼儿的有意想象水平还比较低,纳塔杰通过对 4～6 岁的儿童进行的"定势想象实验"发现,4 岁儿童中能够出现定势想象的人数相当少,5～6 岁儿童出现定势想象的人数虽有所增加,但从实验总数看,出现定势的比例并不大。这意味着在非游戏条件下,如实验条件,儿童的想象水平相对较低。

（二）想象的内容进一步丰富

随着知识经验的积累,幼儿想象的内容逐渐丰富。学前晚期儿童想象涉及的范围更为广泛,反映了更复杂的社会生活。此外,在他们的想象中不再只有空泛的命题,而是有具体的情节。比如在画画时,他们能逐渐考虑各角色、形象的完整性及各形象之间的相互关系,能把各有关形象及形象的各主要特征联系起来,想象内容逐渐变得比较具体、完整和系统。在游戏之前,大班的儿童往往能够商定游戏的规则,分配好游戏的角色,安排好游戏的进程。比如,本章案例导入中的姐姐叮叮始终把控主导着游戏的发展。

（三）创造想象进一步发展

创造想象主要表现在想象的新颖性和独立性两个方面,5～6 岁的儿童创造想象已经有相当明显的表现,独立性发展到了较高的水平,想象的内容新颖性增加,他们能够独立地把头脑中的表象加以综合、改造,创造出具有新颖性的形象。能够更多地运用创造想象进行一些创造性的游戏和活动。

学者陈红香以填补成画的测查方法,研究了小、中、大班各 20 名幼儿。结果表明:小班幼儿创造想象的水平很低,在老师的启发诱导下,能够进行想象,但是基本属于再造想象;中班幼儿绘画的新异性比小班幼儿增加了许多,能用图形组合出许多别人意想不到的物品,个别幼儿能画出主题情节;大班幼儿想象的有意性有了明显发展,想象内容丰富,新颖性增加,独立性发展到较高水平,且力求符合客观现实。(见表6-2)

表6-2　各班幼儿创造想象成绩比较(平均得分)

项目班级	独立性	图案利用情况	新异性	整体布局	总计
小班	1.15	1.30	0.00	1.00	3.45
中班	2.10	17.80	0.80	1.40	22.1
大班	2.80	12.10	0.93	1.30	17.13

(四)想象力求符合客观现实

儿童的想象内容之间的联系更加符合客观实际,想象内容的逻辑性也有所增强。学前晚期儿童在听故事时常问:"这是真的还是假的呀?"有些孩子甚至表示不喜欢听童话故事,因为"都是假的"。他们在绘画中经常会问:"你们看像不像?"这些都表明他们力求想象符合客观现实。

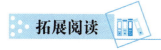
拓展阅读

幼儿创造性想象的六种水平[①]

苏联心理学家契雅琴科研究了幼儿园小、中、大班和小预备班(6~7 岁)幼儿的创造性想象。该研究运用的方法是,给幼儿 20 张图片,上面分别画有物体的某个组成部分,如一根树枝的树干、有两只圆耳朵的头等,或者是一些几何图形,如圆形、三角形、正方形等。要求幼儿将每个图形加工成为一张成形的图画,从这个研究中发现,可将幼儿的创造性形象划分为六种水平。

第一种水平:最低水平。儿童不能接受任务,不会利用原有图形进行想象。他们只是任意幻想,在图形旁边另外画些无关的东西。

第二种水平:儿童能在图片上进行加工,画出图画,但画出的物体形象是粗线条,只有轮廓,没有细节。

第三种水平:能够画出各种物体,已有细节。

---

① 郭臻琦,王连洲.8—14 岁儿童创造性想象发展的实验研究[J].沧州师范专科学校学报,2007(9):62.(有改动)

第四种水平:所画的物体包含某种想象的情节,如画出的不仅是一个女孩,而且是女孩在做操。

第五种水平:根据想象情节画出几个物体,它们之间有情节联系。

第六种水平:按照新的方式所提供的图形,不再把原来的图形作为图画的主要部分,而把它们作为想象的次要部分。例如,三角形已不作为屋顶所用,而成了女孩子画画时所用的铅笔头。这种水平的幼儿,在运用图片提供的成分组合形象时,表现出相当的自由,较少受知觉形象的束缚。

本节小结

本节主要介绍了学前儿童想象发展的年龄特点。2~3岁是想象的发生期,学前儿童想象水平较低;3~4岁是学前儿童想象的迅速发展时期,但基本上仍以无意想象为主,想象内容零散,经常混淆想象和现实;4~6岁学前儿童的想象中出现了一定的目的性和主动性,在再造想象的基础上出现了一些创造想象的因素;5~6岁学前儿童的想象出现了质的飞跃,想象的有意性明显,想象的内容进一步丰富,创造想象进一步发展,想象力求符合客观现实。

第四节　学前儿童想象力的培养

想象是思维的翅膀,想象是创造的起点。学前期是儿童想象力飞速发展的时期,培养学前儿童的想象力可以从以下几个方面入手。

一、创造宽松自由的环境

心理学家认为,心理的安全和心理的自由是有利于开展创造活动的基本条件。教育者要给学前儿童营造一个宽松自由的生活环境,通过各种方式激发学前儿童的主观能动性,促进学前儿童想象力的发展。好奇心是学前儿童想象力的触发点,要保护孩子与生俱来的好奇本能。在宽松自由的环境中,学前儿童大胆动手、勇于发言、积极创造,他们种种奇思妙想能够得到保护,不会被桎梏在教条的思想中。比如,教师在教幼儿画画时,不能以画得像不像作为评判的主要标准。教师在听幼儿讲故事的时候,不要以不符合常识来打断幼儿。

《小王子》中有这样一段故事,主人公用彩色铅笔画出他的第一幅图画。他把这幅画拿给大人看,大人说这是一顶帽子,为了让大人看懂这是一条在消化着大象的巨蟒,他不得不把巨蟒肚里的情况画了出来。大人们看完后劝我们的主人公把这些画着开着肚皮的,或闭上肚皮的蟒蛇的图画放在一边,把兴趣放在地理、历史、算术、语法上。就这样,在六岁那年,我们的主人公放弃了对画家这一美好职业的憧憬。这个故事告诉我们,成人应该尝试理解和尊重幼儿天马行空的想象,让他们感受到鼓励和支持,否则他们的创造力和自由的精神很可能被扼杀在我们手中。

幼儿园硬件设施也是影响幼儿想象力的重要因素,幼儿园建筑的外形设计、娱乐设施的构思、道路的铺设、花圃的摆放、室内的装饰尽量充满童趣,富有童话气息,渲染想象氛围。从软件环境方面来说,教师要指导家长了解想象力发展的重要作用,对家庭空间想象氛围的创建提供合理化建议,对培养幼儿想象过程中出现的问题进行指导。

例如在美国有这样一场关于想象力的"官司"。1968 年,因为美国一位叫伊迪丝的 3 岁小女孩告诉妈妈,她已经认识礼品盒上"OPEN"的第一个字母"O",她的妈妈就把孩子所在的劳拉三世幼儿园告上了法庭,理由是该幼儿园剥夺了伊迪丝的想象力。因为她的女儿在认识"O"之前,能把"O"说成太阳、足球、鸟蛋之类的圆形东西,然而自从劳拉三世幼儿园教她识读了 26 个字母,伊迪丝便失去了这种能力。她要求该幼儿园对这种后果负责,赔偿伊迪丝精神伤残费 200 万美元。最后的结果出人意料,伊迪丝的妈妈胜诉了。

二、积累丰富的感性经验

想象是人脑对已储存的表象进行加工改造,形成新形象的过程。丰富的表象是想象产生的重要前提。学前儿童想象力的发展随着其生活经验所积累的表象的发展而发展。

案例

幼儿园小朋友在课外活动时,经常指着天空变幻的云朵说像老虎、像狮子、像大象,大都是他们在动物园里见过的动物。洋洋周末去了一趟恐龙博物馆后,便不再说狮子、大象了,他告诉其他小朋友"这朵云像胖胖的霸王龙,那朵云像小小的迅猛龙"。很多小朋友都围在他身边,好奇和钦佩地听他描述。

通过这个案例可以看出,表象的累积对学前儿童想象力发展的直接影响。教师讲故事的时候,幼儿如果没有与故事相关表象的积累,则难以根据故事的描述产生种种想象,也就难以领会和理解故事的内容。表象的数量和质量直接影响着想象的水平,表象越丰富、准确,想象就越新颖、深刻、合理,教师应该在各种活动中有计划地帮助幼儿积累丰富的表象知识,使他们获得充分的想象加工材料。

广泛接触社会和大自然,可以帮助幼儿积累表象素材。陶行知说:"生活就是大课堂,大自然就是活教材。"学前儿童通过参加社会活动获得各种生活经验,通过亲近大自然感知多姿多彩的生命,通过参观、旅游等活动开阔自己的视野,教师要鼓励幼儿去看,去听,去模仿,去观察,积累感性知识,丰富生活经验,增加表象内容,从而促进想象的发展。

陈鹤琴的《家庭教育》中有这样一则故事:到了他两岁多点的时候,凡一动雷,我就带他出去,站在屋檐之下看看天上庄严的云彩,美丽的闪电,并指着云对他说:"这里像一座山,那里像一只狗,这是狗的尾巴,那是狗的耳朵。"又指着闪电对他说:"这闪电像一条带,多好看!"因我这样对他说,他也就很快乐看电看云。①

三、在各项活动中发展学前儿童的想象力

学前儿童想象力的发展离不开各种活动,教师要注意在语言、艺术等活动中发展幼儿的想象力。

(一)语言活动

幼儿想象力的发展离不开语言活动。想象是大脑对客观世界的反映,需要经过分析综合的复杂过程,这一过程和语言思维的关系是非常密切的。通过言语,幼儿得到间接知识,丰富想象的内容,幼儿也能通过言语表达自己的想象,语言水平直接影响想象的发展。

欣赏童话、诗歌等文学作品可以丰富幼儿的情感;故事续编、仿编儿歌、看图讲话等活动能够发展幼儿的语言表达能力,激发幼儿的想象,幼儿在已有的故事框架、人物基础上构思、加工,根据自己的经验和喜好创造出新的内容。教师在讲述故事的时候可以停在关键处,让幼儿去想一想接下来会发生什么事情,或者他们有什么好的解决办法,多问"为什么""怎么样""然后呢"等开放性问题,引导孩子说下去。生活中,当幼儿给家长或老师讲述一些他们随口杜撰的经历时,成人也不要随便说"不要瞎编了",可以表现出信以为真的模样,鼓励他说下去,再加上一些问题配合引导。

案例

赛赛回家告诉妈妈幼儿园里有一只大恐龙,妈妈假装吃惊地问他:"哦,从哪里跑进你们幼儿园的啊,怎么老师都没有发现?"赛赛迟疑了一下,开始编故事,越编越开心。妈妈一副很相信的样子,接着问他:"恐龙妈妈来找它回家吃饭了吗?""明天它还会来吗,要不要给它准备些食物呢?"

妈妈的这些问题会引导着赛赛不停地增加故事情节和情境,实际上就是训练他不断地发挥想象力的过程。

(二)美术活动

美术活动中的欣赏、绘画、手工等活动都是发展幼儿想象力的重要途径。首先,教师要重视并指导幼儿观察,使他们获得知识、开阔眼界,然后让他们开动脑筋、尽情想象,按照自己的理解进行美术活动。其次,教师要创设宽松的美术活动氛围,诱发幼儿的想象,比如在幼儿园提供供幼儿随意涂抹的绘画墙,让幼儿可以随时进行美术创作。面对幼儿的美术作品,尽量不去评价好与差、像与不像,更多的是让幼儿互相审视、交流,发表见解,让幼儿说说自己画的是什么,为什么这样画。幼儿这种个性化的想象力,正是创作出有价值的、新颖的美术作品的重要条件。

---

① 陈鹤琴.家庭教育[M].北京:商务印书馆,2023:115.

轩轩在画《荷花》时,把刚刚画好的荷花、荷叶、蜻蜓又都涂满了白线,老师好奇地问他原因,他说:"下起了一场大暴雨,荷花、荷叶和蜻蜓全都被打得看不见了,到处白花花的。"老师不禁为轩轩的想象力叫好。

这个案例告诉我们,相对于主题画要求围绕一定主题展开想象,意愿画更能够活跃幼儿的想象力,使他们更加无拘无束、天马行空地进行构思和创作。此外,幼儿初期,幼儿的想象水平不高,可以给他们提供一些素材进行补画,水平低的幼儿可以简单补画完,水平高的幼儿也可以按照自己的意愿加工、改造,创造出新的形象。

(三)音乐活动

欣赏的过程实际上就是欣赏者创作的过程,教师可以选择富有情趣的音乐大师的作品让幼儿进行音乐欣赏。比如,《小星星》《彼得与狼》《胡桃夹子》等。此外,在音乐教学活动中要创设活泼的氛围。

中班的音乐课今天学习《大鞋和小鞋》,王老师让孩子们穿着大人的鞋子进行表演,配合音乐制造滑稽可笑的氛围,增加音乐的情趣。幼儿肢体的动作也可以为他们拓展想象的空间,他们来回穿梭在教室里,模仿爸爸妈妈和小朋友不同的走路动作,随着旋律的变换想象着不同人物的不同形态。课堂气氛活泼、轻松,孩子们在活动中更好地理解了音乐,也发展了他们的想象力。

音乐是一种抽象的艺术形式,这节别开生面的音乐欣赏课加深了幼儿对作品的理解,也让他们感受到了充满想象的奇妙体验。

四、在游戏中鼓励和引导学前儿童大胆想象

游戏是幼儿喜爱的一种基本活动形式,教师要在游戏中给予幼儿正确引导,使幼儿的想象力得到最大限度发挥。幼儿在游戏中可以扮演各种角色,根据游戏的需要灵活地选择使用周围玩具和游戏材料,推动游戏情节不断发展变化,这些活动使幼儿的想象过程始终处于活跃状态。比如幼儿玩"超市购物"游戏,他们不仅会再现推购物车、选择蔬菜水果及零食、结账等日常生活场景,而且还会创造性地将送外卖的情节组合到游戏中去,并且与"过家家"的游戏连起来,构成一个新的主题。教师可多用语词描述并启发他们的想象,并鼓励幼儿用语言积极表达自己的想象,从而促进幼儿的想象发展。玩具在幼儿想象中的作用也不可忽视。玩具为幼儿的想象活动提供了物质基础,能引起大脑皮层旧的暂时联系的复活和接通,使想象处于积极状态。玩具容易再现过去的经验,使幼儿触景生情,从而展开各种联想,启发幼儿去创造,促使幼儿去想象。教师要为幼儿准备有多种玩法的玩具,为幼儿提供可以探索的辅助材料,游戏材料除了购买之外,还可直接

来源于安全、卫生的生活旧物,鼓励幼儿在玩具材料使用上的奇思妙想。通过想象,幼儿可以把广告纸假想成漫天飞舞的雪花,把几块积木假想成一座魔法城堡,把废纸箱想象成灰姑娘的南瓜车,他们能够利用想象创造出童话般的角色和游戏场景。

美国心理学家、教育家霍尔在研究"娃娃家"的角色游戏中发现,学前儿童可以把30多种东西假想为娃娃,如枕头、凳子、瓶子、菊花、黄瓜等。在建构游戏中,学前儿童可凭自己的想象和意愿,无拘无束地进行建构。就拿沙子来说,它既可堆高、倾倒、筑堤、挖河、掏洞、修路、种树,又可构筑公园、车站等,还可压成各种小饼,因此容易引起幼儿丰富的联想和幻想,激发幼儿的创造动机。比如,在角色游戏中,孩子不仅在人物及活动情节上可以根据自己的经验进行创造性想象(假装),而且可以凭想象使用代替物,如用一块长方形积木当肥皂,用废纸箱当电视机,也可以把自己想象成无所不能的"宇宙英雄",还可以把一只纸盒子想象成"诺亚方舟","我这个坦克既可以在地上走,又可以在天上飞",这极大地促进了想象力的发展。

五、通过专项训练启发学前儿童的想象

除了在活动和游戏中注重培养幼儿的想象力之外,还可以采用一些其他形式,对学前儿童进行专项的想象力训练。比如让幼儿听几组录音的声音,让幼儿猜想故事的场景以及发生了什么事情;给孩子一些图片,让他们按照自己的想法排列,讲一讲其中的故事;给幼儿提供一些材料,让他设计角色扮演游戏,比如把一根棍子交到他手上,对他说:"我们来玩角色扮演游戏吧,你想扮演什么呢?"和幼儿玩一物多用的想象游戏,比如铅笔能做什么,幼儿的答案真是五花八门,可以写字、敲鼓、搅拌、当尺子、给小蚂蚁搭桥……在训练中,学前儿童可以尽情发挥自己的想象力,可以发现很多有趣的问题,可以和同伴一起寻找解决问题的方法,最大限度展示自己的创造性,并使这种创造性不断提高,甚至迁移到其他活动中去,促进儿童从多个角度思考问题、处理问题并取得成果,促进其思维的关联性发展。经常进行这样的训练,可以促进幼儿想象能力的发展。

拓展阅读

歌德和母亲的故事[①]

歌德是德国文坛上的泰斗,他的创作涉及诗歌、散文、戏曲等各种体裁。他的《少年维特的烦恼》一出版,就让他闻名世界,代表作《浮士德》堪与荷马史诗和莎士比亚的戏剧媲美。

歌德有一位优秀的母亲,她是当时法兰克福市长特克斯托尔的女儿,从小受过文学的熏陶,她的文学素养很高,平时喜欢给儿子讲有趣的故事。为了使歌德养成勤于动脑

---

① 谈旭.让孩子做最好的自己 全世界为你让路[M].北京:台海出版社,2016:58.

的好习惯,她从不一次性把故事讲完,每讲到故事情节的关键处,她就会停下来问歌德:"你说以后会发生什么呀?"母亲像老师给学生留作业那样,让歌德自己回去好好想想后面的情节,到底应该怎样发展才合乎情理。歌德对母亲留的作业,总是非常认真地去完成。晚上,他躺在床上,回想着母亲讲的故事,按照故事发展的脉络想象下去,设想故事发展的多种可能性。有时还同奶奶商量,直到想出一个自己认为满意的答案为止。第二天,母亲让孩子自己先说,然后再继续讲。有时歌德说得不尽合理,母亲就让他想想以后再说。有时候歌德会在听故事中途插话:"妈妈,公主不应该嫁给那个肮脏的裁缝,即使是他帮她杀了那个巨人。"母亲听到歌德这样的话,心里很高兴,因为歌德已经学会动脑子了。

歌德丰富的想象力和构思能力就是这样被母亲培养出来的。歌德7岁时能编出饶有诗趣的《新帕利斯》童话,与此不无关系。这也为他后来写剧本和小说打下了良好的基础。

 本节小结

本节主要介绍了学前儿童想象能力的培养途径。第一,要为学前儿童创造宽松自由的环境;第二,要帮助学前儿童积累丰富的感性经验;第三,在各项活动中发展学前儿童的想象力;第四,游戏是学前儿童生活的主要方式,教师在游戏中鼓励和引导学前儿童大胆想象;第五,可以通过一些专项的训练启发学前儿童的想象。

思考与练习

一、选择题

1.以下关于无意想象不正确的是(   )。

A.无意想象也称随意想象

B.梦是无意想象的一种特殊形式

C.无意想象是最简单、最初级的想象,实际上是一种自由联想

D.学前儿童的无意想象占主要地位

2.以下关于学前儿童想象的发生正确的观点是(   )。

A.想象是与生俱来的

B.只有当幼儿的头脑中积累了大量、丰富的表象,想象才能够发生。

C.心理学上一般认为想象发生在3岁左右

D.儿童最初的想象是记忆材料的简单迁移,会进行大量的改造

3.想象力求符合客观现实发生在学前儿童(   )年龄阶段。

A.2~3岁   B.3~4岁

C.4~5岁   D.5~6岁

二、简答题

1. 如何区分再造想象、创造想象及幻想？

2. 想象对学前儿童心理发展有什么意义？

3. 学前儿童想象力发展的趋势是什么？

4. 见习幼儿园活动，实地观察幼儿园的环境，提出有利于发展幼儿想象力的环境创设建议。

三、论述题

如何培养学前儿童的想象力？

四、材料分析题

材料：

在主题活动"交通工具博览会"上，王老师把在网上找到的许多飞机、热气球的图片放给中班幼儿看，这时班里的很多幼儿纷纷表示自己也乘坐过飞机，甚至还有的幼儿说爸爸妈妈带他坐过热气球，讲得眉飞色舞，神情也非常愉快，王老师也开开心心地和他们一起分享自己的经历。新来的小李老师私下里忍不住问王老师："这几个孩子是不是在说瞎话啊？"王老师笑了。

作为一名幼儿园教师，你明知道孩子们是在"说谎"你会怎么办？

第七章　学前儿童思维的发展

学习目标

素养目标：

认识学前儿童思维发展的基本规律,树立正确的儿童观。

知识目标：

1. 掌握思维的基本理论知识。

2. 了解学前儿童思维发生与发展的趋势。

3. 了解学前儿童思维基本过程的发展。

4. 了解学前儿童思维基本形式的发展。

能力目标：

具备对学前儿童思维进行培养的能力。

内容导航

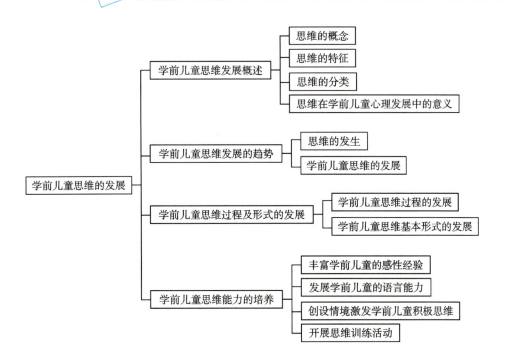

案例导入

　　毛毛快5岁了,妈妈送给他一个数学游戏机,他自己经常按来按去地玩,慢慢地还背会了上面的加法口诀表。平时家里亲朋问他"2加3等于几",毛毛能够立刻朗声回答"5",如果再难一点儿,比如"4加7等于几"这样的口诀表里面没有的内容,他也会掰着手指头一根根默数,或者拿出小火柴棒摆成一堆慢慢地数,大多时候都能够回答正确。毛毛爸妈也发现了一个有趣的现象,虽然毛毛刚刚回答了"4加7等于11",但是如果紧接着继续问他"11减7等于几",他却支支吾吾回答不上来,又需要数半天手指头。

　　4~5岁的学前儿童处于前运算阶段,他们已经能够借助动作或实物合并或取走后进行加减运算,但是这种运算不能脱离具体的实物,运算的主要方法是逐一计数。这一阶段的幼儿思维具有不可逆性,比如毛毛虽然通过摆弄火柴棒知道了"4加7等于11",但是却无法推出"11减7等于4",这是因为他们还不能运用运算来解决问题,这个年龄阶段的学前儿童还没有物质守恒的概念,不具备进行逆向思维的能力。了解孩子思维发展的基本规律和特点,可以帮助我们更好地指导孩子的发展。

第一节　学前儿童思维发展概述

　　思维能力是智力的核心,以下将详细阐述思维的概念、思维的特征、思维的分类以及思维在学前儿童心理发展中的作用。

一、思维的概念

思维是指人脑对客观事物的本质属性及内在联系的概括性和间接性的反映。思维是在感知觉和记忆基础上发展起来的一种更为复杂、更高级的认知活动,人的思维是借助概念、表象和动作,在感性认识的基础上认识事物的本质特征和规律性联系的心理过程。

二、思维的特征

思维具有以下两个方面的特征。

(一)思维的间接性

思维的间接性指的是当我们认识客观事物时,并不是直接通过感觉器官而是通过其他媒介并在一定经验知识的基础上进行的。它往往表现在我们可以通过一件事来推测出另外一件事,例如我们早上出门的时候看见地面湿润,由此推测先前可能下过雨,再比如中医通过号脉来诊断疾病,考古人员通过观察化石推测历史,警察通过观察脚印等推测罪犯身体特征也属于思维的间接性。

(二)思维的概括性

思维的概括性是指思维能够把同类事物的共同的、本质的属性抽取出来加以概括,反映事物的内在联系和规律。例如,我们发现铁能导电、铜能导电,由此归纳概括得出金属能导电这个规律。思维的概括性越强,知识的系统性就越强,思维的迁移能力也越强,思维的发展水平就越高。思维的概括性表现在两个方面:一是抽取同一类事物的共同特征加以概括,也就是我们所说透过现象看本质,比如我们通过感觉和知觉只能了解鸟类的各种外部特征,但是通过思维才能了解鸟的本质特征,即有羽毛、卵生等;二是思维能够概括出事物之间的必然联系来反映事物,事物之间的必然联系也就是规律性的联系,单单依靠感知觉只能看到表面,无法看到规律性的联系。"月晕而风,础润而雨""朝霞不出门,晚霞行千里"等谚语就是劳动人民在长期观察中得到的规律性的总结。

思维的间接性和概括性是相互联系、相互促进的,人们先通过抽象、概括,反映事物的本质属性及内在的规律性联系,再依靠思维活动获得的概念、法则、理论,通过推理判断,进行间接反映。由此可见,思维的间接性是在概括性的基础上进行的。

三、思维的分类

依据不同的标准,我们可以将思维划分成不同的种类。

(一)根据思维的凭借物划分

根据凭借物的不同,思维可以分为直观动作思维、具体形象思维、抽象逻辑思维。

1.直观动作思维

直观动作思维是指在思维过程中以具体、实际动作作为支柱而进行的思维。这种思维所要解决的任务目标一般总是直观的、具体的。例如幼儿通过掰手指数数主要体现的就是直观动作思维,而一旦制止了他们的手部动作,他们就无法继续进行计算活动,这就是一种典型的依靠直观动作进行的思维方式。这种思维方式有两个最突出的特点:一是离不开思维的对象,东西不能离开,凭空不能思维;二是离不开操纵或摆弄实物的动作。

2. 具体形象思维

具体形象思维是指在思维过程中借助表象而进行的思维。表象是这类思维的支柱,思维过程往往表现为对表象的概括、加工和操作。比如幼儿开展角色扮演游戏就是依靠在头脑中的关于角色、规则和行动计划的表象进行思维的,当我们给幼儿描述水果这一概念时,他们脑子里浮现的往往是苹果、香蕉之类具体的水果形象。具体形象思维是在直观动作思维的基础上形成和发展起来的。

3. 抽象逻辑思维

抽象逻辑思维是指在思维过程中以概念、判断、推理的形式反映事物本质属性和内在规律的思维。概念是这类思维的支柱。学生在学习有关的动物知识时,能够通过鹦鹉是卵生的,鸽子是卵生的,鹦鹉和鸽子属于鸟类,推理出鸟类是卵生动物。这一过程体现的是抽象逻辑思维。

需要指出的是,成人解决问题的时候也并不是完全脱离对直观动作和具体形象的凭借,比如工人维修坏掉的汽车,一边敲打汽车的零件,一边推测故障原因,这是直观动作思维;而画家、作家、导演、设计师思维的时候,则更多地需要借助头脑中丰富的表象,也就是进行具体形象思维。

世界著名物理学家爱因斯坦在高度抽象的理论物理领域中有许多杰出的创造性成果,其中广义相对论至今仍只有极少数人能够理解。爱因斯坦认为自己大多是运用具体形象思维来进行研究的,他的思维活动的一个重要特点在于:与大多数人用语词来思维的情况相反,他经常是用图形来思维的。"我思考问题时,不是用语言进行思考,而是用活动的、跳跃的形象进行思考,当这种思考完成之后,我要花很大力气把它们转换成语言。"据说,对爱因斯坦大脑的解剖也发现,他用以形象思维的右脑相对左脑而言,其比例比一般人要大得多。

据记载,爱因斯坦提出引力质量和惯性质量等价的原理,就是利用形象思维思考的结果。一次,他与居里夫人一家同游意大利的阿尔卑斯山。在途中,他们望见远处的雪山出现了雪崩。这时,他突然激动地抓住居里夫人的手说:"夫人,你知道我在想什么吗?我在想一个在真空中的升降机,升降机以重力加速度上升,此时升降机中的乘客会有什么感觉?"居里夫人意识到,爱因斯坦正处于创造的高峰。举世闻名的引力质量和惯性质量等价的原理就是这样被揭示出来的。①

---

① 卢家楣.心理学与教育——理论和实践[M].上海:上海教育出版社,2011:137.

（二）根据思维的逻辑性划分

根据思维的逻辑性，可以将思维划分为直觉思维和分析思维。

1. 直觉思维

直觉思维是未经逐步分析就迅速对问题答案做出合理猜测、设想或突然领悟的思维。直觉思维是一种心理现象，在创造性思维活动的关键阶段起着极为重要的作用。作家在进行文学创作时突然灵感涌现就是直觉思维的体现。

1910 年的某一天，年轻的德国气象学家魏格纳身体欠佳，躺在病床上。百无聊赖中，他的目光落在墙上的一幅世界地图上，他意外地发现，大西洋两岸的轮廓竟是如此相对应，特别是巴西东端的直角突出部分，与非洲西岸凹入大陆的几内亚湾非常吻合。自此往南，巴西海岸每一个突出部分，恰好对应非洲西岸同样形状的海湾；相反，巴西海岸每一个海湾，在非洲西岸就有一个突出部分与之对应。这难道是偶然的巧合？这位青年气象学家的脑海里突然掠过这样一个念头：非洲大陆与南美洲大陆是不是曾经贴合在一起，由此开始了他对"大陆漂移"学说的探索。①

2. 分析思维

分析思维是经过逐步分析后，对问题解决做出明确结论的思维。比如，警察在破案时通过找线索、取证、对证等一步步分析最终锁定和找出犯罪嫌疑人体现的是分析思维，因为警察破案是通过一步步分析后得出结论的。

（三）根据思维的指向性划分

根据思维的指向性，可以把思维分为聚合思维和发散思维。

1. 聚合思维

聚合思维也称集中思维、求同思维，是指人们在解决问题时，思路集中到一个方向，从而形成唯一的、确定的答案。聚合思维强调解决问题时最终形成唯一、确定的答案，例如，在数学解题中经常让学生找出最佳答案体现的就是聚合思维。

2. 发散思维

发散思维也叫求异思维、分散思维，是指人们在解决问题时，思路向各种可能的方向扩散，从而求得多种答案。这一过程是从给予的信息中产生多种信息的过程，因为发散思维使思考者不拘泥于一个途径、一个方法。发散思维强调解决问题时寻求多种解答，例如，让学生思考杯子的多种用途体现的就是发散思维。

（四）根据思维的创新性程度划分

根据思维的创新性程度，可以把思维分为常规思维和创造性思维。

1. 常规思维

常规思维也称再造性思维，是指人们运用已获得的知识经验，按现成的方案和程序，

---

① 　刘征天.大地古今谈［M］.北京：测绘出版社,1983：142.（有改动）

用惯用的方法、固定的模式解决问题的思维方式。

2.创造性思维

创造性思维是以新颖、独特的方式解决问题的思维方式。创造性思维强调用新的方法解决问题,司马光砸缸和曹冲称象就是儿童创造性思维的体现。创造性思维具有流畅性、变通性、独创性三个主要特征,其中独创性是创造性思维的基本特点。

📘 案例

娜娜老师问幼儿"教室里什么物品是绿色的? 什么物品是三角形的? 什么物品会滚动? 什么物品要用电?"等问题,让孩子们在一定时间内说出答案,越多越好。随后,娜娜老师又在黑板上画了一条长长的曲线,问孩子们:"这像什么呢?"孩子们争先恐后地抢答,说出了许多答案,像柳条、像头发、像月牙、像笑脸、像娜娜老师的眼睛……

像娜娜老师这样,就某一问题引发学前儿童说出答案,答案越多,就代表儿童思维的流畅性越好。

📘 案例

接下来娜娜老师又进行了提问,这次她询问孩子:"哪些东西可以吃呢?"她让小朋友轮流发言,洋洋一下子说了6个,苹果、香蕉、橘子、葡萄、草莓和蓝莓。天天只说了4个,葡萄、面包、土豆、棒棒糖。娜娜老师表扬了洋洋说得多,也夸奖了天天,因为天天虽然说的数量少,但是天天举的例子是4种不同的类别。

思维的变通性又称灵活性,是指能够灵活处理,随机应变,不墨守成规,对同一问题所想出不同类型答案越多者,变通性越高。显然,洋洋的思维流畅性比较高,天天的思维变通性比较好。

📘 案例

看到小朋友们说了那么多,平时聪明伶俐的小可着急地抢答:"老师,我知道,'kui'也可以吃。"娜娜老师一时没有弄清楚他在说什么,小可大声地解释:"老师,亏可以吃,因为吃亏是福。"全班都笑了,娜娜老师也笑了,夸赞小可真是一个想法独特的孩子。

独创性指思维发散的新颖、新奇、独特的程度,面对问题能够提供和他人不一样的解答就是独创性的表现,小可的回答体现了他思维的独创性。

创造性思维是人类思维的高级形式,是在大力提倡素质教育的今天我们应该努力培养的一种珍贵的品质。

四、思维在学前儿童心理发展中的意义

思维的发生和发展对学前儿童心理发展有着重要的影响。

(一)思维的发生标志着儿童各种认知过程已齐全

儿童的各种认知过程并不是在出生时都已经具备,而是在以后的生活中逐渐发生

的。思维是认识活动的高级阶段，是智力的核心，思维的产生意味着儿童的认知过程已经完成。

（二）思维的发生使儿童其他认知过程发生了重要的质变

儿童思维的发展使儿童对事物的认知不是停留在事物的表面特征，而是进一步认识事物的本质。思维是在感知、记忆等过程的基础上产生的，思维一旦发生，就会参与感知和记忆等较为低级的认知过程，并且使这些认知过程发生质的变化，比如在思维的参与下，儿童的想象从具有极大夸张性，发展到合乎现实的逻辑性；在思维的参与下，儿童的记忆可以从机械记忆进一步发展出意义记忆。

（三）思维的发生和发展促使儿童的个性开始萌芽

思维的影响并不局限于认知领域，而是渗透到情感、个性、社会性等各个方面。思维的发展使得儿童的情感体验逐渐深刻；思维产生后学前儿童具备了独立的认识和见解，从而产生了不同的行为方式，儿童的个性逐渐体现；思维的能力使儿童对自己的行为产生的社会后果有了一定的认识，对他人行为也有了一定的理解能力，社会性逐步发展。

（四）思维的发生促进儿童自我意识的发展

自我意识的发展包括自我认知、自我体验和自我控制，儿童逐渐开始理解自己和他人以及周围世界的关系，并逐步尝试在这些关系当中认识自己，产生对自己的情绪、情感体验，控制自己的行为。

 拓展阅读

思维的品质

思维品质如何是衡量一个人是否智慧的核心元素，是衡量人思维水平高低的主要标志，表现在以下七个方面。

1. 广阔性。思维的广阔性是指思维的广度。思路广泛，善于把握事物各方面的联系，全面细致地思考和分析问题。我们常说的"既见树木，又见森林"就是思维广阔性的表现。在考虑问题的时候能横向拓展。

2. 深刻性。思维的深刻性是指思维的深度。善于透过表面现象把握问题的本质，达到对事物的深刻理解。我们常说的"一针见血"就是思维深刻性的表现。在考虑问题的时候能纵向剖析。

3. 独立性。思维的独立性是指有自己的见解。善于独立思考、发现和解决问题的思维品质。我们常说的"不人云亦云"就是思维独立性的体现。在考虑问题的时候有自己的主观判断。

4. 批判性。思维的批判性是指反思能力。根据客观标准进行思维并解决问题的思维品质。思维具有批判性的人，有明确的是非观念，善于根据客观指标和实践观点来检查、评价自己和他人的思维活动及结果。亚里士多德所言的"吾爱吾师，但吾更爱真理"

就是思维批判性的体现。在考虑问题的时候不被主观因素所干扰。

5. 灵活性。思维的灵活性反映了思维随机应变的程度,指善于根据具体情况的变化,机智灵活地考虑问题,应付变化。我们常说的"具体问题具体分析"就是思维灵活性的表现。在考虑问题的时候能随机应变。

6. 敏捷性。思维的敏捷性反映了思维的速度,是指能单刀直入地指向问题核心,迅速把握事物的本质与规律,能在短时间内提出解决问题的正确方案。我们常说的"当机立断"就是思维敏捷性的表现。在考虑问题的时候速度快。

7. 逻辑性。思维的逻辑性反映了思维的条理性,是指考虑和解决问题时思路清晰,条理清楚,严格遵循逻辑规律。思维的逻辑性是思维品质的中心环节,是所有思维品质的集中体现。

本节小结

本节介绍了思维的基本概念以及思维的特征及其不同的分类。由于思维是儿童认识活动的高级阶段,思维的发生与发展对学前儿童的心理发展有重要的影响,本节从四个方面对其影响加以总结概述。

第二节　学前儿童思维发展的趋势

学前儿童思维的发生和发展有其自身的规律。

一、思维的发生

2 岁以前,是学前儿童思维发生的准备时期。儿童的思维处于人类思维发展的低级阶段,它具有思维的本质特点——反映的概括性、间接性,但是其抽象概括水平很低。我们可以把是否具备思维的间接性、概括性和解决问题的能力作为判断思维发生与否的依据。

1 岁左右,儿童手的动作开始出现了新的功能——运用工具和表达意愿。此时的儿童已经会用手指向他要的东西或想去的地方,行为出现了目的性,手的动作已不仅仅是获得事物触觉信息的手段,也不仅仅是直接运用物体的工具,而成为一种具有象征功能的类似语言的符号,并使得心理反映具有了初步的间接性。[1] 1 岁以后,儿童拿到物品后不再是无意地敲打,而是开始按照物品的性质探索活动。比如拿到碗或杯子会比画喝水,拿到各种食物都可以往玩具嘴里喂饭,这说明他们对"类"的概念有了朦胧的意识。

---

① 钱峰,汪乃铭.学前心理学[M].上海:复旦大学出版社,2012:68.

　　在上述两类动作的基础上,儿童开始使用试误法解决问题,并逐渐积累经验。儿童的思维发生在感知、记忆等过程发生之后,与言语真正发生的时间相同,即 2 岁左右。出现最初用语词的概括,是儿童思维发生的标志。

二、学前儿童思维的发展

　　思维从萌芽到成熟,其间经历了一系列演变过程,这一过程主要表现在以下方面:

(一)思维工具的变化

　　思维工具指的就是思维的凭借物,学前儿童的思维离不开实际动作、具体形象(表象)和口头语。随着学前儿童年龄的增长,动作、形象和语词在思维中的地位和作用不断变化,动作在其发展中的作用是由大到小,语言的作用是由小到大。学前儿童思维的发展从主要借助于感知与动作,到主要借助于表象,最后逐渐过渡为借助于语词。

　　我们在幼儿日常活动中也可以观察到这样的现象,安排小、中、大班的幼儿玩插片玩具,小班孩子在拼插之前往往不知道自己要做什么,他们常常随意拼插,然后在不经意间发现自己好像摆弄出了一种图形,就开心地告诉别人他做出来一种物品或动物。而中班孩子在开始之前已经有了一个笼统的想法,比如"我要盖个大楼"。在拼插的过程中往往伴随言语活动,一边拼一边说。大班孩子在动手之前已经能够完全用语言说出自己的设计,并按照自己的语言讲述去执行。我们可以通过活动看出,小班孩子动作在前,言语在后;中班孩子言语和动作同时发生;大班孩子言语在前,动作在后,思维主要依靠语言进行,言语计划行动,动作最终实现计划。我们明显看到,思维对动作的依赖性逐渐减少,对语言的依赖性逐渐增加。

(二)思维方式的变化

　　儿童思维方式的变化发展,与思维所用工具的变化相联系。动作、形象和语词的关系在学前儿童思维中的规律性变化,使得其思维方式呈现三种不同的形态:直观行动思维、具体形象思维和抽象逻辑思维。

1.学前儿童早期以直观行动思维为主

　　直观行动思维主要以直观的、行动的方式进行,思维不能离开直观的事物,思维是在实际行动中进行的,实际行动中也就是能够触摸到的,动作和感知是同步进行的,动作不但为孩子提供触觉感受,而且在操作的过程中,不断有新的视觉和听觉感受。

　　这个阶段的儿童行动之前,并没有预定的目的和行动计划,更不可能预见自己行动的后果。如果我们要求此阶段的儿童做什么事情,儿童大都会直接行动,边做边想,边想边做。直观行动思维是最低水平的思维,这种思维方式在 2～3 岁儿童身上表现得最为突出,在 3～4 岁儿童身上也常有表现。

案例

妈妈让 3 岁的然然去取放在桌子中央的玩具玩,她想都不想立刻说:"好的。"然然伸手去拿,这时才发现自己个子太小,胳膊太短,够不着桌子中间的位置。她试着蹦了好几下,还是够不着。然后找来小凳子,踩上去,仍然够不着。无意中,然然扯了一下桌布,好像拉动了玩具,她开始尝试拉扯桌布……

直观行动思维是在儿童感知觉和有意动作,特别是一些概括化动作的基础上产生的。儿童摆弄一种东西的同一动作会产生同一结果,这样在头脑中形成了固定的联系,以后遇到类似的情境,就会自然而然地使用这种动作,而这种动作已经可以说是具有概括化的有意动作。

案例

然然经过多次尝试,终于通过拉桌布取得放在桌子中央的玩具,她非常高兴。她又来到了大床的旁边,看到了放在床最里面的漫画书,妈妈不让穿鞋上床她也有办法,她开始拉床单,经过一番努力,漫画书很快掉到了地上,然然如愿拿到了漫画书,尽管枕头也掉到了地上……

这种概括性的动作就成为儿童解决同类问题的手段,即直观行动思维的手段。儿童有了这种能力,我们就称其有了直观行动水平的思维。

2. 学前儿童中期以具体形象思维为主

4~5 岁的儿童以具体形象思维为主,这个阶段的儿童思维逐渐摆脱了对"尝试错误"操作的依赖性,而依靠对事物的表象以及对具体形象的联想进行思维,但尚不能依靠对事物内在本质或关系的理解,凭借概念、判断和推理进行思维。

具体形象思维是幼儿思维的典型方式,具有如下特点:

(1)思维动作的内隐性。随着动作的熟练,一些试误过程中的无用动作逐渐被压缩和省略,而由经验来代替。这样一些表象就可以代替一些实际动作,遇到问题时就可以不再试误,而是先在头脑中搜索表象,以便采取相应有效的动作,这时,儿童不再依靠动作而是依靠表象来思考。思维的过程从"外显"转变为"内隐"。

(2)具体形象性。幼儿的思维内容是具体的。他们能够掌握实物的概念,不易掌握抽象概念。比如老师让孩子拿水果过来,孩子可能不知道拿什么,但是具体到拿"苹果""香蕉"孩子就能够很快完成任务。幼儿思维的形象性,表现在幼儿依靠事物在头脑中的形象来思维。幼儿的头脑中充满着颜色、形状、声音等生动的形象。当他们描述苹果时,总是"一个大苹果——一个红红的大苹果——一个红红的、圆圆的大苹果"。具体性和形象性是具体形象思维最为突出的特点。

幼儿思维的具体形象性伴随着两个特点:

1)表面性。所谓表面性,是指幼儿的思维往往只是反映事物的表面联系,而不反映事物的本质联系。比如,姐姐总是扎着辫子,兔子就是小白兔等。

📖 **案例**

过年回老家的时候,赛赛见到了很多远房亲戚。妈妈让5岁的赛赛叫3岁的童童叔叔。赛赛坚决不答应,一直大声地强调:"我比他大。"家人们哭笑不得。辈分关系对幼儿来说难以理解,他印象中的叔叔一定是比他年龄大的人。

2)固定性。所谓固定性,是指思维缺乏灵活性,表现为"认死理"。比如两个小朋友在抢一个玩具,成人拿出一个同样的玩具,让他们各玩一个,幼儿却依旧不肯罢休,他们都想要原来的那一个。思维不灵活,不能转过弯儿来,这就是思维固定性的表现。

📖 **案例**

4岁的斌斌和哥哥抢一块巧克力,哥哥趁其不备将巧克力吃了,斌斌大哭不止。妈妈又给他拿了一块巧克力,他也不愿意,非得要哥哥刚才吃的那一块,闹得不可开交。最后哥哥说:"我给你吐出来可以吗?"斌斌说:"可以。"哥哥就拿了妈妈手里的巧克力,假装是吐出来的,递给斌斌,斌斌这才开心地走开了。

(3)自我中心性。所谓的自我中心指主体在认识事物时,完全以自己的身体和动作为中心,从自己的立场和观点去认识事物,不能从客观的、他人的立场去认识事物。

"三山实验"是皮亚杰证明幼儿自我中心主义倾向的经典实验。实验者把三座不同的山的模型放在桌子中央,要求儿童从模型的四个角度观察这三座山。然后让儿童面对模型而坐,并且放一个玩具娃娃在山的另一边,要求儿童从四张图片中指出哪一张是玩具娃娃看到的山的样子。结果发现,儿童无法完成这个任务,他们只能从自己的角度来描述三座山的形状。(见图7-1)

图7-1　三山实验

幼儿思维的自我中心性伴随着三个特点:

1)不可逆性。即单向性,不能转换思维的角度,通俗地讲就是不能翻过来倒过去地理解事物。例如,问幼儿:"你有哥哥吗?""有,我哥哥是××。"过了一会儿问他:"××有弟弟吗?"幼儿说:"不知道。"由于缺乏逆向思维能力,儿童很难获得物质守恒的概念,守恒是指个体对物体在形态、形状、排列方式、容量等表面发生变化而实质不变的情况下,仍能对其保持不变的知觉。比如意识到一定量的物体形状改变(水杯里的水从细长的杯子倒入矮胖的杯子中)时,物体固有的本质属性(水的总量)并不随之发生变化(只要不添不减,还可以倒满细长的杯子)。幼儿会认为随着物体形状的改变,他们的形态、数量也会发生改变。

2)拟人性(泛灵论)。幼儿经常从自己的角度理解他人,他们会把那些没有生命或意识的东西都视为和自己一样有生命有意识,即世界万物都有灵性。所以他们眼中的小花、小草会说话,小石头、小雨点会想妈妈。

案例

小咪看见路旁的绿化工人在修剪树枝,她有点儿害怕地问妈妈:"大树被砍了,流了好多白色的血,为什么要这样对待大树?"妈妈告诉他,修剪树枝是为了大树长得更好,但是小咪还嘀咕着:"可是这样大树会很疼啊。"

3)经验性。幼儿根据自己的生活经验进行思维,比如他们会给小花浇热水,给小鱼喂糖吃。他们不能站在对方的角度思考问题,这对他们来说太复杂了。我们常常看见有经验的幼儿园教师在教孩子们跳操时,会面对幼儿做"镜面示范",即若想让对面站立的儿童举起右手,教师自己要举起左手。

3.学前儿童晚期抽象逻辑思维开始萌芽

抽象逻辑思维是人类特有的思维方式,严格地说,学前儿童尚不具备这种思维的方式。学前晚期时,儿童出现了抽象逻辑思维的萌芽。我们会发现大班幼儿会更多地询问"为什么"的问题,"为什么"就是试图去了解事物背后的规律和因果关系,这正是幼儿分析、综合、比较、概括等思维基本过程发展的表现,是抽象逻辑思维活动的表现。

在6～8岁时,儿童自我中心的特点开始逐渐消除,即开始"去自我中心化"。儿童开始学会从他人以及不同的角度考虑问题,开始获得"守恒"观念,开始理解事物的相对性。部分大班幼儿在守恒实验中,已经可以发现水的体积没有发生变化,他们会指出"这杯虽然高,但是瓶子细,那杯虽然低,但是瓶子粗",但他们尚不能理解长宽高的概念及体积公式。所以说只是出现了抽象逻辑思维的萌芽,而不是真正意义上的抽象逻辑思维。鉴于此,学前儿童时期不适宜选择枯燥无味的教学方式过早要求学前儿童进行抽象逻辑思维训练。

苏联心理学家明斯卡娅曾经通过实验研究了不同年龄阶段幼儿的直觉行动思维、具体形象思维和抽象逻辑思维的发展水平。研究者要求学前儿童把一套简单的杠杆连接起来,用以取得用手不能直接拿到的糖果,即找出物体之间简单的机械关系。研究者用三种不同的方式提出任务。

方式一：在实验桌上放实物杠杆，学前儿童可以用直觉行动思维的方式来解决问题。

方式二：在图中画出有关物体的图形，使学前儿童没有利用实际行动解决问题的可能性，但可依靠具体形象进行思维。

方式三：既无实物，也无图片，只用口头言语布置任务，要求学前儿童的思维在言语的抽象水平上进行。

实验结果如表7-1所示，我们可以看到，实验体现了学前儿童三种思维方式的发展趋势：从直觉行动思维过渡到具体形象思维，再发展到抽象逻辑思维。

表7-1 不同年龄学前儿童三种思维方式完成任务的百分数比较①

年龄（岁）	直觉行动	具体形象	抽象逻辑
3～4	55.0%	17.5%	0
4～5	85.0%	53.8%	0
5～6	87.5%	56.4%	15.0%
6～7	96.3%	72.0%	22.0%

（三）思维反映内容的变化

从思维反映的内容来说，学前儿童思维的发展呈现从反映事物的外部联系、现象到反映事物的内在联系、本质的趋势。最初的思维，由于依靠直接感知和实际行动进行，因此，思维内容仅限于感官所能及的事物，所反映的内容只是表面的外部联系，而且往往只是事物的非本质特征。随着思维的内化，思维在头脑内部进行，其内容逐渐间接化、深刻化，能够较为全面地反映事物的关系和联系，反映的范围日益扩大，而且越来越接近事物的本质。

此外，学前儿童思维也表现出从反映当前事物到反映未来事物的趋势。

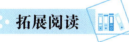
拓展阅读

守恒实验②

1. 实验原理

守恒是指即使物体外观改变的情况下，它特定的自然特征（如数量、质量、长度、重量、面积、容积或体积等）仍然保持相同。守恒实验由皮亚杰创设，用来考察前运算阶段

---

① 张泓，高月梅.幼儿心理学[M].杭州：浙江教育出版社，2015：173.（有改动）

② 王美芳，继伟，王慧萍，等.发展与教育心理学实验指导[M].济南：山东人民出版社，2009：58.（有改动）

(2~7岁)的思维特征。皮亚杰发现,处于前运算阶段的儿童往往不能达到守恒,他们的思维具有两个特征:一是片面性,即考虑问题只将注意力集中在事物的一个方面,而忽略其他方面,顾此失彼,造成对问题的错误的解释;二是缺乏可逆性,就是集中注意事物的状态而忽视事物的转化过程。儿童大概7岁进入具体运算阶段,就能够运用三种形式的论断达到守恒:①同一性论断;②互补性论断;③可逆性论断。

2.实验目的

测查儿童守恒能力的发展情况,了解前运算阶段儿童的思维特征。

3.实验方法

(1)被试:5、6、7、8岁儿童各20名,男女各半。

(2)实验仪器与材料:棋子、铅笔、两个大小一样的杯子、一个较高较细的杯子、泥球、长方形纸板。

(3)实验程序

1)数量守恒。先向儿童呈现两排一模一样的棋子,在儿童确认两排棋子的数量是一样的之后,将其中的一排棋子间的距离拉大,问儿童两排的棋子数是否相同。

2)长度守恒。在儿童面前并排呈现两支同样的铅笔,在儿童确认两支铅笔长度相等后,把其中一支铅笔向右或向左移动一段距离,问儿童两支铅笔的长度是否相等。

3)液体守恒。向儿童呈现两个一模一样的杯子,把两个杯子装入相同数量的液体。在儿童认为两个杯子装有相同数量的液体后,将一个杯子中的液体倒入一个较高较细的杯子里,并问儿童"这个杯子(较高的杯子)里的水与这个杯子(较矮的杯子)里的水是否一样多"。

4)重量守恒。先把两个大小、形状、重量相同的泥球给儿童看,在儿童认为两个泥球一样重后,把其中一个做成薄饼状,问儿童重量是否相同。

5)面积守恒。向儿童呈现两张相同的长方形纸板,待儿童确认两个纸板一样大之后,实验者把其中一个纸板的一角剪下来,放在另一边组成一个平行四边形,再问儿童现在两个纸板是否一样大。

(4)实验结果测评标准

1)数量守恒。在主试将其中的一排棋子间的距离拉大后,如儿童回答两排的棋子数不相同,说明儿童还没有形成数量守恒的概念;如回答相同,则说明已形成数量守恒的概念。

2)长度守恒。在主试把其中一支铅笔向右或向左移动一段距离后,如果儿童回答两支铅笔的长度不相等,说明儿童还没有形成长度相等的概念;如果回答两支铅笔长度相等,则说明长度守恒概念已形成。

3)液体守恒。在主试将一个杯子中的液体倒入一个较高较细的杯子里后,如果儿童回答两个杯子里的液体不一样多,说明儿童没有形成液体守恒的概念;如果儿童回答两个杯子里的液体一样多,则说明儿童已形成液体守恒的概念。

4)重量守恒。在主试把其中一个泥球制成薄饼状后,如果儿童回答两个泥球不一样重,说明儿童没有形成重量守恒的概念;如果回答两个泥球一样重,则说明儿童形成了重量守恒的概念。

5)面积守恒。如果儿童回答两个纸板的面积不相等(不一样大),说明儿童没有形成面积守恒的概念;如果回答两个纸板面积相等(一样大),则说明儿童已形成面积守恒的概念。

4. 实验结果与整理

(1)计算出各年龄阶段儿童通过各项守恒实验的比率。以各年龄组被试的75%通过,作为该年龄组通过了该项实验的指标。

(2)采用 x2 检验考查儿童理解守恒概念的能力是否存在显著的年龄差异、性别差异。

 本节小结

本节介绍了学前儿童思维发展的基本趋势。首先介绍了学前儿童思维发生的时间,然后分别介绍了学前儿童思维发展凭借物的变化、思维方式的变化,以及思维反映内容的变化趋势。

第三节 学前儿童思维过程及形式的发展

思维是人类所具有的一种高级心理现象,思维的过程是人们运用概念、判断、推理的形式对外界信息不断进行分析、综合、比较、抽象和概括的过程。

一、学前儿童思维过程的发展

思维的基本过程包括分析与综合、比较与分类、抽象与概括、系统化与具体化。学前儿童思维水平主要处在具体形象思维阶段,他们的思维过程发展突出表现在分析与综合、比较与分类能力的发展。

(一)分析与综合

分析与综合是思维的基本过程。所谓分析,是指在头脑中把事物的整体分解为各个部分或者各种不同的特征,然后对之分别加以研究的过程。综合是把思维的各个部分、各种属性根据它们之间的相互联系和关系组合成一个整体加以研究的从整体上把握事物的思维过程。

儿童最开始的分析综合是以感知的具体形象为基础,随着语言的发展,幼儿逐步学会凭借语言在头脑中进行分析综合。幼儿在分析综合活动中,还不能把握事物的复杂的组成部分,分析综合的过程中幼儿的思维片面性很明显。

案例

中班的科学课堂上,丽丽老师将一堆颜色、形状、大小、质量不同的玩具放到水池里,让孩子观察物体不同的沉浮状况。在询问他们什么决定了物品的沉浮时,他们的答案各式各样:"大的浮,小的沉。""红的浮,绿的沉。""三角浮,圆形沉。"……面对孩子们五花八门的答案,年轻的丽丽老师一时不知道怎么总结。其实,在此类活动中,需要同时考虑物体的维度越少,需要思考问题的环节越少,幼儿越容易完成任务。

(二)比较与分类

人们为了进一步认识和辨别某一事物,还需要在分析、综合的基础上,对事物进行比较和分类。

1. 比较

比较是将事物和现象进行对比,确定它们的相同点和不同点以及关系。比较是分类的前提,通过比较才能进行分类概括。儿童对物体进行比较有以下特点和发展趋势:

(1)逐渐学会找出事物的相应部分。小班幼儿最初往往按照物体的颜色进行比较,还未真正形成比较的概念,中班幼儿逐渐能找出物体的相应部分。比如他们对两栋房子比较时指出"这间房子顶上有烟囱,那间房子顶上没有烟囱"。

(2)儿童先学会找到物体的不同处,后学会找到物体的相同处,最后学会找到物体的相似处。他们最初关注的相同或者不同之处仍然是物体的颜色。找到物体的相似之处相对比较困难,这意味着他已经能够找到相同处和不同处,同时还能够进行简单的分析和综合。

案例

美术课上,娜娜老师让幼儿寻找两朵小花的相似之处,幼儿反复比较也找不出来。娜娜老师非常了解孩子们,她知道找相似对幼儿比较困难,她一边耐心鼓励,一边在画面上加入一片绿叶,再次进行启发诱导,幼儿很快就能够发现小花都有香味、都是圆形、都有好多花瓣等共同点。娜娜老师很有经验,她在两种物体之间加入了第三种物体,通过这种方法帮助幼儿发现了两种物体之间的相似之处。

2. 分类

所谓分类,是指根据事物的特点分别归类。它是根据分类对象的共同点和差异点,将对象区分为不同种类的一种逻辑方法。分类活动表现了儿童的概括水平。分类能力的发展是逻辑思维发展的一个重要标志。学前儿童分类的情况大致可分为以下 4 种类型或者说 4 个阶段:

(1)随机分类(2~3 岁)。学前儿童将性质上毫无联系的物品归为一类,不能说明分类原因,或任意把物品分成若干类,也不能说出原因,且可能随时改变其分类方法。

(2)依感知特点分类(3~4 岁)。学前儿童依据事物的大小、颜色、形状或其他特点分类。比如他们把小猫、小狗分为一类,大猫、大狗分为另一类;或者将红色的衣服和苹果分为一类,香蕉和黄色的书包分为一类。形状属性是这个年龄段孩子分类的一个非常突出的依据,给一个3岁的幼儿准备皮球、苹果和香蕉要求他进行分类,他可能会把皮球和苹果放在一起,而不是把苹果和香蕉放在一起。问其原因,他会告诉我们"皮球和苹果都是圆形的"。

(3)依生活情景或功能分类(4～5岁)。学前儿童把日常生活中经常在一起的东西归为一类,例如,他们将牙刷和香皂归为一类,因为这两样都在洗面池上;或依照物品的功能进行分类,如桌子、椅子是写字用的,碗筷是吃饭用的。

(4)依概念分类(6岁以后)。这一阶段儿童的分类水平接近成人,较为科学,具备一定的逻辑性,如按交通工具、玩具、家具等分类,并能给这些概念下定义,说明分类原因。

不同年龄儿童分类情况有所不同,大致从第一类到第四类依次变化。儿童的分类活动由最初的不能进行分类或随机分类发展到依靠物品的知觉特点进行分类,进而从明显的依靠外部特点向依靠内部隐蔽特点进行分类的显著转变;6岁以后,儿童开始逐渐摆脱具体感知和情境性,能够依物体的作用及其内在联系进行分类。

一般来说,小班幼儿只要求按照事物的外形特征进行分类,因为外形特征是外在的、易观察的。中、大班幼儿分类活动设计的重点是按照几种特征分类,按照事物内在的物理特性分类。后期也可以尝试帮助幼儿学习把一堆物体同时按照两种标准进行分类,比如,要幼儿找出既是红色又可以吃的物品。

二、学前儿童思维基本形式的发展

概念、判断和推理是思维的基本形式,判断由概念组成,推理由判断组成,我们依靠它们进行思维活动。

(一)学前儿童概念的发展

1. 学前儿童掌握概念的方式

概念是人脑对客观事物本质属性和特征的反映。掌握以词为标志的概念,是逻辑思维发展的表现。儿童掌握概念的主要方式有两种:

(1)通过实例获得概念。儿童在生活中接触到各种各样的事物,成人会在无意间选取一些常见的、有代表意义的"典型实例"向儿童介绍,同时与概念名称相结合。比如门前的"花",田地里的"庄稼"等。比如带孩子到公园散步,指给他"树"等。这种方式获得的概念常常为日常概念,我们称为前科学概念,其内涵和外延往往不准确。

(2)通过语言理解获得概念。在幼儿阶段的一些教学中,成人也会给概念下定义,即用讲解的方式帮助儿童掌握科学概念,比如介绍鱼是什么,鱼是一种用鳃呼吸、具有颚和鳍的水生冷血脊椎动物。但由于学前儿童主要处于具体形象思维阶段,思维水平很难达到掌握科学概念的要求。儿童掌握概念的特点受到他们概括水平的制约,一般只能掌握一些比较具体的实物概念,在环境和教育的作用下,幼儿晚期还可以掌握一些较为抽象的道德概念、关系概念和性质概念。

2.学前儿童实物概念的掌握

学前儿童最初掌握的概念大多数是日常生活中经常接触的各种实物名称,如人称、食物、动物等。由于他们的概括内容贫乏,概念内涵不清晰,反映的事物特征往往是表面的、片面的、非本质的,所以概念掌握的广度和深度都很差。对这些实物概念的掌握,儿童往往从感知觉或实物的用途方面进行概括。比如,妈妈问6岁的果果:"电视机是什么?"果果认真地描述着:"电视机是很大的、长方形的、黑色的(大小、形状、颜色),能看动画片的(用途)东西。"

学前儿童掌握概念有一个"从中间向两边"的倾向,比如生物、植物、花、桃花、花蕊、雌蕊这些概念中,幼儿比较熟悉的是位于中部的花和桃花,这些是他们生活中经常接触的概念,位于两端的上位概念"生物"和下位概念"雌蕊"则是他们比较陌生的内容。教师在帮助幼儿学习概念时,要注意选择信息量适中的基本概念。

3.学前儿童数概念的掌握

数概念是关于反映事物数量和事物间序列的概念。学前儿童数概念也是一个从具体到抽象的发展过程。儿童掌握数概念的敏感期是2~3岁和5~6岁。儿童掌握数概念包括以下3个方面。

(1)掌握数的顺序。一般3岁儿童已经能够学会口头数10以内的数,能够数5个以下的实物。这时,他们记住了数的顺序,但是并不会真正去数物体。

(2)掌握数的实际意义。当儿童学会口头数数以后,逐渐学会口手一致地数物体,即按物点数,然后学会说出物体总数,可以说是掌握了数的实际意义。这个阶段的儿童已具备了初步的计数能力,但还没有形成数概念。

(3)掌握数的组成。掌握数的组成是儿童形成数概念的关键。根据北京师范大学林崇德教授的研究,儿童数概念的形成,要经历口头数数、给物说数、按数取物、掌握数概念四个阶段。儿童学会点数物体并说出物体总数以后,能够逐渐学会用实物进行10以内的加减。儿童掌握了数的组成以后,形成数概念。

(二)学前儿童判断能力的发展

判断是概念与概念之间的联系,是事物之间或事物与它们的特征之间联系的反映,包括直接判断和间接判断两种。直接判断即基于对事物的感知特征进行判断,不需要复杂的思维加工;间接判断是根据事物的本质定义和事物的因果关系进行判断,它是以抽象形式进行的思维活动。儿童判断发展的过程是一个由直接判断向间接判断不断发展的长期过程。学前儿童判断发展变化有以下特点。

1.判断形式的间接化

从判断形式看,学前儿童的判断从以直接判断为主,开始向间接判断发展。直接判断主要是受幼儿知觉线索左右,不需要复杂的思维加工,间接判断通常需要推理。比如树上的叶子黄了,幼儿说"树叶黄了"是直接判断,当他们说"秋天来了"的时候是间接判断。幼儿看见鱼缸里的鱼食没有了,他说"鱼食不见了"是直接判断,当他说"鱼食被小鱼吃了"的时候是间接判断。

案例

中班的幼儿在讨论汽车和飞机谁快的问题,令娜娜老师没想到的是,居然有好几个小朋友说汽车比飞机快。小朋友的解释是:"我坐在汽车上看见过飞机在天上飞,飞得很慢很慢。"娜娜老师作为成人,对飞机和火车的速度并没有比较直接的感知,但是她可以通过乘坐汽车和飞机的时间对比进行间接判断,得出飞机快的结论,但是学前儿童的判断以他们直接感知为依据,由此得出了飞机慢的结论。

2. 判断根据的客观化

从判断的根据看,儿童从以主观体验和自我中心为依据,开始向以客观逻辑为依据发展。学前初期儿童的判断没有一般性原则,不符合客观规律,而是从自己对生活态度出发属于"游戏的逻辑"或"生活的逻辑"。比如太阳落山了,孩子的解释是"太阳要回家了"。

案例

中班的悠悠告诉老师自己的妈妈快过生日了,老师问悠悠:"妈妈喜欢什么样的礼物?"悠悠毫不犹豫地回答:"喜欢洋娃娃。"事实上,喜欢洋娃娃的是悠悠自己。

随着儿童年龄的增长,幼儿会逐渐遵循一定的客观依据来进行判断。

3. 判断论据的明确化

学前初期儿童没有意识到判断的论点应该有论据,他们的论据要不然模糊,要不然是引用爸爸妈妈或老师的话。随着幼儿的成长发展,他们逐渐开始为自己的判断寻找明确的依据,比如他们会解释:"妈妈喜欢洋娃娃,我看见妈妈经常抱着我的洋娃娃。"学前晚期,幼儿会不断修改自己的论据,努力使自己的判断有依据,对判断的论据日益明确。如果幼儿生活在一个"讲道理"的环境中,他就能够较早地主动为自己寻找判断的依据,日常教育教学中,教师要创建民主的气氛,不要急于制止幼儿的争辩,可以鼓励幼儿说出自己判断的依据。

(三)学前儿童推理的发展

推理是判断和判断之间的联系,是由一个判断或多个判断推出另一个新的判断的思维过程。

1. 学前儿童归纳推理的发展

归纳推理是一种从个别到一般的推理,从个别事物中总结概括出一般性的、本质的东西。学前儿童的概括尚处于具体形象水平状态,尚未形成"类"的概念,因此儿童常常只能对事物外部的、非本质的一些特征进行归纳,难以抓住现象之间本质的、必然的特征属性,难以实现从一般到个别的正确归纳。比如幼儿看见农民种地有收获,就想把硬币种下去,希望可以收获很多的硬币。

此时出现了一种前运算思维阶段儿童特有的推理形式——转导推理,即从特殊到特殊的推理。由于这一阶段的儿童思维受自我中心化的影响,因而其只根据事物间在某一方面的直觉类似就做出概括或推广。转导推理是从个别到个别的推理,其中没有类的包涵,没有类的层次关系,没有可逆性,这种推理还不是逻辑推理,是属于前概念的推理。这一类型的推理,在 3～4 岁的儿童身上比较常见。幼儿的转导推理之所以常常不符合客观现实,主要是由于幼儿缺乏丰富的知识经验以及分类、概括的能力。

案例

过年了,妈妈给甜甜穿上了漂亮的毛线裙子,甜甜开心地问妈妈:"我是不是可以吃冰激凌了?"妈妈不明所以,甜甜解释道:"穿裙子就是夏天到了啊。"

2.学前儿童演绎推理的发展

演绎推理是从一般到个别的推理,演绎推理简单而典型的形式是三段论,是从前两个前提推论出一个符合逻辑结论的推理。例如,所有的小鸟都会飞,麻雀是一种小鸟,所以麻雀可以飞。学前早期儿童的推理往往不能服从一定的目的和任务,以至于思维过程常离开推论的前提和内容。

案例

幼儿园教师正在给中班的孩子讲课:"所有果实里都有种子,萝卜里面没有种子,所以萝卜……(怎么样?)"孩子们踊跃地回答:"萝卜是根。""萝卜是长在地上的。""萝卜是甜的。"答案和两个前提完全没有关系。

实验证明,学前晚期儿童(5～7 岁)经过专门教学,能够正确运用三段论式的逻辑推理,能够回答出"所以萝卜不是果实"的结论。随着儿童概括能力的发展,类概念的形成,演绎推理的能力才能逐渐发展起来。

3.学前儿童类比推理的发展

类比推理也是一种逻辑推理,在某种程度上属于归纳推理。它是对事物或数量之间关系的发现和应用,是根据两个事物之间的关系,推断出其他两个类似事物之间也有相应的关系。比如,小狗对应狗,那么小猫应该对应什么? 有实验表明,3 岁以前的幼儿还不会进行类比推理,4 岁的幼儿类比推理开始发展,5～6 岁的幼儿类比推理有所发展。

拓展阅读

维果斯基儿童分类能力研究[①]

在研究中,维果斯基运用不同形状、大小、颜色的木块作为刺激材料,混在一起摆放

---

① 王文忠,芳富熹.幼儿分类能力发展研究综述[J].心理学动态,2001(3):210-214.

在儿童面前,让儿童把这些木块分成若干堆。通过这种研究,维果斯基发现儿童分类能力的发展可以分为几个阶段:主观印象阶段、临时规则阶段和确定规则阶段。在主观印象阶段,儿童完全按照自己的主观愿望对木块进行分类,没有表现出任何分类规则;在临时规则阶段,儿童在某个时刻按颜色分类,而有的时候又按形状分类,分类标准时时变化;在固定标准阶段,儿童则能够按照一个固定的标准对所有的刺激物进行分类。

 本节小结

本节介绍了学前儿童思维过程的发展及形式的发展,学前儿童思维过程的发展包括分析与综合、比较与分类;概念、判断和推理是思维的基本形式,概念的掌握包括实物概念的掌握和数概念的掌握,判断发展的过程是一个由直接判断向间接判断不断发展的长期过程,学前儿童推理的发展包括归纳推理(主要是转导推理)、演绎推理和类比推理。

第四节 学前儿童思维能力的培养

思维能力是人类认识世界、改造世界能力的最直接的体现。培养学前儿童的思维能力应该了解他们思维发展的规律,尊重学前儿童思维水平的差异性,设计适合学前儿童不同水平的活动。

一、丰富学前儿童的感性经验

从学前儿童思维发展的凭借物来看,思维的发展从主要凭借感知和动作,到主要凭借表象,最后逐渐过渡为凭借语词。无论是感知和动作的发展,还是表象的丰富以及词语的积累,都需要大量的感性素材和经验。

(一)充分调动学前儿童感官观察自然和社会环境

学前儿童的知识和经验,大多来自日常生活和游戏,以及他们喜闻乐见的各种活动,因此,在平时的教育教学中,教师要利用周围的环境,经常有目的、有计划地引导学前儿童去感知、去观察、去探索、去发现,鼓励他们多看、多听、多做、多想、多问、多说,不断丰富学前儿童对自然环境和社会环境的感性认识。

陈鹤琴的《家庭教育》中讲述了这样一则故事:

到了年纪稍微大一点而略能了解人事的时候,我常常带他到街上去玩玩或者去买东西。凡他喜欢看的东西,我们就止步看看。什么驴子磨豆,什么机匠织布,什么衣庄里卖衣,什么市场里卖菜;什么煎油条,什么做烧饼,什么卖拳头,什么变把戏:凡此等等他都喜欢看的,我也陪他看看。看的时候,他有不懂的地方,我告诉他,因此他的知识渐渐丰富起来了。[①]

学前儿童接触的事物越多,对事物概括得越全面、越客观。比如当他们观察过厨师和理发师的工作后,他们就不会再把所有穿白大褂的人都认成医生。

(二)投放丰富多彩的活动材料

不同颜色、大小、形状、材质的教玩具能够给予学前儿童感官上的刺激,我们首先可以让孩子通过观察感知粗细、大小、高低、宽窄、长短、形状、颜色等概念;然后,通过亲手操作教玩具,可以加深对概念的认识并形成肌肉记忆。

建议投放大量低结构材料,即日常生活中触手可及的一些低成本简单材料,如石头、树枝、种子、塑料瓶、包装盒等。由于此类材料没有使用说明,学前儿童可以自由摆弄、组合、搭建,抛开物品原有固定的功能,根据自己的兴趣大胆探索,从而促进其发散思维能力的提高。教师也要注意在使用材料时注重灵活性,比如小木棍可以用来数数、制作画框、挖沟、做成金箍棒等。

二、发展学前儿童的语言能力

思维是语言的内涵,语言是思维的外壳,也是思维的催化剂。语言的发展能够促进思维的发展。

(一)丰富学前儿童的词汇

研究表明,学前儿童概括性水平较低,与其缺乏感性经验有关,也与其缺乏相应的概括性的词汇有关。词汇是语言的基本材料,学前儿童对抽象性、概括性的词汇掌握得较少,内部语言还在发展之中,思维的发展受到了限制。学前儿童掌握词汇的数量和对词汇的理解程度影响着他们的认知水平和思维发展,因此,在日常教学和生活中,家长和教师要有意识、有计划地丰富儿童的词汇。

根据学前儿童思维发展的特点,可以通过实物和图片向学前儿童介绍新的词语;在游戏或者活动中及时总结,帮助学前儿童掌握抽象性或概括性的词语,比如带领学前儿童观察物品投掷水中的活动,向他们介绍沉、浮、轻、重的概念,根据活动中儿童的心情转换介绍开心、失望等概念;在讲故事或阅读活动中,通过故事情节的理解带动对概念词语的掌握。对此,《蒙台梭利教育法》中曾提出过简单可行的方法:

教师工作中确定无疑的部分就是教授准确的命名法。在大多数情况下,教师应该不作任何添加地读出那些必要的名称和形容词。在读这些词时,她必须发音清晰,声音洪亮,以使构成这个词的每一个音节都可以被孩子们清楚地听到。

比如,在刚开始进行触觉练习时,在触摸光滑和粗糙的卡片时,教师应该说:"这个是

---

① 陈鹤琴.家庭教育[M].北京:商务印书馆,2023:180.

光滑的,这个是粗糙的。"并且要以不同的变音进行重复,要使声音清晰,发音准确。"光滑,光滑,光滑;粗糙,粗糙,粗糙。"①

(二)鼓励学前儿童进行语言表达

1.日常表达

在平常的交流过程中,有意识地引导学前儿童将其自身的想法通过语言大胆表述,培养他们能够使用规范的语言表达自己的认知。他们说得越多,语言越流畅,思路也随之清晰,想法越发合乎逻辑。

2.表述问题解决

教师问题解决类的活动场景中,应指导学前儿童用语言从各个角度去描述事物和问题,鼓励他们去表达不同的答案,促使学前儿童的思维活动呈现多向性、独特性、变通性,提高他们创造性思维的发展。在问题解决之后,让他们尝试用语言描述解决问题的方法和过程,而这种语言的描述能够促使学前儿童将这种方法应用到其他类似的场景中,最终促使学前儿童的思维从具体情境中脱离出来,在具体形象思维发展的基础上逐渐向抽象逻辑思维转换。

3.故事讲述

不要求学前儿童机械地复述故事的原文,而是引导他们概括故事大意。概括能力的发展是学前儿童思维发展的一个重要指标,学前儿童对事物的认识、概念的掌握以及创造性思维的发展,都离不开概括的过程;同时通过故事的续编及开放性结局的讨论,引导学前儿童对故事情节大胆想象、合理推理,增强他们思考问题和解决问题的能力。

三、创设情境激发学前儿童积极思维

(一)善用问题激发求知欲

在生活和教学、游戏中,尊重学前儿童形形色色的问题,鼓励他们大胆发问,认真回应、探讨。学前儿童所提问题类型的变化反映着他们思维的变化,3～4岁的幼儿关注新鲜事物的特点和名称,通常会问"是什么",4～5岁的幼儿开始关注各种现象之间的联系和关系,经常会问"为什么"。幼儿晚期儿童开始对周围的世界有了综合的思考,教师可以提醒他们注意周围环境中出现的新事物(看一看,还有什么)或者场景内各因素之间的关系(想一想,它们都有什么共同特点)。教师可以在游戏、绘画、劳动及日常生活中不断提出一些富有启发性的问题,引导幼儿去讨论、去观察,和他们一起进行分析、比较、判断和推理,鼓励幼儿大胆设想,寻求解决问题的办法。

(二)重视生活中真实问题场景

日常生活中,我们鼓励学前儿童生活自理,这样他们会遇到真实的问题场景,比如如

---

① 玛丽亚·蒙台梭利.蒙特梭利教育法[M].丽红,译.北京:京华出版社,2007:168.

何跨过门口的小水沟,如何将袜子一一匹配,如何安全拿下放在高处的物品,粘东西应使用胶水还是双面胶抑或是透明胶等。即使孩子遇到困难,家长和教师也不要急于帮忙,可以用类比的方法启发他们,提示相似的情境中解决问题的方法。孩子在解决问题的过程中会发展分析综合、比较分类的能力。

四、开展思维训练活动

开展专项思维训练活动,是提升学前儿童思维能力的重要途径,常见的学前儿童专项思维训练活动包括以下几种。

(一)归类活动

要求学前儿童把事物按一定的标准(颜色、形状、大小等)进行分类,或者要求他们从一组事物中寻找一个不同类的事物。通过各种操作和对具体事物的比较,促进学前儿童分类能力的发展。

(二)推理类活动

学前儿童常见的推理形式是类比推理,类比推理游戏比较符合学前儿童思维发展的阶段。可以让学前儿童根据图形数字的排列规律,填上适当的图形和数字;进行"看图改错"游戏,让他们指出图片中不符合逻辑的地方;进行"事件排序"游戏,出示有故事情节的系列卡片,让他们通过观察、推理排列出事件正确的顺序;经常和孩子玩脑筋急转弯游戏,注意从符合学前儿童年龄和理解事物能力的问题入手,答案不必固定。

(三)概括能力训练活动

在带领学前儿童多次观察、感知的基础上,引导儿童概括事物的本质特征,形成初步的类概念。可以开展"找相同"的活动,和儿童一起总结同类事物的共同特征,也可以通过"找不同"的活动,帮助他们找出该类别反例的特征。经常和儿童玩"你说我猜"游戏,鼓励他们尝试用自己的话描述一类事物,比如水果或者筷子,然后大家猜一猜是什么物品。例如学前儿童描述筷子:"长长的东西,两个一起用,有木头的,吃饭用的……"学前儿童在描述的过程中逐渐把握事物的主要特征。

 拓展阅读

发展逻辑思维①

吉尔正在装修她的玩具屋,爸爸对此很感兴趣。"娃娃在哪里睡觉呢?"爸爸好奇地问。

---

① 斯坦利·格林斯潘,南希·桑代克·格林斯潘.学习树[M].李瑾,译.杭州:浙江人民出版社,2014:117.

"她和我一样,想在楼上睡啊。"吉尔说。

爸爸显出一副困惑的模样,说:"你的玩具屋里没有'楼上',也没有好多层啊。"吉尔灵机一动,产生了一个建筑计划。吉尔找到了一个矮凳作为"二楼",还决定用靠着凳子的一叠纸做楼梯。一切就绪,吉尔决定把娃娃放到床上,爸爸装作"娃娃"说:"哦,我想去洗手间,洗手间在哪里呢?"

"在楼下呢。"吉尔回答说。

"我现在就想去。"爸爸说。于是,吉尔和爸爸便开始动手在楼上搭建了一个洗手间。渐渐地,房子的各部分一点一点很合逻辑地搭建起来了。吉尔被爸爸的好奇心激励,对自己做出规划并亲手搭建自己的玩具屋感到非常自豪。虽然是爸爸的问题拓展了吉尔游戏活动的空间,但是最后做出决定的还是吉尔本人。

当孩子开始为家庭成员或朋友画简笔画时,我们也能在其中看到符合逻辑的动作序列的发展,即由许多部分组成的人物形象会越添越多。同时,孩子还学会了认字母,辨数字,以一种有意义的方式对各种形状进行排序。这些技能关系到将各种想法逻辑地结合起来,以指导精细动作行为。

当孩子在运用字母、数字或者图画方面存在着困难时,一定要对他有耐心。孩子做某件事情越难,越需要获得最初的成功,你就要越有耐心,越要把练习设计得妙趣横生。

本节小结

学前儿童思维能力的培养需要从四个方面入手:第一,丰富学前儿童的感性经验,教师和家长要调动儿童感官观察自然和社会环境,也要注意投放丰富多彩的活动材料。第二,注重发展学前儿童的语言能力,不断丰富学前儿童的词汇,鼓励他们进行语言表达。第三,创设情境激发学前儿童积极思维,日常生活中要善用问题激发求知欲,重视生活中的真实问题场景。第四,开展思维专项训练活动。

思考与练习

一、选择题

1.创造性思维的基本特点是(　　)。

　A.流畅性　　　　　　　　　　B.变通性

　C.独创性　　　　　　　　　　D.准确性

2.下列关于具体形象思维论述不正确的是(　　)。

　A.4~5岁的儿童以具体形象思维为主

　B.具体形象思维是指依靠事物在头脑中的具体形象进行的思维

　C.具体形象思维是幼儿思维的典型方式

　D.具体形象思维有明显的"外显性"

3. 林崇德认为儿童数概念的形成,要经历(　　　)四个阶段。

    A. 口头数数—按数取物—给物说数—掌握数概念

    B. 口头数数—给物说数—按数取物—掌握数概念

    C. 按数取物—口头数数—给物说数—掌握数概念

    D. 按数取物—给物说数—口头数数—掌握数概念

二、简答题

1. 简述思维在学前儿童心理发展中的意义。

2. 具体形象思维作为幼儿思维的典型方式有哪些特点?

3. 简述学前儿童分类情况发展的四个阶段。

三、论述题

如何在实践中培养学前儿童的思维能力?

四、材料分析题

材料:

    小班幼儿明明,聪明伶俐,活泼可爱。可令其父母不解的是,无论做什么事情,明明在做事之前从不思考。比如玩乐高时,让他想好了再拼或看着图纸拼,他却总是拿起乐高积木就开始随便地拼,拼出什么,就说他拼的是什么。在绘画时也是这样。明明的父母认为这样不好,做事缺乏计划,便总是要求明明想好了再行动,可明明常常做不到。为此父母时常感到烦恼。

    请结合以上材料,从儿童思维发展的角度分析明明的行为,并为其父母提出科学的教育建议。

第八章　学前儿童言语的发展

学习目标

素养目标：

1. 树立正确的学前儿童教育观，科学地引导儿童言语的发展。

2. 养成观察和分析儿童言语的意识和习惯。

知识目标：

1. 理解语言与言语的关系，掌握言语发展的阶段。

2. 掌握言语的种类，了解言语获得的相关理论。

能力目标：

1. 具备在实践中提高学前儿童口语表达的能力。

2. 具备为学前儿童书面语言的发展提出相应准备策略的能力。

内容导航

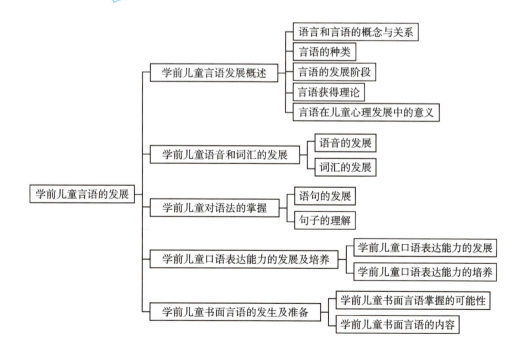

案例导入

儿童 2 岁以后,逐步开始用语言表达自己的需要和情感,用语言来调节自己的动作和行为,基本上能用语言与人交往,语言成了这一阶段儿童社会交往和思维的工具。3 岁以后,儿童总喜欢问"是什么"或"为什么"之类的问题,他们能从成人的答案中学到许多新词汇。

从上述案例中可以看出,2 岁以后的儿童就开始使用语言与人交往了,那 3 岁以后儿童言语的发展水平是怎样的呢? 我们应该如何引导才能更好地提高儿童的语言表达能力呢? 本章将具体阐述。

第一节　学前儿童言语发展概述

学前儿童的言语发展是其语言能力的重要组成部分,语言与言语是人类交流的重要工具,它们在人类社会中起着至关重要的作用。

一、语言和言语的概念与关系

语言和言语虽然有着紧密的联系,但仍有区别。

（一）语言和言语的概念

1. 语言

语言是以词为基本单位,包括形、音、义按一定的语法所构成的复杂的符号系统,是人类所特有的最重要的交际工具。人们在改造客观世界的活动中,产生了交际的需要,伴随着交际就产生了语言。人类有了语言后,就可能在较短时间内认识和掌握科学知识和生活经验。

2.言语

言语是个体借助语言传递信息的过程,也就是了解语言和运用语言表达思想的过程。用语言作为工具进行交际的过程,就是言语活动。人们使用着一定的语言进行说话、听话、写作、阅读等活动,就是作为交际过程的言语。如教师用汉语这种语言来讲课,而讲述的过程则是言语活动,它是一个动态的过程。

(二)语言和言语的关系

1.语言和言语的区别

(1)语言是社会现象,言语是人的心理现象。语言属于社会现象,伴随着人类社会的产生而产生,随着人类社会的发展而发展。言语属于心理现象,是人们运用语言材料(词)和语言规则(语法)交流思想、感情的心理过程。

(2)语言是交际活动的工具,言语是交际活动的过程。语言是人们进行交际的工具,言语是人们利用语言工具进行交流思想与感情的过程。

2.语言和言语的联系

(1)言语离不开语言。言语以语言为载体,个人只有掌握语言词汇和遵循语法规则,才能正确地表达自己的思想和情感。言语不能离开语言而进行,离开了语言,人不能通过言语进行交际和思维。

(2)语言离不开言语。任何一种语言都必须通过人们的言语活动才能发挥它的交际功能,成为"活着的语言"。语言的发展、完善、更新、淘汰,都离不开人们交际的言语活动。语言也不能离开言语,离开了人的言语活动,语言就不能发挥任何作用。

二、言语的种类

根据言语活动表现形式的不同,可将言语活动分为外部言语和内部言语。外部言语包括口头言语和书面言语,口头言语包括对话言语和独白言语。日常生活中,有人擅长口头言语,有人擅长书面言语。它们具有各自不同的特点。

(一)对话言语

对话言语是指两个或几个人直接交际时的言语活动,如聊天、座谈、辩论等。它们是通过相互谈话、插话的形式进行的。一般认为,对话言语是一种最基本的语言形式,其他形式的口语言语和书面言语都是在对话言语的基础上发展起来的。学前儿童的言语主要是口头言语。

(二)独白言语

独白言语是个人独自进行的,与叙述思想、情感相联系的,较长而连贯的言语活动。

它表现为报告、讲演、讲课等形式。

(三)书面言语

书面言语是指一个人借助文字表达自己的思想或通过阅读接受别人言语的影响。也就是写出的文字、看到的文字,它的形式主要有三种:写作、朗读、默读。书面言语可以突破时间和空间的限制。书面言语的出现比口语要晚得多。它只有在文字出现以后,才为人们掌握和利用。

(四)内部言语

内部言语是言语的高级形式,是一个人自己对自己发出的声音,是自己默默无声地思考问题的言语活动。如默默地思考问题、写文章前打腹稿等。内部言语不是用来和人交际的言语,它的发音隐蔽,而且比外部言语更概括、更压缩。

三、言语的发展阶段

研究表明,尽管世界上的各种语言彼此不同,但不同语种儿童在学习语言时都有相似的特点,并经历相似的言语发展阶段。如对词和句子,理解"听"总要先于"说"产生。从言语产生来说,儿童首先经历反射性的发声阶段,其次是咿呀学语阶段,再次是单词句、双词句阶段,最后才能说出具有语法结构的句子。儿童言语获得过程,是一个连续发展的从量变到质变的过程。它在时间和进程上可分为以下三个阶段。

(一)言语前期

言语前期是儿童掌握语言之前(出生～1 周岁)的准备阶段,又可分为以下三个阶段:简单发音阶段、连续音节阶段、模仿发音——学话萌芽阶段。

1. 简单发音阶段(0～3 个月)

从出生到 3 个月为简单发音阶段。哭是婴儿最初的发音。1 个月内只发出未分化的哭叫声。1 个月后哭声粗略分化,2 个月以后,婴儿不哭时也开始发音,当成人引逗他时,发音现象更明显,已能发出 ɑi、ɑ、e、ei、ou、nei 等音。发这些音不需要较多的唇舌运动,只要一张口,气流自口腔冲出,音也就发出了,这与儿童发音器官不完善有关。这个阶段的发音是一种本能行为,天生聋哑的儿童也能发出这些声音。

2. 连续音节阶段(4～8 个月)

这一阶段,婴儿明显变得活跃起来。当他们吃饱、睡醒、感到舒适时,常常自动发音。如果有人逗他们,或者他们看到什么鲜艳的东西而感到高兴时,发音更频繁。发出的声音中,不仅韵母增多、声母出现,而且连续重复同一音节,如"Ba-Ba-Ba,Da-Da-Da"等,其中有些音节与词音相似,如"Ba-Ba(爸爸),Ma-Ma(妈妈),Ge-Ge(哥哥)"等。父母常常以为这是儿童在呼喊他们,感到非常高兴。其实,这些音还不具有符号意义。但如果成人利用这些音与具体事物相联系,就可以形成条件反射,使音具有意义。比如,每当儿童无意识地发出"Ma-Ma"这个音时,妈妈就赶紧回应,并高高兴兴地出现在儿童面前。

久而久之,儿童就会把"Ma-Ma"这个音当作对母亲的称呼。

3.模仿发音——学话萌芽阶段(9~12个月)

处于此阶段,婴儿所发的连续音节不只是同一音节的重复,还明显增加了不同音节的连续发音。音调也开始多样化,四声均出现了,听起来很像是在说话。当然,这些"话"仍然是没有意义的,却为学说话做了发音上的准备。

(二)初步掌握言语期

1~1.5岁进入初步掌握语言期,能说出具有初步概括意义的真正词,这是儿童言语获得上的质变阶段,也称为单词句阶段。单词句中的单个词,实际上就是一个句子。这种单词可以表示多种意思,也可以表达多种语态,富有多种功能。这一阶段儿童说出的词表现出以下特点:

1.单音重叠

这个阶段的儿童喜欢说重叠的字音。如"娃娃、帽帽、衣衣"等,还喜欢用象声词代表物体的名称,如把汽车叫作"嘀嘀",把小狗叫作"汪汪"。出现这一特点,是因为儿童的大脑发育尚不成熟,发音器官还缺乏锻炼。重复前一个音,属同一音节、同一声调,不用费力,容易发出。如果发出不同的两三个音节,发音器官的部位(舌、唇等)就要变化动作,这对于1岁多的儿童来说,还是比较困难的事情。

2.一词多义

由于这个年龄的儿童对词的理解还不精确,说出的词往往代表多种意义,故称为多义词。例如,见到猫,叫"猫猫",见到带毛的东西,如毛手套、毛领子一类的生活用品,也都叫"猫猫"。

3.以词代句

这个阶段的儿童不仅用一个词代表多种物体,而且用一个词代表一个句子,因此这一阶段称为"单词句"时期。比如,儿童说出"拿"这个词,有时代表他们要拿奶瓶,有时代表他们要拿玩具,还有时代表他们要拿别的儿童手里的食物,所以对此阶段儿童所说的话,需要结合具体情境才能理解。

(三)掌握言语的语法结构期

1.5~3岁的儿童能初步运用基本语法形式建构短语和简单陈述句,能理解简单童话故事、儿歌等。这个阶段又分为以下两个阶段:

1.双词句阶段(1.5~2岁)

双词句是一种有结构的语句,它包括中心词和开放词的结构,同时还有一定的语法结构。1岁半以后,儿童说话的积极性高涨起来,在很短时间内,会从不大说话变得很爱说话。说出的词大量增加,2岁时可达200多个。这一阶段儿童言语的发展主要表现在开始说由双词或三词组合在一起的句子,比如"妈妈抱抱"等。这种句子的表意功能虽较单词句明确,但其表现形式是断续的、简略的,结构不完整,好像成人的电报式文件,故也称为"电报句"或"电报式语言"。

说出句子是儿童言语发展中的一大进步,也是这一阶段儿童发展的主要特点。但是这时说出的句子还很不完善,具体表现为:①句子简单。一是简单的主谓句,比如"宝宝要""爸爸拿""哥哥没"等;二是简单的谓宾句,比如"喝水""找姐姐""要车车"等;三是简单的主谓宾句,比如"宝宝上学""爸爸打屁屁""哥哥坐凳凳"等。这个阶段,儿童说出的句子都很简短。②句子不完整。此阶段的儿童虽然能说出很多句子,但这些句子常常缺字或漏字。比如"哥哥,喝水"意思是"哥哥,给我喝水","爸爸,怕狗狗"意思是"爸爸,我怕狗狗"。③词序颠倒。此阶段的儿童所说的句子有时会出现把词汇的顺序打乱,颠倒词序的情况,使人无法理解。比如"不走动",实际意思为"走不动"。

从儿童词汇的分类看,1岁半以前的儿童所说的大多数是名词,也有少部分动词。1岁半以后,儿童开始学习形容词等。各种词类的出现,使儿童的句子逐渐变得复杂起来。

2.出现完整句阶段(2~3岁)

儿童到2岁以后,开始学习运用合乎语法规则的完整语句更为准确地表达思想,开始使用简单的主谓宾句、简单的动宾句、简单的主谓宾句和复杂的谓语句。许多研究证明,2~3岁是人生初学说话的关键时期。如果有良好的语言环境,即经常有人和儿童交谈,那么这一时期将成为言语发展最迅速的时期。此阶段儿童语言的发展主要表现在两方面:第一,能说完整的简单句,并出现复合句;第二,词汇量迅速增加。比如,2~3岁的儿童会说"我想要妈妈陪我玩""我想要这个玩具,因为我喜欢"等这些看似很简单的句子,但对2~3岁的儿童来说却是巨大的进步,因为这是完整句的出现。

2~3岁儿童的词汇量增长非常迅速,几乎每天都能掌握新词。他们学习新词的积极性非常高。到3岁时,儿童已能掌握1000个左右词。至此,儿童的言语基本形成了。

3岁以后儿童言语进入迅速发展时期,4~5岁儿童的复杂句和复合句发展较快,常以语言知识为根据的"词序策略"来理解语句,但对结构复杂的被动语态和双重否定句尚不能很好理解。3岁到入学前,是儿童基本掌握口语阶段。儿童在掌握语音、语法和口语表达能力方面都有迅速发展,这为入学后学习书面语言打下基础。

四、言语获得理论

言语获得亦称言语发展,指儿童对母语的听和说能力的获得。它和语言学习的区别在于,母语的获得不是通过正式的课堂学习,而是儿童在语言环境中,自己对语言的习得。所有发育正常的儿童,都能在出生后四五年内未经任何正式训练而顺利获得听、说母语的能力,其发展速度远胜其他复杂的心理过程和心理特性。据研究,母语获得有一个临界期,若超过9~13岁,母语就很难习得。

儿童言语获得理论,是关于儿童获得母语口头语言中听话和说话能力的理论。主要有以下三种。

（一）环境论

1.模仿说

以行为主义的理论为依据,认为外部环境对儿童言语获得起决定性的影响。语言是后天获得的能力,是经过一系列的刺激和反应联结而成,是学习的结果。正如斯金纳(Skinner)所述:人类语言的获得,是在听者与说者之间的互动过程中,通过观察模仿而产生的。通过环境中的互动,人类的语言和思维得到了发展,当外部环境提供幼儿语言学习足够的刺激之后,幼儿的语言自然会产生内化作用。①

儿童语言发展的早期,主要是通过环境与家庭成员互动的,年长于婴幼儿的人提供语言学习的模仿对象。婴幼儿对周围语音的模仿,不断得到周围成人的微笑、爱抚、夸奖等正强化,就会更努力发出类似的语音。比如,10个月的宝宝突然发出"Ba-Ba"这个音时,爸爸听到了,马上抱着他亲了亲,并且非常高兴地说:"宝贝,你竟然会叫爸爸了,你可真是太棒了!"这位爸爸的反应给了宝宝积极的正强化,宝宝就会不断地发出"Ba-Ba"这个音了。

传统的模仿说认为儿童学习语言是对成人语言的模仿和简单的翻版。这种观点自美国人本主义心理学家奥尔波特(Allport)首次提出后,在20世纪20~50年代较为流行。

美国心理学家班杜拉(Bandura)用社会学习理论,即模型模仿论解释儿童语言学习,强调语言模型和模仿的作用。他认为,儿童获得语言大部分是在没有强化条件下进行的观察与模仿。他肯定社会语言模型对儿童言语发展的重大影响,如果没有语言模型,儿童就不可能获得词汇和语法。班杜拉认为,模仿和观察不仅可以产生模式行为的实际摹本,而且可以得出模式行为的基本原则,并利用这些原则创造与模式同样全新的行为。他认为,儿童语言和心理发展一样,不是一个内部成长和自我发现的过程,而是通过社会模式的呈现和社会训练、实践而发展的。比如,有一天,乐乐在沙坑玩了一天,她的妈妈对她说:"呀,宝贝,你身上好臭啊,快来让妈妈给你洗个澡吧。"第二天,乐乐在玩洋娃娃时,突然说:"呀,宝宝,你身上好臭哦,快来让妈妈给你洗个澡吧。"乐乐就是在没有强化条件下,模仿、再现了妈妈的语言。

2.强化说

强化理论是行为主义理论体系的具体表述,从巴甫洛夫的经典条件反射学说和两种信号系统学说,到斯金纳的操作性条件反射学说,都认为语言的发展是一系列刺激—反应的连锁和与反应相伴的强化。有的行为主义者认为,模仿和强化是不能分的,他们设想,模仿过程本身也可以成为强化,即所谓的"自我强化"。如儿童在使用语言过程中获得肯定,使用者会感到所用的语言是正确的,遇到类似情境时,会继续使用这种语言。假如得到负面反馈,使用者会感到用错了,再遇到类似情境时则不会再使用。该理论的基本假设是:人倾向于反复做出能使他获得满足的行为。儿童之所以会模仿,是因为当他

---

① 祝士媛.学前儿童语言教育[M].2版.北京:北京师范大学出版社,2010:2.

们模仿时会得到成人愉快而温暖的回应,同时也可以获得他们想要的事物,从而导致儿童进一步模仿。因此,行为主义者认为,语言的学习与获得始于通过强化所形成的模仿。

3. 社会交往说

社会交往说认为儿童是在和成人的语言交往实践中获得语言的。布鲁纳(Bruner)等人指出,和成人交往是儿童获得语言的关键因素。意思是说儿童与成人相处时,成人会自然给儿童解释语义,把儿童的不成熟的句子,扩展成完整的句子,逐步提高儿童的表达水平。

环境论虽然在 20 世纪 60 年代以后受到质疑,但进入 21 世纪以后,环境论依然受到各国一些学者的重视。时任世界学前教育组织(OMEP)主席西蒙斯蒂尼(Sclma Simonstein)于2003 年在北京演讲时说:"对人类而言,语言发展是按一定的时间表进行的自然过程。在出生后 4 ~ 5 年,大脑中与语言有关的神经回路逐渐形成。"据丘奇兰德(Patricia Churchland)教授研究,语言对"认知理解"是必不可少的。而人类大脑的这一最重要功能的发展高度受环境因素的影响,这些因素包括父母的语言、社会文化水平、受教育水平、儿童的营养和情绪状况等。[1]

(二)先天决定论

先天决定论强调语言的获得是先天禀赋的作用。有以下两种论述。

1. 先天语言能力说

美国语言学家乔姆斯基(Chomsky)在 20 世纪 50 ~ 60 年代发表《语法结构》《语言理论的逻辑结构》和《语言理论要略》等著作,从美国描写语言学派出发,提出一套新的结构语言学理论——"转换—生成学说"。这一学说认为,儿童具有一种先天的加工语言符号的大脑内在机制。脑的成熟,在一定条件下这种内在机制被激发,就能自然而然地获得语言。乔姆斯基把他设想的这种"言语获得装置"称作"LAD"(Language Acquisition Device)。[2] 当完整的语言输入儿童的这一装置后,经加工就构成了输入语言的语法规则。所以,儿童能在听到本民族语言的环境中,获得确定基本语法关系和语法特征的基础规则和转换规则,从而显示他们的言语能力,也就是说只要儿童大脑发育正常,他生活在本民族语言的环境中,自然而然就能获得本民族的语言。

乔姆斯基对斯金纳学习强化理论的批评及其语言学观点,促使 20 世纪 60 ~ 70 年代的心理学家去探索语言获得的非行为主义解释。然而乔姆斯基的理论将儿童语言发展的先天可能性与后天现实性混为一谈,无视语言是社会现象,贬低社会环境、教育在儿童言语获得和言语发展中的决定作用,在理论上就陷入了唯心主义的先验论。

2. 自然成熟说

美国心理学家勒内伯格(Lenneberg)赞成先天决定论。他以生物学和神经生理学作

---

① 祝士媛. 学前儿童语言教育[M]. 2 版. 北京:北京师范大学出版社,2010:3.
② 祝士媛. 学前儿童语言教育[M]. 2 版. 北京:北京师范大学出版社,2010:3.

为理论基础,强调生物遗传素质是人类言语获得的决定因素,人类大脑具有专营语言的区域,言语是人类大脑技能成熟的产物。

（三）环境与主体相互作用论

环境与主体相互作用论是皮亚杰把言语作为认知能力发展的一个方面和一种标志加以研究的理论。皮亚杰认为儿童言语发展是遗传机制与社会环境相互作用的产物。言语发展与认知发展是两种不同的结构或系统,但言语发展与认知发展息息相关,也是儿童在向环境学习过程中通过同化和顺应功能来实现的。儿童用熟悉的语言形式去理解不熟悉的话语,运用熟悉的语言结构去创造新的用法,是同化的表现。当遇到不能用现成结构去"同化"的语言时,在环境影响下（如成人的解释、儿童对成人语言的错误反应的"负强化"等）就会发挥顺应功能,改变语言形式,以适应环境的要求。

皮亚杰强调儿童言语获得需有言语模仿的情境,使之有练习言语的机会,并在人际交谈中有转换语法结构、灵活运用的条件。皮亚杰认为,儿童个体语言是从自我中心言语向社会化言语发展的过程。[①] 儿童的言语能力是认知能力的象征功能之一,是在动作阶段—形象阶段的基础上出现的。语言成为一种灵活的思维工具,使思维的广度增大、速度加快,使儿童获得更丰富的信息。所以,言语能力是认知能力发展的标志。儿童的言语能力又随活动和认知能力的发展而不断完善。认知基础论认为,儿童的言语能力不能先于认知能力发展。当儿童的认知能力还没有发展到需用被动语态来表达复杂思想时,他就无法接受被动语态的结构,所以认知和思维是决定言语发展的基本功能。

总之,皮亚杰倾向于以认知结构的发展说明语言的发展,认为儿童的语言能力仅仅是大脑一般认知能力发展的一个方面。认知结构的形成和发展是主体与客体相互作用的结果。相应的,儿童语言的发展也是环境与主体相互作用的结果。儿童不是通过被动模仿掌握造句规则,他们的造句往往具有创造性。

五、言语在儿童心理发展中的意义

儿童的心理,主要是在和成人的交际过程中吸取人类经验而发展起来的。在这里,言语起着极为重要的作用。

（一）儿童掌握语言的过程,也就是儿童社会化的过程

因为儿童说话和学习语言,主要是为了能和别人交流,以满足表达自己的愿望,表示不满,请求或命令别人做事,保持自己和别人之间的关系,获得知识,发表见解等需要。

语言在幼儿时期的功能,除了请求和问答外,还有陈述、商量（协调行动）、指示和命令、对事物的评价等。与此相适应的是连贯性语言、陈述性语言逐渐发展。4 岁以后,儿童之间的交谈大为增加。他们会在合作活动中谈论共同的意愿、活动方式,并在"讨论"

---

① 祝士媛.学前儿童语言教育[M].2 版.北京:北京师范大学出版社,2010:4.

中学会商量共事;5岁以后,在儿童的争吵中,已经开始出现用语言辩论的形式,而不再是单纯靠行动来表示了。

(二)言语促进儿童认知过程的发展

言语是思维的武器,个体言语水平影响其思维过程。由于语言的参与,儿童认识过程发生了质的变化。尤其是言语在感知觉中的概括作用充分说明了这一点,具体表现为:第一,借助词语可以把感知的事物及其属性标示出来,通过词语使感知到的东西能为人们所理解。第二,借助词语将相似的物体及其特征加以比较,易于找出并辨别各种物体的差别。第三,借助词语可分出事物的主要和次要特点。第四,借助词语能概括地感知同类事物的共同属性,易于认识事物的共同特征,而且可以根据事物的主要特征,认识同类的未知事物。比如,给儿童提供生活中常见的水果,让儿童说出水果的名称,并说说这些水果的相同点和不同点,通过语言的参与,让儿童进一步认识生活中常见的水果。

(三)言语对儿童心理活动和行为的调节作用

言语对儿童心理活动和行为的调节功能,即自我调节功能,是和其概括自觉的分析综合功能密切联系的。儿童只有对自己的认知过程的种种因素进行分析综合,才能对认识过程进行调节。

各种心理活动的有意性发展,是由言语的自我调节功能引起的。如幼儿初期无意注意占优势,这种注意是由外界事物本身的特点引起或由成人的语言来组织的。到幼儿晚期,儿童会用自己的语言来组织自己的注意,即较自觉地产生了有意注意。同样,儿童的识记由最初的无意识记向有意识记发展,也是这个道理。此外,儿童的情绪和意志行为,也是由执行成人的指示,受成人组织,过渡到渐渐能自己用语言来提出对自己的要求,形成能够自己控制和调节的情绪和意志行为。比如,东东在用积木搭建高速公路,当他搭出一条公路来时,说:"咦,汽车怎么回来呢?"他边思考边自言自语地说:"对了,我在旁边再搭一条一模一样的公路就好了。"东东通过语言促使自己思考,对自己的认知过程和行为进行了调节,最终解决了问题。

拓展阅读

乔姆斯基[①]

乔姆斯基,美国语言学家,生成语法的创始人。1928年12月7日生于美国费城,1955年获宾州大学博士学位,此后在麻省理工学院任教,并任美国科学促进会会员,全国科学院院士,美国文理科学院院士。乔姆斯基在大学时代学过数学、哲学,后攻语言学。1957年他的《句法结构》一书在荷兰出版,提出了生成语法的理论。他主张语言学家的研究对象应从语言转为语法,研究范围应从语言使用转为语言能力,研究目标应从观察现象转

---

① 彭聃龄.普通心理学[M].北京:北京师范大学出版社,2001:288-289.(有改动)

为描写和解释现象,从而在语言学界掀起了一场革命。

1965 年,乔姆斯基发表《句法理论的若干问题》,试图建立包括句法、音系、语义三部分的全面语法系统。20 世纪 70 年代末 80 年代初,他提出了普遍语法原则。

乔姆斯基认为,语言能力一部分是先天的,即全人类共同的,它是生物遗传和进化的结果。他认为,儿童习得语言是生来具有的语言获得装置发挥作用的结果。

当前,各种语言学理论大都以乔姆斯基的理论为参照点,乔姆斯基的理论对语言学、哲学、心理学等产生了深远的影响。

本节小结

语言是以词为基本单位,包括形、音、义按一定的语法所构成的复杂的符号系统,是人类所特有的最重要的交际工具;言语是个体借助语言传递信息的过程,也就是了解语言和运用语言表达思想的过程,二者既有区别又有联系。言语活动可分为对话言语、独白言语、书面言语、内部言语四种类型。言语发展有言语前期、初步掌握言语期、掌握言语的语法结构期三个阶段。言语获得理论有环境论、先天决定论和环境、主体相互作用论三种。言语在儿童心理发展中有重要意义,具体表现为:儿童掌握语言的过程,也就是儿童社会化的过程;言语促进儿童认知过程的发展;言语对儿童心理活动和行为具有调节作用。

第二节 学前儿童语音和词汇的发展

儿童言语的发展主要表现在语音、词汇、语法、口语表达能力等方面的发展,本节主要阐述儿童语音和词汇的发展。

一、语音的发展

儿童语音的发展具有循序渐进的特征,主要表现在两个方面。

（一）逐渐掌握本族语言的全部语音

语音是言语的"物质外壳",语音分辨能力强弱、发音正确与否,直接影响言语的可理解性。所以,掌握本民族语言（母语）的全部语音,包括准确分辨和正确发出母语语音两个方面。

一般而言,儿童的语音辨别能力已经发展起来,但对个别相似音（如"p""d"和"t"）有时还可能混淆。对于少数民族和方言地区的儿童来说,由于缺乏语言环境,听懂普通话尚是一项比较困难的任务。据贵州地区的研究报告,当地少数民族地区的儿童,入小学读书之后辍学率很高,其关键原因是听不懂普通话的发音,因此无法理解教学内容。

发现问题之后,在这些地区大量举办学前班,将学习普通话作为学前班的重要教育内容。结果表明,凡在学前班学习过普通话的儿童,入学后的学业成绩大大提高,可见,为儿童创造一个普通话的语言环境是十分必要的。当然,这并不是要排斥对本民族语言的学习,而是将二者同样看待。

幼儿园教师在教育过程中,首先要使用普通话。教学时应有意识地选择方言与普通话发音不一致之处,有针对性地编创一些听音练习活动,训练儿童的辨音能力,比如,发现儿童分辨不清"b"和"p","n"和"l",可以给儿童一些画着报纸和鞭炮的卡片,老师发出"报"或"炮"的音,请儿童举起相应词义的卡片;或者,在老师发出"拉"和"拿"的音时,请儿童听音做动作。正确发音一般比听准音要困难一些。

儿童正确发音的能力是随着发音器官的成熟和大脑皮层对发音器官调节机能的发展而提高的。儿童发音能力提高很快,特别是 3～4 岁。在正确的教育下,4 岁儿童基本能掌握本民族语言的全部语音。

在儿童的发音中,韵母发音的正确率较高,只有"e"和"o"有时容易混淆。原因可能是"e"和"o"的舌位变化基本相同,只是口型略有差别。儿童对声母的发音正确率稍低。3 岁儿童常常不能掌握某些声母的发音方法,不会运用发音器官的某些部位,可能会把"哥哥"说成"得得",把"老师"说成"老西"或"老基",把"自己"说成"计己"。据我国的一些调查发现,儿童发音错误最多的是翘舌音"zh、ch、sh、r"和齿音"z、c、s"。4 岁以后,儿童发音的正确率有显著提高。

儿童发音的一些困难,只要不是生理缺陷造成的,一般都是受方言的影响。而发音方面的类似问题,在正确的教育下是可以逐步纠正的。4 岁左右是培养儿童正确发音的关键期。在这时期,儿童几乎可以学会世界各民族语言的任何发音。儿童 3～4 岁以后,发音开始稳定,趋于方言化,即开始局限于本民族或本地语音,年龄越大越如此。这时,再开始学习其他方言或外语的某些发音就可能感到困难。因此,必须注意儿童,特别是 3～4 岁儿童的正确发音,推广普通话也要从小做起。

（二）对语音的意识开始形成

儿童要学会正确发音,必须建立语音的自我调节机能。一方面要有精确的语音辨别能力;另一方面要能控制和调节自身发音器官的活动。儿童能自觉地辨别发音是否正确,自觉地模仿正确发音,纠正错误的发音,就说明对语音的意识开始形成了。

2 岁之前的儿童尚未形成对语音的意识,他们往往不能辨别自己和别人发音上的错误,发音主要受成人的调节,靠成人的言语强化坚持正确的发音,纠正错误的发音。

儿童期逐渐出现对语音的意识,开始自觉地对待语音。儿童语音意识的形成主要表现为:第一,能够评价别人发音的特点,指出或纠正别人的发音错误,或者笑话、故意模仿别人的错误发音等。第二,能够意识并自觉调节自己的发音。比如,有的儿童不愿意在别人面前发自己发不准的音;有的儿童发出一个不正确的音之后,不等别人指出,自己就脸红了;有的儿童声称自己不会发某个音,希望别人教他;有的儿童则有意识地模仿别人,纠正自己的错误。

语音意识的发生和发展,使儿童学习语言的活动成为自觉、主动的活动。这无论对学习汉语还是学习其他语言来说,都是必要的。

二、词汇的发展

词是言语的"建筑材料"——基本构成单位。词汇是否丰富,使用是否恰当,直接影响言语表达能力。因此,词汇的发展可以作为言语发展的重要指标之一。

儿童词汇的发展主要表现在词汇量的增加,词类的扩大以及对词义理解的加深三个方面。

(一)词汇量增加

儿童期词汇数量增长很快,几乎每年增长一倍,具有直线上升趋势。据国内外的一些研究材料报道,3岁儿童的词汇量可达1 000~1 100个,4岁为1 600~2 000个,5岁增至2 200~3 000个,6岁则达3 000~4 000个。当然,也是存在个体差异的。但无论怎样说,儿童期都是人一生中词汇增加最快的时期,7岁时,儿童所掌握的词汇数量大约增长为3岁时的4倍。

(二)词类范围日益扩大

词可以分成实词和虚词两大类。实词是指意义比较具体的词,包括名词、动词、形容词、数量词、代词等。虚词的意义比较抽象,不能单独作为句子成分,包括副词、连词、介词、助词、语气词等。

儿童一般先掌握实词,然后掌握虚词。实词中最先掌握的是名词,其次是动词、形容词,最后是数量词。儿童也能逐渐掌握一些虚词,如介词、连词,但这些词在儿童词汇中所占的比例很小。在儿童的词汇中,最初名词占主要地位,但随着年龄的增长,名词在词汇总量中所占的比例逐渐减少,4岁以后,动词的比例开始超过名词。

儿童词类的扩大还表现在词汇内容的变化上。儿童最初掌握的基本是和饮食起居等日常生活活动直接有关的词,以后逐渐积累了一些与日常生活距离稍远的词,甚至开始掌握与社会现象有关的词。

此外,词汇的性质也有所变化。最初,儿童掌握的主要是一些具体的词汇,后来逐渐掌握一些抽象性和概括性比较高的词。例如,以前只会说"桌子""柜子",后来就掌握了"家具"一词。起初只会说"香蕉""苹果""橘子",后来就能说出"水果"。

(三)词义逐渐丰富和加深

词汇量不断增加,词类不断扩大的同时,儿童所掌握的每一个词本身的含义也逐渐丰富和加深了。

不同年龄的儿童对同一个词的理解可能是很不相同的。比如"兔子"一词,对1岁的儿童来说,只是意味着兔子的外形特征;到了儿童期,就会包括对兔子的生活习性、兔子与人的关系等的理解。

儿童对词义的理解的发展趋势:第一,首先理解的是意义比较具体的词,以后才开始理解比较抽象概括的词。儿童所能理解的词基本仍以具体的词为主。如标志物体的名称、可感知的形状特征的词。第二，首先理解的是词的具体意义，以后才能比较深刻地理解词义。大班儿童已开始能理解一些不太隐晦的喻义，但整个学前阶段的儿童仍难理解词的隐喻义和转义。比如，妈妈说："这小姑娘笑得真甜。"儿童就说："妈妈，你尝过她吗？"这位儿童对"甜"的理解就是对"甜"具体词义的理解，而不能理解它的隐喻义。

儿童能够正确理解又能正确使用的词，叫作积极词汇。有时儿童能说出一些词，但并不理解，或者虽然理解了，却不能正确使用，这样的词叫作消极词汇。无疑，消极词汇不能正确表达思想。儿童已掌握了许多积极词汇，但也有不少消极词汇，因此常常发生乱用词的现象。我们在教育上应注重发展儿童的积极词汇，促进消极词汇向积极词汇转化。不要仅仅满足于儿童会说多少词，而要看是否能正确理解和使用。

儿童的词汇虽然有了以上多方面的发展，但总的来说，他们的词汇还是比较贫乏的，概括性也比较低，理解和使用上也常常发生错误。因此，还应该重视丰富儿童的词汇，帮助他们正确理解词义和正确运用词汇。

拓展阅读

文学语汇①

语汇，又叫词汇，是词语的总汇，即语言符号的聚合体。而文学语汇是指文字作品中所运用的全部语词总和。儿童文学作品(诗歌、故事、散文等)的基本组成部分是语汇，具体而言，儿童文学作品中所包含的所有的词汇、语言句式、不同的修辞方式都可纳入文学语汇的范畴。语汇是儿童语言学习的内容，也是儿童语言表达的材料。借助语汇，儿童不仅能了解文学作品的内容、形式和主题，而且还是儿童表达内心世界的重要材料。

在现实生活中，幼小的孩子也经常会说出令成人惊讶、具有文学气息的语言。幼儿语言教育专家指出："有的四五岁幼儿偶然'蹦'出的'妙语'足以让成人震惊。"一个5岁3个月的男孩，看到大海的时候，感叹道："大海真是波澜壮阔啊!"赵俐曾记录1岁8个月的女孩说了一个比喻句："妈妈的肚子圆溜溜，像鸡蛋一样。"苏联作家朱可夫斯基(Chukovsky,1963)积累了无数例证，说明儿童已经掌握了各种式样、节奏、声音、押韵形式、形象以及伟大作家所采用过的结构。如儿童看到父亲的裤笔挺，自发产生这样的比喻句："看，爸爸，你的裤子在绷着脸。"日常生活中幼儿所表现的这些诗情画意的词汇及语言形式与他们早期从文学作品中获得的语汇经验密切相关。

---

① 周兢.学前儿童语言学习与发展核心经验[M].南京:南京师范大学出版社,2014:121.

本节小结

儿童言语的发展主要表现在语音、词汇、语法、口语表达能力等方面的发展,本节主要阐述儿童语音和词汇的发展。儿童语音的发展主要表现在两方面:第一,逐渐掌握本族语言的全部语音;第二,对语音的意识开始形成。儿童词汇的发展主要表现在词汇量的增加、词类的扩大、对词义理解的加深三个方面。

第三节 学前儿童对语法的掌握

语法是组词成句的规则,儿童要掌握语言,进行言语交际,还必须掌握语法体系。否则,很难正确理解别人的言语,也不能很好地表达自己的思想。儿童对语法结构的掌握表现在语句的发展和理解两方面。

一、语句的发展

我国心理学工作者研究发现,儿童语句的发展大致呈如下规律。

(一)从混沌一体到逐步分化

幼儿早期的语言功能有表达情感、意动(语言和动作结合表示意愿)和指物三个方面。最初,这三个方面紧密结合,以后才逐渐分化。他们在讲话时往往总是一边说,一边做动作,尤其是当语言难以表达的时候,动作总是语言的"注释"和"图解"。

幼儿早期的语言不分词性,稍后才能在使用中逐步分化出修饰语和中心语,及名词和动词等词性。比如"妙——呜"一词,既可当名词(小猫),又可当动词(咬人)。

(二)句型从简单到复杂

儿童掌握句型的顺序是:单词句(1~1.5岁)→双词句(2岁左右)→简单完整句(2岁开始)→复合句(2.5岁开始)。

1岁半以前,儿童只能用单词句说话,一个词就代表一个句子。1岁半以后开始说双词句,即由两个词组成的句子,比如"妈妈抱""帽帽掉"等。句子极为简略,很不完整,所以有人称之为"电报式语言"。

2岁以后,儿童开始使用简单句,如"积木掉了""宝宝要睡觉"。两三岁儿童的句子往往不超过5个字,一般是主谓结构句(由行动主体和动作组成,如"宝宝睡觉"),谓宾结构句(由动作和动作对象组成,如"坐车车")。有时也会出现主谓宾结构句(由行为主体、动作和动作对象组成,如"妈妈拿衣衣"等)。3~4岁的儿童已经掌握了最基本的语法,开始大量运用合乎语法规则的简单句,但也时常出现错误。

2岁半左右,也就是简单句出现不久,儿童的句子中开始出现一些没有连接词的复合句,像"糖掉地上了,脏脏"等。随着儿童年龄的增长,复合句在整个句子总量中的比例逐渐增大,并开始出现连接词,但整个儿童期还是以简单句为主。

（三）句子结构从不完整到完整

儿童句型从简单到复杂的变化,也反映了句子结构逐渐分化的发展趋势。儿童一开始只能说一些连主谓语也不分的单词句,句子结构混沌不分的程度就可想而知了。以后,单词句逐渐分化为只有主谓结构和动宾结构的双词句。再往后,句子的结构越来越完整,层次也越来越分明了。比如儿童早期会说"不和淘淘玩,淘淘打人",随着年龄的增长开始出现有连接词的复合句。

（四）句子结构由压缩、呆板到逐步扩展和灵活

由于认识的局限性和词汇的贫乏,儿童最初说出的语句只有表明事情的核心词汇,因此显得内容单调、形式呆板。稍后,开始能加上一些修饰语（如形容词、副词等）,使句子的成分变得复杂起来,表现的内容也逐渐丰富,富有色彩和感染力。有人这样形容儿童语句的发展,如果说句子像一列带有各种附件的火车,那么,儿童最初的句子连车头车身也分不出,而后分出车头与躯干两个基本成分,再经过陆续的分化与组合,形成带有多节车厢的列车长龙。

二、句子的理解

在语句发展过程中,对句子的理解先于说出语句。儿童在能说出某种句型之前,已能理解这种句子的意义。

1岁以前,儿童在尚不能说出有意义的单词时,已能听懂成人说出的某些简单句子,并用动作反应;1岁之后,按成人指令动作的能力增强;2～3岁的儿童开始与成人交谈,他们喜欢听成人唱儿歌、讲故事,并能学习像"小白兔,白又白,两只耳朵竖起来"这样生动有趣的歌谣;4～5岁的儿童已能和成人自由交谈,向他们提各种各样的问题并渴望得到解答,但对一些结构复杂的句子,如被动语态句（"小玲被小明撞倒了"）、双重否定句（"小朋友没有一个不喜欢听故事的"）等往往还不能正确理解。儿童在理解自己尚未掌握的新句型时,常常根据自己从经验中总结出的一些"规则"去解释它们。研究发现,儿童常用的理解句子的"策略"（即规则）大致有如下几种。

（一）事件可能性策略

儿童常常只根据词的意义和事件的可能性,而不考虑语句中的语法规则确定各个词在句子中的语法功能和相互关系。例如,对"小明把王医生送到医院里"这个句子,相当多的儿童认为是小明生病了,王医生送小明去医院,而不是像语法中所规定的那样,介词"把"前面的名词应是动作的发出者,而其后的应是动作的承受者。因为在儿童看来,"小明"显然是个儿童,在他们的经验中,医生是看病的而不可能生病,只有小明生病,医生送他去医院才合情合理。也就是说,事件在现实生活中发生的可能性,是他们理解句子的"钥匙",语法的作用在此时是服从于前者的。

（二）词序策略

儿童往往根据句子中词出现的顺序理解它们之间的关系,理解句义。由于儿童经常接触的是主动语态的陈述句,于是他们形成了这样一种理解策略:句子中出现在动词前面的名词是动作的发出者,其后面的名词则是动作的承受者,名词—动词—名词,即"动作者—动作—承受者"这样一种理解模式。开始接触被动语态句时,儿童也习惯于用这种策略(模式)去理解它,结果出现理解错误,比如将"小明被小华碰了一下"理解成"小明碰了小华"。以词出现的顺序理解其作用的情况在其他句型中也有反映,如把"小班儿童上车之前大班儿童上车"理解为"小班先上车,大班后上车"等。

（三）非语言策略

儿童在理解句义,包括句中某些词的词义时,时常使用一些非语言(与语言本身无关的)策略。比如,有人发现,给儿童一些玩具和可放置玩具的物品时,物品的性质和特征如何,直接影响儿童对指示语的反应。如果给他的物品是容器(盒子、箱子等),儿童倾向于把玩具放在它们的"里面",而不管指示语是"放上面""放旁边";如果物品有一个支撑面(如小桌),儿童则会把玩具放在"上面",尽管指示语是"放下面""放旁边"。前面谈到的事件可能性策略,也可以说是一种非语言策略,儿童是根据自己的经验而不是语言信息(尤其是语法规则)理解句义的。

一般来说,儿童只是在理解他们尚未掌握或未熟练掌握的句型时才使用此策略,在使用过程中逐渐尝试发现其中的问题,从而改进策略使之更符合语言规则。这样,对句子的理解能力就发展起来了。

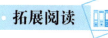 拓展阅读

大脑半球的一侧优势与语言活动[①]

失语症研究发现,对大多数病人来说,失语症是与大脑左半球某些脑区的病变相联系的。这个事实使人相信,语言主要是左半球的功能。例如,郭念峰对 159 名脑损伤病人的研究发现,在左脑损伤者中,76% 的个案出现失语,其中 75% 是右利手,而右脑损伤造成失语的只占 19%;李心天、胡超群等人总结了 46 例失语症和言语障碍者的研究结果,发现其中左脑半球病变者占 78.3%,右脑半球病变者占 21.7%;李华和高素荣对 178 名汉族脑卒中的病人,在临床上的表现及 CT 检查结果进行分析后,发现左脑损伤者失语率占总数的 89.2%,右脑损伤者失语率占总数的 7.5%,就右利手而言,左脑半球损伤者失语率占 93.3%,右脑半球损伤者失语率占 3.1%,而非右利手者的语言优势则主要在大脑右半球。

割裂脑的研究也为直接探讨大脑两半球的一侧优势与语言功能的关系提供了可能

---

①　彭聃龄.普通心理学[M].北京:北京师范大学出版社,2001:299-300.

性。语言活动主要是大脑左半球的功能,但大脑右半球在语言理解中也有重要的作用。

贾斯特等人采用功能磁共振成像技术对正常人语言单侧优势进行了研究。在实验中,他们按句子复杂程度将实验材料分成肯定并列句、主语关系从句和宾语关系从句三种,测量了被试在理解句子时,被激活的神经组织容量的变化。结果发现大脑左半球语言区以及与之相对应的大脑右半球区域均出现激活,但右半球激活量仅为左半球激活量的 20% 左右。

以上这些研究说明了大脑左半球的语言加工优势。另一些研究发现,大脑右半球在语言加工方面并不完全是无能为力的。例如,大脑左半球切除的病人,手术后语言机能可逐渐恢复,读写、理解语言的能力能继续得到改善。在早年发生大脑半球病变的一些案例中,右半球有可能成为语言的优势区。这说明,在大脑左半球切除或损伤后,大脑右半球在语言功能方面可能会起一定的代偿的作用。

本节小结

语法是组词成句的规则,儿童要掌握语言,进行言语交际,还必须掌握语法体系。儿童对语法结构的掌握表现在语句的发展和理解两个方面。儿童语句发展的规律:从混沌一体到逐步分化,句型从简单到复杂,句子结构从不完整到完整,句子结构由压缩、呆板到逐步扩展和灵活。儿童常用的理解句子的"策略"(即规则)主要有:事件可能性策略、词序策略和非语言策略。

第四节 学前儿童口语表达能力的发展及培养

儿童的言语是为交往而产生,在交往中发展的。用于交往的言语是"宣之于外"的外部言语,对儿童来讲就是以语言为物质形式的口头言语。幼儿园阶段是儿童口头语言快速发展的时期,因此,在这一时期,要根据儿童口语表达能力的发展水平,有针对性地促进其口语表达能力的提高。

一、学前儿童口语表达能力的发展

随着词汇的丰富和语法结构的逐渐掌握,儿童的口语表达能力也逐步发展起来。具体表现如下。

(一)从对话言语逐渐过渡到独白言语

对话是在两个或更多的人之间进行的,大家都积极参加的一种言语活动,如聊天、座谈、讨论等。对话言语的突出特点是具有"情境性"。就是说,交谈者的一些思想并不能在言语中完全表达出来,而是辅之以表情、动作等非言语手段。独白是一个人在比较长的时间内独自进行的言语活动,如报告、讲课、演讲等。发言人为使听众深刻理解发言内容,必须用连贯、准确的言语表达清楚自己的意思。所以,独白言语是比对话更为复杂的言语活动。

3 岁以前,儿童基本上都是在成人的帮助下和成人一起进行活动的,儿童与成人的言语交际也正是在这样一种协同活动中进行的。儿童的言语基本上都是采取对话的形式,而且他们的言语往往只是回答成人提出的问题,或向成人提出一些问题和要求。到了儿童期,由于独立性的发展,儿童常常离开成人进行各种活动,从而获得一些自己的经验、体会、印象等。因此,有必要向成人表达自己的各种体验和印象。这样,独白言语也就逐渐发展起来了。

当然,儿童的独白言语刚刚开始形成,发展水平还很低,尤其是在儿童初期。小班儿童虽然已能主动对别人讲述自己生活中的事情,但由于词汇较贫乏,表达显得很不流畅,常常带一些口头语,如"后来……后来……""这个……这个……"等来帮助环节表达的困难。到幼儿末期,不但能系统叙述,而且能大胆自然、生动有感情地描述事情。

(二)从情境性言语过渡到连贯性言语

情境性言语是指幼儿在独自叙述时不连贯、不完整,并伴有各种手势表情,听者需结合当时的情境,审察手势表情,边听边猜,才能懂得意义的言语,这种言语是幼儿言语从不连贯向连贯发展过程中的一种言语形式。连贯言语则指句子完整、前后连贯,能反映完整而详细的思想内容,使听者从具体语言本身就能理解所讲述的意思的言语。情境性言语和连贯性言语的主要区别在于是否直接以具体事物做支柱。

3 岁以前的儿童只能进行对话,不能独白,他们的言语基本上都是情境性言语。儿童初期,儿童的言语仍然具有 3 岁以前儿童言语的特点。虽然能够独自向别人讲述一些事情,但句子很不完整,常常没头没尾,让听的人感到莫名其妙。甚至 5 岁的幼儿言语仍带有情境性。他们说话断断续续,并辅以各种手势和表情,对自己所讲的事情,丝毫不做解释,似乎谈话对方已完全了解他所讲的一切。比如,2 岁左右的儿童说"妹妹水,妈妈倒,我说"时,他真正想表达的意思是"我想让妈妈给妹妹倒水"。因此,处于情境性言语阶段的儿童说话缺乏条理性和连贯性,我们需要结合当时的情境才能理解他们的言语。

整个儿童期都处在从情境性言语向连贯性言语过渡的时期。六七岁的儿童才能比较连贯地进行叙述,但其发展水平也不很高。幼儿园教学工作的任务之一就是要促进这一过渡,提高儿童连贯性言语的水平。

(三)讲述的逻辑性逐渐提高

儿童讲述的逻辑性逐渐提高,主要表现为讲述的主题逐渐明确、突出,层次逐渐清晰。

儿童的讲述常常是现象的堆积和罗列,主题不清楚、不突出,常常让人有听了半天,不知所云的感觉。有些儿童在讲述时,词汇比较华丽,用的词句很多,叙述得也很流利,似乎很"能说",但仔细分析一下就会发现,其言语所表达的主题常常不突出,甚至离题很远,层次与顺序不清楚,事物之间的关系比较混乱,用词也常常不恰当。随着儿童年龄的增加,其口语表达的逻辑性有所提高。

讲述的逻辑性是思维逻辑性的表现。言语发展水平真正好的儿童,在讲述一件事时,语句不一定很多,但能用简练的语言讲清事情的来龙去脉,能抓住主要情节和各个情节之间的关系,不拘泥于描述个别细节,用词不一定华丽,但很贴切。成人可以通过训练增强儿童讲述的逻辑性,这同时也是一种思维能力的训练。

(四)逐渐掌握语言表达技巧

儿童不仅可以学会完整、连贯、清晰而有逻辑地表述,而且能够根据需要恰当地运用声音的高低、强弱、大小、快慢和停顿等语气和声调的变化,使之更生动,更有感染力。当然,这需要专门的教育。有表情地朗读、讲故事以及戏剧表演等,都是培养儿童言语表达技能的很好的形式。

在儿童言语表达能力的发展中,有人可能会产生一种言语障碍——"口吃",其表现为说话中不正确的停顿和单音重复。这是一种言语的节律性障碍。学前儿童的口吃现象常常出现在 2~4 岁。有以下几种因素会导致口吃。

1.生理原因

由于 2~4 岁儿童的言语调节机能还不完善,造成连续发音困难。随着年龄的增长,这种情况会有所缓解。

2.心理原因

即因说话时过于急躁、激动和紧张造成的。说话过程是表达思想的过程,从"思想"转换成言语的过程中,可能会因为找不到合适的词汇和更好的表达形式而感到焦急,也可能会因为发音的速度赶不上思想闪现的速度而造成二者的脱节。这都会使儿童处于一种紧张状态,而这种紧张可能造成发音器官的细微抽搐和痉挛,出现了发音停滞和无意识地重复某个音节的情况。经常性的紧张便会成为习惯。

3.模仿

儿童的口吃常有很大的"传染性"。因为他们的好奇心强,爱模仿,班上某个儿童偶尔出现口吃会使他们觉得"有趣""好玩儿"而加以模仿,最后不自觉地形成习惯。据统计,参加口吃矫治的人中,有近 2/3 的人有幼年模仿口吃的历史。

矫正口吃的重要办法是消除紧张。成人千万不要一发现儿童口吃就加以斥责,或急切地要求他们改正,而应和颜悦色地提醒他们不要着急,一个字一个字地慢慢讲话。对生活在幼儿园集体中的儿童,教师则要教育其他儿童不要模仿,更不要讥笑。只要能这样做,大多数口吃的儿童会很快得到矫正。

(五)出现内部言语的过渡时期——出声的自言自语

言语可按活动的目的是否出声,分为外部言语和内部言语两类。内部言语是言语的高级形式,它不是用来和人交际的言语,它的发音隐蔽,而且比外部言语更概括和压缩。幼儿前期没有内部言语,到了幼儿中期,内部言语才产生。幼儿时期的内部言语在发展过程中,常出现一种介乎外部言语和内部言语的过渡形式,即出声的自言自语,这种言语既有外部言语的特点(说出声),又有内部言语的特点(对自己说话)。这种自言自语有两种形式:一种是游戏言语,另一种是问题言语。

游戏言语是一种在游戏活动中出现的言语。其特点是一边做动作,一边说话,用言语补充和丰富自己的行动。这种言语通常比较完整详细,有丰富的情感和表现力,比如幼儿一边搭积木——黄河大桥,一边发出声音:"这里面可以走人,桥洞里可以过船……"儿童常常用这种游戏言语来补充用动作表达感到困难的内容,发挥自己的想象。游戏言语一般比较完整、详细,且有丰富的情感和表现力。

问题言语是在活动中碰到困难或问题时产生的自言自语,用以表示困惑、怀疑或惊奇等。这种言语一般比较简短、零碎,多由一些压缩的词句组成。比如,在拼图过程中,儿童一边注视桌上的拼板,一边自言自语:"这个怎么办? 放哪儿? ……"4～5岁儿童的问题言语最丰富,6～7岁的儿童由于能够默默地用内部言语思考,问题言语相对减少,但在遇到稍微难一些的任务时,"问题言语"就又活跃起来,这说明,儿童的自言自语是思维的有声表现。

儿童的自言自语起初往往是伴随活动而进行的,具有反映行动结果和行为中重要转折点的作用。以后则出现在行动的开端,具有计划和引导行动的性质,即自我调节的机能。

儿童的自言自语不但具有对自己说话的特点,而且也包含对别人说话的性质。有时似乎在向别人介绍自己活动的内容,有时则像是在请求别人帮助,或希望与别人合作。据研究,儿童的自言自语往往是在儿童需要和别人交往,但又缺乏言语交往的实际可能的情况下出现的。儿童和不熟悉的成人在一起时,出现的自言自语最多,和父母在一起时较少,和儿童在一起时更少,这是因为,儿童尽可以用外部言语与小朋友交往,因而没必要运用自言自语的形式。

由此可见,儿童的自言自语,不仅在形式上,而且在功能上也具有过渡性。它既带有外部言语所具有的交往功能,同时又具有内部言语的自我调节功能。学前中期以后,儿童的内部言语逐渐在自言自语的基础上形成,原来由自言自语所担负的自我调节功能逐渐由内部言语来实现了。

二、学前儿童口语表达能力的培养

儿童的言语能力是在社会环境与教育的影响下形成和发展的,因此,成人要重视在实践活动中发展儿童的言语能力。

(一)语言教育活动是发展儿童言语能力的重要途径

幼儿园的语言教育活动,是有目的、有计划地对儿童施加影响的教育活动。在幼儿园的语言活动中,要求儿童发音正确,用词恰当,句子完整,表达清楚、连贯,并及时帮助儿童纠正语音;要运用有效教学方法,调动儿童说话的积极性,并给予反复练习的机会,以及做出良好的示范,促进儿童语言的发展和言语的规范化。

（二）创设良好的语言环境，提供儿童交往的机会

生活是语言的源泉，因此，要组织丰富多彩的活动，使儿童广泛认识周围环境，扩大眼界，丰富知识面，增长词汇量。同时，要给他们提供更多的交往机会，尤其是和小朋友的交往，并重视儿童在交往中用词的准确和说完整的句子。当孩子"见多识广"后，语言自然也就丰富了。

（三）把言语活动贯穿于儿童的一日活动之中

幼儿园专门的语言活动时间是有限的，教师还应在日常生活中培养儿童的言语能力。教师可通过组织儿童收听广播、看电视、阅读图书、朗读文学作品等活动丰富和积累文学语言。在日常生活中，通过随时观察、交谈等获得大量的感性认知，并同时复习、巩固和运用在专门的语言活动中学过的词汇和句式，更多学习新的词汇，学会用清楚、正确、完整、连贯的语言描述周围事物，表达自己的情感和愿望。

（四）教师良好的言语榜样

在平时的教育活动中，教师要坚持说普通话，尽量做到吐字清晰、正确，潜移默化地影响儿童的言语发展。

（五）注重个别教育

由于每个儿童的个性特征和智力水平都存在差异，言语的积极性和驾驭语言的能力也有所不同。因此，教师在教育活动中，不可忽视对儿童的个别教育。如对言语能力较强的儿童，可向他们提出更高的要求，让他们完成一些有一定难度的言语交往任务；对言语能力较差的儿童，教师要主动亲近和关心他们，有意识地和他们交谈，鼓励他们大胆说话，表达自己的要求、愿望，叙述自己喜闻乐见的事，给予他们更多的语言实践机会，从而提高他们的言语水平。

拓展阅读

皮亚杰的语言研究[①]

皮亚杰着重研究了2~7岁儿童的语言，将儿童的语言划分为两大类：自我中心语言和社会化语言。

1. 自我中心语言

自我中心是指儿童把注意力集中在自己的动作和观点之上的现象。在语言方面的自我中心则表现为讲话者不考虑他在与谁讲话，也不在乎对方是否在听他讲话，他或是对自己说话，或由于和一个偶然在身边的人共同参加活动感到愉快而说话。

自我中心语言共分为三个范畴：

---

① 王振宇.学前儿童发展心理学[M].北京：人民教育出版社，2004：181-183.

（1）无意义字词的重复。儿童为了说话的愉快而重复这些字词和音节。他并没有想到要和什么人说话,甚至在讲一些有意义字词时,也是如此。

（2）独白。儿童对自己说话,似乎在大声地思考,并不是对任何人说话。

（3）双人或集体的独白。在有人存在的情况下,儿童之间相互说话,但并不构成沟通思想或传递信息的功能。说话的儿童并不要求旁人参与谈话,也不要求旁人懂得这种谈话,更不注意旁人的观点,旁人只起一个刺激物的作用。这种双人或集体的独白实际上只是儿童在别人面前大声对自己讲话。这一现象在3~4岁儿童身上表现得最为明显。

2.社会化语言

社会化语言有下列四种:

（1）适应性告知。当儿童把某些事情告诉他的听众而不是讲给自己听,或者当儿童在对自己讲话的同时也在与别人合作,或者儿童与他的听众进行对话时,便产生了适应性告知。

（2）批评和嘲笑。这是一类有关别人工作和行为的话,与特定的听众相关联,担负着强烈的情感因素,肯定自己而贬低别人,如"我有一支铅笔,比你的好"。

（3）命令、请求和威胁。这一类语言在儿童中有明确的相互作用,如"让开一点儿,我看不见!""妈妈,到这儿来!""慢点儿,不要进来!"

（4）问题与回答。这两类语言都是社会化语言。儿童提出的问题大多要别人答复,而儿童的回答有拒绝和接受两种。不过,这些回答不是有关事实的答复而是有关命令和请求的答复,如"你把它(戏票)还给我,好吗?""不,我不需要它,我在船上。"

皮亚杰指出,在这个时期,儿童之间的交谈没有解释性质的谈话,即没有因果关系的解释,只有对事物的描述和对事实的陈述。儿童之间的辩论,也只是两个肯定判断之间的冲突,并不是提出任何逻辑理由,也就是说,属于原始辩论,不具备使用逻辑理由的能力。皮亚杰认为,7岁以下的儿童,其思想是自我中心的,他们缺少持久的社会化交谈,他们不能隐秘任何简单的思维。因为,他们没有个人化。又由于缺少真正的思想交流,因此,他们也没有达到真正的社会化。直到七八岁,儿童的自我中心语言才逐渐失去了他的重要性。也就是说,到了七八岁,儿童之间协调关系有了新的发展,他们的自我中心语言才开始萎缩。

本节小结

学前儿童口语表达能力的发展具体表现为:从对话言语逐渐过渡到独白言语;从情境性言语过渡到连贯性言语;讲述的逻辑性逐渐提高;逐渐掌握语言表达技巧;出现内部言语的过渡时期——出声的自言自语。培养学前儿童口语表达能力的途径:有目的的、有计划的幼儿园语言教育活动是发展儿童言语能力的重要途径;创设良好的语言环境,提供儿童交往的机会;把言语活动贯穿于儿童的一日活动之中;教师良好的言语榜样;注重个别教育。

第五节　学前儿童书面言语的发生及准备

书面言语是指以文字作为工具的言语活动,主要包括识字、写字和阅读、写作。儿童书面言语的产生,是按照先会识字、后会写字,先会阅读、后会写作的顺序开展的。

一、学前儿童书面言语掌握的可能性

书面言语产生的基础是口头言语。严格地说,学前期已经为书面言语的学习做了准备,具体表现为以下几点。

（一）掌握口语词汇

书面言语的掌握,必须懂得字词的实际意义。如果不懂字词的含义,只会将字形和字音联系起来,这只是简单的形声字间的联系。而掌握了口语词汇后,只要把语词和它的字形结合,就懂得了字词的实际意义。据研究,学前期儿童可掌握 3 000 个左右的词汇。

（二）掌握语音

汉语拼音是儿童识字和阅读的重要辅助手段,而学习汉语拼音的重要前提条件是正确发出语音。4 岁儿童已具备正确发出语音这一能力。

（三）掌握基本语法和口语表达能力

口头言语和书面言语的表达方式虽有不同,但是二者都需要遵循基本的语法规则。学前期已掌握了基本的语法和初步的口语表达能力,这为儿童进入小学后的阅读和写作打下了良好的基础。

（四）儿童图形知觉的发展

字母、数字、字词,特别是方块汉字,犹如图形。汉字,只不过是一种特殊的图形知觉。当儿童能辨别图形时,就能分辨字形。人们发现 4 岁左右是儿童图形知觉发展的敏感期,因此,可以认识一些字。

二、学前儿童书面言语的内容

《幼儿园教育指导纲要(试行)》将早期阅读定位在接触书面语言的学习阶段。尽管学前儿童还难以掌握书面语言,但他们对接触的文字和其他有关书面语言的信息具有浓厚的兴趣。早期阅读是学前儿童开始接触书面语言的途径,因此,早期阅读的内容应当包括一切与书面语学习有关的内容。

周兢教授曾将幼儿园早期阅读的内容划分为前阅读、前识字和前书写三个方面,这三个方面既相对独立,又相互融合,最终目的都是帮助儿童获得书面语言的意识和敏感

性,发展儿童学习和运用书面语言的行为,为后期正式书面语言的学习打下良好的基础。[①] 用"前"字来标识,是为了强调这些经验与儿童入小学后将要进行的正式书面语言学习有着根本区别。

（一）向儿童提供前阅读经验

图书阅读能力是儿童早期阅读能力中的一个重要方面。图书是书面语言的载体,是学前儿童阅读能力发展的重要媒介。研究表明,在语言刺激丰富的环境中长大的儿童,阅读能力都比较强,早期的图书阅读能够带领他们超越其原有的语言形态。杨怡婷对汉语儿童的图画书阅读行为发展进行了研究,将汉语儿童图书阅读行为发展分成三个阶段:第一,看图画,未形成故事。儿童从跳跃性翻页,说出物品名称,到用手指着图画述说画面中人物的行动,逐步形成用口语说出图画内容的能力,但此阶段还没有形成完整的故事。第二,看图画,形成故事。这个阶段的儿童能够从图画中看出故事的连贯性,开始用口头语言说出与书中部分情节内容相似的故事。第三,试着看文字。这一阶段的儿童开始注意到书上的文字,他们最初是部分阅读,然后是不平衡策略读,进一步发展到独立地读,最后学习独立而且完整地阅读。

学前儿童要学会阅读图书,需要获得相应的行为经验,主要包括:第一,翻阅图书的经验。儿童要掌握翻阅图书的一般规则与方式。第二,读懂图书内容的经验。儿童要会看画面,能从画面中发现人物的表情、动作和背景,同时将看到的内容串联起来,从而理解故事情节。第三,知道图书画面、文字与口语具有对应关系。会用口语讲出画面内容,听老师读图书上的文字时,知道是在讲故事的内容。第四,图书制作的经验。知道图书上所说的故事是由作家用文字写出来、画家用画表现出来的,然后印刷、装订成书。

（二）向儿童提供前识字经验

学前儿童的阅读不是以大量、集中、快速识字为学习任务的,而是要通过有目的的、有计划的早期阅读活动帮助儿童获得前识字经验,提高他们对语言文字的敏感程度。

一般而言,学前儿童识字主要是对字形的再认,通常不包括对字形的再现。前识字能力的发展与学前儿童形象视觉发展的特点是密切联系的。研究表明,学前儿童已经具有模式识别的能力,他们能够把观察到的各种图案或面孔的印象原封不动地输入大脑,并作为模式保存下来,当面对新刺激信息时,儿童就会把新信息与大脑中原有的模式进行比对,如果新信息与原有模式相匹配,那么儿童就能辨认出已经认识过的模式。学前儿童掌握字形与具体实物的联系比掌握语音与具体实物的联系更容易,他们往往把一个字或由多个字组成的词作为一个整体的模式来感知。因此,与其说学前儿童是在识字还不如说他们是在辨认图谱。

前识字能力的发展可以分为三个阶段:第一,萌发阶段。儿童能够有兴趣地捧着书看,注意周围生活环境中的文字,会给书中的图画命名,能改编书中熟悉的故事,能辨认

---

① 周兢.学前儿童语言学习与发展核心经验[M].南京:南京师范大学出版社,2014:215.

自己的名字,开始辨认某些字,喜欢重复儿歌和童谣。第二,初期阶段。儿童开始了解文字是有意义的,改编故事时会注意原作品的文字,愿意念书给别人听,能够在各种情况下辨认熟悉的文字。第三,流畅阶段。儿童能够自动处理文字的细节,能独立阅读各种文字的形式,如诗歌、散文等,会以适合文字形式风格的语速、语音和语调阅读。研究发现,学前儿童的阅读行为发展主要处于萌发阶段和初期阶段,他们以自己的独特方式探索文字,逐步扩展处理多种文字材料的能力。

早期阅读教育要向学前儿童提供六个方面的前识字经验:第一,知道文字有具体的意义,可以读出声来,可以把文字、口语与概念对应起来;第二,理解文字功能与作用的经验,如知道想说的话可以写成文字、写成信,寄到别人的手中,然后再转化成口头语言,别人会明白写信人的具体意思;第三,粗晓文字来源的经验,初步了解文字是怎样产生的,又是如何演变成今天的样子的;第四,知道文字是一种符号,并与其他符号系统可以转化,如认识各种交通图形标志,知道各种标志代表一定的意思,可以用语言文字表现出来;第五,知道语言和文字的多样性经验,知道世界上有各种各样的语言和文字,同样一句话,可以用不同的语言和文字表达,不同的语言和文字可以互译;第六,了解识字规律的经验,在前识字学习中让儿童明白文字有一定的构成规律,掌握这些规律就可以更好地识字,比如"木"字旁的汉字大多与木有关,如森林、树木等。把握这种内在规则,会增加儿童识字兴趣,有利于儿童自己探索、认识一些常见的字。

(三)向儿童提供前书写经验

尽管学前阶段不要求儿童学习写字,但是通过游戏化的前书写活动帮助他们获得一些有关汉字书写的信息仍然是必要的,这有助于儿童进入小学以后正式学习书写做好准备。随着年龄的增长,学前儿童在早期阅读中逐渐产生了读写的兴趣和能力,逐步具备接受书写教育的基础,因此可以对大班儿童开展早期书写教育。

学前儿童书写与小学生的书写是不同的。这里的"写"不是写字,也不是写作,而是有关写字方面的各种前期准备,包括空间知觉、方位知觉、字形辨别、书写姿势的学习和培养等。学前期的"写"常是随心所欲的涂鸦,利用简单的线条绘画,它表达的是儿童的内心世界。学前儿童正是在写写画画中掌握了书写的技巧,产生了书写的兴趣。学前儿童学习书写的方式与学习阅读和识字的方式相似,都要有一个尝试和探索的过程。最初,儿童因为好奇、好玩儿而在纸上涂涂画画,逐渐了解写字的各种形式。然后开始试着写出类似"字"的东西。在知道了写字的用途之后,儿童才开始真正学习并逐步写出一些文字。学前儿童前书写能力的发展有一个过程:了解书面语言是有意义的;认识到写字是一再重复使用少数的几个笔画;发现汉字笔画有许多变化的形式,进而认识到汉字笔画的变化是有限的;发现写字次序和方位的规则。

早期阅读活动为学前儿童提供了解和积累有关汉语言文字构成和书写知识的学习机会。前书写经验的学习内容包括:认识汉字的独特书写风格,知道汉字的基本间架结构,如汉字有上下、左右结构等;了解书写的初步规则,尝试用有趣的方式练习基本笔画;知道书写汉字的工具,了解铅笔、钢笔、圆珠笔、毛笔的不同使用要求;学会用正确的书写姿势写字,包括坐姿、握笔姿势等。

拓展阅读

阅读理解中的眼动技术①

在阅读理解的过程中,人眼会出现一系列有规律的运动,记录和分析这些眼动的轨迹,对了解人的阅读过程有重要意义。

阅读时记录眼动的轨迹可以通过眼动记录仪进行,其原理是将一束红外线照射在眼角膜上,利用角膜反射的光,通过红外线接收装置记录被试阅读时的眼动轨迹。在研究中,通常把注视时间、注视概率以及眼跳动和回跳作为记录的指标。其中,眼跳动表现为从一个注视点到另一个注视点的运动;注视时间为每个注视点的停顿时间;回跳是指从当前注视点跳回到以前的注视点;注视概率是指某个对象被注视到的可能性的大小。

本节小结

学前期已经为书面言语的学习做了准备,具体表现为:掌握口语词汇、掌握语音、掌握基本语法和口语表达能力、儿童图形知觉的发展。学前儿童书面言语的内容主要有:向儿童提供前阅读经验、向儿童提供前识字经验、向儿童提供前书写经验。

思考与练习

一、选择题

1.儿童学习简单口语的最佳期是(　　)。

 A.1~2岁　　　　　　　　　　　B.2~4岁

 C.4~5岁　　　　　　　　　　　D.5~6岁

2.关于儿童语言的发展,正确的表述是(　　)。

 A.理解语言发生发展在先,语言表达发生发展在后

 B.理解语言和语言表达同时同步产生

 C.语言表达发生发展在先,理解语言发生发展在后

 D.理解语言是在语言表达发生发展的基础上产生和发展起来的

3.儿童边搭积木边说:"这个太小了。"这是一种(　　)。

 A.外部言语　　　　　　　　　　B.社会化言语

 C.内部言语　　　　　　　　　　D.自我中心言语

---

① 彭聃龄.普通心理学[M].北京:北京师范大学出版社,2001:313-314.

4. 情境言语和连贯言语的主要区别在于(   )。

　　A. 是否完整连贯　　　　　　　B. 是否反映了完整的思想内容

　　C. 是否为双方所共同了解　　　D. 是否直接依靠具体事物作支柱

二、简答题

1. 简述言语在儿童心理发展中的意义。

2. 如何防止和矫正儿童的口吃?

三、论述题

试述如何在实践中提高学前儿童的口语表达能力。

四、材料分析题

材料:

儿童 2 岁以后,逐步开始用语言来表达自己的需要和情感,用语言来调节自己的动作和行为,基本上能用语言与人交往,语言成了这一阶段儿童社会交往和思维的工具。3 岁以后,儿童总喜欢问"这是什么"或"为什么"之类的问题,他们从成人的答案中学到许多新词。

结合以上材料,分析学前儿童口语表达能力的发展趋势。

模块三

学前儿童情绪情感和意志
行动的发展

第九章 学前儿童情绪和情感的发展

学习目标

素养目标：

1.意识到学前儿童情绪、情感的发展对身心全面发展的重要作用，主动关注关心学前儿童的情绪、情感。

2.养成通过行为观察和分析的方式了解学前儿童情绪、情感的思维习惯，并能形成相适宜的教育策略。

知识目标：

1.了解学前儿童情绪、情感在学前儿童心理发展中的作用。

2.熟悉学前儿童情绪发展的一般规律和特点。

能力目标：

1.能根据学前儿童情绪的典型表现对幼儿行为进行初步分析和判断。

2.能利用学前儿童情绪、情感发展的规律和特点开展适宜的教育活动。

内容导航

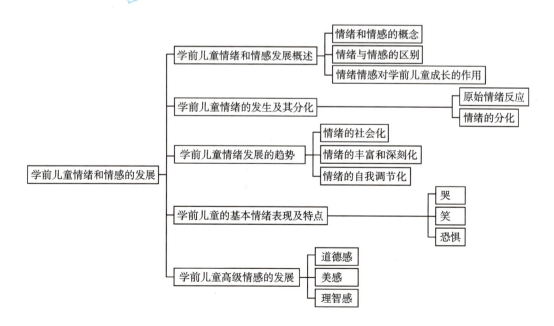

案例导入

　　W 是一名刚刚入职的幼儿园教师,进入工作岗位就担任小班老师,虽然每天看见孩子们天真灿烂的笑脸很是开心,但是,每每入园时,那些号啕大哭的、小声啜泣的、不吃不喝的孩子总让她头疼不已。她采取各种安慰、各种逗乐,甚至把孩子们紧紧抱在怀里,都于事无补。可是,这些孩子们遇到另一名老师就不一样了,这是一个有经验的教师,她看见哭泣的孩子时,总是笑容满面,手里拿着好玩的玩具,并和孩子们一起拍手、转圈圈,很快,孩子们止住哭声,和老师以及其他小朋友玩起来了。看到这些,W 便向这位教师虚心请教。经过一番指导之后,W 豁然开朗,原来,她还是没能真正掌握低幼儿童情绪控制的规律和特点啊!

　　以上案例从实践层面说明了教师把握学前儿童情绪、情感发展特点和规律的重要性,同时也启示我们,只有在充分了解学前儿童情绪、情感发展的相关知识之后,才能采取有针对性的教育措施,并有效解决学前儿童情绪、情感的发展问题。

第一节　学前儿童情绪和情感发展概述

和认识活动一样,情感也是人对客观事物的反映。但是,它又不同于认识活动。因为,情感不是对客观事物本身的反映,而是对客观事物和人的需要之间关系的反映。通常所说的情绪与情感虽有不同,但两者之间也存在着密不可分的联系。近年来,学术界对学前儿童情绪情感的研究日益加强,实践领域也在不断践行高质量的学前情绪情感教育。

一、情绪和情感的概念

皮亚杰说:"没有一个行为模式(即使是理智的),不会有情感因素作为动机;但是,反过来,如果没有构成行为模式的认知结构的知觉或理解参与,那就没有情感状态可言。因此,行为是一个整体,即不能单独用结构来说明它的动力。反之,也不能单独用动力来说明它的结构。情感与认识两者既不能分割,同时又不能互换。"这番话极其深刻地揭示了情感与认识活动的本质关系。

什么是情绪? 不同的心理学教材对此有不同的理解和认识。我们认为,情绪(emotion)是人类对于各种认知对象的一种内心感受或态度。它是人们对自己所处的环境和条件,对自己的工作、学习和生活,对他人的行为的一种情感体验。因此,情绪这个概念又与情感这一概念相对应。事实上,情感(feeling)是情绪过程的主观体验,是情绪的感受方面。情绪总是由某种刺激引起的,如自然环境、社会环境以及人自身,引发情绪刺激的前提条件是,这些刺激必须是认知的对象,由于认知对象会引发人的需要,进而就产生了人对认知对象的不同感受或态度。因此,情绪与需要总是相关的,需要是情绪产生的重要基础。根据需要是否获得满足,情绪具有肯定或否定的性质。凡是能满足已激起的需要或能促进这种需要得到满足的事物,便引起肯定的情绪,如喜爱、愉快等;相反,凡是不能满足这种需要或可能妨碍这种需要得到满足的事物,便引起否定的情绪,如憎恨、苦闷、不满意等。

情绪总是在一定的情境中产生的,在不同的情境中情绪会表现出不同的体验特质。仅就情绪体验的性质而言,情绪表现为强度、紧张度、快感度和复杂度等几个维度。其中,情绪体验的强度主要取决于对象对人所具有的意义、人的需求状态和对自己的要求,它由此表现出不同的等级程度;情绪体验的紧张度通常与活动的紧要关头以及最有决定性意义的时刻联系;情绪的快感度是情绪体验在快乐或不快乐的程度上的差异;情绪体验的复杂度依从于快乐、悲哀、恐惧、愤怒等几种原始情绪的组合情况。

和认识活动一样,情感也是人对客观事物的反映,但是,它又不同于认识活动。因为,情感不是对客观事物本身的反映,而是对客观事物与人的需要之间关系的反映。通常所讲的情绪是情感的具体形式和直接体验,情感是情绪经验的概括。

二、情绪与情感的区别

从学前儿童情绪的发生和发展看,最初更多的是情绪表现,随着儿童年龄的增长和整个心理活动的发展,情感越来越占主导地位。

在这里,我们把情绪和情感做如下区分:

(1)情绪主要是指那些与生理需要是否得到满足相联系的体验。情感是与人的社会性需要是否得到满足相联系的体验。

(2)情绪是比较简单的体验,是人与动物所共有的东西。情感是比较复杂的体验,是人类所特有的产物。

(3)情绪一般不稳定,带有情境性,即随着某种情境的出现而出现,当某种情境消失时,情绪立即随之减弱或消失。情感则是个体的内心体验和感受,具有深刻社会意义的心理体验。情感与情绪相比,较为稳定和持久,一旦产生就相对稳定,不为情境所左右。情感是在情绪基础上形成的,是情绪的概括化。

(4)情绪比情感强烈,具有较大的冲动性。

(5)从生理基础看,在情绪发生过程中,皮下中枢的作用较大,而在情感发生过程中,大脑皮层中枢的作用较大。

(6)情绪比情感有较明显的外部表现。人的有些情绪外部表现是本能的,是不学而能的,是全人类所共有的。例如伤心的时候嘴角下弯,愤怒的时候咬牙切齿,鼻孔张大,拳头握紧。天生的盲人,从来没有看见过别人的面部表情,他们愤怒、害怕或愉快时的面部表情,和正常人一模一样。情感则以内隐的形式存在或以内敛的方式流露,始终处于人的意识调节支配下。

人的情感表现是后天学会的,是由意识控制的。因此,不同社会、不同民族有不同的情感表达方式。比如,我国古代人相遇时用作揖来表示问候,现代人用握手代替作揖,而西方人则常用拥抱。在不同家庭环境和不同教育影响下成长起来的人,其情感表达方式也不尽相同。比如,同样表示愉快的情绪,有人粗犷,有人斯文。因此,一般把低级的、简单的、较不稳定、冲动性强、比较外露、与生理联系比较密切的体验称为情绪,而把较高级的、复杂的、较稳定、冲动性弱、比较不外露、社会性较强的体验称为情感。整体来说,学前儿童的情绪情感发展,主要带有前者(情绪)的特点,逐渐出现后者(情感)的特点。

三、情绪情感对学前儿童成长的作用

情绪在学前儿童心理活动中起着非常重要的作用,这是学前儿童的突出特点,学前儿童的行为充满情绪色彩。有人甚至认为,学前儿童是"情绪的俘虏"。近年来,人们已经发现,不能只重视研究学前儿童的认识发展问题,也应该十分重视研究学前儿童情绪发展问题。因为,情绪情感能够唤起和组织学前儿童的心理活动,同时,作为动力,它能有效激发和促进幼儿的认知发展。同样,作为有力的交往工具和情绪调节工具,能帮助幼儿提高交往能力和个性调控功能。

（一）情绪对学前儿童心理活动的动机作用

不少心理学家都承认情绪在儿童心理活动中的动机作用,认为情绪不只是心理活动的伴随现象或副现象,情绪在心理活动中的作用是其他心理过程所不能代替的。它是人的认识和行为的唤起者和组织者,其作用在学前儿童身上更为突出。

在日常生活中,情绪对学前儿童心理活动和行为动机的作用非常明显。情绪直接指导着学前儿童的行为,愉快的情绪往往使他们愿意学习,不愉快则导致各种消极行为。如在幼儿早期,教师在组织集体教学活动的时候,会特意设计有趣的导入环节,目的就是激发幼儿积极的情绪反应,激发幼儿参与学习。同样,小班幼儿很容易因情境的变化产生消极情绪(如难过、紧张、自责等),此时不应要求幼儿参与学习活动,而是要安抚幼儿的情绪。到了幼儿晚期,情绪对行为的动机作用仍然相当明显,常常出现这样的情况,6岁男孩对老师指定的绘画内容不感兴趣,他愿意按自己的意愿去画。老师检查时,问他画的花朵在哪里,他说:"藏起来了。""跑掉了。"叫他画小白兔,他说:"去睡觉了。"有位老师记录了一次事件。班上小朋友抓了蚯蚓放在桌子上,老师让他们放回去,他们谁也不肯,还掉了眼泪。于是老师拿来一个装了土的花盆当作蚯蚓的家,让他们把蚯蚓都放进去,孩子们高兴地把蚯蚓慢慢放进花盆,也开始认真地参与集体教学活动了。可见,控制会使孩子们产生不良情绪,而适合并满足幼儿心理需要的教育措施,则使他们产生良好的情绪,从而表现出积极的行动。

（二）情绪对学前儿童认知发展的作用

情绪和认知是密切联系的,它们之间的相互作用在学前儿童心理过程中也有明显的表现。我们在本章后面的阐述中将会看到,儿童的情绪随着认知的发展而分化和发展。与此同时,情绪对儿童的认知活动及其发展起着激发、促进作用或抑制、延迟作用。

1. 情绪状态对学前儿童智力操作的影响

我们已经知道,学前儿童认识过程的一个重要特点是以无意性为主,而"无意性"的主要特点之一,就是受自身情绪左右。不少实验研究证明了情绪对儿童认知和智力发展的作用,例如,孟昭兰有关婴幼儿不同情绪状态及其智力操作影响的研究表明:

（1）情绪状态对婴幼儿智力操作有不同的影响。

（2）在外界新异刺激作用下,婴幼儿的情绪可以在兴趣和惧怕之间浮动。这种不稳定状态,游离到兴趣一端时激发探究活动,游离到惧怕一端时,则引起逃避反应。

（3）愉快强度与操作效果之间的相关为"U"字形关系,即适中的愉快情绪使智力操作达到最优,这时起核心作用的是兴趣。

（4）惧怕和痛苦的程度与操作效果之间为直线关系,即惧怕和痛苦越大,操作效果越差。

（5）强烈的激情状态或淡漠无情，都不利于儿童的智力探究活动，兴趣和愉快的交替，是智力活动的最佳情绪背景，惧怕和痛苦对儿童智力发展不利。

2. 情绪态度对学前儿童语言发展的影响

有的研究认为，有美感情调色彩的词和有恶感的词相比，前者识记效果明显更好，保持效果更显著。情绪态度对幼儿语言发展有重要影响。其表现如下：

首先，儿童最初的话语大多是表示情感和愿望的，此时言语的情感功能和指物功能不分。有一个2岁8个月的女孩，见到比她大的孩子她会叫哥哥和姐姐，但是，听见哥哥把她叫作妹妹时，她却不以为然，说："我是姐姐呀！"

其次，用情绪激励法可以促进儿童掌握某些难以掌握的词。例如，用示范法让女孩掌握"你"字，很难成功，但是使用情绪激励法则成功了。妈妈问："这只手风琴是谁送给你的？"女孩答："朱老师送给你的。"妈妈立即说："啊！送给我的。"随即拿走了，这使女孩激动起来，立刻叫喊："送给我的。"从此女孩对"你""我"二字十分注意。有时说了"某某给你的"，立刻改正为"给我的"。有时干脆先说"给我"，再说"某某给我的"。

（三）情绪对学前儿童交往发展的作用

情绪对人类适应环境有重要作用。在人类进化的历史上，情绪曾起着这种作用。例如，啼哭时嘴角下弯的表情，是人类祖先在困难时求援的适应性动作；愤怒时咬牙切齿和鼻孔张大等表情，是人类祖先即将进行搏斗时的适应动作。婴儿最初的情绪表现，也有帮助他适应生存的作用。婴儿必须依靠成人而生存，天生的情绪反应能帮助他呼唤和影响成人，使婴儿得到照顾。例如，新生儿在饥饿或疼痛时会哭叫，温饱、舒适时出现面部微笑，对恶臭的气味会产生厌恶的表情，对大声震动会出现恐惧反应，并迅速转为大哭。

儿童对环境的适应主要通过交往。儿童的情绪在出生后日益社会化。直到幼儿期，情绪仍然是适应环境的工具，即交往工具。

成人对新生儿的了解，几乎完全依靠他的表情动作。儿童在掌握语言之前，主要以表情作为交往的工具，其作用不亚于语言。幼儿常常用表情代替语言回答成人的问题或用表情辅助自己的语言表述。

情绪为什么能够成为交往的工具？这是因为情绪有信号作用，能够向别人提供信息交流。情绪往往不是单向的表达，大多数是有沟通对象的。例如，两三岁的孩子就知道，爸爸在家的时候不哭，爷爷在的时候哭，是专门哭给爷爷听的。情绪表达的再现早于语言表达，婴幼儿主要通过表情及肢体活动来表达情绪。在言语发生后，则通过言语活动和表情动作一起表达情绪。

情绪作为信息交流工具的特点是有感染性的。在婴幼儿期，情绪的感染作用尤为突出。对婴幼儿的情绪感染，往往比语言的作用要大得多。

（四）情绪对学前儿童个性形成的作用

儿童情绪的发展趋势之一是日趋稳定。大约5岁以后，情绪的发展进入系统化阶段。幼儿的情绪已经比较高度的社会化，他们对情绪的调节能力也有所提高。加之幼儿总是受特定的环境和教育的影响,这些影响经常以系统化的刺激作用于幼儿,幼儿也逐渐形成了系统化的、稳定的情绪反应。例如,某些成人经常对幼儿进行爱抚,总是使幼儿的精神需要得到满足,因而引起了良好的情绪反应;另一些成人对幼儿总是过多地厉声指责,总是不能满足幼儿的精神需要,于是引起幼儿不愉快的情绪反应。这样,经过日久的重复,幼儿便对不同的人形成不同的情绪态度。同样,由于成人长期潜移默化地感染和影响,幼儿形成了对事物比较稳定的情绪态度。

据研究,情绪在不同人身上有不同的阈限。有些孩子经常处于某种情绪体验的低阈限中,他们在和其他儿童或成人交往时,不可避免地会形成某些特有的情绪反应,情绪过程日益稳定化,逐渐变成情绪品质。例如,一时的焦虑,可以称为焦虑状态,而经常出现稳定的焦虑状态,则逐渐形成焦虑品质。情绪的品质特征,是个性的性格特征的组成部分。当情绪与认知相互作用而形成一定倾向时,就形成了基本的个性结构,如所谓内向的或外向的个性,主动或被动的个性,进取型或压抑型的个性特征等。1岁前,婴儿的情绪发展影响其早期的智力发展和个性特征的形成,甚至影响其日后乃至成人后的行为。早期的情绪损伤,则可能导致怪僻性格和异常行为的出现。

 拓展阅读

各心理学派对情绪的研究

在心理学上,除格式塔心理学家外,几乎所有心理学派都很重视情绪的研究,并以自己的理论观点解释情绪。构造心理学把感觉和情感作为心的基本元素,机能主义把情绪定义为"机体再调整",行为主义把情绪看作"遗传的模式反应",而精神分析学派则把注意力集中在本能和焦点问题上。由于情绪问题的复杂性以及研究者的观点和方法上的不同,现代心理学家对情绪的解释是多种多样的。①

本节小结

学前儿童最初更多的是情绪表现,随着年龄的增长和整个心理活动的发展,情感越来越占主导地位。一般把低级的、简单的、较不稳定、冲动性强、比较外露、与生理联系比较密切的体验称为情绪,而把较高级的、复杂的、较稳定、冲动性弱、比较不外露、社会性较强的体验称为情感。整体来说,学前儿童的情绪、情感发展过程,主要带有前者(情绪)的特点,逐渐出现后者(情感)的特点。情绪、情感对学前儿童的成长具有重要的心理价值。情绪情感能够唤起和组织学前儿童的心理活动。作为动力因素,能有效激发和促进学前儿童的认知发展。作为交往工具和情绪调节工具,还能帮助学前儿童提高交往能力和个性调控功能。

---

①　黄希庭.心理学导论[M].北京:人民教育出版社,1991:555.

第二节　学前儿童情绪的发生及其分化

关于人类情绪的研究,除了关注情绪的发展之外,更大程度上着眼于探讨情绪的发生和起源。和认知功能建立在中枢神经系统基础之上不同,情绪主要和自主神经系统有关,它是人体的原始组成部分。达尔文在其 1872 年出版的著作《人类和动物情绪的表达》一书中曾尝试解释儿童情绪的起源问题。他认为情绪的面部表情是人类幼小个体从求生的斗争中演化而来的反应模式。同样,近年来一些高度精密的仪器也通过客观、可靠、细致地描述人类婴幼儿的面部表情证明了这一结论。因此,情绪具有先天起源的说法是得到肯定的。

一、原始情绪反应

婴儿自出生,就保留了一些典型的原始情绪反应。

(一)本能的情绪反应

婴儿出生后,立即可以产生情绪表现,最初几天新生儿或哭或安静,或四肢划动等,都可以称为原始的情绪反应。

原始情绪反应的特点是,它与生理需要是否得到满足有直接关系,身体内部或外部不舒适的刺激,如饥饿或尿布潮湿等,会引起哭闹等不愉快情绪。当直接引起情绪反应的刺激消失后,这种情绪反应也就停止,代之以新的情绪反应。例如,换上了干净的尿布以后,哭声立即停止,情绪也变得愉快。不同民族的婴儿有共同的基本面部表情模式,说明原始情绪是人类进化的产物。

(二)原始情绪的种类

行为主义创始人华生根据对医院婴儿室内 500 多名初生婴儿的观察提出,天生的情绪反应有以下三种:

1.怕

华生认为,婴儿怕两件事:一是大声。婴儿静静地躺在地毯上,如果用铁锤在他头部附近敲击钢条,立刻会引起他的惊跳。其他的高声,如器皿落下、窗帘飞起、屏风跃落等,都会引起同样的反应。二是失持。婴儿身体突然失去平衡,失去依托。身体下面的毯子突然被人猛抖,引起猛烈震动,婴儿会大哭,呼吸急促,双手乱抓,即使口中有"安慰器"(奶嘴),也不例外。

2.怒

限制活动会激怒婴儿。当婴儿的头部被成人用双手温和地、坚定地按住,不准活动,婴儿会明显表现出发怒。他把身体挺直,大声哭叫,还不停地挥动双手、双脚蹬来蹬去。

3. 爱

抚摸婴儿的皮肤,抱他,会使婴儿产生爱的情绪。特别是抚摸皮肤的敏感区域,如唇、耳、项背等,婴儿都会发生安静的反应,表现出对成人最初的喜爱。

多数心理学家认为,原始的情绪反应是笼统的,还没有分化为若干种。有些人认为,新生儿的原始情绪只能区分为愉快和不愉快。所谓愉快,仅是"不是不愉快"的表现而已。

二、情绪的分化

婴儿情绪发展表现为情绪的逐渐分化。关于情绪的分化,具有代表性的是加拿大心理学家布里奇斯的情绪分化论。布里奇斯通过对 100 多个婴儿的观察,提出了关于情绪分化的较完整的理论和 0 ～ 2 岁儿童情绪分化的模式。布里奇斯认为,初生婴儿只有皱眉和哭泣的反应。这种反应是未分化的一般性激动,是强烈刺激引起的内脏和肌肉反应。3 个月以后,婴儿的情绪分化为快乐和痛苦。6 个月以后,又分化为愤怒、厌恶和恐惧。比如,眼睛睁大,肌肉紧张,是恐惧的表现。12 个月以后,快乐的情绪又分化为高兴和喜爱。18 个月以后,分化出喜悦和妒忌。布里奇斯的情绪分化模型见图 9-1。

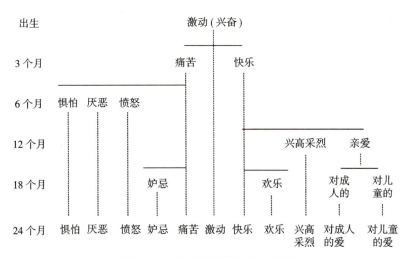

图 9-1　布里奇斯的情绪分化模型

我国心理学家林传鼎于 1947—1948 年观察了 500 多个出生 1 ～ 10 天的婴儿所反应的 54 种动作的情况。根据观察结果,林传鼎提出既不同于华生所提出的原始情绪高度分化的理论,也不同于布里奇斯关于出生时情绪完全未分化的看法,他认为,新生婴儿已有两种完全可以分辨得清的情绪反应,即愉快和不愉快。二者都是与生理需要是否得到满足有关的表现。"不愉快反应是通常自然动作的简单增加,为所有不利于机体安全的刺激所引起,愉快的反应和不愉快的表现显然不同,它是一种积极生动的反应,增加了某些自然的动作,特别是四肢末端的自由动作,这种动作也能在婴儿洗澡后观察到,这就说明了一种一般愉快反应的存在,它为一些有利于机体安全的刺激所引起。"他提出从出生后第一个月的后半月,到第三个月末,相继出现 6 种情绪,用情绪词汇来说,可称作:欲求、喜悦、厌恶、愤怒、烦闷、惊骇。这些情绪不是高度分化的,只是在愉快或不愉快的轮廓上附加了一些东西,主要是面部表情。而惊骇则是强烈的特殊体态反应。4~6 个月已出现由社会性需要引起的喜悦、忿激,逐渐摆脱同生理需要的关系,如对友伴、玩具的情感。从3 岁到入学前,陆续产生了同情、尊敬、羡慕等 20 多种情感。

美国心理学家伊扎德认为,随着年龄的增长和脑的发育,情绪也逐渐增长和分化,形成了人类的 9 种基本情绪:愉快、惊奇、悲伤、愤怒、厌恶、惧怕、兴趣、轻蔑、痛苦。每一种情绪都有相应的面部表情模式。他把面部分为三个区域,"额—眉、眼—鼻—颊、嘴唇—下巴",并提出了区分面部运动的编码手册。总之,初生婴儿的情绪是笼统不分化的,1 岁后逐渐分化,2 岁左右,已出现各种基本情绪。

拓展阅读

孟昭兰的理论

我国心理学家孟昭兰对婴幼儿情绪进行了实验研究,其结果支持了伊扎德的观点。孟昭兰指出,只有当婴儿面部各部位肌肉运动达到足够的程度时,其面部模式才是典型的。如果面部某部位肌肉运动和另一部位的肌肉运动所代表的表情不相同,那就成为难以辨认的复合表情。她的研究发现,兴趣和痛苦也是最早发生的情绪,轻蔑和害羞在 1 ~ 1.5 岁时也已经发生。

本节小结

婴儿出生后,立即可以产生情绪表现,最初几天新生儿或哭或安静,或四肢划动等,都可以称为原始的情绪反应。这些反应与婴儿生理需要是否得到满足有直接关系,当其生理需要没能得到满足,婴儿就会哭闹;反之,婴儿情绪良好。原始的情绪反应是人类进化的产物,因此,不同民族的婴儿有基本相同的面部表情模式。婴儿最初的情绪反应是笼统的,还没有分化为更细致的若干种。婴儿情绪发展表现为情绪的逐渐分化。加拿大心理学家布里奇斯、美国心理学家伊扎德以及我国心理学家林传鼎对于情绪的分化问题都有专门论述。总之,初生婴儿的情绪是笼统不分化的,1 岁后逐渐分化,两岁左右,已出现各种基本情绪。

第三节　学前儿童情绪发展的趋势

儿童情绪的发展趋势主要有三个方面:社会化、丰富和深刻化、自我调节化。

一、情绪的社会化

儿童最初出现的情绪反应是与生理需要相联系的。以后,情绪逐渐分化和发展,与脑的成熟和肌肉运动的分化有密切关系。同时,与社会性需要和社会性适应有关系。

学前儿童情绪社会化的趋势表现在以下几个方面。

(一)情绪中社会性交往的成分不断增加

学前儿童的情绪活动中,涉及社会性交往的内容,随年龄增长而增加。研究表明,3 岁儿童比 1 岁半儿童微笑的总次数有所增加,其中,儿童由于玩得高兴而笑起来的情况,即对自己的微笑,在 1 岁时占的比例较大,而 3 岁时很小。换句话说,非社会性的微笑逐渐减少,而社交微笑则大为增加。另有研究比较了 4 岁和 8 岁儿童在看电影时的社交性情绪表现。结果也表明,8 岁儿童比 4 岁儿童情绪交往的次数有所增加。其中,4 岁儿童主要的交往对象是教师,而 8 岁儿童则主要和邻近的儿童交往。

(二)引起情绪反应的社会性动因不断增加

学前儿童的情绪反应,主要是和他的基本生活需要是否得到满足相联系的。例如,温暖的环境、吃饱、睡足、尿布干净、身体舒适等,常常是引起愉快情绪的动因。婴儿喜欢被人抱。抱,使他身体舒适,是对他的生理需要的一种满足。抱,又使婴儿直接和成人接触,因而也是对其社会性需要的满足。当婴儿饥饿时,成人把他抱起来,也能使他安静一会儿,这是满足了其社会性需要的表现。2 个月以后的婴儿,对成人引逗会产生全身活跃的反应,4 ~ 5 个月以后,看见母亲从他身边离去,会表现不安。这些都说明情绪虽然具有先天的性质,但是从孩子出生后已逐渐带有社会性。

1 ~ 3 岁儿童情绪反应的动因,除与满足生理需要有关的事物外,还有大量与社会性需要有关的事物。例如,该年龄儿童有独立行走的需要,如果父母的要求和儿童自己的需要不一致,就会出现矛盾。解决矛盾的方式常常引起不同的情绪反应。比如,被允许在一定范围内自由行走,会感到愉快,否则就不愉快。

3 ~ 4 岁的幼儿,仍然喜欢身体接触。例如,刚刚进入幼儿园的儿童,很愿意老师牵着他的手,甚至喜欢搂着老师,让老师摸一摸,亲一亲。小班老师在活动中摸摸孩子的头,拍拍他的肩膀,幼儿就感到满足。这些事例表明,3 ~ 4 岁儿童情绪的动因是处于以主要为满足生理需要,向主要为满足社会性需要的过渡阶段。

幼儿有要求别人注意,要求和别人交往的需要,成人对幼儿不理睬,可以成为一种惩罚手段。小朋友不和他玩,对幼儿也是一种痛苦。例如,有一名 5 岁的幼儿,某天早上到园的时间较早。他帮助老师擦了椅子,老师及时予以表扬,当天,他整天都处于良好的情绪状态,表现很好。另一天,发生同样的情况,但老师没有注意他,当天上课时,他就表现出不良的情绪状态。

在整个幼儿期,社会性情绪不断发展,出现道德感、美感、理智感等高级情感。

（三）情绪表达的社会化

表情是情绪的外部表现，有的表情是生物学性质的本能表现。而儿童在成长过程中，逐渐掌握周围人们的表情手段。情绪表达方式包括面部表情、肢体语言（手势和动作）以及言语表情。面部表情是生理表现，又和社会性认知有密切关系。

掌握社会性表情手段有赖于区别面部表情的能力。而区别面部表情的能力是社会性认知的重要标志。表情所提供的信息，对儿童和成人交往的发展与社会性行为的发展起着特别重要的作用。

对5～20岁先天盲人和正常人面部表情后天习得性的研究，发现最年幼的盲童和正常儿童相比，无论是面部表情动作的数量，还是表达表情的适当程度，都没有明显的差别，但是，正常儿童的表情动作数量和表达表情的逼真性，都随着年龄增长有进步。而盲童则相反。这说明，先天表情能力只能保持一定水平，如果后天缺乏学习，则这种能力会下降。盲人不能知觉人际交往中的表情，缺乏这种条件，其表情的社会化遇到了障碍。

近1岁的婴儿已经能够笼统地辨别成人的表情。比如对他做笑脸，他会笑。如果接着立即对他拉长脸，做出严厉的表情，婴儿会马上哭起来。

儿童表情能力的发展包括理解（辨别）表情手段和运用表情手段两个方面，这两方面的能力随着儿童年龄的增长而增长。在日常生活中，学前儿童对成人的表情常常非常敏感，他们能够觉察家长或教师的眼色、面部表情或轻微的手势和表情动作。情绪的表达与经验有关。婴儿会用面部和全身表情动作毫不保留地表露自己的情绪，以后则根据社会的要求调节其情绪表现方式。儿童从2岁开始，已经能够用表情手段去影响别人，并学会在不同场合用不同方式表达同一种情绪。

二、情绪的丰富和深刻化

从情绪所指向的事物来看，其发展趋势是越来越丰富和深刻。所谓情绪的日益丰富，可以说包括两种含义：其一，情绪过程越来越分化。情绪的分化主要发生在2岁之前，但在幼儿期也继续出现一些高级情感，如尊敬、怜惜等。其二，情绪指向的事物不断增加，有些先前不引起儿童体验的事物，随着年龄的增长，引起了情绪体验。例如亲爱的情感，首先是对父母或经常照顾他的其他成人，然后对家中其他成员有了亲爱的情感。进了托儿所或幼儿园以后，先是对老师，然后对小朋友有了亲爱的情感。这种情感的范围也是逐渐扩大的。

所谓情绪的深刻化，是指它指向事物的性质的变化，从指向事物的表面到指向事物内在的特点。例如，被成人抱起来，婴儿和较小的幼儿会感到亲切，较大的幼儿则会感到不好意思；年幼儿童对父母的依恋，主要由于父母是满足他的基本生活需要的来源，年长儿童则包括对父母劳动的尊重和爱戴等内容。

情绪与周围环境刺激的关系是复杂的。同一种环境刺激可以引起不同情绪，同一种情绪又可能是由几种不同的环境因素引起的。情绪和环境的复杂关系往往与认知发展水平有关。

根据情绪与认知过程的关系,情绪的发展可以分为若干种。

(一)与感知觉相联系的情绪

与生理性刺激相联系的情绪多属此类。例如,出生头几个月,听到了刺耳的声音或身体突然失持,都会引起痛苦和恐惧。比如,妈妈使用吸尘器的声音,他会害怕。2~6个月的婴儿,看见别人做鬼脸,做出微笑反应,即产生愉快的情绪。

有的婴儿喜欢在大澡盆里玩水。可是在满8个月以后,他开始对大的空间有所感知,于是对大澡盆开始害怕了。当他被放入大澡盆时,他会哭,紧紧抓住澡盆边缘。这是感知的发展带来了新的恐惧。

(二)与记忆相联系的情绪

3~4个月的婴儿看见陌生人表示友好的面孔,可以发出微笑,但是7~8个月的婴儿则可能出现惊奇或恐惧。这是因为前者的情绪尚未与记忆相联系,而后者则已有记忆的作用。没有被火烧灼过的儿童,对火不会产生害怕情绪,被火烧灼过的儿童,则会产生害怕的情绪。打过针的孩子都不喜欢穿白大褂的人,因为他们头脑中保留着这种人给他打针致痛的印象。这种记忆中的表象仍然在对情绪起作用。

儿童的许多情绪都是条件反射性质的。用条件反射的原理可以使儿童产生一些情绪,也可以使儿童的一些情绪逐渐消失。比如,儿童对小动物的恐惧情绪就是这样产生的,最初,儿童用手抚摸白兔,没有任何恐惧反应,于是儿童看见白鼠也不害怕,并用手去摸。这时,在儿童身后出现一声巨响,他就建立了响声和白鼠的条件联系,产生对白鼠的恐惧情绪;当白兔再次出现时,儿童也害怕白兔;若看见其他白毛状物体,包括白头发、白胡子的人等,也会出现恐惧反应。这就是对恐惧对象的类化。

事实证明,儿童的许多恐惧情绪,如怕黑、怕动物等,都是后天习得的。同样,用条件反射消退的原理也可以使孩子逐渐改变恐惧的情绪。比如,多次把食物和兔子放在一起,婴儿逐渐减少对兔子的害怕。怕小虫的幼儿,经常和喜欢小虫的孩子在一起玩,渐渐就不怕了。

(三)与想象相联系的情绪

两岁以后的儿童,会产生一些与想象相联系的情绪体验。如果成人对孩子说,"你不好好睡觉,大灰狼就要来咬你!"孩子越想越害怕,这里恐惧情绪就是想象在起作用。有的孩子怕蛇,而他的经验里并没有受到过蛇的伤害,他是由于听成人讲述而产生了蛇咬人的想象情景,由此出现了恐惧情绪。有些孩子踏出家门就非常胆小,他们的恐惧情绪也属于这一类,因为家人给他们灌输了许多可怕的场面,比如,"外面有人要欺负你""外人会把你骗走""在街上走路会被车碰倒"等。

情绪情感也和记忆与想象有关。只有当儿童能够把自己记忆中的情绪表象和别人联系起来,想象到别人的体验,才会产生同情感。

（四）与思维相联系的情绪

5～6岁的幼儿理解了病菌能使人生病，从而害怕病菌；理解了苍蝇能带来病菌，于是讨厌苍蝇。这些惧怕、厌恶的情绪，是与思维相联系的情绪。

幽默感是一种与思维发展相联系的情绪体验。2岁左右的儿童看见鼻子很长的人，眼睛在头后面的娃娃，带鞋子的椅子腿都报之以微笑。这是儿童理解到"滑稽"状态，即不正常状态而产生的情绪表现。幼儿会开玩笑，即出现幽默感的萌芽，是和他开始能够分辨真假相联系的。他头脑中必须有真的和假的两种表象，并且能够进行对比。幼儿有时故意惹大人生气，觉得好玩。这些都是作为高级情感的理智感的萌芽。

（五）与自我意识相联系的情绪

随着儿童情绪的发展和成熟，他的情绪也更多地与记忆的经验、想象的后果（预料），以及对环境的认识评价等复合因素相联系。幼儿晚期，这种性质的情绪逐渐增多。这种情绪的发生，更多的不取决于事物的客观性质，而取决于主观认知因素。

受到别人嘲笑而感到不愉快，对活动的成败感到自豪、焦虑、害羞或惭愧，对别人的怀疑和妒忌等，都属于与自我意识相联系的情绪体验。这一类情绪，是典型的社会性情绪，是人际关系性质的情绪体验。

成人由于不了解幼儿的心理状态，往往会不自觉地用自己的语言和行为引起完全出乎其意料之外的情绪反应。

案例

一位新幼儿园教师认为大班某幼儿比较聪明，请他站起来对课堂上讨论过的问题做总结，该幼儿却产生了极大的反感。经了解，原任教师曾以此作为惩罚幼儿不专心上课的手段。还有一个女孩，平时在班上被认为是表现较好的孩子。一天，在各班集体做早操时，外班的老师因她表现不好而命令她出列，站在旁边。早操结束后，各班回到自己的活动室，那位老师忘记了处理这个孩子的事情，也没有向她所在班的老师交代。而她所在班的老师又没有发觉班上少了一个孩子，过了相当长一段时间，这个女孩才被门卫叔叔发现，送回班上。从那天开始，这个孩子就沉默寡言，情绪非常低落，没精打采的。她的妈妈发现了孩子的明显变化，但是问不出原因。直到两周以后，经过妈妈的耐心谈话，这个女孩才说出一句："王老师不喜欢我。"妈妈渐渐弄清了原委，然后去找那位老师，而老师早已把这事情忘了，完全没有意识到她给孩子带来的影响。老师向家长道了歉，并且在遇到这个女孩的时候，对她微笑，爱抚地摸摸她的头，女孩立即欢快地蹦蹦跳跳地走开了，十多天的乌云也就这么轻易地消散了。

三、情绪的自我调节化

从情绪的进行过程看，其发展趋势是越来越受自我意识的支配。随着年龄的增长，婴幼儿对情绪过程的自我调节越来越强。这种发展趋势表现在三个方面。

（一）情绪的冲动性逐渐减少

婴幼儿常常处于激动的情绪状态。在日常生活中，婴幼儿往往由于某种外来刺激的出现而非常兴奋，情绪冲动强烈。当婴幼儿处于高度激动的情绪状态时，他们完全不能控制自己。他们大哭大闹，或大喊大叫，短时间内不能平静下来。在这种情况下，成人要求他们"不要哭""不要闹"，也无济于事。他们甚至听不见成人说话。当孩子大哭而成人劝说无效时，可以拿毛巾给他擦擦脸，用温柔的口吻对他说话，并抚摸他的头部、脸颊，使他的兴奋性逐渐减弱。有时还不得不用转移注意的方法去消除婴幼儿激动的消极情绪，如给他一个诱人的玩具或其他心爱的东西，使他暂时不哭。但是，这种方法不能滥用，否则婴幼儿不能发展起对情绪冲动的控制能力。

幼儿的情绪冲动性还常常表现在他用过激的动作和行动表现自己的情绪。比如，幼儿看到故事当中的"坏人"，常常会把它抠掉，即用动作把"坏人"去掉。

随着幼儿脑的发育以及言语的发展，情绪的冲动性逐渐减少，幼儿对自己情绪的控制，起初是被动的，即在成人的要求下，由于服从成人的指示而控制自己的情绪。到了幼儿晚期，对情绪的自我调节能力才逐渐发展。成人经常不断地教育和要求，以及幼儿所参与的集体活动和集体生活的要求，都有利于幼儿逐渐养成控制自己情绪的能力，减少冲动性。

有位教师发现一个孩子把大半个苹果扔在桌上跑了。她分析这个孩子可能是急着去玩，而把苹果放下的。她理解孩子由于情绪的冲动性而导致的这种行为，她和这个孩子谈话时没有批评孩子，而是教他如何想办法既不浪费苹果，又达到玩的目的。

（二）情绪的稳定性逐渐提高

婴幼儿的情绪是非常不稳定且短暂的。随着年龄的增长，情绪的稳定性逐步提高。但是，总体来说，幼儿的情绪仍然是不稳定的、易变化的。大家知道，情绪具有两极对立性，如喜与怒、哀与乐等。婴幼儿的两种对立情绪常常在短时间内互相转换。比如，当孩子由于得不到心爱的玩具而哭泣时，如果成人给他一块糖，他立马就会笑起来。这种破涕为笑，眼含泪水却笑嘻嘻的情况，在幼小的儿童身上是常见的。

有位妈妈记录了他儿子情绪变化的两个镜头。妈妈和儿子一起划小船，儿子把船桨掉到水里了，急得边跺脚边大哭。妈妈把桨捞上来后，批评说："你这个小孩，真没出息，就只知道哭。"孩子受了委屈，还在抽泣。妈妈马上笑着说："得了，别可怜巴巴的，给你拍一张哭样的照片，看好不好看？"儿子立刻含着眼泪笑了起来。从哭泣到笑，两个镜头相隔时间不到 30 秒。

婴幼儿情绪具有情境性的特点，其易变性与所处的情境有关。婴幼儿的情绪常常被外界情境所支配，某种情绪往往随着某种情境的出现而产生，又随着情境的变化而消失。例如，婴儿对看得见而又拿不到手的玩具，产生不愉快的情绪，但是，当玩具从眼前消失时，不愉快的情绪也很快消失。新入园的幼儿，看着妈妈离去时，会伤心地哭，但是妈妈的身影消失后，经老师引导，很快就愉快地玩起来。如果妈妈从窗口再次出现，又会立刻引起幼儿的不愉快情绪。婴幼儿情绪的易变性，与情绪的受感染性也有关系。所谓受感染性,是指情绪非常容易受周围人情绪的影响。一个新入托的孩子哭泣着要找妈妈,会引得早已习惯了托儿所生活的孩子们都哭起来。另外,周围成人在聊天时笑了,幼儿有时也会莫名其妙地跟着笑。成人看他好笑,也再笑起来,这是在笑他,但孩子仍然不懂,又随着笑。这种有趣的现象,在婴儿期和幼儿初期是非常常见的。

幼儿晚期情绪比较稳定,情境性和受感染性逐渐减少,这时期幼儿的情绪较少受一般人的情绪所感染,但仍然容易受亲近的人如家长和老师的情绪所感染。有经验的教师都知道,当自己的情绪浮躁时,孩子们的情绪也不安稳。情绪的感染力有非常敏感的作用,非一言一语可比。长期的潜移默化的情绪感染,往往对幼儿的情绪、心境以至性格形成有重要的影响。因此,父母和教师在幼儿面前必须注意控制自己的不良情绪。

(三)情绪从外露到内隐

婴儿期和幼儿初期的儿童,意识不到自己情绪的外部表现。他们的情绪完全表露于外,丝毫不加以控制和掩饰。随着言语和心理活动有意性的发展,幼儿逐渐能够调节自己的情绪及其表现。

儿童调节自己外部表现情绪的能力,比调节情绪本身的能力发展得早。往往有这种情况,幼儿开始产生某种情绪体验时,自己还没有意识到,直到情绪过程已在进行时,才意识到它。这时幼儿才记起对情绪及其表现应有的要求,才去控制自己。常常有一些初上幼儿园的3岁孩子,由于离开熟悉的家庭环境而哭,然后一边抽泣,一边自言自语:"我不哭,我不哭。"这种矛盾的情况,说明幼儿初期从不会调节自己的情绪表现,到开始产生要控制调节自己的情绪表现的意识,但还不能完全控制自己的情绪表现。因此,其情绪仍然存在明显外露的特征。

幼儿晚期,能较多地调节自己情绪的外部表现。例如,打针时感到痛,但是认识到要学习解放军叔叔的勇敢精神,能够含着泪做出笑容。又如,认识到母亲因为工作需要外出,能够控制自己不愿和母亲分离的情绪。这个年龄的孩子能够调节自己的情绪表现,做到不愉快时不哭,或者在伤心时不哭出声音来。

幼儿控制自己情绪表现的能力还常常受周围情境的左右,比如,有的幼儿在幼儿园遇到不愉快的事情时,能控制并极力掩饰自己的情绪,等到回家看见亲人,立即大哭。又如,幼儿去医院治牙,妈妈在旁边时,他十分恐惧,抓住妈妈的手不放,大哭大喊。可是当妈妈离开诊室,医生和蔼地和他说些安抚的话,幼儿就安静下来。当妈妈还在忐忑不安地竖着耳朵听诊室里的动静时,孩子已经从诊室出来了。妈妈的紧张情绪和孩子对妈妈依恋和依赖的情绪,使他增加了恐惧,而离开了妈妈,在医生坚定而和蔼的情绪氛围中,孩子较容易控制自己的情绪。

幼儿还能学会在不同场合下以不同方式表达同一种情绪,例如当他想要喜欢的食物时,如果是在父母面前,他立刻伸手去拿,或要求分食,但在外人面前,他只是注视着食物,用问长问短的方式表示自己对食物的喜爱。

婴幼儿情绪外露的特点,有利于成人及时了解孩子的情绪,并给予正确的引导和帮助,但是,控制调节自己的情绪表现以致情绪本身,是其社会交往的需要,主要依赖正确的教育方式来培养。同时,由于幼儿晚期的情绪已经开始有内隐性,因此成人需要细心观察和了解孩子内心的情绪体验。

 拓展阅读

婴儿的情绪

有研究发现,婴儿快 1 岁时,会开始使用一些策略来减少不愉快的冲动,如摇晃自己的身体,用嘴咬东西和避开一些使他们不愉快的人或事(Kopp,1989;Mangelsdorf,et al.,1995)。年龄大一点的儿童则会通过同伴说话、玩玩具或吃东西等方法来减少自己的情绪冲动。2～6 岁的儿童能越来越好地应对自己不愉快的情绪冲动,他们会将注意力从引起恐惧的事物上转移,并且通过想象美好的事物来抑制令人不快的事情(Thompson,1994,1998)。[①]

 本节小结

儿童情绪的发展趋势主要有三个方面:一是情绪的社会化。儿童最初出现的情绪反应是与生理需要相联系的。以后,情绪逐渐分化和发展,与脑的成熟和肌肉运动的分化有密切关系。同时,与社会性需要和社会性适应也有关系。学前儿童情绪社会化的趋势表现为:情绪中社会性交往的成分不断增加;引起情绪反应的社会性动因不断增加;情绪表达的社会化。二是情绪的丰富和深刻化。从情绪所指向的事物来看,其发展趋势是越来越丰富和深刻。所谓情绪的日益丰富,包括两种含义:情绪过程越来越分化和情绪指向的事物不断增加。所谓情绪的深刻化,是指它指向事物的性质的变化,从指向事物的表面到指向事物内在的特点。三是情绪的自我调节化。从情绪的进行过程看,其发展趋势是越来越受自我意识的支配。随着年龄的增长,婴幼儿对情绪过程的自我调节越来越强。这种发展趋势表现在三个方面:情绪的冲动性逐渐减少、情绪的稳定性逐渐提高以及情绪从外露到内隐。

第四节　学前儿童的基本情绪表现及特点

学前儿童的情绪表现作为动力直接影响着学前儿童认知的发展和个性社会性的形成,因此,作为学前教育工作者,有必要对学前儿童基本情绪的具体表现和典型特点进行充分把握,以此作为开展高质量学前教育的心理依据。

---

① 黄希庭.心理学导论[M].北京:人民教育出版社,1991:555.

一、哭

婴儿出生后,最明显的情绪表现就是哭。哭代表不愉快的情绪。哭最初是生理性的,以后逐渐带有社会性。新生儿的哭主要是生理性的,幼儿的哭,已主要表现为社会性情绪了。例如,有研究指出,出生第一个月时,有一半啼哭是由于饥饿或干渴引起的。到第6个月,这一类啼哭就下降为30%。

新生儿啼哭的原因,主要是饿、渴、冷、痛和想睡觉(所谓闹困)等。也还有由其他刺激引起的,例如以下几种情况:

一是环境改变引起的哭。孩子从医院回到家里,环境发生了变化。有的孩子在回家的汽车上,大部分时间都在哭。妈妈把他抱在怀里,轻轻地摇晃,想要安抚他一下。可是,越摇晃他越哭,爸爸妈妈都急坏了。其实,这是由于刚刚从医院出来,外界条件发生了较大的变化引起的。

二是周期性的哭。许多孩子每天晚上都要哭一阵子,这是一种周期性的哭,是新生儿在表达内在的需要,也可以说是他的一种放松。在这种时候,父母不必着急。要想让他立刻停止哭泣,是难以做到的。他可能稍停一下,又哇哇地哭起来。如果让他哭一阵子,再把他轻轻地抱起来,搂着他,喂点糖水,拍拍他,他就不哭了。周期性的哭还可能是一种调剂的力量,孩子晚上哭了一阵以后,夜里就能长时间睡眠。

三是刺激太多引起的哭。新生儿的居住环境要求安静,房间里过于喧哗,孩子也会经常啼哭,哭的强度也大。刺激过多使孩子疲劳。周期性哭在晚上出现,也可能是由于过度疲劳。因为晚上家人都集中在家里,容易形成兴奋的气氛,这种气氛使孩子过度兴奋,过度疲劳。

妈妈最听不得孩子哭,孩子的哭声牵动着妈妈的每一根神经,揪住了妈妈的心。孩子的哭声,就像是一道命令,妈妈立即投入战斗,喂奶、倒水、换尿布,抱着孩子走来走去。其实,妈妈过分焦虑,会反过来使孩子爱哭。有时由于妈妈心情不好,孩子哭得较多。因此,当妈妈的要善于调节自己的情绪,当爸爸的要给予更多的关心,帮助新妈妈心情平静下来,平静下来对孩子是非常重要的。

婴儿啼哭的表情和动作所反映出来的情绪日益分化。随着孩子长大,啼哭的诱因会有所增加,如中断喂奶、喂奶过快等。以后会出现因成人离开或玩具被拿走等原因引起的啼哭。

婴儿的啼哭有不同的模式,母亲或其他看护人正是根据这些不同的哭声来判断啼哭的原因,并采取适当的护理措施。例如:

(1)饥饿的啼哭是有节奏的,其频率是250~450赫兹。这是婴儿的基本哭声。啼哭时还伴随着闭眼、号叫、双脚紧蹬,如同蹬自行车那样。

(2)发怒的啼哭声音往往有点儿失真。因为婴儿发怒时用力吸气,迫使大量空气从声带通过,使声带震动而引起哭声。

(3)疼痛的啼哭事先没有呜咽,也没有缓慢的哭泣,而是突然高声大哭,拉直了嗓门连哭数秒,接着平静地呼气,再吸气,然后又呼气,由此引起一连串的叫声。疼痛的啼哭还可以分为偶发性疼痛型和通常性或慢性疼痛型,前者是因为创伤引起突然剧痛或腹痛,或因瘙痒、灼热不适、发烧引起的偶然性疼痛。后者是因为没有吃饱或者营养不良造成的疼痛。前者哭声突然激烈,声音很响,极度不安,脸上有痛苦的表情。后者则经常反复发生相似的啼哭。

(4)恐惧和惊吓的啼哭突然发作,强烈而刺耳,伴有间隔时间较短的号叫。

(5)招引别人的啼哭从第三周开始出现。先是长时间哼哼嗤嗤,低沉单调,断断续续。如果没有人去理他,就要大哭起来。

在良好的护理条件下,婴儿随着年龄增长,哭的现象逐渐减少。这是由于:第一,婴儿对外界环境和成人的适应能力逐渐增强,周围的成人,特别是初次当父母的成人,对婴儿的适应性也逐渐改善,减少了婴儿的不愉快情绪。第二,孩子逐渐学会用动作和语言来表达自己的需求和不愉快情绪,取代了哭的表情。

此外,有些生理发育现象带来的痛苦(如出牙)还会使婴幼儿啼哭。3~4岁的幼儿,随着言语能力的发展,自我控制和掩饰内心不愉快情绪的能力逐渐形成,哭的现象逐渐减少。幼儿偶尔发生莫名其妙的啼哭或其他不愉快现象,可能是发病的先兆。

二、笑

笑是情绪愉快的表现。儿童的笑,比哭发生得晚。从婴儿笑的发生看,可分为自发性的笑和诱发性的笑、不出声的笑和出声的笑、无差别的笑和有差别的笑等。

(一)自发性的笑和诱发性的笑

1. 自发性的笑

婴儿最初的笑是自发性的,或称内源性的笑,或早期笑。这是一种生理表现,而不是交往的表情手段。这种早期的笑,在孩子3个月以后会逐渐消失。

(1)睡眠中的笑。早期的笑主要是在孩子睡眠中出现的,在困倦时也会发生。早期的笑通常是突然出现的,往往是一种轻轻的笑意,是低强度的笑。孩子只是卷卷嘴角,即只有嘴周围的肌肉活动,没有眼周围的肌肉活动。

(2)清醒时的笑。出生后一个星期,新生儿在清醒时间内,吃饱了或听到柔和的声音时,也会本能地嫣然一笑,这种微笑最初也是生理性的,是反射性的微笑。

2. 诱发性的笑

婴儿最初的诱发性的笑也发生于睡眠时间。诱发性的笑与自发性的笑不同,它是由外界刺激引起的。比如温柔地碰碰婴儿的脸颊,就可能出现诱发性的笑。新生儿在第3周时,开始出现清醒时间的诱发笑,比如轻轻触摸或吹其皮肤敏感区4~5秒,即可出现微笑。4~5周的婴儿对各种不同刺激可产生微笑。如把婴儿的双手对拍,让他看转动的椭圆形卡片纸板,或听熟悉的说话声等,都能引起微笑,这种诱发性微笑也是反射性的,不是社会性的。

母亲的声音最容易引起笑,婴儿甚至停止吃奶而笑。从第 5 周开始,大人对着他点头,也能诱发婴儿的笑,并可连续 2～3 次。

(二)不出声的笑和出声的笑

3～4 个月以前的婴儿只会微笑,不会出声地笑。3～4 个月才会笑出咯咯声。

(三)无差别的笑和有差别的笑

4 个月以前的婴儿笑是不分对象的,无差别的。例如,3 个月的婴儿面对人正面的脸,不论这个人是生气还是笑,婴儿都报以微笑。如果接着把正面脸变为侧面脸,或者把脸的大小变了,婴儿就会停止微笑。3 个月的婴儿,看见白色或是有斑的花纹也会微笑。4 个月左右的婴儿出现有差别的微笑。婴儿只对亲近的人笑,或者对熟悉的人脸比对不熟悉的人脸笑得更多。

有差别的微笑的出现,是最初社会性微笑发生的标志。要珍惜孩子的笑,笑对于孩子情绪的发展乃至身心的健康发展都有重要意义。即使是新生儿自发性的笑,父母和家人看见了都会从心里感到喜悦。孩子的笑,使成人周围的气氛也轻松、活跃起来,形成愉快的精神氛围,这对孩子的成长是很重要的。孩子笑的时候,是他感到舒适的时候,经常保持笑脸的孩子,是健康的孩子。此外,笑的时候,肌肉是放松的。经常面带笑容的孩子,不但活动积极性高,而且长得较甜美,给人较好的印象。因此,从孩子出生后,就要帮助孩子保持笑容。

随着年龄的增长,儿童愉快的情绪进一步分化。愉快情绪的表情手段也不再停留于笑的表情了,甚至不只是用面部表情,而较多地用手舞足蹈及其他动作来表示。

三、恐惧

恐惧的分化会经历以下几个阶段。

(一)本能的恐惧

恐惧是婴儿一出生就有的情绪反应,甚至可以说是本能的反应,最初的恐惧不是由视觉刺激引起的,而是由听觉、肤觉、肌体觉等刺激引起的。如尖锐刺耳的声音、皮肤受伤、身体位置突然发生急剧变化(从高处摔下)等。

(二)与知觉和经验相联系的恐惧

婴儿从 4 个月左右开始,出现与知觉发展相联系的恐惧。引起过不愉快经验的刺激会激起恐惧情绪。也是从这时候开始,视觉对恐惧的产生渐渐起主要作用。

(三)怕生

怕生,是对陌生刺激物的恐惧反应。怕生与依恋情绪同时产生,一般在 6 个月左右出现。婴儿在母亲膝上时,怕生情绪较弱,离开母亲,则怕生情绪较强烈。8 个月以后的孩子,只要有母亲在身边,即使母亲离开一定距离,但在他视线之内,一般都能自己玩或和小朋友一起玩,他们把母亲当作"安全基地",他可能离开母亲一段距离,但要不时看看或返回"基地"。如果由母亲或其他人陪同,婴儿接触新事物或新环境的恐惧情绪也可以减弱,以后渐渐可以和亲人分离。可见,恐惧与缺乏安全感相联系。人际距离的拉近或疏远,影响到儿童安全感的减少与增大。

(四)压力感

压力感是指个人在面对具有威胁性刺激的情境中,一时无法消除其困境,由此产生的情绪体验。现代社会使人时时感到很大的压力,如快速的生活节奏、工作负担等,儿童也受到感染。学前儿童的压力感与恐惧和焦虑相联系。

1. 行为方面的压力

成人对孩子的要求过高,一言一行都必须按规范行事,容不得半点差错。批评过多,有的甚至动辄斥责。试举一例,一个幼儿打开了水龙头,一只手在水柱下转动着,使水柱不断变粗又变细,另一只手捧着流下来的水珠,水珠落在手心上,弹起,飞溅到脸上、身上、墙上、地上,他像在欣赏一幅奇妙的景致,那么入迷。突然,老师严厉的面孔出现了!孩子顿时惊恐万状,泪水流下来了。

2. 生活和学习方面的压力

孩子的生活节奏随着父母而十分紧张。早晨,睡眼惺忪就被从床上拉起来,套上衣服,被催促着洗脸进餐,匆忙地赶着上幼儿园。下午,从幼儿园出来后要参加各种学习班,学弹琴、学舞蹈等,很少得到放松和游戏时间。

3. 安全方面的压力

社会发展的多元化,在儿童安全方面不时发生问题。许多父母因为担心孩子的安全,经常对孩子灌输各种不安全的信息,比如"你不要单独出门,否则有坏人把你骗走""大哥哥会欺负你""马路上很危险"等。这些信息,使孩子在还没有接触到社会时,就已产生对家门外的世界的恐惧感。

为了孩子的情绪健康,必须减轻他的压力,对孩子提出合理要求,正确培养安全意识和自我保护能力。在某些场合,还要允许孩子对压力感加以宣泄。比如,让他把"无名火"发出来。

拓展阅读

鉴于情绪在人类个体发展过程中所具有的价值以及幼儿阶段的情绪特征,作为教育者的幼儿教师除了要担负对幼儿进行知识与技能的传递、行为规范的引导和具体生活的照顾之外,还有一项职责就是要在幼儿的情绪处于消极状态时给予及时的抚慰。这一点虽然在既定的《幼儿园工作规程》中没有单独列出,但却是任何一个幼儿教师在实际工作中都必然会经历的,因而也是教师开启与幼儿进行互动往来的若干项宗旨之一。①

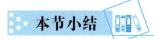 本节小结

　　儿童出生后,最明显的情绪表现就是哭。哭代表不愉快的情绪。哭最初是生理性的,以后逐渐带有社会性。笑是情绪愉快的表现。儿童的笑,比哭发生得晚。从婴儿笑的发生看,可分为:自发性的笑和诱发性的笑;不出声的笑和出声的笑;无差别的笑和有差别的笑等。恐惧是婴儿出生就有的情绪反应,甚至可以说是本能的反应,最初的恐惧不是由视觉刺激引起的,而是由听觉、肤觉、肌体觉等刺激引起的。婴儿从4个月左右开始,出现与知觉发展相联系的恐惧。引起过不愉快经验的刺激会激起恐惧情绪。也是从这时候开始,视觉对恐惧的产生渐渐起主要作用。

第五节　学前儿童高级情感的发展

　　随着学前儿童经验的丰富,尤其是表现出情感的动因更加丰富,其情感也更加深刻,出现了道德感、美感、理智感等高级情感。这些情感的出现,更大程度上支持了学前儿童心理活动的积极性和能动性。

一、道德感

　　道德感是由自己或别人的行为举止是否符合社会道德标准而引起的情感。形成道德感是比较复杂的过程。3岁以前只有某些道德感的萌芽。3岁之后,特别是在幼儿的集体生活中,随着儿童掌握了各种行为规范,道德感也发展起来。小班幼儿的道德感主要是指向个别行为的,往往是由成人的评价而引起。中班幼儿比较明显地掌握了一些概括化的道德标准,他可以因为自己在行动中遵守了老师的要求而产生快感。中班幼儿不但关心自己的行为是否符合道德标准,而且开始关心别人的行为是否符合道德标准,由此产生相应的情绪。例如,他们看见小朋友违反规则,会产生极大的不满。中班幼儿常常"告状",就是由道德感所激发起来的一种行为。大班幼儿的道德感进一步发展和复杂化。他们对好与环,好人和坏人,有鲜明的不同情绪,在这个年龄,爱小朋友、爱集体等情绪,已经有了一定的稳定性。

　　随着自我意识和人际关系意识的发展,学前儿童的自豪感、羞愧感和委屈感、友谊感和同情感以及妒忌的情感等,也都发展起来。例如,对学前儿童的羞愧感的实验研究表

---

　　① 刘晶波.社会学视野下的师幼互动行为研究:我在幼儿园看到了什么[M].南京:南京师范大学出版社,2006:139.

明,3 岁前儿童具有接近羞愧感的、比较原始的情绪反应,出现于和陌生成人接近的场合。这种情绪主要是窘迫和难为情,是接近于害怕的反应。3 岁前儿童只是在成人直接指出他们的行为可羞时,才出现羞愧。幼儿期则能对自己的行为感到羞愧。这时的羞愧已经不含恐惧成分。随着年龄的增长,羞愧感的表现越来越多地依赖于和别人的交往。

二、美感

美感是人对事物审美的体验,它是根据一定的美的评价而产生的。儿童对美的体验也有一个社会化过程。婴儿从小喜好鲜艳悦目的东西以及整齐清洁的环境。有的研究表明,新生儿已经倾向于注视端正的人脸,而不喜欢五官零乱颠倒的人脸,他们喜欢有图案的纸板多于纯灰色的纸板。幼儿初期仍然主要是对颜色鲜明的东西、新的衣服鞋袜等产生美感。他们自发地喜欢相貌漂亮的小朋友,而不喜欢形状丑恶的任何事物。在环境和教育的影响下,婴幼儿逐渐形成了审美的标准。比如,幼儿园儿童对拖着长鼻涕的样子感到厌恶,对于衣物、玩具摆放整齐产生快感。同时,他们也能够从音乐、舞蹈等艺术作品中体验到美,而且对美的评价标准也日渐提高,从而促进了美感的发展。

案例导入

今天,外面滴滴答答地下起了小雨,听到雨滴到窗台上的声音,小朋友们纷纷转头侧目,并和身边的同伴谈论起雨来。看到孩子们激动的样子,我静下心来,觉得这是一次很好的艺术教育契机,应该生成一次关于欣赏雨的课程。于是,我带领班里的孩子站在教室外面的阳台上,感受雨的美好。这时,我看到大部分小朋友都特别安静地、享受地闭上眼睛在听雨,也有小朋友伸出小手,让雨滴在手心,然后再让雨水从指缝中慢慢流下。事后,我让孩子们谈谈自己的感受,他们纷纷表达,雨滴很柔软,像妈妈的手一样;雨滴的声音像是在唱歌,又像是有人在雨里跳舞,蹦蹦跳跳的,还有雨滴滑到脸上,像是风儿一样,凉丝丝,也软绵绵的。听到孩子们说这些,我的内心无比激动。我希望身边的大自然能带给孩子们更多的美,并能让孩子们感受更多的美的情感。

——摘自某幼儿园 W 老师的教育随笔

以上案例说明,在美的环境下,孩子们可以通过感官的感受并进一步结合自身的经验产生更深层次的美感体验。孩子们的行为表现和语言表达,充分说明孩子们对美的事物的感受强烈而深刻。因此,幼儿园教师应通过环境材料的支持以及适宜的教育策略,不断丰富学前儿童的美感体验。

三、理智感

理智感也是人所特有的情绪体验,这是由是否满足认识的需要而产生的体验,这是人类社会所特有的高级情感。儿童理智感的发生,在很大程度上取决于环境的影响和成人的培养。适时地给幼儿提供恰当的知识,注意发展他们的智力,鼓励和引导他们提问等教育手段,有利于促进儿童理智感的发展。对一般儿童来说,5 岁左右这种情感已明显地发展起来,突出表现在幼儿很喜欢提问题,并由于提问和得到满意的回答而感到愉快。6 岁的幼儿喜爱进行各种智力游戏,或所谓"动脑筋"活动,如下棋、猜谜语等,这些活动能满足他们的求知欲和好奇心,促进理智感的发展。

案例导入

　　幼儿园新投放了高跷,小朋友们都想去尝试,尤其是梁宝小朋友,开始时他只要踩上去,就掉下来,总是站不稳。他说:"我只有站起来才可以,要找个高一点儿的东西靠着。"然后他找了一个用独木桥连着的架子,后背找到了支撑点,靠着它成功地站了起来,但仅仅是站立在了上面,还无法顺利地移动。接着,他在身体动作上做了很多探究,比如把双手扶的动作改成了提,同时将双手从下端挪至长柄的 2/3 处,并且将高跷紧贴身体两侧,身体微微向前倾,经过几次尝试后慢慢找到了感觉,向前走了几步兴奋极了,迫不及待地问我走了几步。就这样通过不断的练习,梁宝小朋友成功地踩着高跷走了起来。后来,他还高兴地教其他小朋友一起踩高跷呢。

——摘自某幼儿园 Z 老师的教育随笔

　　以上案例说明,学前儿童在游戏中的不断探究和成功体验,使他们逐步产生"解决了新问题""增长了新知识"的满足感。这种高级情感是推动学前儿童主动学习以及深度学习的重要内驱力。因此,幼儿园教师应关注幼儿是否在探究类活动中产生了相应的理智感。

拓展阅读

关注情绪在儿童心理发展中的价值[①]

　　以前,情绪被当作完全消极的东西:作为一个分裂性的、异化的过程,它只能妨碍人们有效的行为。直到最近一个积极的观点才盛行开来:情绪被认为对社会适应有帮助,更重要的是,它在人际关系中起重要作用。

　　情绪有生理基础,是人类天赋的一部分。在生命最初的几周里,一些基本情况就可以被分辨出来,其他的情绪随后在发展过程的某个时刻才能出现。这是因为这些情绪所需要的更复杂的认知功能(如自我意识)只有在婴儿期之后才能出现,生理的基础意味着所有人都分享一样的情绪。从与世隔绝的前文明社会收集的人类学证据和对天生的聋

　　① 黄希庭.心理学导论[M].北京:人民教育出版社,1991:567.

哑儿童的观察证实了这一点。但是,我们表达情绪的方式和场合会因抚养方式和经验的不同而不同。

儿童不仅体验情绪,还会思考它们。一旦他们会说话了,他们就可以命名各种情绪,思考情绪,并和他人讨论情绪。从第三年开始,儿童能够推断别人的内在心理状态,越来越能理解造成别人情绪的原因,越来越能预测情绪的后果。这反过来又促使儿童构建复杂的理论,解释为什么别人会如此行动,获得越来越多的"看人脸色"的技能。

情绪交谈极大地推进了这个过程,儿童首先和父母,然后和其他的儿童进行关于情绪的对话。这显示从很早开始,儿童就对自己和别人情绪背后的原因有极大的兴趣,这种对话进行得越频繁,儿童的情绪理解力就越高。情绪发展因此受到社会经验的影响。通过比较不同文化中孩子必须习得的"表现规则"(在特定情境中表达特定情绪的规则),我们可以看得很清楚。

 本节小结

学前儿童的高级情感包括几个方面:首先,道德感。道德感是由自己或别人的行为举止是否符合社会道德标准而引起的情感。形成道德感是比较复杂的过程。3 岁以前只有某些道德感的萌芽。3 岁之后,特别是在幼儿的集体生活中,随着儿童掌握了各种行为规范,道德感也发展了起来。随着自我意识和人际关系意识的发展,学前儿童的自豪感、羞愧感和委屈感、友谊感和同情感以及妒忌的情感等,也都发展了起来。其次,美感。美感是人对事物审美的体验,它是根据一定的美的评价而产生的。在环境和教育的影响下,婴幼儿逐渐形成了审美的标准。对美的评价标准也日渐提高,从而促进了美感的发展。最后,理智感。理智感也是人所特有的情绪体验,这是由是否满足认识的需要而产生的体验,这是人类社会所特有的高级情感。儿童理智感的发生,在很大程度上取决于环境的影响和成人的培养。适时给幼儿提供恰当的知识,注意发展他们的智力,鼓励和引导他们提问等教育手段,有利于促进儿童理智感的发展。

 思考与练习

一、选择题

1.下列属于爆发性的负性情绪的是(   )。

    A.愤怒   B.哭

    C.恐惧   D.笑

2.幼儿去医院打针因为疼痛而啼哭,以后看见穿白大褂的人就会害怕,这种恐惧属于(   )。

    A.想象性恐惧   B.反射性恐惧

    C.经验性恐惧   D.怯生性恐惧

3. 学前儿童基于对周围事物和环境的好奇而产生的情感体验属于(　　　)。

　　A. 理智感　　　　　　　　　　B. 美感

　　C. 道德感　　　　　　　　　　D. 积极情绪

二、简答题

1. 学前儿童的基本情绪类型有哪些?

2. 学前儿童情绪社会化的表现有哪些?

3. 学前儿童情绪、情感的发展呈现怎样的趋势和特点?

三、论述题

举例论述成人情绪对幼儿情绪发展的影响。

四、材料分析题

材料:

甜甜今年3岁了,她最喜欢吃冰激凌,有一次因为天气冷,妈妈没有给她买,她就伤心地哭了起来,这时爸爸给了她一块巧克力,她就笑了。还有一次,她看见邻居家小朋友哭了,她也跟着哭了起来。

请根据材料分析幼儿情绪的特点,并谈谈如何在活动中帮助幼儿克服不良情绪。

学习目标

素养目标：

1. 树立正确的学前儿童教育观。
2. 养成爱观察爱思考的习惯。

知识目标：

1. 理解意志在学前儿童发展过程中的意义。
2. 理解动机、意志和行为的关系。

能力目标：

1. 能够有意识地培养学前儿童的意志品质。
2. 能够为学前儿童坚持性的发展提出相应的策略。

内容导航

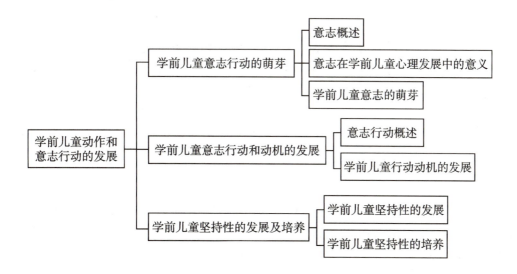

　　小班区域活动开始了,萱萱和涵涵都进入建构区搭积木。萱萱在用积木搭大楼,但是,当搭到第三层的时候,大楼就倒塌了,萱萱尝试了三次,最后放弃了,离开了建构区。而旁边的涵涵也在搭高楼,虽然高楼搭到第五层时也倒了,但是涵涵在不断尝试,一直没有放弃,直到区域活动结束。

　　从上述案例中可以看出,萱萱和涵涵在遇到困难时虽然都没有立刻放弃,但是两位小朋友坚持的时间却有差异,那为什么两位小朋友会有不同的行为表现,我们应该如何引导才能更好地发展儿童的坚持性呢? 本章将具体阐述。

第一节　学前儿童意志行动的萌芽

　　意志是人的意识能动性的集中表现,是人主动变革行动中表现出来的,对行为有发动、坚持和制止、改变等方面的控制调节作用。学前儿童的意志发展是一个逐步的过程,下面将具体阐述。

一、意志概述

　　意志是人类特有的心理现象和意识能动性的集中表现,它不仅具有自身的基本特点和品质,而且还与人的动机和行为有一定关系。

（一）意志的含义与特点

意志是人类取得成功的重要保障,我们要在理解其概念的基础上掌握其特点。

1. 意志的含义

意志是人自觉确定目标,并积极调节支配自身的行动,克服困难,实现预定目标的心理过程。它是人类特有的心理现象,在人主动变革现实的行动中表现出来,是人的意识能动性的集中表现。意志对个体的行为也有维持和促进作用,比一般动机更具有坚持性。

2. 意志的特点

意志具有明确的目的性、与克服困难直接相联系以及可以支配人的行动等特征。

（1）意志具有明确的目的性。意志的目的性让它既能发动符合目的的某些行动,又能制止不符合目的的某些行动。意志对行为效应的大小,会受人目的水平的高低和目标社会价值的影响。一般来说,目的越高尚、越远大、越有社会价值,意志表现水平就越高。比如,人们在涉及自己利益的事情上,很容易选择做与不做,而在牵涉他人或公众利益的时候,会认真权衡,不到万不得已不会轻易放弃。

（2）意志是与克服困难相联系的。克服困难的过程也就是意志行动的过程。困难有外部困难和内部困难两种。内部困难是指个体自身的障碍,如胆怯、知识经验的欠缺、能力有限、身体疾患等;外部困难是指意志行动过程中遇到的外部环境的障碍。人的意志坚强与否、坚强程度如何,是以困难的性质和克服困难的难易程度来衡量的。内部困难通常还会影响人们对外部困难的客观判断。比如,淘淘小朋友在用积木搭小汽车轨道,但是小汽车一到轨道的拐弯处就被卡住了,淘淘尝试寻找不同形状的积木来衔接拐弯处,用了长方形、直角形、弧形等不同形状的积木,最后发现弧形的积木更合适,终于通过不断尝试克服了困难,使小汽车在轨道上畅通无阻。

（3）意志以随意动作为基础。人的行动是由动作组成的,动作可分为不随意动作和随意动作两种。不随意动作是指无预定目的的动作,如一个不会作画的人信手涂鸦,一个不会武术的人胡踢乱打,是没有明确目的性和方向性的,都不能算作意志行动。而随意动作是指一种受意识支配的,具有一定目的性和方向性的活动,通常是一些已经熟练掌握的动作。如运动员自如地运球上篮,学生熟练地屈膝做操,画家持笔作画,音乐家操琴谱曲,都是意志行动的展现。一般来说,随意动作越熟练,掌握程度越高,意志行动也就越容易实现。有了随意动作,人们就可以根据目的组织、支配和调节一系列的动作,实现预定目的。比如,3岁的儿童想画画,他会努力控制画笔来绘画,尽管他画的线条不流畅,画的图形很抽象,但是他努力通过绘画来表达自己的想法。

（二）意志品质

意志品质是指构成人的意志的诸因素的总和。主要包括自觉性、果断性、自制性、坚持性四个方面。

1. 意志的自觉性

意志的自觉性是指对行动目的有明确的认识,尤其是认识到行动的社会意义,主动以目的调节和支配行动方面的意志品质。自觉性是意志的首要品质,贯穿意志行动的始终。自觉性强的人,能够广泛地听取别人的意见并进行取舍,吸收有益的成分,独立自主地确立合乎实际的目标,自觉克服困难,执行决定,对行动过程及结果进行自觉反思和评价。在行动中能主动积极地完成符合国家和人民利益的任务,并能自觉调整个人利益与集体利益、国家利益三者之间的关系,不为物质利诱而动心。比如,田田上了高中之后有了明确的目标,要考上北京大学,为了提高学习成绩,她放弃玩耍、看电视等活动,主动将大部分时间用在学习上。

与自觉性相反的意志品质是易受暗示性与独断性。易受暗示性的人,行动缺乏主见,没有信心,容易受别人左右,因而会随便改变自己原来的决定。独断性的人则盲目自信,拒绝他人的合理意见和劝告,一意孤行,固执己见。易受暗示性与独断性都是缺乏对事物自觉、正确的认识,分不清是非曲直,是需要人们去克服的意志品质。

2. 意志的果断性

意志的果断性是指善于明辨是非,迅速而合理地采取决定和执行决定方面的意志品质。果断性强的人,当需要立即行动时,能迅速做出决断对策,使意志行动顺利进行;而当情况发生新的变化,需要改变行动时,能够随机应变,毫不犹豫地做出新的决定,以便更加有效地执行决定,完成意志行动。

与果断性相反的意志品质是优柔寡断和草率决定。优柔寡断的人遇事犹豫不决,患得患失,顾虑重重,在认识上分不清轻重缓急,思想斗争时间过长,即使执行决定也是三心二意。草率决定的人则相反,在没有辨明是非之前,就不负责任地做出决断,凭一时冲动,不考虑主、客观条件和行动的后果。优柔寡断和草率决定都是意志薄弱的表现。

3. 意志的自制性

意志自制性是指善于控制和支配自己行动方面的意志品质。自制性强的人,在意志行动中,不受无关诱因的干扰,能控制自己的情绪,坚决制止自身不利于达到目的的行动,坚持完成意志行动。比如,儿童生病咳嗽了,很想吃糖果,但医生不让吃糖,儿童自我安慰说:"等我好了再吃,我要先把糖放起来。"这就是幼儿意志自制性的表现。

与自制性相反的意志品质是任性和怯懦。任性的人自我约束力差,不能有效地调节自己的言论和行动,不能控制自己的情绪,行为常常被情绪所支配。怯懦的人胆小怕事,遇到困难或情况突变时惊慌失措、畏缩不前。

4. 意志的坚持性

意志的坚持性是指在意志行动中坚持决定,百折不挠地克服困难和障碍,完成既定目的方面的意志品质。这是最能体现人意志的一种品质。坚持性强的人能根据目的要求,在长时间内毫不松懈地保持身心的紧张状态,在任何情况下,都坚持不变,直至达到目的。在遇到困难时,它能激励自己树立克服困难的信心,始终如一地完成意志行动。

"锲而不舍，金石可镂"是意志坚持性的表现，要想在工作、生活中做出一番成就，必须具有极强的意志坚持性。

与坚持性相反的意志品质是顽固执拗和见异思迁。顽固执拗的人对自己的行动不做理性评价，执迷不悟，或者是明知不可为而为之。见异思迁的人则是行为缺乏坚定性，容易动摇，随意更改目标和行动方向，这山望着那山高，庸庸碌碌，终生无为。

（三）动机、意志与行为的关系

心理学上，动机与意志既相互区别又相互联系。动机是行为的内在动因，意志是有意识地支配、调节行动，通过克服困难，以实现预定目的的心理过程。意志行为有着很大的动机成分。

当一个人意识到自己或社会有某种需要时，就会产生满足需要的愿望，从而进一步有意识地确定目标，拟定达到目标的计划，并展开行动。这种行动始终是由意识调节支配的，是自觉的、指向一定目的并与努力克服达到目标途中所遇到的障碍相联系的。从产生动机到采取行动的这种心理过程就是意志。一般来说，只有当产生了动机，同时实现动机的行为遇到阻碍时，才更能体现意志的含义。比如，当出现动机冲突时，选择其中之一作为行动的目的，并克服其他动机的障碍将行动坚持下去，就需要意志的努力；或者在行动中遭遇环境的挑战、外在的干扰，也需要以坚定的意志去与艰苦的环境做斗争。意志行动不同于生来具有的本能活动和缺乏意识控制的不随意行动，而是属于受意识发动和调节的高级活动。对于成人来说，人们的生活、学习和劳动都是有目的的随意行动，属于人类特有的意志行动。但人的意志力是在 7 岁之前形成的，意志力的完成，必须有物质身体的支撑。[①] 因此，学前儿童要不断通过用手、用脚、用身体去游戏，通过这些游戏行为来锻炼坚定的意志。

二、意志在学前儿童心理发展中的意义

意志是儿童成长和成才的基石，它能帮助儿童在面对挑战和困难时保持坚持和毅力，从而更有可能实现他们的目标，因此，意志在儿童心理发展中具有重要意义。

（一）意志有助于增强认知过程的有意性

人类的认知过程包括有意认知和无意认知，和意志相联系的认知过程是有意认知。目的性是意志的基本特征之一，自觉性是意志的重要品质，因此，当意志出现以后，它会影响学前儿童的认知过程，使其认知过程日渐体现有意性。比如，一些学前儿童为了照顾自己的小花，能够有意识地记住有的花要一天浇一次水，而有的花要一周浇一次水等相关知识，并且在浇花的过程中掌握了接水、倒水等技能。

（二）意志能够提高心理活动的调节能力

随着意志的出现，它不仅能够增强学前儿童认知过程的有意性，而且能够调节情绪

---

① 许姿妙.病是教养出来的：孩子的四种气质[M].台中：人智出版社有限公司,2018:46.

和情感、需要、社会性行为等。比如,在一场学前儿童走迷宫比赛中,若想放弃就可以退出,但是大部分儿童为了获得胜利,都会克服急躁情绪,耐心、专注地寻找路线,最终克服了种种困难,坚持到底,完成任务。

（三）意志有助于促进个性的形成

意志这一心理过程,往往伴随着多种动机的斗争,久而久之形成个体相对稳定的意志品质,而意志品质本身就是个性的重要组成部分。从这个角度而言,意志的发生发展,促进了学前儿童个性的形成。因此,培养学前儿童良好的意志品质至关重要。

三、学前儿童意志的萌芽

在婴儿的动作发展中,从依赖大量的无条件反射到之后的有意动作。有意动作具有一定的目的性,并且需要一定程度的努力,因此在一定程度上体现了个体的主观能动性。不过,婴儿最初的有意动作,虽然具有努力的成分,但是容易受到干扰。比如,婴儿想去拿某个物体,在他爬行的过程中遇到了其他物体,他就可能会被其他物体吸引,而忘记了初衷。

意志对个体根据预设的目的,支配和调节自己的行动,有较高的要求。因此,意志必须以大脑皮质相关部位的成熟为基础,在儿童有意动作实践的前提下,随着言语和认知过程的发展,然后再经过成人的教育指导才能逐渐形成。因此,成人在儿童的游戏和生活中,可以通过不断地提醒和鼓励儿童坚持完成预定任务,从而培养儿童的意志品质。

 拓展阅读

习得无能为力①

无论理论派别如何,绝大多数理论家都赞同效能感、控制感和自我决定的意识是影响人们是否会受到内部动机激励的关键因素。如果人们逐渐相信他们生活中的事件和结局绝大部分是不可控制的,那么他们就已形成了习得无能为力。为了理解习得无能为力的影响,请思考下面这个实验:在第一个阶段被试分别接受可解决或不可解决的疑难问题。下一阶段,给予所有被试一系列可解决的疑难问题。在实验的第一阶段中曾遭受不可解决疑难问题困扰的被试,在第二阶段解决疑难问题的数目明显较少。他们已经习得自己不能控制结果,他们凭什么还要努力呢?

习得无能为力看起来会导致三种类型的缺陷:动机缺陷、认知缺陷和情感缺陷。感到无能为力的学生没有努力学习的愿望,不愿付出努力,因为既然他们预料将会失败,当然就不会去努力,因此动机遭受挫折。由于这样的学生悲观消极地对待学习,他们错过了练习和提高自己技能与能力的机会,因此形成了认知缺陷。最后,他们经常忍受情感问题,例如意志消沉、心情焦虑和无精打采。一旦这些认知缺陷形成,就很难逆转习得无能为力带来

---

① 阿妮塔·伍德沃克.教育心理学[M].陈红兵,张春莉,译.南京:江苏教育出版社,2005:455.

的影响,习得无能为力将给有学习缺陷的学生和遭受歧视伤害的学生带来更大的危险。

本节小结

意志是人自觉确定目标,并积极调节支配自身的行动,克服困难,实现预定目标的心理过程,它具有明确的目的性、与克服困难相联系的、以随意动作为基础的特点。意志品质表现在自觉性、果断性、自制性和坚韧性四个方面。意志在学前儿童心理发展中的意义主要有:意志有助于增强认知过程的有意性;意志能够提高心理活动的调节能力;意志有助于促进个性的形成。学前儿童意志的萌芽是在儿童有意动作实践的前提下,随着言语和认知过程的发展,然后再经过成人的教育指导才能逐渐形成。

第二节　学前儿童意志行动和动机的发展

意志行动具有阶段性,常被分为采取行动和执行决定两个步骤。意志行动过程中,常常会遇到挫折,面对挫折,人们的反应会有不同,有的偏激,有的理性,但是都需要自我调节。动机对意志行动起到极大的推动作用,因此,我们需要对学前儿童的行动动机进行分析和了解。

一、意志行动概述

意志通过行为表现出来,受意志支配的行为称为意志行动。

（一）意志行动的阶段

意志行动通常被分为采取行动与执行决定两个阶段。

1. 采取行动阶段

采取行动阶段也称准备阶段。在准备阶段,需要确定行动目标,选择行动方案,制订行动计划。

（1）确定行动目标。目标对于行动十分重要,它是意志行动的灵魂,是意志行动未来的趋向。比如,儿童想在跳绳比赛中取得第一名,或者想在绘画展览比赛中获得一等奖等,这些都是具体的目标。确定目标是意志行动的前提。但在现实生活中,最终目的尤其是对人有重要意义的行动目的,都需要经过复杂的动机斗争才能确立,不同目标之间的吸引力越接近,动机斗争就越激烈,最终目标的确定也就越困难。

（2）选择行动方案。在意志行动之前,个体需要选取适当的方法途径达成目标。比如,儿童要想了解:春天来了,小动物们会有哪些变化? 他可以去大自然中观察、发现小动物们的变化,也可以向爸爸妈妈请教,还可以让爸爸妈妈帮忙上网查阅资料等。达到目标的途径与方法多种多样时,还需要通过动机斗争选择最佳方法。具体方法的选择既受知识经验和环境条件的制约,又受道德品质的影响。

（3）制订行动计划。目标确定、方法明确后,围绕目标的实现,需要制订具有针对性与可行性的行动计划,即落实目标的具体措施。与目标性质一致,行为目标可以分为短期目标、中期目标和长期目标,行动计划也可以分为短期计划、中期计划和长期计划。一般来说,越是近期的计划,应该越明确、清晰、具体。学前儿童尚不能很清晰地制订不同层次的计划,但可以制订短期计划,比如,今天上午我要干什么? 有的儿童就会做一个简单的规划,今天上午我要去建构区搭建一个城堡。

2. 执行决定阶段

执行决定阶段是实现目标的关键阶段,是意志行动的中心环节,是将计划付诸行动的全过程。在行动中遭遇挫折是经常的,这就需要个体借助意志力,不失时机地执行决定,不断进行目标定向和面对困难决断对策。因此,个体意志的强弱对执行决定有重要影响。在意志行动中,个体既要坚持既定目标,防止新动机目标的引诱和干扰,又要能经受挫折而锐气不减,同时,还要考虑客观情况的变化及时修订计划。

一般来说,采取行动而不执行决定,任何美好的目的和决定都会变得毫无意义。只有一经决定,就立即着手行动,并积极发挥主观能动性克服困难,朝着目标的方向努力,直至目标实现,才能真正体现意志的作用。执行决定的过程是人的意志坚强与否的试金石,如果在困难与挫折面前选择退缩甚至放弃,或者改变已有的决定,这些都是意志薄弱的表现。当然,一个意志坚强的人,会根据具体情况,对曾选定的方法和拟定的计划进行必要的修正,坚持正确的有利于目标实现的方法。固执并非意志坚强,灵活机动并非意志薄弱。然而,学前儿童的意志相对薄弱,需要成人不断提醒、鼓励才能坚持下来,坚定的意志也就是在这样的坚持中不断锻炼的。

（二）意志行动中的挫折

意志行动中的挫折是个体在追求目标过程中不可避免的一部分。

1. 挫折的概念

挫折是指人们在有目的的活动中,遇到无法克服或自以为无法克服的障碍或干扰,使其需要或动机不能得到满足而产生的紧张状态与情绪反应。挫折主要包含如下三层含义:

（1）挫折情境。即干扰或阻碍意志行为的情境。一般情况下,造成挫折情境的因素有主观因素和客观因素两个方面,主观因素是指个体的生理和心理因素,客观因素是指自然和社会环境因素。比如:文浩小朋友虽然平时学习很努力,但由于个人心理素质不好,每次考试都会紧张、焦虑,始终未能取得理想成绩。

（2）挫折认知。即个体对挫折情境的认知、态度和评价。挫折认知是产生挫折和如何对待挫折的关键。挫折情境能否真正构成挫折,在很大程度上取决于个体对挫折情境的态度和评价。比如,有的人在一次考试失败后即产生强烈的挫折感,认为自己太无能;有的人遇到同样情况后只是认为试卷中题目的难度太大,不适合当前的学习内容,并没有产生挫折感。

（3）挫折行为。即伴随着挫折认知而产生的情绪和行为反应。例如，有的人遭受挫折后变得更加顽强和努力，直至取得更辉煌的业绩；也有人在遭受挫折后变得消沉颓废，不仅事业的发展受阻，而且长期处于失败阴影的笼罩下。当个体同时存在挫折认知和挫折行为或者三者同时存在时，便构成心理挫折。这是因为，挫折认知既可以是对实际遭遇的挫折情境的认知，也可以是对想象中可能出现的挫折情境的认知。比如，一个人总是怀疑自己周围的同事议论自己，看不起自己，虽然事实并非如此，但他会因此而形成与同事关系上的挫折感，产生紧张、烦恼、焦虑不安等情绪反应。

2. 挫折反应

人们对挫折的反应有着不同的情形，有的情绪反应强烈，有的则不明显；有的以各种偏激的行为表现出来，有的则以积极的方式对待。一般来说，挫折的反应主要表现在以下三个方面：

（1）情绪性反应。情绪性反应是指人们在受到挫折时伴随着强烈的紧张、愤怒、焦虑等情绪所做出的反应，可能表现为强烈的内心体验，也可能表现为特定的表情或行为反应。情绪性反应多为消极性反应，主要表现为焦虑、冷漠、退化、幻想、逃避、固执、攻击、自杀等。

1）攻击。情绪反应中最常见的表现形式是攻击，攻击是指一个人受到挫折后产生的强烈的侵犯和对抗的情绪及行为。攻击有直接攻击和转向攻击两种。直接攻击是指一个人受到挫折以后，把愤怒的情绪指向对其构成挫折的人或者物，多以动作、表情、言语、文字等形式表现出来。转向攻击是指将挫折引起的愤怒和不满的情绪转向发泄到自我或与挫折来源不相关的其他人或其他物上，即日常生活中的迁怒。比如，果果小朋友在用积木搭高楼，可是搭到一半时，楼突然倒塌了。这时，果果非常生气，把积木扔得乱七八糟，到处都是。

2）退化。退化是指个体遭受挫折时表现出与自己的年龄和身份不相称的幼稚行为，即成熟倒退现象。比如，有的中老年人钱包被偷以后，坐在地上号啕大哭。退化的另一种表现是易受暗示性，即人在受到挫折后，对自己丧失信心而盲目相信别人，或盲目执行某人的指示。比如，个体遭受挫折后易轻信谣言，盲目忠实于某个人或某个组织。

3）冷漠。冷漠是指当个体遭受挫折后，所表现出来的对于挫折情境漠不关心与无动于衷等情绪反应。这是一种十分复杂的行为表现方式，它并非不包含愤怒的情绪成分，只是个体的愤怒被暂时压抑，以间接的方式表现出来而已。这种现象表面显得冷淡退让，内心深处则往往隐藏着很深的痛苦，是一种受压抑的情绪反应。

4）逃避。逃避是指个体不敢面对自己预感的挫折情境而逃避到比较安全的环境中去的行为。比如，天天看到森森小朋友在学跳绳，森森刚刚学会连续跳七八下，森森邀请天天一起来跳绳，但天天还不会跳，他怕自己学不会就赶快让妈妈带他走。

（2）理智性反应。理智性反应是指人们在受到挫折后，采取积极进取的态度，在理智的控制下做出的反应。理智性反应是正确对待挫折的反应方式，主要表现在以下两个方面：

1）坚持目标，逆境奋起。遇到挫折时，首先要客观冷静地分析，如果预期目标是现实的和正确的，当前的挫折只是暂时的，是在实现目标的道路上遇到的小插曲，那么就应该设法排除障碍，克服困难，坚定地朝着目标迈进。历史发展实践证明，许多科学发现和发明，都是在重重困难的阻碍下，经过多次失败才获得成功的。

2）调整目标，继续努力。由于自身条件或社会因素的限制，一定时期内人们的目标并不是都能实现的。因此，在意志行动中，一定要客观分析导致失败的原因。如果是当时的条件下某些计划不具有可行性，就需要根据实际情况对目标进行适当的调整。比如，有人想成为歌唱家，就苦练唱歌，但由于自己的嗓音不够圆润，音乐基础又不太好，怎么练都达不到理想效果，这时就可以考虑其他的发展方向了。如果发现目标是可以实现的，只是计划不够周全或者方法不正确，就可以有针对性地进行局部调整以求最终目标的实现。

（3）个性的变化。一般情况下，挫折对人的影响是暂时的，随着挫折情境和条件的改变，随着时间的推移或个体认识上的变化，受挫时所感受的紧张状态会逐渐消失。持续的或重大的挫折可能会使个体产生持续的紧张状态和挫折反应，甚至影响个性的形成与发展。比如，一个人在儿童时期长期受到父母过分严厉的管教甚至责难和打骂，就易形成畏缩拘谨、胆小怕事、逆来顺受或者倔强执拗、偏执敌对等不良的个性特点。但挫折对个性的影响并不一定都是消极的，对个性的形成与发展也可能产生积极的影响。比如，苗苗小朋友家庭经济条件不好，爸爸妈妈都是体力劳动很辛苦，这使苗苗要比同龄儿童更懂事，使她养成了坚强、刚毅和不屈不挠的个性特点。总之，挫折对个性的影响在很大程度上取决于人们对挫折的适应情况。

3. 挫折的自我调节

意志行为中遇到挫折，可进行自我心理调节，通过个人的自我力量应对挫折。

（1）正确认识挫折，客观分析原因。个体遭遇挫折，可能产生消极的影响，也可能产生积极的影响。以正确的心态看待挫折，认真总结经验教训，寻找自身的不足，可以更好地促进个人的发展，同时还能够磨炼性格和意志，增长知识和才干。面对挫折，冷静客观地分析自己的目标、方法、有利因素和不利因素，找出造成挫折的真实原因，对挫折做出符合实际的准确归因。比如，童童小朋友很喜欢扔沙包游戏，但是每次一上场就被别人打中，他很沮丧，觉得自己不会、做不好。但是老师告诉他，失败并不代表他很糟糕，而是需要他多练习，这使他认识到失败是可以改变的。接下来，他不再为失败而沮丧，而是加强练习，最终他能够很灵活地躲过同伴扔来的沙包。

（2）学习心理防御方法，减轻心理压力。挫折会使人的心理平衡遭到破坏，使个体产生焦虑、自卑等诸多负面情绪。在精神极度痛苦时，可适当地学习运用心理防御方式，如幻想、否认等，使个体暂时摆脱痛苦、减轻不安，以恢复情绪稳定和心态的平衡。然而，各种心理防御方式只能作为应急机制，它们大多带有自欺欺人的色彩，并不能真正解决问题。因此，在运用心理防御方式使自己的心理恢复平衡后，还必须进一步地分析原因。比如，明明小朋友很害羞，课堂上不敢回答问题，他担心其他小朋友笑话他。老师告诉他可以只看着老师来回答问题,想象其他小朋友都不存在。明明在老师的鼓励下,尝试采用老师教的方法,逐步克服了紧张,参与到了活动中。

(3)适时调节抱负水平。抱负水平是指个体在从事活动前,对自己所要达到的目标或成就的预期。个体根据主客观情况确定适度的抱负水平,是目标顺利达成的关键。抱负水平过低,可能造成个体的身心潜能被埋没;抱负水平过高,意志行动中会力不从心,难以达成目标,从而产生失败感,打击自己的自信心和自尊心。

(4)改善挫折情境。挫折情境是产生挫折和挫折感的主要原因,如果挫折情境得以消除或改善,挫折感自然会随之发生变化。挫折情境的改善可从多方面入手:一是行动前采取及时有效的防范措施,预防挫折的产生;二是当挫折发生之后,认真分析原因,努力改变一些可以改变的挫折情境;三是努力减轻挫折引起的不良影响,从中吸取经验教训。比如,乐乐小朋友看到自己的小伙伴都会骑自行车,但她还不会骑很难过。接下来,乐乐每天从幼儿园回来就让妈妈陪自己去骑自行车,经过半个月的坚持和练习,乐乐终于学会了骑自行车。

(5)加强意志力的锻炼。在感到将要产生或已经产生了自我挫败感时,充分发挥主观能动性,通过自我激励的方式进行调节,将挫折当成自我磨炼的机会,从而减轻内心的不平衡感,解除由挫折而产生的不良情绪的困扰,恢复乐观、积极的态度,唤起自信心。同时,在生活中不断培养自己面对困难的心理承受力和坚持性,以提高对挫折的应对能力。对于学前儿童来说,锻炼意志力的最好方式就是锻炼身体,让儿童通过跑步、跳绳、打球等方式,养成运动的习惯,从而培养儿童的意志力。

二、学前儿童行动动机的发展

学前儿童行动动机的发展是一个复杂且渐进的过程。在这个过程中,儿童逐渐学会根据自己的需要和兴趣来指导自己的行动,从而形成具有明确目的和合理动机的意志行动。

(一)学前儿童行动目的的发展

目的性是指一个人能自觉地确定意志行动的目的,能深刻地认识行动的正确性和重要性,并自觉地调节和支配自己的行动。

自觉的行动目的的形成需要一个过程,不是一下子就能完全形成的。在3岁以前,儿童的行为主要受制于成人,以成人的目的为主;4～5岁的儿童,逐步形成自觉的行动目的;6岁左右的儿童可以逐步提出比较明确的行动目的。

(二)学前儿童意志行动动机的发展

学前儿童行动动机的发展是一个由简单到复杂,由低级到高级的过程。

1.逐渐出现间接动机

根据动机与目的之间的关系,可以将动机划分为直接动机和间接动机,直接动机与学前儿童的目的、兴趣一致,间接动机则与其不一致。因此,要实现间接动机,就需要儿童付出更多的意志努力。比如,童童想要得到教师的表扬,会加快吃饭速度,并且强迫自己吃平常不喜欢吃的菜,这就是儿童间接动机的体现。由此可见,间接动机体现了儿童意志的发展。

2. 优势动机的性质逐渐变化

由于各种动机之间的主从关系开始形成,当同一个行为中多种动机并存时,总有一些动机是占优势的。优势动机对儿童的行为具有重要的影响。随着年龄的增长,学前儿童优势动机的性质也逐渐变化,体现为由成人引发到自发,从直接的、具体的、狭隘的动机向间接的、长远的、较广阔的动机变化。比如,儿童看到解放军叔叔觉得很威风,就想着长大要当解放军,妈妈告诉他那就要好好吃饭才能长得高高的,儿童为了长大能当解放军就听妈妈的话,好好吃饭不挑食,还早睡早起,并且逐渐养成了锻炼身体的好习惯。

拓展阅读

挫折的积极作用[①]

挫折是客观存在的,任何人在生活和工作中都不可能一帆风顺,他们总会受到一些无法排除的干扰和阻碍,致使某些动机或预定的目标不能达到。挫折并不完全是消极的,它有弊有利。在某些情况下,它可以激发更大的意志努力,促使人更加坚定地向预定目标奋进。有研究表明,动物在遇到挫折后会出现反应率暂时提高的现象。研究将大白鼠分成两组,一组是强化组,一组是挫折组。实验要求它们穿越一个通道,在这个通道的中间设置一个目标盒,在通道的尽头也设有一个目标盒,即通道上有两个目标盒。强化组的条件是在两个目标盒中都放有食物;挫折组的条件是在第一个目标盒中没有放食物,只在第二个目标盒中放有食物。实验结果表明,挫折组的大白鼠比强化组的大白鼠跑得快。当然,人类对挫折的反应要比动物复杂得多。但是,这个实验表明了个体在受挫折的情境下可以出现努力奋进的行为。

本节小结

意志通过行为表现出来,受意志支配的行为称为意志行动。意志行动分为两个阶段:采取行动与执行决定。采取行动阶段包括:确定行动目标、方法选择、制订行动计划。意志行动中的挫折主要包含三层含义:挫折情境、挫折认知和挫折行为。常见的挫折反应有:情绪性反应、理智性反应,以及个性的变化。情绪性反应主要表现为焦虑、冷漠、退化、幻想、逃避、固执、攻击、自杀等;理智性反应表现为坚持目标,逆境奋起,调整目标,继续努力。挫折自我调节的措施:正确认识挫折,客观分析原因;学习心理防御方法,减轻

---

① 彭聃龄.普通心理学(修订版)[M].北京:北京师范大学出版社,2001:347.(有改动)

心理压力;适时调节抱负水平;改善挫折情境;加强意志力的锻炼。学前儿童行动动机的发展趋势:逐渐出现间接动机,优势动机的性质逐渐变化。

第三节 学前儿童坚持性的发展及培养

坚持性是学前儿童发展中的一个重要品质,它可以帮助儿童在面临挑战时保持足够的耐心和毅力,促进他们的认知、情感和社会交往能力的发展。

一、学前儿童坚持性的发展

儿童坚持性的发展,是其意志发展的主要标志。具有坚持性意志的人,一方面表现为善于抵御外界无关的干扰,始终坚持如一;另一方面表现为善于克服困难,总结教训,始终朝着目标前进。

(一)坚持性的发展

学前儿童的坚持性 ,体现了其行动目标的明确性和动机的强度,其坚持性的发展是一个复杂而渐进的过程。

1.坚持性发展的特点

学前儿童行动中的坚持性随着儿童年龄的增长而提高。1~2岁儿童的坚持性开始萌芽,如观察发现,婴儿摆弄同一种玩具的时间能长达3~9分钟。有一些实验以3~6岁儿童为研究对象,实验任务为保持特定的姿势,不同条件下,学前儿童保持特定姿势的时间是随着年龄增长而增加的,年龄越小,儿童的坚持性水平越低。4~5岁是学前儿童坚持性发展的转折期,其中学前初期儿童坚持的时间最短,其求助行为和溜号行为较多;学前中期儿童的坚持时间明显长于学前初期儿童,且正处于多种坚持行为发生和发展的关键期,求助行为减少,溜号行为表现最少,自语与策略行为有所发展;学前晚期儿童的坚持性最好,坚持的时间最久,但他们的溜号行为最多,求助行为最少,自语与策略行为发展最好。

2.坚持性发展的趋势

学前儿童坚持性的发展是一个逐步增强和稳定的过程,具体表现为以下几个方面。

(1)从主要受他人控制发展到自我控制。2岁的儿童,自我控制的水平是很低的。当遇到外界诱惑时,主要受成人的控制,而一旦成人离开,则很难自己控制自己,很快就会违反行为的规则。随着年龄的增长,在教育的影响下,儿童自我控制的能力逐渐增强。

(2)从不会自我控制发展到使用控制策略。控制策略是影响儿童控制能力的一个重要因素,对于年龄小的儿童来说,他们还不会使用有效的控制策略。随着儿童年龄的增长,他们逐渐学会使用简单的策略进行自我控制。如关于延迟满足的研究表明,有少数4~5岁的儿童能运用小声唱歌、把手藏在手臂里、用脚敲打地板或睡觉等许多分心的策略不去碰诱惑物。而5～6岁的儿童已懂得如何将诱惑物盖起来、藏起来。

（3）儿童自我控制的发展受父母控制特征的影响。有研究表明父母要求少或要求低的儿童有高攻击性的特征；严厉控制下的儿童有情绪压抑、盲目顺从等过度自我控制倾向，在儿童后期自我控制的发展中有一定的稳定性。

总的来说，儿童自我意识的发展，表现在能够意识到自己的外部行为和内心活动，并能够恰当地评价和支配自己的认识活动、情感态度和动作行为，并且由此逐渐形成自我满足、自尊心、自信特征。

（二）自制力的发展

学前儿童自制力的发展水平影响儿童意志的坚持性。随着年龄的增长，学前儿童抗拒诱惑、延迟满足的能力逐渐提高。3岁左右的儿童一般不善于控制自己的意愿和行为，他们执着于自己喜欢的、感兴趣的事情，并且容易受外界因素的干扰；4～5岁的儿童开始逐步控制自己的愿望和行为，在游戏活动中，能够抑制自己的喜好，能够遵循规则，完成任务；5～6岁的儿童一般能够主动控制自己的愿望和行为，遵循规则和要求，服从整体利益，甚至可以排除别人的干扰，坚持完成任务。

二、学前儿童坚持性的培养

儿童在向目标努力的过程中，可能会遇到困难，成人应该给予其必要的适应性支持，陪儿童一起寻找答案，耐心引导，鼓励他们通过自己的努力克服困难，这有利于儿童获得成就感，并促使其养成独立自主的习惯。

（一）激发儿童的兴趣提高其坚持性

我们常说，兴趣是最好的老师。当儿童对自己周围的事物感兴趣时，便会沉浸其中，他们的坚持性和注意力自然会得以发展。

当学前儿童不感兴趣时，在活动中往往会半途而废，因此，我们应该让活动充满乐趣，激发学前儿童的兴趣。苏联教育家马努依连柯曾经做过一系列坚持性的实验，结果表明五种条件下，学前儿童有意保持特定姿势的时间都随着年龄的增长而增长，但在游戏的情境中，学前儿童坚持的时间最长。游戏中常常蕴含一定的规则，学前儿童为了进行游戏，他们必须遵守规则，调整自己不符合规则的行为，这就体现出较好的坚持性。另外，家长和老师也可以设计一些游戏，锻炼和发展学前儿童的意志和坚持性，比如通过搭积木、爬台阶、盖房子等游戏活动培养儿童的意志和坚持性。

（二）培养儿童独立自主的习惯

学前儿童的依赖性很强，行为常常缺乏主动性。根据学前儿童身心发展特点，要逐步培养儿童独立自主的好习惯，使学前儿童形成"自己的事情自己做"的意识。在日常生活中，鼓励儿童自己吃饭穿衣，自己整理书包，自己整理房间，自己整理玩具等。在幼儿园，通过值日、争当小帮手等活动，有利于儿童养成独立自主的习惯。

我们要多鼓励学前儿童，只要儿童去做了，即使没做好我们也要夸夸他们。当儿童没有做好的时候,我们要给儿童进行示范,但不能代做。对儿童我们应该多一些赞赏,少一些否定。这样他们才会愿意尝试,愿意去做,并逐步养成独立自主的好习惯。

(三)耐心引导儿童设立切实可行的行动目标

2~3岁的儿童往往没有具体的行为目标,如果成人能够引导他们设立切实可行的目标,那么他们就能按目标完成任务。对这一阶段的儿童要多启发引导,培养其行为的目的性;4~6岁的儿童,能够形成一定的行为目的,但是这种目的自觉性程度不高,还需要成人进一步引导。另外,还要根据儿童身心发展的特点,引导其设立难度适宜的目标,目标太难会导致挫败感,目标太容易则没有成就感,因此,要设立适宜的目标。

因此,在学前期,家长更要注重孩子意志力的培养,不要让孩子过早从事大量的知识性学习,强化孩子的认知功能,这样势必适得其反、得不偿失。而意志力的完成,必须有物质身体的支撑。[①] 意志力是用身体去完成的能力,其主要支撑在于身体的肌肉,而肌肉的力量需要持续不断地锻炼才能得以提升和保持。也就是说顽强的意志力,需要有健康的体魄做支撑,而健康的体魄需要通过运动训练来完成。为此我们一生都必须保持四体勤快的好习惯,以培养顽强的意志力,而这样的好习惯应该从小养成,关键就在7岁以前。

同时,学前儿童很重要的一个发展任务就是运动训练。人体所有的肢体动作都是由大脑控制的,这时候多活动肢体,才能刺激脑神经。有助于头部发育的刺激方向,应该是从肢体往头部,而不是直接针对脑部做文章。[②] 基于此,学前儿童家长应鼓励孩子不断用手、用脚、用身体去游戏和做事,通过身体动作将神经信息传达到脑部,刺激脑神经发育,在这些身体的运动中增强身体对抗外界的能力,锻炼坚定的意志力,从而让孩子获得持续发展的力量。

总之,学前儿童的意志发展是一个逐步的过程,需要成人的引导和支持。通过提供明确的目标和规则,鼓励他们积极参与学习和社交活动,以及培养他们的自我控制和决策能力,可以帮助他们建立良好的意志品质。

 拓展阅读

棉花糖实验——延迟满足[③]

所谓"延迟满足"就是我们平常所说的"忍耐"。为了追求更大的目标,获得更大的享受,可以克制自己的欲望,放弃眼前的诱惑。

棉花糖实验是1966—1970年,斯坦福大学教授沃尔特·米歇尔(Walter Mischel)在幼儿园进行的有关自制力的一系列心理学经典实验。他先后对600名3~6岁的孩子做

---

① 许姿妙.病是教养出来的:孩子的四种气质[M].台中:人智出版社有限公司,2018:46.
② 许姿妙.病是教养出来的:爱与碍[M].台中:人智出版社有限公司,2018:21-25.
③ 郭俊龙.别说你懂职场心理学[M].北京:中国画报出版社,2012:205.(有改动)

了这个实验。

实验者发给 4 岁被试儿童每人一颗好吃的糖,同时告诉孩子们:如果马上吃,只能吃一颗;如果等 20 分钟后再吃,就给吃两颗。有的孩子急不可待,马上把糖吃掉了;而另一些孩子则耐住性子、闭上眼睛或头枕双臂做睡觉状,也有的孩子用自言自语或唱歌来转移注意消磨时光以克制自己的欲望,从而获得了更丰厚的报酬。在美味的糖面前,任何孩子都将经受考验。

实验之后,研究者进行了长达 14 年的追踪。他们发现,到中学时,这些孩子表现出了明显的差异:那些坚持到最后的孩子在学校里表现出很强的适应能力和进取精神,而没有坚持到最后的孩子则比较固执、孤僻,很难承受挫折与压力。这个实验表明了这样一个事实:那些更善于调控自己情绪和行为的孩子,拥有更好的心理健康水平和更大的未来成功的希望。这样看来,培养孩子"延迟满足"的能力就显得尤为重要。

本节小结

儿童坚持性的发展,是其意志发展的主要标志。儿童坚持性发展趋势主要是:从主要受他人控制发展到自我控制,从不会自我控制发展到使用控制策略,儿童自我控制的发展受父母控制特征的影响。培养学前儿童坚持性的措施:激发儿童的兴趣提高其坚持性,培养儿童独立自主的习惯,耐心引导儿童设立切实可行的行动目标。

思考与练习

一、选择题

1.一个人自觉地确定目的,并依据目的支配、调整自己的行动,克服各种困难。从而实现目的的心理过程是(   )。

　　A.思维　　　　　　　　　　B.心情
　　C.知觉　　　　　　　　　　D.意志

2.在面对问题时常常举棋不定,是意志品质的(   )弱的表现。

　　A.自觉性　　　　　　　　　B.果断性
　　C.坚韧性　　　　　　　　　D.自制力

3.意志行动的关键阶段是(   )。

　　A.确定目标阶段　　　　　　B.动机斗争阶段
　　C.执行决定阶段　　　　　　D.采取决定阶段

4.意志过程的基础是(   )。

　　A.目的性　　　　　　　　　B.认识
　　C.情感　　　　　　　　　　D.随意性

二、简答题

1. 意志的概念、特征和品质分别是什么？

2. 简述学前儿童行动动机发展的特点。

三、论述题

试述意志在学前儿童心理发展中的意义。

四、材料分析题

材料：

淘淘是个4岁的小男孩，活泼好动，喜欢画画但坐不住，画不了一会儿就丢下不画了。爸爸十分生气并批评他说："画得这么难看，还猴子屁股——坐不住，你长大了还能干什么！"淘淘被"训"得耷拉着脑袋，画画的兴趣一点儿也没有了。妈妈见状拿起淘淘的画说："看，淘淘画的这个大气球多好看呀！如果能把颜色再涂得均匀些，会不会更好看呢？来，淘淘，妈妈和你再一起画一画，好不好？"妈妈边说边拉着淘淘又一起开始画画了："嗯，这个气球的颜色比刚才画的颜色更均匀，更漂亮了！"淘淘一听妈妈这样说，画画更起劲了，画画的时间也变长，画得也越来越好了。

问题：

（1）请结合儿童意志的特点分析案例中爸爸妈妈的教育行为。

（2）请结合案例提出培养儿童坚持性的策略。

模块四

学前儿童个性、社会性的发展

第十一章　学前儿童个性的发展

学习目标

素养目标：

认识学前儿童个性发展的基本规律,树立正确的儿童观。

知识目标：

1. 掌握学前儿童个性发展的基本理论知识。

2. 掌握学前儿童个性结构中气质、性格、能力、自我意识个性倾向性发展的基本特点。

能力目标：

能够运用学前儿童个性发展的基本理论知识,分析幼儿的个性心理特征及其行为表现,并尝试评价其个性发展的状况。

内容导航

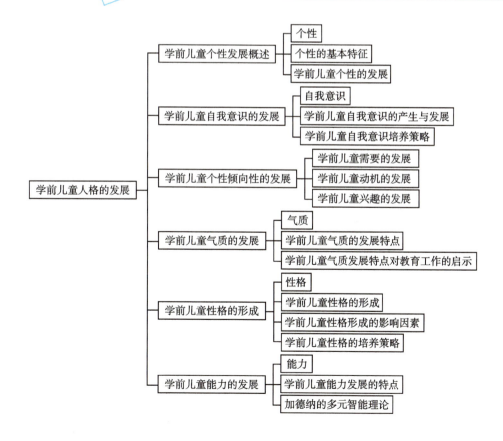

案例导入

　　苏霍姆林斯基曾说:"每个孩子都是一个完全特殊的、独一无二的世界。"就像全世界找不出两片一模一样的叶子一样,全世界也找不出两个完全一样的孩子。洋洋和安安是同龄的两个男孩子,但是他们的性格脾气却完全不同。洋洋经常兴高采烈,而安安却很难看出其情绪;洋洋很喜欢与别人一起玩,而安安却喜欢一个人独自玩耍;洋洋平日里动作快、吃饭快,做事喜欢一口气做完,而安安则是个"慢性子",做起事来不紧不慢……

　　不仅是洋洋和安安,我们知道即使是在同一个家庭内,兄弟姊妹间的性格、脾气、行为和表现也都各有不同。事实上,就如我们看到的那样,自我们诞生的那一刻起,人与人之间的差异便出现了。这些差异体现在个体的情绪、气质、性格、思想、行为以及能力等方面。学前儿童为什么会出现这些差异? 他们的差异性表现在哪些方面? 又具有哪些特点? 本章我们将共同探讨这些问题。通过学习我们将了解学前儿童的个性心理特征及其行为表现,并尝试评价学前儿童个性发展的状况。

第一节　学前儿童个性发展概述

　　每一个孩子之所以是独一无二的,是因为他们是由不同的情绪、气质、性格、思想和行为等所构成的混合体,我们把个体的这种独特性称为个性。

一、个性

个性是指个体在与社会环境相互作用中所表现出的一种独特的行为模式、思维模式和情绪反应的特征,也是一个人区别于他人的特征之一,亦称人格。儿童出生时只是一个生物个体,其个性的初步形成从幼儿期开始,并随着个体社会性发展而逐步形成。个性作为一个心理系统,包含三个彼此之间相互联系的结构,它们分别是自我意识、个性倾向性和个性心理特征。

(一)自我意识

自我意识即自我调控系统,是指个体对自己的各种身心状态的认识、体验和愿望。它具有目的性和能动性等特点,对个性的形成、发展起着调节、监控和矫正的作用。

(二)个性倾向性

个性倾向性即人格动机系统,是指个体对社会环境的态度和行为的积极特征,包括需要、动机、兴趣、理想、信念、价值观与世界观等。较少受生理、遗传等先天因素的影响,主要是在后天的培养和社会化过程中形成的。个性倾向性是推动个性发展的动力因素,决定了一个人的活动倾向性。其中需要是推动个性发展最积极的因素,世界观是个性倾向性的最高层次。

(三)个性心理特征

个性心理特征是个体多种心理特点的一种独特结合,包括气质(心理活动的动力特征)、性格(对现实环境和完成活动的态度上的特征)、能力(完成某种活动的潜在可能性的特征)等心理成分,是个性系统的特征结构。其中,性格是个性的核心特征,反映个体对现实稳定的态度以及与之相适应的习惯化了的行为方式。比如,日常生活中的"好动""活泼""豪爽""善良""随和"等个性只是心理学中个性心理特征之一的性格,而不是个性的全部内容。

值得注意的是,心理学中的个性,与日常生活中所说的个性含义不同。比如,生活中我们常把那些与大家有不同见解的人,称为有个性;而把那些人云亦云的人,称为没个性。这里的"个性"只是生活中的概念,从心理学的角度来说,每一个人都有自己独特的个性。"与大家有不同见解的人"和"人云亦云的人"都是个体个性特征的表现。

二、个性的基本特征

个体的个性具有整体性,独特性与共同性的辩证统一,稳定性与可变性的辩证统一,以及社会性与生物性的辩证统一四个基本特征。具体如下:

(一)整体性

个性的整体性是指构成个性的各种心理成分和特质,如气质、性格、能力、情绪、动机、态度、价值观、行为习惯等,在个体身上并不是孤立存在的,而是密切联系构成的一个统一的整体。在这个整体中,各个成分相互作用、相互影响、相互依存,使个体的行为在各方面都体现出统一的特征。比如,一个充满自信的人,走起路来昂首挺胸、气宇轩昂,说话时声音洪亮;一个脾气急躁的人,往往快人快语、遇事易冲动等。也正是因为个体的个性特征会表现在个体的言语和行为等方方面面,所以成人需要将幼儿的言行举止放在个体的整体表现中进行衡量和思考,分析其行为产生的原因,进而采取合理的应对措施。比如,同样是在午休时的哭闹行为,有的幼儿可能是身体不舒服引起的,而有的可能是为了引起教师的注意,故意为之。

(二)独特性与共同性的辩证统一

个性的独特性是指人与人的心理和行为是各不相同的。个性的共同性是指由于受共同的社会文化影响,同一民族、同一地区、同一阶层、同一群体的个体之间具有共同的典型心理特点。如受儒家文化的影响,全世界的华人都有不少相同的个性特征。我们强调个性的独特性,但并不排除个性的共同性,个性既有与同一群体中其他人相同的特点,也有与其他人不同的特点,即个性是独特性与共同性的辩证统一。比如,幼儿普遍具有活泼好动、好奇心强、模仿性强、喜欢与人交往等共同特点,但不同的幼儿又有不同的个性特点,如有的谦和忍让,有的争强好胜;有的观察力强,有的动手能力强等。

(三)稳定性和可变性的辩证统一

个性的稳定性是指个体的个性特征具有跨时空和跨空间的一致性,是其在心理和行为之中的较稳定的特征。比如,一个人经常地、一贯地表现得冷静、理智、处事有分寸的性格特征,但偶尔表现出的冒失、轻率,则不是他的个性特征。"江山易改,本性难移",形象地说明了个性的稳定性。但个性的稳定性并不意味着它在人的一生中是一成不变的,随生理的成熟和环境的改变,个体的个性也可能或多或少地发生变化。如一个人的社会地位和经济地位发生重大改变,或者丧偶、迁居异地等,都可能使个体的个性发生较大的,甚至彻底的改变。所以,个性是稳定性与可变性的辩证统一。

(四)社会性和生物性的辩证统一

个性的社会性是指个体在自然属性的基础上,经过后天的学习、教育与环境的作用,逐渐形成的社会属性。个体与生俱来的感知器官、运动器官、神经系统和大脑在结构与机能上的一系列特点,是个性形成的物质基础与前提条件。个性并非单纯自然的产物,个体的需要、理想、信念、价值观等是在社会影响下、在个体生活过程中逐渐形成的。因此,个性在很大程度上受社会文化、教育内容和教育方式的影响,带有明显的社会性。正如马克思所说:"'特殊的人格'的本质不是人的胡子、血液、抽象的肉体本性,而是人的社会特质。"同一民族、同一阶级的人在某些共同的生活条件下生活,逐渐掌握了这个社会的风俗习惯和道德观念,就会形成共同的个性特点。因此,个性是社会性与生物性的辩证统一。

三、学前儿童个性的发展

学前期是个体个性的初步形成期,个体2岁左右个性开始萌芽,3～6岁个性开始形成。具体如下:

（一）个性萌芽

个性萌芽是指心理结构的各成分开始组织起来,并有了某种倾向性的表现,但是还没有形成有稳定倾向性的个性系统。2岁之前的婴幼儿还没有真正掌握语言,思维也没有完全发展起来,因此,在这一阶段,其心理活动是零碎的、片段的,还没有形成系统;2岁左右,婴幼儿心理结构的各成分已经开始组织起来,并有了某种倾向性的表现,但还没有形成稳定倾向性的个性系统,即个性开始萌芽。

（二）个性开始形成

3～6岁的幼儿具有稳定倾向性的各种行为活动的独特结合开始逐渐成形,个性的各种心理结构成分开始发展,特别是自我意识和性格、能力等个性心理特征开始明显地发展起来,个性开始形成。一般把3～6岁叫作个性形成过程的开始时期,其标志有四个方面:一是心理活动整体性的形成;二是心理活动稳定性的增长;三是心理活动独特性的发展;四是心理活动积极能动性的发展。因此,我们要格外重视儿童学前时期个性的养成教育,正如陈鹤琴先生所说:"幼稚期(自出生至7岁)是人生中最重要的一个时期,什么习惯、言语、技能、思想、态度、情绪,都要在此时期打一个基础,若基础打得不稳固,那健全的人格就不容易形成了。"[1]

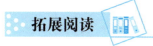

地域性格[2]（节选）

地域性格是指一个国家或一个地区因地域环境、人文和经济发展不同,人的性格也会出现较大差异的现象。性格并不是静止的,而是变化的、发展的,随着社会政治、经济和文化的发展而发展,随着生活方式的变化而变化。

一方水土养育一方人,一个地区的文化和自然环境、社会经济和文化传统,对当地人的性格有较大的影响。不同地域的自然环境和文化以及社会经济的发展,影响着不同地域的人。正是在这些因素的影响下,不同的地方才呈现出不同的性格。

地理特征。山西是"黄土文化"的代表之一。山西远离海洋,临近黄河,海洋的开放文化对山西人影响微乎其微,而受"黄土文化"和中国传统思想影响很大,因此山西人具

①　陈鹤琴.家庭教育[M].上海:华东师范大学出版社,2013:自序7.
②　于栋华.论中国画家性格与绘画风格的关系[M].天津:天津人民美术出版社,2018:98-99.（有改动）

有憨厚朴实的性格特点。

历史文化。一个地区的人性格同一性,是经过了漫长的历史才形成的。一个地区的历史进程和历史文化对人的性格有潜移默化的影响。山东是儒家文化的发源地,受儒家文化影响,山东人伦理道德观念非常强烈。他们的家族观念比其他地区都要强烈,并且在伦理道德观念上是非常传统的。

生活方式。广东大部分地区都是沿海的,许多人都以打鱼为生。在海上,都要经历大风大浪,并且需要很多人合作,这就促使广东人形成了勇敢的性格和极强的团队精神。

饮食习惯。饮食习惯对人们性格的影响也是巨大的。以上海为中心的江南人喜欢吃清淡甜食和鱼,由于甜食中含有大量的可转化成大脑 5-HT 前体营养物质,所以江南人的大脑中 5-HT 水平较高,而 5-HT 又是维持良好情绪和转换思维方式的最重要的神经递质,江南人脾气好,脑子灵活不能不说与此有很大关系。

本节小结

个性是个体稳定且具有一定倾向性的各种心理特点或者品质的独特组合,是与他人有区别的独有特性的变化和稳定性的发展,其差异主要体现在每个人待人接物的态度和言行举止中。个性由自我意识、个性倾向性和个性心理特征三个彼此之间相互联系的结构组成。个性具有整体性,独特性与共同性的辩证统一,稳定性和可变性的辩证统一,社会性和生物性的辩证统一等特征。个体 2 岁左右个性开始萌芽,3~6 岁个性逐渐形成。

第二节　学前儿童自我意识的发展

"我是谁?"当我们对自己进行描述时,我们大多数人会提及自己的显著个性特征(诚实、友善)、在生活中担任的角色(学生、女儿)以及自己的爱好等。心理学家将这一难以捉摸的概念称为"自我"。尽管绝大多数学前儿童并没有直白地提出这个问题,但学前儿童对于自我的本质很好奇,他们如何回答这个问题将会影响其生活的其他方面。

一、自我意识

自我意识是意识的一种形式,指个体对自己所作所为的看法和态度,包括对自己存在的察觉(如认识自己的身高、体重、形态等生理状况,兴趣、爱好、能力、性格、气质等心理特征)以及自己对周围的人或物的关系的认识(如自己与周围人们相处的关系、自己在集体中的位置与作用等)。自我意识是人类特有的反映形式,是人的心理区别于动物心理的一大特征。

自我意识是个性的组成部分,也是个性形成水平的标志,其发展过程是个体不断社会化的过程,是个性特征形成的过程。良好的自我意识对个体良好个性的形成起着至关重要的作用。同时,自我意识又是一个多维度、多层次的复杂的心理系统或心理结构。人们通常按照自我意识的表现形式、内容和自我观念对自我意识进行划分。

（一）从表现形式上分类

从形式上看,自我意识表现为认知的、情感的、意志的三种形式,分别称为自我评价、自我体验和自我控制。三者之间相互联系、相互制约,统一于个体的自我意识之中。其中,自我评价是最基础的部分,决定着自我体验的主导心境以及自我控制的主要内容;自我体验强化自我认识,决定了自我控制的行动力度;自我控制则是完善自我的实际途径,对自我认识、自我体验都有调节作用。三个方面整合一致,便形成了完整的自我意识。

1. 自我评价

自我评价是个体在对自己认识的基础上对自己的评价,是自我体验和自我控制的前提。自我评价主要解决"我是一个什么样的人"的问题,主要包括对生理自我、社会自我和心理自我的评价。比如,"我是一个相貌平平的人""我是一个善于交际的人""我是一个心理素质很好的人""我是一个幽默的人"等。

2. 自我体验

自我体验是自我意识的情感成分,在自我认识的基础上产生,通过自我评价和活动产生的一种情感上的状态,反映个体对自己所持的态度。它包括自我感受、自尊、自爱、自信、自卑、内疚、自豪感、成就感、自我效能感等层次,其中,自尊是自我体验中最主要的方面。

3. 自我控制

自我控制是自我意识的意志成分,它反映的是个体对自己行为的调节、控制能力,包括独立性、坚持性和自制力等,是个体意志品质的集中体现。

（二）从内容上分类

从内容上看,自我意识可分为生理自我、心理自我和社会自我三类。

1. 生理自我

生理自我是指个体对自己生理属性的意识,包括对自己的身高、体重、外貌、身材等方面的意识等。如果一个人对生理自我不能接纳,觉得自己个子矮、不漂亮、身材差等,就会讨厌自己,表现出自卑和缺乏信心。这是自我意识的最原始形态。

2. 心理自我

心理自我是指个体对自己心理属性的意识,包括对自己的人格特征、心理状态、心理过程及其行为表现等方面的意识。

3. 社会自我

社会自我是指个体对自己社会属性的意识,包括对自己在社会关系、人际关系中的角色、地位的意识,与他人相互间关系的认识、评价和体验,以及对自己所承担的社会义务与权利的意识等。

（三）从自我观念上分类

从自我观念来看，自我意识可分为现实自我、投射自我和理想自我三个维度。

1. 现实自我

现实自我是个体从自己的立场出发对现实的我的看法，即对现实中我的认识。

2. 投射自我

投射自我是个体想象中的他人对自己的看法，如想象自己在他人心目中的形象，想象他人对自己的评价，以及由此而产生的自我感。投射自我和现实自我之间往往有差距。差距越大，个体便越会感到自己不为别人所了解。

3. 理想自我

理想自我是个体从自己的立场出发对将来自我的希望，即对想象中的我的认识，理想自我是个体想要完善的形象，是个人追求的目标。理想自我与现实自我也不一定是一致的。

二、学前儿童自我意识的产生与发展

学前儿童的自我意识不是与生俱来的，其产生是一个特殊的认知过程。个体的认知过程是主体对客体的反映过程，而自我意识是主体对自己的反映过程。个体首先会对外部世界、对他人有认识，然后才会逐步认识自己。自我意识是个体在与他人交往的过程中，根据他人对自己的看法和评价而逐渐发展起来的，也就是说，只有把自己放在与他人的关系中，个体才能认识自己。婴儿一旦知道自己是独立于其他物体的存在，那么他就会考虑自己是谁。因此，自我再认是自我意识发生过程中的第一步。测试婴儿的自我意识是否出现的一个简单方法就是视觉再认测试。研究者使用一种叫作"镜像测验"（又称"点红实验"）的方法，巧妙地测量婴儿的自我认识。学前儿童自我意识的产生和发展经历了以下过程。

（一）自我概念的发展

1.1 岁以前自我感觉的发展

1 岁以前的婴儿还不能把自己作为一个主体同周围的客体区别开。我们经常会看到七八个月的孩子咬自己的手指、脚趾，有时会把自己咬疼而哭叫起来，是因为该年龄阶段的孩子还没有意识到手、脚是自己身体的一部分。随着婴儿年龄的增大，他们慢慢地知道了手、脚是自己身体的一部分，能够在成人发出"耳朵""鼻子""嘴巴""眼睛"等指令时，正确地认识自己的身体部位。但是此时的婴儿还无法明确区分自己和他人的身体器官。例如，爸爸抱着 1 岁的淘淘问他："淘淘的耳朵呢?"淘淘先摸摸自己的耳朵，又伸手去摸爸爸的耳朵，再摸摸自己的耳朵，如此反复多次。

动作的发展是幼儿自我意识发展的前提。婴儿在 1 岁左右开始会拿纸、笔等物体，能把自己的动作和动作的对象区分开。例如，洋洋在无意识中碰到了皮球，皮球向前滚动了一段距离。洋洋从这里似乎感到自己的存在和力量。之后，他会主动去滚皮球，用手拍打东西,嘴里还会嘟噜着:"宝宝,打打。"

婴儿对自己身体的认识和对自己动作的意识是其自我意识的最初级形式,即自我感觉阶段。

2.1~2岁自我认识的发展

当幼儿认识到自己和妈妈不再是同一个人,并会叫"妈妈"时,说明幼儿已经开始把自己作为一个独立的个体来看待了。这是幼儿形成自我概念的基础。例如,明明最初在镜子里看到自己时,总是把它当作其他幼儿,喜欢跟镜子里的"朋友"玩,会对着镜子中的小人笑,会用手摸摸镜子中的小人,到了1岁半明明开始知道镜子中的人就是自己。

3.2~3岁自我意识的萌芽

2~3岁的幼儿开始掌握代名词"我",是幼儿自我意识萌芽的最重要标志。当幼儿逐渐学会较准确地使用"我"这一代名词来表达自己的愿望时,则标志着幼儿的自我意识产生了。3岁左右的幼儿学会用"我"来称呼自己,但是仍倾向于用名字来称呼自己。例如,2岁半的童童抱着妈妈的脖子,委屈地说:"童童摔倒了。"

4.3岁以后自我意识各方面的发展

3岁以后幼儿在知道自己是一个独立的个体的基础上,逐渐开始出现对自己内心活动的意识。如开始意识到"愿意"和"应该"的区别,懂得"愿意"要服从"应该",并逐渐开始了对自己的评价。如评价自己好不好、乖不乖等,但这种评价是非常简单的。进入幼儿期,孩子的自我评价逐渐发展起来,同时,自我体验、自我控制已开始发展。例如,3岁半的洋洋对2岁半的童童说:"我们应该先洗手再吃饭。"

在教育的影响下,幼儿的自我意识有了进一步发展,韩进之等的研究表明,幼儿自我意识各因素(自我评价、自我体验、自我控制)发展的总趋势是随着年龄的增长而增长的。(见图11-1)

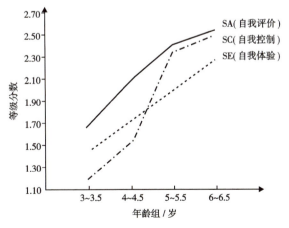

图11-1　学前儿童自我意识各因素的发展趋势[1]

---

[1]　韩进之,杨丽珠.我国学前儿童自我意识发展初探[J].心理发展与教育,1986(3):3.

（二）自我评价的发展

自我评价的能力在 3 岁幼儿中还不明显,自我评价开始发生的转折年龄是 3.5 ～ 4 岁,此年龄阶段的发展速度较 3.5 ～ 4 岁时要快,5 岁的幼儿绝大多数已能进行自我评价。[①] 幼儿自我评价的特点是:一是从轻信成人的评价到自己独立评价;二是从对外部行为的评价到对内心品质的评价;三是从比较笼统的评价到比较细致的评价;四是从带有主观情绪性的评价到初步客观的评价;五是开始以道德行为的准则进行评价。[②] 具体如下:

1.从轻信成人的评价到自己独立评价

3～4 岁的幼儿对自我的评价只是简单地重复成人对其的评价,此时幼儿自我评价的独立能力很低。例如,4 岁的果果跟妈妈出去拜访朋友,回到家后非常高兴。果果兴奋地对奶奶说:"奶奶,果果很聪明!"奶奶问:"果果为什么夸自己聪明? 是做了什么事情吗?"果果说:"今天,阿姨们都夸果果聪明。"

5～6 岁的幼儿对成人的评价逐渐持有批评的态度,开始出现自己的独立评价。如果成人对他的评价不符合他对自己的评价,幼儿会质疑,甚至会表现出反感。例如,6 岁的糖糖拿着自己用橡皮泥捏的小人给爸爸看,爸爸看后说:"嗯,糖糖捏得很不错,但还是没有姐姐捏得好。"糖糖很生气,噘着嘴说:"不! 我捏得最好!"

2.从对外部行为的评价到对内心品质的评价

幼儿的自我评价基本上表现为对自己外部行为的评价,还不能深入对内心品质进行评价。例如,明明在回答他是好孩子的原因时说:"我不迟到,我午睡好、吃饭好,我帮助老师打扫卫生。"从明明的回答可以看出来,他都是从外部的行为来进行评价的,极少涉及内心品质,不过也可以看出一点儿向内心品质过渡的趋势。

3.从比较笼统的评价到比较细致的评价

幼儿进行自我评价时,起先主要是从单一角度或个别方面比较笼统地评价自己,而后随着年龄的增长以及在老师的引导下,开始学会对自己进行多方面较为细致的评价。例如,幼儿在回答自己是好孩子的原因时,有的幼儿说:"我给老奶奶让座位。"有的幼儿说:"我听妈妈的话。"随着年龄的增长,幼儿的自我评价发展到了多方面。当再问同一问题时,幼儿就会回答:"我听妈妈和老师的话,我帮助小朋友,我爱护植物,所以我是好孩子。"

据研究,4 岁左右的孩子有一半以上可以进行自我评价,但主要是从个别方面或局部来评价自己,5 岁左右的孩子则进一步,6 岁的孩子则能从多方面进行评价。

4.从带有主观情绪性的评价到初步客观的评价

学前初期的孩子往往不从具体事实出发,而从情绪出发进行自我评价。由于较好的

---

① 韩进之,杨丽珠.我国学前儿童自我意识发展初探[J].心理发展与教育,1986(3):6.

② 杨丽珠,吴文菊.幼儿社会性发展与教育[M].大连:辽宁师范大学出版社,2000:80-81.

评价会引起幼儿愉悦的情绪,因此,在学前初期孩子往往对自己的评价过高。

有实验研究表明,3~6岁的幼儿对美工作品的评价带有相当大的偏向性。如果让幼儿评价自己的作品与教师的作品谁的好,尽管教师的作品很差,但他们依然会说自己的作品不如教师的好,但如果让他们评价自己的作品与其他幼儿的作品时,不论好坏,他们都会评价自己的作品比其他幼儿的好。在一般情况下,3~6岁的幼儿总是过高地评价自己,但随着年龄的增长,这种情况日渐减少,他们往往不好意思直接评价自己比他人好;6~7岁时,幼儿逐渐能够对自己做出客观的评价,甚至会出现谦虚的评价。[①] 例如,5岁的婷婷画了一幅画,邻居阿姨看了后夸奖她:"你画得真好!是不是呀?"婷婷一边开心地笑着一边说:"我不知道,我不知道自己画得好不好。"

5. 开始以道德行为的准则进行评价

学前初期时,孩子常常做了评价后说不出依据,到了学前中期,孩子开始以道德行为的准则进行评价。例如,从幼儿园出来,5岁的田田对妈妈说:"妈妈,我不要和明明做好朋友了。"妈妈诧异地问:"为什么?你们不是最好的朋友吗?"田田委屈地说:"他不经过我同意就抢走我最喜欢的奥特曼,还骂其他小朋友。"

整体看来,幼儿的自我评价能力还很差,因此,成人必须善于对幼儿做出适当的评价,不要过高,也不要过低,否则都会对幼儿产生不好的影响。奥地利精神病学家阿德勒认为:所有儿童都会有一种与生俱来的自卑感,它会激发儿童的想象力并试图通过改善自己的环境来消除自卑感。所谓自卑(又称为自卑感),是指个人体验到自己的缺点、无能或低劣而产生的消极心态,与优越感相对。在阿德勒看来,自卑是人类正常的普遍现象,源于婴儿弱小的无助感,后因心理、生理和社会的障碍(真实的和想象的)而加重。自卑对人格发展有双重影响。适度的自卑可产生成就需要,转为奋发向上的动力。沉重的自卑不利于人的发展,有两种情况:不适当的超补偿,会使人得不偿失;转成自卑情结,会造成生活适应困难。

(三)自我情绪体验的发展

当幼儿产生自我意识,并且能够理解评价自己行为的规则和标准时,他们就会产生自我情绪体验,如羞愧、内疚和骄傲等。研究表明,3岁儿童已经能够评价自己的行为,并且能够产生相应的自我情绪体验。[②] 幼儿自我情绪体验主要有以下特点:

1. 从低级到高级、从生理性体验向社会性体验发展

幼儿的愉快和愤怒是生理需要的表现,发展较早;委屈、自尊、羞愧是社会性体验的表现,发生较晚,大约在4岁以后会得到明显发展。4~5岁是幼儿自我体验发生转折的年龄,从这一时期开始,幼儿社会性的情感体验,如委屈、自尊、羞愧等,开始发展并不断得到深化。

---

① 刘军.学前儿童发展心理学[M].南京:南京师范大学出版社,2020:238.
② 林崇德.发展心理学(第三版)[M].北京:人民教育出版社,2018:250.

2. 表现出易变性、受暗示性

3～4岁幼儿的自我体验易变,但多数是愉快的,羞愧感的体验较少,且这种自我体验易受到成人的暗示。特别是3岁左右的幼儿,只有在成人的暗示下才会有羞愧感。成人应利用幼儿的这一特征,多采用积极的暗示,促进其道德情感的发展。4～5岁的幼儿有60%以上都能体验到自尊感,5～6岁的幼儿有80%能体验到自尊感,此时幼儿受暗示性不再明显。

在幼儿自我情绪体验中,最值得重视的是自尊。自尊是自我意识中具有评价意义的情感成分,是与自尊需要相联系的对自我的态度体验,也是心理健康的重要指标之一。自尊需要得到满足,将会使人感到自信,体验到自我价值,从而产生积极的自我肯定。研究表明,儿童时期的自尊与其未来的学业成就、对生活的满意和幸福感等相联系。①

(四)自我控制能力的发展

研究表明,自我控制最早发生于个体出生后12～18个月,是在生理不断成熟的条件下,伴随着注意机制的成熟和其他心理能力的发展而出现的。3～6岁的幼儿自我控制水平有限,随着年龄的增长,其自我控制能力在不断提高。主要表现出以下四个特点:

1. 从主要受他人控制发展到自己控制

3岁左右的幼儿自我控制的水平非常低,在遇到外界诱惑时,主要受成人的控制,成人一旦离开,幼儿很难控制自己的行为,并很快就会违反规则。

案例

在一项行为实验中,教师把一个大盒子放到幼儿面前,对幼儿说:"这里面有一个很好玩的玩具,一会儿我们一起玩,现在我要出去一下,你等我回来。我回来前,你不能打开盒子看,好吗?"幼儿回答:"好的!"教师把幼儿单独留在房间里,下面是两名幼儿在接下来的2分钟独处时的不同表现:

幼儿A:眼睛一会儿看墙角,一会儿看地上,尽量不让自己看面前的盒子。小手也一直放在自己腿上。教师再次进来问:"你有没有打开盒子看?"幼儿说:"没有。"

幼儿B:忍了一会儿,禁不住打开盒子偷偷看了一眼。教师再次进来问:"你有没有打开盒子看?"幼儿说:"没有,这个玩具不好玩。"

实验中的幼儿B,当老师离开后忍了一会儿,之后禁不住诱惑打开盒子偷偷看了一眼,违反了老师对他的要求,并且当老师回来的时候,还会"骗"老师说自己没有打开盒子看,这是幼儿自控能力较低的表现。

2. 从不会自我控制发展到使用控制策略

控制策略是影响儿童控制能力的一个重要因素,对于年龄小的孩子来说,他们还不会使用有效的控制策略,随着幼儿年龄的增长,他们逐渐学会使用简单的控制策略来进

---

① 林崇德.发展心理学(第三版)[M].北京:人民教育出版社,2018:250.

行自我控制。在上述实验中,当老师离开后,幼儿可以运用许多分心的策略来避免失去对自己的控制能力。例如,幼儿 A 一会儿看墙角,一会儿看地上,尽量不让自己看前面的盒子,小手也一直放在自己的腿上,这就是幼儿所用的分心策略,来遵守老师所传达的要求,也表现出幼儿自我控制能力不断发展的表现。

关于延迟满足的研究表明,有少数 4 ~ 5 岁的幼儿能运用多种分心的策略不去触碰终止等待的信号。比如,小声地唱歌、把手藏在手臂里、用脚敲打地板或睡觉等,对于 5 ~ 6 岁的幼儿来说,他们已懂得如何将诱惑物盖起来。

3. 幼儿自我控制的发展受父母控制特征的影响

研究表明,父母要求少或要求低的幼儿有高攻击性的特征;在父母严厉控制下的幼儿有情绪压抑、盲目顺从等过度自我控制的倾向。在父母控制下形成的自我控制特征,在幼儿后期自我控制发展中具有一定的稳定性。

4. 自我控制发展的性别差异

研究表明,幼儿自我控制发展水平具有性别差异,女孩高于男孩。该方面的研究与日常观察是一致的。在幼儿园各个年龄段往往是女孩子能更好地执行老师的指令,实现老师的教育意图,在这一过程中,往往有一部分男孩子不能很好地实现这一点。

幼儿自我控制自己行为的方式主要有以下几种:①利用言语自我调节,不断地进行自我提醒;②制订计划,增加行为的目的性;③采用有效的注意策略,减少自我控制的压力;④延迟对需要的满足及抵制欲望等。

三、学前儿童自我意识培养策略

学前儿童自我意识是随着生理成熟,在与父母、幼儿园教师以及同伴等他人的互动中逐渐发展起来的,因此,父母和教师要运用正确的教育方法和教育策略,创设良好的环境等促进学前儿童自我意识的健康发展。

(一)多给予幼儿具体和适度的表扬

表扬是指对个体或群体所表现出来的良好的思想品质、言语行为给予肯定性的评价。经常受到父母和教师表扬的孩子,往往会对自己产生一种积极的看法,敢于尝试,勇于面对失败,生活中往往表现得较为自信。父母和教师要善于抓住时机,用亲切的话语和赞许、信任、期望的眼光,及时而适度地对儿童进行表扬,促进儿童转变;同时表扬中要有理有据,分寸适当。要避免空泛的表扬和过度的表扬,切忌乱戴高帽子,否则会使幼儿夸大自己的优点,而忽视自己的缺点,进而导致自负。

(二)多给予幼儿积极和正面的评价

幼儿自我评价经历了从轻信成人的评价到自己独立评价的发展过程,年龄越小的幼儿受成人评价的影响越大,即使到了大班,幼儿自我评价的独立性也有待加强。所以他人评价是幼儿认识自己的重要依据,对于幼儿自信心的建立非常重要。作为父母和教师应多看到幼儿的闪光点,多给予幼儿积极正面的评价,让不同的孩子都能获得成功的体验,增强其自信心。

(三)善用规则引导幼儿形成正确的评价

为幼儿建立合理必要的规则,培养其规则意识,是培养幼儿进行自我控制和正确自我评价的重要前提。生活中,父母和教师应对幼儿进行规则教育,让幼儿明了有哪些规则,遵守和违反了相应的规则会有什么样的后果,并在幼儿违反规则的时候,执行相应的后果,使得幼儿在生活中逐步了解和掌握最基本的道德和行为规范要求,能够依据清晰的规则指导自己的行为,评价自己和他人的行为。

(四)鼓励幼儿在自主探索中体验成功的快乐

当幼儿自我意识萌芽时,他们就开始强烈地要求自己做事,喜欢用自己独特的方式去认识、探索周围的世界,对任何事情都充满了强烈的好奇心。并且在一段时间内,孩子甚至会拒绝成人的帮助,喜欢自己动手去探索、去尝试,以显示自己的独立性。此时父母和教师要以最大的信任、必要的指导和最低限度的帮助,有的放矢地鼓励孩子,帮助孩子培养自信心。

(五)创设表现机会使幼儿获得成就感

父母和教师在充分认识幼儿各方面能力的实际情况后,要尽量为幼儿创设能够充分表现自己的机会,如在幼儿园,教师可以让幼儿轮流做小老师、吃饭值日生、卫生监督员等。通过这些活动,让幼儿有机会为同伴服务,发挥自己的潜力,体验不同的角色,感悟不同角色下自己与他人的关系,享受到成功的乐趣。

(六)通过增强自我约束力提高同伴交往的质量

同伴交往是人际交往的重要形式,是幼儿学习社会交往的初始阶段。日常生活中,父母和教师要为幼儿提供轻松、自由、有趣味的活动,鼓励其多与同伴交往,让幼儿在与人、事、物、境相互作用中逐步提高交往能力,逐步建立和形成自我意识。

(七)通过游戏等活动提高幼儿自我控制力

游戏是幼儿最喜欢的活动,游戏规则可以帮助幼儿逐步摆脱以自我为中心,以愉快的心情兴趣盎然地再现现实生活,进而向社会合作发展。父母和老师需要有意识地利用游戏来培养儿童的这些品质。如,对于坚持性、自制力较差的幼儿可以安排一些必须坚守岗位的游戏角色,锻炼其意志力,并及时对其坚守岗位的行为进行表扬。幼儿受到表扬和肯定,就会进一步强化其掌握控制自我行为的意识。

自我意识的诞生——阿姆斯特丹等人的点红实验①（节选）

实验1:1972年,阿姆斯特丹借用动物学家盖勒帕在黑猩猩研究中使用的点红测验(以测定黑猩猩是否知觉"自我"这个客体),从而使有关婴儿自我觉知的研究取得了突破性进展。实验的被试是88名3～24个月的婴儿。实验开始,在婴儿毫无察觉的情况下,主试在其鼻子上涂一个无刺激红点,然后观察婴儿照镜子时的反应。研究者假设,如果婴儿在镜子里能立即发现自己鼻子上的红点,并用手去摸它或试图抹掉,表明婴儿已能区分自己的形象和添加在自己形象上的东西,这种行为可作为自我认识出现的标志。

实验结论:婴儿对自我形象的认识要经历三个发展阶段。第一个是游戏伙伴阶段:6～10个月。此阶段婴儿对镜中自我的映像很感兴趣,但认不出他自己。第二个是退缩阶段:13～20个月。此时婴儿特别注意镜子里的映像与镜子外的东西的对应关系,对镜中映像的动作伴随自己的动作更是显得好奇,但似乎不愿与"他"交往。第三个是自我意识出现阶段:20～24个月。这是婴儿在有无自我意识问题上的质的飞跃阶段,这时婴儿能明确意识到自己鼻子上的红点并立刻用手去摸。

实验2:1979年,路易斯和布鲁克斯借用了阿姆斯特丹的点红实验的镜像研究,另外还利用观看录像和相片的方法对婴儿的自我意识做进一步的实验研究。他们提出婴儿认识自我形象的根据或线索有两条:一是相倚性(镜像动作与婴儿动作一致),二是特征性(镜像与婴儿身体特征的一致性)。

在第一阶段的实验中,他们选取了9～24个月的婴幼儿作为实验对象。按照阿姆斯特丹的点红实验方式进行。实验结果是,在小于24个月的婴幼儿中,只有25%立即用手去摸或擦自己的鼻子。可是在24个月的幼儿中,有88%会立即用手去摸自己的鼻子。第二阶段的实验是让幼儿观看特制的录像:在第一部录像里,被试婴幼儿就在当时所在的环境,这时一个人走进屋;第二部录像的内容是该儿童一星期前正在玩玩具,此时有一个人正走进屋;第三部录像则是另外一个儿童在玩,有一个人正走进屋子。结果发现,9～15个月的婴儿都能够很快从第一部录像中认出自己,并转头向门口看,次数多于后面两种情境。对第二种情境和第三种情境中婴儿的反应情况进行比较,发现只有15个月以上的婴儿才能区分这两种情境,这说明婴儿已经能够区别自我与他人的形象,对自我的认识逐渐清晰。第三阶段的相片实验中,研究者向被试婴儿提供了许多照片,包括婴儿自己的和其他婴儿的照片。15～18个月的婴儿,当听到叫自己的名字时,能够指出自己的照片,并看着它对它微笑。

路易斯和布鲁克斯三部分的实验结论与阿姆斯特丹的研究结果基本一致。1岁以前

---

①　边玉芳等.儿童心理学[M].杭州:浙江教育出版社,2009:176-179.(有改动)

的婴儿不能区分作为主体的自己和外部的客体,他们还没有自我意识。2岁左右的儿童才能抹掉不属于自己的"红点",他们具备了自我意识。

实验应用:通过众多对儿童自我意识发展的研究,我们可以看到:婴儿发现咬手指与咬布娃娃在感觉上不一样,说明他已意识到手指是自己身体的一部分,这可以认为是儿童自我意识最初的形态——自我感受;自我意识的进一步发展是人称的转变,儿童会用第一人称"我"来代替第三人称称呼自己,此时他们已能区分有别于自己的外部客体;当儿童2岁以后,就逐渐意识到自己的特征、能力和状态,知道自己有没有能力解决一个问题;到了4~5岁,儿童在自我意识方面的发展进入了一个新的阶段,而且表现出明显的差异。

上面两个实验从科学角度展现了婴幼儿自我意识发展的阶段性,德国作家约翰·保罗曾说:"一个人真正伟大之处,就在于他能够认识自己。"当孩子有认识自我的要求时,教育者应不失时机地培养他们的自我意识。由于自我意识影响着人格的形成,健康、积极的自我意识是促进健康人格形成的重要因素,所以教育者要引导孩子形成积极的自我意识。在婴幼儿时期,积极的自我意识主要包括以下内容:觉得自己是有价值的人,受到别人的重视和好评;觉得自己是有能力的人,可以"操纵"周围世界;觉得自己是独特的人,受到别人的尊重与爱护。

本节小结

自我意识是人类特有的反映形式,是人的心理区别于动物心理的一大特征。自我意识是个性的组成部分,也是个性形成水平的标志,是推动个体发展的重要因素。从形式上自我意识表现为认知的、情感的、意志的三种形式,分别称为自我认识、自我体验和自我控制;从内容上自我意识可分为生理自我、心理自我和社会自我三个部分;从自我观念上自我意识可分为现实自我、投射自我和理想自我三个维度。2~3岁的儿童掌握了代名词"我",这是自我意识萌芽的最重要标志。3岁以后的儿童自我评价逐渐发展起来,自我体验、自我控制已开始发展。学前儿童自我意识的发展随着年龄的增长而增长。促进学前儿童自我意识的发展可以从促进幼儿在自我评价中树立信心、在自我体验中享受成功和在自我调节中增进交往等方面入手。

第三节　学前儿童个性倾向性的发展

个性倾向性包括需要、动机、兴趣、理想、信念、价值观与世界观等,是个体对社会环境的态度和行为的积极特征,主要是在后天的培养和社会化过程中形成的。学前儿童在和周围世界相互交往的过程中,表现出明显的个性倾向性,他们的需要、动机、兴趣逐步发展并表现出年龄特点。本节就对学前儿童的需要、动机、兴趣加以阐述。

一、学前儿童需要的发展

需要是个体在一定生活条件下,即在一定社会和教育的要求或自身的要求下产生的对于一定客观现实的反映,是个体对其存在与发展条件的欲求的心理倾向,是个体活动的内在动力。需要越强烈,由此引起的活动就越有力。需要的满足与否主要通过一个人的情绪来反映。需要被满足,情绪相对就比较积极、愉快;反之,需要未被满足,情绪就会消极。

（一）学前儿童需要的种类

1. 生理需要

主要是对饮食、睡眠、休息等的需要。年龄越小的儿童出现这类需要时,往往要求即时满足,得不到满足便焦躁不安,甚至又哭又闹。随着年龄的增长,受教育的影响,学前儿童逐步学会控制自己的情绪,并能以文明的行为方式表达这类需要。

2. 游戏需要

随着年龄的增长,学前儿童开始具有强烈的游戏需要,如捉迷藏、玩沙、玩水、画画、唱歌等。通过游戏活动,学前儿童加深了对周围世界的认识,增进了与同伴间的交流与合作,并在此过程中体验快乐,磨炼品格。

3. 交往需要

学前儿童都喜欢与人交往。他们喜欢与亲人处在一起,与同龄儿童共同游戏。学前儿童在与他人的交往中,学会沟通、分享、合作、互助等技能,学会如何与他人相处,如何处理人际关系,在与他人的互动中,感受到自己的存在感和价值感,感受到归属感和安全感,促进认知和情感的发展。

4. 受尊重需要

当学前儿童自我意识有了发展后,就有了被尊重的需要。受尊重需要表现在学前儿童希望得到成人的注意、认可、表扬,希望得到同伴的友谊。嘲笑、戏弄,当众被呵斥、责骂、体罚等行为,都会伤害学前儿童的"自尊心"。

5. 求知需要

学前儿童有强烈的好奇心,他们好奇喜问,喜欢操弄拼拆各种东西,有着强烈的学习需要。他们渴望与周围世界进行互动,渴望认识各种自然现象和社会生活,这些求知需要是学前儿童学习的基础。

6. 审美需要

学前儿童有审美的需要。在社会生活中,在成人的教育熏陶下,他们认识和体验生活中的美,通过幼儿园美育教育活动,培养审美情感,发展审美感知力,培养审美创造力和想象力。

（二）学前儿童需要的特点

学前儿童需要的发展遵循着一个规律,即年龄越小,需要越简单、越低级,生理需要越占主导地位。随着年龄的增长,1~3岁,孩子的社会性需要逐渐增加,出现了模仿成人活动的探索性需要、游戏的需要及与伙伴交往的需要等。但在这个阶段,生理需要仍然是占主要地位的需要形式。3岁以后,学前儿童的社会性需要逐渐增强,同时,需要的发展已经显现出明显的个性特点。

1.需要结构具有系统性

学前儿童的需要结构是由七个等级和两个层次构成的一个整体系统,在学前儿童的需要中,既有生理与安全需要,也有交往、游戏、尊重、学习等社会性需要形式。并且,随着年龄的发展,学前儿童的各种需要的水平也在发展(见表11-1)。

表11-1　幼儿需要结构模式①

等级层次	生理与物质生活	安全与保障	交往与友爱	游戏活动	求知活动	尊重与自尊	利他行为
1	吃喝睡等	人身安全	母爱	游戏	听讲故事	信任、自尊	劳动
2	智力玩具	躲避羞辱	友情	文娱活动	学习文化知识	求成	助人

2.优势需要具有发展性

学前儿童不同年龄阶段的优势需要是由几种强度较大的需要所组成的,且是一个不断发展变化的动态结构(见表11-2)。

表11-2　各年龄阶段学前儿童强度最大的前5种需要及其排序②

需要类型 年龄(岁)	生理	母爱	人身安全	游戏	听讲故事	学习文化知识	劳动	求成	信任尊重	友情
3	1	2	3	4	5					
4	2	4	5	1	3					
5	2			4		1	3	5		
6	4					2	3		1	5

从表11-2可知,3~6岁的学前儿童在每个年龄阶段的需要排序都在发生变化,这表明幼儿期是需要发展的活跃时期。3~4岁,学前儿童的5种优势需要基本相同,只是排序略有变化。但从5岁开始,学前儿童的社会性需要迅速发展,学习、劳动和求成的需要

---

① 罗家英.学前儿童发展心理学[M].2版.北京:科学出版社,2011:213.
② 罗家英.学前儿童发展心理学[M].2版.北京:科学出版社,2011:213.

开始出现。而6岁时,儿童希望得到尊重的需要强烈,同时对友情的需要开始发生。这些都应该引起教师和家长的重视。

（三）学前儿童需要的教育引导

需要是学前儿童个性积极性的源泉。学前儿童在需要的驱使下,积极地进行各种活动。在活动过程中,当学前儿童原有的需要得到满足后,便又产生新的需要,从而促使个性积极性进一步发展。因此,成人应对学前儿童的需要给予教育与引导。

1. 创造合适的条件,满足合理需要

需要总是指向某种具体事物或对象的。对于学前儿童的需要,成人应首先判定其是否合理。对于合理需要,应最大限度地满足。例如,对于学前儿童睡眠、饮食、卫生、大小便等生理需要,成人应制定合理的作息制度,按时定量地准备营养丰富的食物,指导学前儿童安静地就寝,养成良好的卫生习惯、排便习惯等。又如,成人应创造条件,使学前儿童多与同龄孩子交往,带领儿童走进大自然、走进社会,满足学前儿童认识、交往、受尊重、欣赏美的需要等,以此促进学前儿童的积极性得到强化、激起活动,促进个性的积极发展。

2. 采取正确教育方法,制止不合理需要

学前儿童是在观察和模仿中学习的。父母的娇纵溺爱、外界的不良影响等,都可能引发学前儿童产生诸多不合理需要。成人要正确教育儿童,防止儿童形成不合理的需要。对于已经形成的不合理需要,更要及时纠正,引导个性积极性正确地发展。

3. 遵循儿童发展规律,激发新的需要

成人应遵循儿童发展规律,让教育走在儿童发展前面,根据不同年龄阶段儿童的发展特点,对儿童提出不同的新要求,让学前儿童在行动中不断激发新的需要,促使个性积极性继续发展。例如,对于小班的孩子,让其自己拿勺子吃饭、穿脱衣服鞋袜;对于中班的孩子,让他们就餐时做分餐服务等,通过这些要求,激发孩子形成新需要。

二、学前儿童动机的发展

动机是在需要刺激下直接推动人进行活动以达到一定目的的内部动力。满足需要是产生动机的基础和前提。

（一）学前儿童动机发展的特点

3岁以前,学前儿童的生理需要占优势,其活动动机的产生主要受其身体状态、当时的外界环境所影响。此时,动机的稳定性很差,变化性强;同时,还没有形成具有一定社会意义的动机体系。

3岁以后,随着儿童社会性需要及其目的性的发展,学前儿童的活动动机有了较大发

展,主要表现在以下方面:①

1. 从动机互不相干到形成动机之间的主从关系

幼儿初期的孩子仍然保留着婴儿期的特点,但随着年龄的增长,动机的主从关系逐渐趋于稳定。有一个实验,要求幼儿设法把放在远处的东西拿到手,但是不许从自己的座位上站起来。为了查明幼儿自觉执行任务的情况,实验者是在幼儿看不见的地方观察的。结果发现,有的幼儿在多次尝试失败后,站起来走到东西面前,拿了它,又悄悄地回到位子上。这时,实验者立即回到幼儿身边,故意表扬他,并奖给他糖吃,但幼儿拒绝接受。当实验者坚持要给时,孩子哭了。这说明在幼儿行为中,遵守规则的动机起主导作用,而获得东西的动机是次要的。

2. 从直接、近景动机占优势发展到间接、远景动机占优势

幼儿初期的孩子往往是直接、近景动机占优势。而随着年龄的增长,幼儿逐渐形成更多间接、远景动机。对幼儿做值日生的动机的实验研究发现,小班孩子做值日生的动机往往是值日生可以穿戴围裙。他们值日往往是由于对活动本身感兴趣。为了这个兴趣,还可以重复洗已经洗干净的抹布。中、大班孩子做值日生时,有社会意义的动机逐渐占主要地位。他们比较注意值日生工作的成果和质量,明确做值日生是要为别人做好事,并能互相帮助。

3. 从外部动机占优势发展到内部动机占优势

外部动机是指推动行动的动机是由外力诱发出来的;内部动机是指人的行动出自自我激发,主要是受自身兴趣的激发。幼儿初期的行动动机主要由外来影响所引起,其产生是被动的。孩子行为的动机往往是为了获得成人的奖励;而到了幼儿晚期,孩子的行为动机中,兴趣的作用逐渐增强,成为左右孩子行为的一个主要因素。如对于感兴趣的事孩子就更愿意做,而不感兴趣就不爱做,坚持时间也短。

(二)学前儿童良好动机的培养

学前儿童的动机主要和自己的需要、直接兴趣有关。儿童动机的培养不是孤立的,应放在整个个性的整体结构之中。儿童动机培养有以下几种方法:

1. 强化学前儿童的内部动机

恰当地评价和奖励,能够激发学前儿童的内部动机。因此,成人对于学前儿童所从事的活动,要给予及时的、恰如其分的评价和适当奖励。

2. 培养学前儿童的兴趣

兴趣是激发活动动机的良好手段。成人应注意呵护好孩子的好奇心,由此引发其兴趣的产生。学前儿童在兴趣的指引下,能够积极主动、心情愉快地去做事情,去发现事物的奥妙,从而顺利完成活动任务。

---

① 陈帼眉. 学前心理学[M]. 北京:高等教育出版社,2016:335.

3. 提高学前儿童的自我效能感

自我效能感是孩子培养良好动机的内部力量。成人可以通过鼓励孩子尝试新事物，及时给予孩子积极的反馈和肯定，从而增强其自信心，提高自我效能感。当孩子具有强烈的活动需要，看到自己的成绩与进步，体验到自己的能力时，其活动动机就会进一步增强。

4. 诱发儿童的学习动机[①]

心理学研究发现，不是任何需要都能成为学习的动机的，只有那些能推动学习的心理因素才能成为学习的动机。例如，自我表现的需要、了解自己和他人以及周围世界的需要、审美和欣赏的需要、追求知识满足好奇心的需要、自我实现的需要等，这些都是诱发学习动机的因素。这些需要的一个共同的特点就是，人能够用自己的创造满足这种需要，并得到快感。成人要多让孩子体验经过自己的思考而获得成功的快感与满足感，从而诱发儿童的学习动机。

三、学前儿童兴趣的发展

兴趣是人积极地接近、认识和探究某种事物并与肯定情绪相联系的心理倾向。现实生活中的许多例证说明，兴趣是事业成功最内在的、最基本的动力。

（一）兴趣的特点

指向性、情绪性和动力性是兴趣的三个特点。兴趣的指向性是指任何兴趣都是针对一定事物，而且这种指向具有一定的持久性；兴趣的情绪性是指兴趣是和愉快的情绪状态相联系的；兴趣的动力性是指兴趣可以使人在充满乐趣的状态下，主动、高效地从事各种活动。

（二）学前儿童兴趣发展的阶段和特点[②]

1. 兴趣发展的初级阶段（0~1岁）

情绪心理学家孟昭兰将这一时期儿童兴趣的发展具体分为三个阶段：

（1）1~3个月：先天反射性反应阶段。孩子对声、光、运动刺激产生持续反应。

（2）4~9个月：相似性物体再认知觉阶段。适宜的声、光刺激的重复出现能引起孩子的兴趣。孩子做出活动，使有趣的景象得以保持，并由此产生快感。

（3）9个月以后：新异性探索阶段。孩子对新异性物体感兴趣，当新异性物体出现时，孩子主动做出重复性动作去认识新异物体本身。如，孩子不断地抛玩具。

2. 多种兴趣开始发展阶段（1~3岁）

进入1岁以后，孩子的兴趣逐渐丰富起来。具体表现为对以下几个方面的事物发生

---

① 罗家英. 学前儿童发展心理学［M］. 2 版. 北京：科学出版社，2011：216.
② 陈帼眉. 学前心理学［M］. 北京：高等教育出版社，2016：336.

兴趣：

(1)活动的、微小的物体,如天上飞的飞机、昆虫。

(2)突然消失的物体,如拿个东西给孩子看,然后藏起来。

(3)成人的动作或活动,如妈妈包饺子、爸爸刮胡子。

(4)因果关系,如坐车时树木和火车的相对运动。

2岁以后,孩子对语音的兴趣加强,并开始有意识地模仿。

3.兴趣的广泛发展并逐渐稳定阶段(3~6岁)

进入幼儿期以后,在婴儿兴趣发展的基础上,幼儿兴趣发展主要表现出以下几方面特点:

(1)在兴趣的范围方面

孩子对任何新鲜的事物都感兴趣,对客观世界充满了好奇,什么都想看看,什么都想摸摸,但存在几种优势兴趣,左右着孩子的行为。

1)对游戏的兴趣是幼儿期占主导地位的兴趣。不管什么样的游戏,不管玩了多少遍,孩子对游戏的兴趣始终不会改变。

2)对因果关系的兴趣发展迅速,从问"是什么""做什么用的"到"为什么"。这种兴趣不仅表现在儿童的言语中,同时也表现在幼儿的行为中,他们喜欢拆拆卸卸,看看到底是怎么回事。对动画片、活动的东西产生了浓厚的兴趣,喜欢看卡通片。

(2)在兴趣的稳定性方面

幼儿兴趣开始出现比较明显的个别差异。如有的孩子对任何事物都充满兴趣,而有的孩子对什么都无所谓;有的孩子对昆虫感兴趣,有的则对汽车感兴趣,有的则对音乐感兴趣;等等。

虽然幼儿兴趣较婴儿期范围相对广泛,兴趣的内容相对稳定,开始出现个别差异,但总的来说,作为个人稳定特点的兴趣还处于发展的初级水平,兴趣的范围还不够广泛,兴趣指向也不专一,兴趣的稳定性不够等。兴趣的发展到了青少年期才能逐渐完善。

(三)学前儿童良好兴趣的引导[①]

事实研究表明,孩童时期的兴趣,在一定程度上决定儿童未来事业发展的方向。儿童对某事物的浓厚兴趣,往往会成为他在该方面取得成功的先导。可以从以下几方面培养儿童的兴趣:

1.为发展儿童的兴趣和爱好创造条件

儿童的兴趣往往是在广泛的探索活动中产生和发展的。成人要多带孩子进行户外活动,如带孩子外出游泳参观,带孩子观看各种竞技表演和比赛,鼓励孩子参加各种有益的社会活动和集体活动,让儿童广泛接触社会,全面了解生活,为儿童接触各种事物提供机会,以此培养儿童广泛的兴趣与爱好。

---

① 罗家英.学前儿童发展心理学[M].2版.北京:科学出版社,2011:218-219.

2. 发展儿童已有的兴趣

成人要留心观察,注意发现儿童已有的兴趣,并采取有效措施去引导和发展儿童的兴趣。成人可引导儿童进行观察学习,提问让儿童思考,给儿童提供有关的知识信息,耐心地回答儿童的提问等。

3. 培养儿童的基本兴趣

阅读的兴趣和对科学的兴趣是儿童的基本兴趣。培养儿童的阅读兴趣,首先,成人应当为儿童提供一个充满读书气氛的家庭环境,让儿童从小受到潜移默化而对书籍产生兴趣。其次,为儿童提供各种阅读材料,成人要多给儿童读故事书、念儿歌,鼓励儿童试着跟读并能背出故事,引导儿童对读书产生兴趣。

儿童对周围的世界充满了好奇心。看到一些事物,儿童总会天真地问这问那,成人要及时、耐心地解答儿童的提问,并根据儿童的年龄特征及能力,提出适当的问题启发儿童去思考、去探索、去发现,诱导儿童对科学产生兴趣。

4. 培养儿童的特殊兴趣与爱好

成人还要注意儿童的特殊兴趣,如音乐、绘画、体育、棋类等。儿童的特殊才能往往存在于孩子的特殊兴趣之中,特殊兴趣很有可能是孩子某种天赋的表现。成人要注意留心观察孩子还处于萌芽状态的特殊兴趣爱好,并加以爱护和培养,使之不断发展成熟。尽管很多孩子的特殊兴趣会随孩子的生活经验和年龄增长而逐渐消退或减弱,但发展孩子的特殊兴趣能培养孩子和谐自由的个性,最大限度地发展孩子的潜在能力,为童年生活增添乐趣,为孩子日后的生活提供更丰富的内容和更多的娱乐方式。

5. 培养与引导儿童的好奇心

兴趣和好奇心有密切的关系,兴趣能促进好奇心的发展,好奇心能促使兴趣的产生。因此,在培养兴趣的同时,还要注意好奇心的培养与引导。

 拓展阅读

孩子在为谁而玩

一群孩子在一位老人家门前嬉闹,叫声连天。几天过去,老人难以忍受。

于是,他出来给了每个孩子25美分,对他们说:"你们让这儿变得很热闹,我觉得自己年轻了不少,这点儿钱表示谢意。"

孩子们很高兴,第二天仍然来了,一如既往地嬉闹。老人再出来,给了每个孩子15美分。他解释说,自己没有收入,只能少给一些。15美分也还可以吧,孩子仍然兴高采烈地走了。

第三天,老人只给了每个孩子5美分。

孩子们勃然大怒:"一天才5美分,知不知道我们多辛苦!"他们向老人发誓,他们再也不会为他玩了!

本节小结

个性倾向性是指个体对社会环境的态度和行为的积极特征,主要是在后天的培养和社会化过程中形成的,包括需要、动机、兴趣等。学前儿童需要的类型主要有生理需要、交往需要、游戏需要、受尊重需要、求知需要和审美需要。3 岁以前其生理需要占主要地位,3 岁以后,社会性需要逐渐增强,其需要结构具有系统性和发展性。成人通过满足学前儿童的合理需要、制止不合理需要和激发新需要来培养其积极的个性。动机是在需要刺激下直接推动人进行活动以达到一定目的的内部动力。3 岁以前,学前儿童没有形成具有一定社会意义的动机体系,3 岁以后,学前儿童的活动动机有了较大发展,并表现出一定的特点。学前儿童的兴趣包括发展的初级阶段(0~1 岁)、多种兴趣开始发展阶段(1~3 岁)和兴趣的广泛发展并逐渐稳定阶段(3~6 岁)三个阶段。成人应通过为发展儿童的兴趣和爱好创造条件、发展儿童已有的兴趣、培养儿童的基本兴趣、培养儿童的特殊兴趣与爱好、培养与引导儿童的好奇心来激发儿童的兴趣。

第四节　学前儿童气质的发展

个体个性的独特性从一出生就表现出来。在妇产医院的育婴室内,有的新生儿哭声响亮、活泼多动,而有的新生儿则安静、声微气轻。生活中,我们可以看到有的幼儿活泼、好动,喜欢与人交往,有的则安静、稳重,沉默寡言;有的情绪易于冲动,有的则善于忍耐等,这些都是气质的表现。

一、气质

气质是一个人所特有的较稳定的心理活动的动力特征。它表现为心理活动的强度(如情绪体验强弱、意志努力程度等)、速度(如言语速度、思维速度)、稳定性(如注意集中时间长短)与指向性(如内向或外向)等方面的特点和差异组合。"脾气""秉性"是气质的通俗说法。比如,有的人脾气暴躁、易冲动,有的人沉着冷静、不动声色;有的人反应灵敏、活泼好动,有的人反应较迟钝、行动缓慢。

(一)希波克拉底的气质分类

希波克拉底是古希腊伯里克利时代的医师,被西方尊为"医学之父",西方医学奠基人。他探索人的肌体特征和疾病的成因,提出了著名的"体液学说"。他认为复杂的人体是由血液、黏液、黄胆、黑胆这四种体液组成的,四种体液在人体内的比例不同,形成了人的不同气质。

1. 胆汁质

胆汁质气质类型的人,体液中黄胆汁占优势。拥有胆汁质的人兴奋性很高,脾气急躁、性情直率、精力旺盛,能以很高的热情埋头于事业;当其兴奋时可下决心克服一切困难,而当其精力耗尽时情绪又会一落千丈。

例如,4岁的闹闹上课时很活跃,多数时候老师还没有说完问题,他就抢着回答,所以经常出现答非所问的情况。每次看书,他总爱拿上好几本,然后随便翻翻就算看完。做游戏时闹闹喜欢玩搭积木、拼图等具有创造性和挑战性的活动,还特别喜欢跑步、跳远、扔沙包之类的运动。闹闹属于典型的胆汁质幼儿。

2. 多血质

多血质气质类型的人,体液中血液占优势。拥有多血质气质的人热情、有能力,适应性强,喜欢交际,精神愉快,机智灵活;但注意力易转移,情绪易改变,办事重兴趣,富于幻想,不够耐心。

例如,婷婷很聪明,理解力和学习能力都很强,老师讲的新知识,她一听就明白,每次学习儿歌或者舞蹈总是第一个学会,而且完成度很高。对自己感兴趣的东西,婷婷能保持很长时间的注意力并积极举手发言,对不感兴趣的内容就不好好听,会做小动作,但如果老师提醒了,她也能克制自己的行为。她能较快地适应环境,喜欢集体活动,能在活动中表现良好并与其他幼儿相处愉快。婷婷是典型的多血质幼儿。

3. 黏液质

黏液质气质类型的人,体液中黏液占优势。拥有黏液质气质的人平静,善于克制忍让,生活有规律,不为无关的事情分心,能埋头苦干,有耐久力,态度持重,不卑不亢,不爱空谈,严肃认真;但不够灵活,注意力不易转移,缺乏激情。

例如,阳阳很有自制力,平时行动较缓慢,反应缺乏灵活性,一旦自己要完成某件事就能全心全意地进行,不受外界环境的打扰。他做任何事情都很有耐心,哪怕是自己不喜欢的。他不怎么喜欢参加集体活动,受了委屈从不大哭,但是会自己不开心很久,遇到开心的事情也从不会手舞足蹈地大笑。阳阳是典型的黏液质幼儿。

4. 抑郁质

抑郁质气质类型的人,体液中黑胆汁占优势。拥有抑郁质气质的人沉静、深沉,办事稳妥可靠,做事坚定,能克服困难;但比较敏感,易受挫折,孤独、行动缓慢。

例如,栋栋非常细心,常常能注意到其他幼儿注意不到的细节。他喜欢独处,不喜欢说话,讨厌和其他幼儿一起玩,不论是受到表扬还是批评他都没什么反应。吃饭时不管是喜欢的菜还是不喜欢的菜,他都是小口小口地吃,睡觉前会把自己的衣服叠放整齐,收拾玩具、桌椅时也一定要排放整齐。栋栋是典型的抑郁质幼儿。

(二)巴甫洛夫高级神经活动类型说

俄国生理学家、心理学家伊万·彼得罗维奇·巴甫洛夫(Ivan Petrovich Pavlov)通过实验研究发现,动物的高级神经系统具有强度、平衡性和灵活性三个基本特点,它们在条件反射形成或改变时得以表现。由于在个体身上各种不同组合,从而产生了各种神经活动类型。其中最典型的有四种:强、不平衡(不可遏制型);强、平衡、灵活(活泼型);强、平衡、不灵活(安静型):弱(弱型)。四种不同类型动物的活动特点是:强而不平衡型的动物易激动,不易约束;强而平衡且灵活型的动物容易兴奋,较灵活;强而平衡且不灵活型的动物难以兴奋,迟钝而不灵活:弱型的动物难以形成条件反射,容易疲劳。

巴甫洛夫用高级神经活动类型学说解释气质的生理基础,但是从现在生理学的发展来看,这四种气质类型的生理根据是不科学的。高级神经活动类型与气质类型的对照如表 11-3 所示。

表 11-3 高级神经活动类型与气质类型对照表①

高级神经活动类型	气质类型	心理表现
强、不平衡	胆汁质	反应快、易冲动、难约束
强、平衡、灵活性低	黏液质	安静、迟缓、有耐性
强、平衡、灵活性高	多血质	活泼、灵活、好交际
弱	抑郁质	敏感、畏缩、孤僻

(三)学前儿童气质类型②

婴儿从一出生就存在着气质上的差异。有研究对 133 名婴儿进行追踪研究直到他们成人。研究者考察了婴儿积极主动的程度,吃饭、睡觉和排便习惯的规律性,接受陌生人和新情境的准备性,对常规改变的适应性,对噪声、亮光和其他任务感觉刺激的敏感性,反应的强度,情绪是否愉快、高兴和友好,在坚持任务时是否容易分心,从事活动的持久性,注意力受外界刺激改变行为的程度等,将婴儿的气质分为容易型、困难型、慢热型和混合型四种类型。从出生时婴儿就在所有这些特征方面存在差异,并且这种差异会一直持续下去。

研究发现,大约 2/3 的婴儿可以归为前三类气质模式。其中,40% 的婴儿属于"容易型"儿童,情绪通常很愉悦,生物功能具有节律,能接受新体验。10% 的婴儿是"困难型"儿童,易怒,经常不高兴,生物功能缺乏节律,情绪表达激烈。15% 的儿童是"慢热型"儿童,他们温和,但对陌生人和情境适应较慢。(见表 11-4)

---

① 宋丽博,王颖,戚瑞丰.学前儿童发展心理学[M].北京:首都师范大学出版社,2020:261.

② 黛安娜·帕帕拉,萨莉·奥尔兹,露丝·费尔德曼.发展心理学:从生命早期到青春期[M].李西营,等译.北京:人民邮电出版社,2013:219-220.

表 11-4　三种气质模式（基于纽约纵向研究）

"容易型"儿童	"困难型"儿童	"慢热型"儿童
情绪温和，强度适中，通常是积极的，能很好适应新事物和变化	情绪强烈且消极，经常大哭、大笑，接受新事物较慢	温和的情绪反应，可能是积极或消极的，对新事物和变化适应较慢
很快形成规律性的睡眠和饮食	睡眠和饮食不规律	睡眠和饮食的规律性介于"容易型"和"困难型"儿童之间
容易喜欢新食物	接受新食物较慢	对新刺激（第一次遇到的人、地方或情境）表现出温和的消极反应
对陌生人微笑	对陌生人怀疑	
容易适应陌生情境	适应陌生情境较慢	
易接受大多数挫折，不易焦躁	遇到挫折时易怒	
快速适应新惯例和新游戏规则	对新惯例的适应较慢	在没有压力的情境下，多次重复之后，逐渐喜欢新刺激

样本中还有 35% 的婴儿不能归为以上三种类型中的任何一种。有的婴儿的饮食和睡眠比较规律，但害怕陌生人；有的婴儿在大部分时间内都比较高兴，但并不总是这样；还有些婴儿可能对新食物适应较慢，但对陌生照料者适应很快；有的婴儿可能笑得更激烈，但不表现出强烈的沮丧感；有的婴儿排泄比较有规律，但睡眠没有规律。所有这些变化都是正常的，这一类型的儿童被称为"混合型"儿童。

二、学前儿童气质的发展特点

学前儿童气质的发展具有相对稳定性和可塑性的特点。具体如下：

（一）相对稳定性

气质是婴儿出生后最早表现出来的一种较为明显而稳定的个人特征，是在任何社会文化背景中父母最先能观察到的婴儿的"个人特点"。气质是人的天性，无好坏之分，主要受遗传的影响，个体一出生就会表现出某些气质特点，且具有相对稳定性。有研究者对 198 名儿童从出生到小学的气质进行了长达 10 年的追踪研究。结果发现，在大多数儿童身上，早期的气质特征一直保持稳定不变。

（二）可塑性

气质虽然是比较稳定的心理特征，但并不是不可改变的。事实上，高级神经活动具有可塑性，高级神经活动类型也有可变性。后天的生活环境与教育会对幼儿原来的气质类型产生影响，因此气质具有可塑性。例如，胆汁质儿童的急躁、任性和抑郁质儿童的孤独、畏怯往往在教师的指导和集体生活的影响下能逐渐得到改变。

三、学前儿童气质发展特点对教育工作的启示

个体在气质上的差异性,启示我们在对学前儿童进行教育引导时既要充分了解其气质类型,又要审慎地确定其气质类型,在此基础上对学前儿童采取适宜的教育措施,扬长避短,促进学前儿童的全面发展。

(一)充分了解学前儿童的气质类型

婴儿出生后即表现出气质的个体差异。到幼儿期,儿童已经出现比较明显的气质类型特征,幼儿个性初步形成,个体的差异性也在气质方面表现出来。生活中,父母和教师应通过反复细致观察幼儿在游戏、学习、劳动等活动中的情感表现、行为态度等,来了解其气质特点。

(二)审慎确定学前儿童的气质类型

在实际生活中纯粹属于某种气质类型的人是极少的,某一种行为特点可能为几种气质类型所共有,而且幼儿虽然表现出气质的个别差异,但他们的气质还在发展之中,尚未稳定,还可能发生变化。因此,父母和教师必须经过长期地反复观察,比较、综合各种行为特点,再审慎地确定他们的气质接近或属于哪种类型,以免造成教育上的失误。

(三)采取适宜的教育措施扬长避短

气质类型无所谓好坏,但作为个体的行为特征,在社会生活中会表现出适宜或不适宜的情况。儿童的气质具有可塑性,父母和教师要善于发扬幼儿气质类型中的积极方面,同时对于气质类型中所表现出的不尽如人意之处,要给予充分的理解,并采取适宜的方法来对待,进而帮助和引导幼儿在原有气质的基础上建立优良的个性特征。比如,对于胆汁质的孩子,要培养其自制力,坚持到底的精神和勇于进取、豪放的品质,防止任性、粗暴;对于多血质的孩子,要培养其勇于克服困难、扎实专一的精神,热情开朗的性格以及稳定的兴趣,防止见异思迁、虎头蛇尾;对于黏液质的孩子,要培养其积极探索精神、热情开朗的个性以及踏实、认真的优点,防止墨守成规、谨小慎微;对于抑郁质的孩子,要培养其机智、敏锐和自信心,防止疑虑、孤独。

拓展阅读

《西游记》四位主要人物的气质类型①

《西游记》是我国古典文学四大名著之一,其中四位主要人物也表现出不同的气质类型。

唐僧在任何时候都没有说过放弃,不管遇到什么艰难险阻,也不管遇到什么诱惑。

---

① 马立骥.大学生心理健康教育与实训[M].上海:上海交通大学出版社,2020:166-167.(有改动)

他是一个非常自律的人,对自己要求十分严格,自我控制和自我约束能力极强。他的这种执着、自律,从气质类型上看,属于抑郁质。

孙悟空武艺高强,如果没有孙悟空,很多事情将无法实现。他能力强,敢做敢为,富有创造力,闯劲大、冲劲足。但是,孙悟空是一个比较任性的人,容易情绪化。从气质类型上看,他属于胆汁质。

猪八戒人很丑,但脾气好,天生的乐观派,总是给团队带来乐趣。猪八戒还是一个处理人际关系的高手。例如,孙悟空闯祸了,唐僧一气之下把孙悟空赶走了,但真正遇到困难时,猪八戒便出面将孙悟空给找回来。猪八戒还善于与外界打交道,不少外部力量的支持都是他争取来的。他的活力、幽默、善于处理人际关系的特征,从气质类型上看,属于多血质。

沙僧则是一个老黄牛式的人物,本事不是很大,却勤勤恳恳、任劳任怨、勤奋、忠诚、可靠。他的气质类型属于黏液质。

 本节小结

气质是一个人所特有的较稳定的心理活动的动力特征。个体的气质不以活动的目的和内容为转移。在人的各种个性心理特征中,气质是最早出现的,也是变化最缓慢的。希波克拉底的体液说,将人的气质分为胆汁质、多血质、黏液质和抑郁质四种类型;巴甫洛夫高级神经活动类型论,将气质类型分为兴奋型、灵活型、不灵活型和抑制型。婴儿一出生就表现出气质类型的差异,可以将其气质分为容易型、困难型、慢热型和混合型四种类型。幼儿的气质具有相对稳定性和可塑性。父母和教师应了解学前儿童的气质特征,采取适宜的教育措施,扬长避短,引导儿童建立良好的个性特征。

第五节 学前儿童性格的形成

常言道:"3岁看大,7岁看老。"在孩子成长的过程中,3岁之前的生长发育会影响其一生的发展变化。研究显示,人的性格在童年早期就能形成,从六七岁的孩子身上可以预测出他成年后的一些行为。

一、性格

性格是个体对待现实的稳定态度以及与之相适应的习惯化的行为方式,是具有核心意义的个性心理特征,是个性的核心特征。

(一)性格的特点

1. 性格是个体对现实的稳定态度

性格是在社会生活实践中逐渐形成的,是个体对现实的稳定态度,一经形成便比较稳定,它会在不同的时间和不同的地点表现出来。例如,明明喜欢助人为乐,这是他性格的特性。遇到他人有困难,明明会毫不犹豫地去帮助,别人看到他的助人行为也会觉得很自然,这符合明明的性格特点。

2. 性格是一种习惯化的行为方式

在某种情况下偶尔表现出来的行为方式属于一时的、情境性的、偶然的表现,不能构成个体的性格特征。比如,一个人偶尔表现出胆怯的行为,不能据此就认为这个人具有怯懦的性格特征;一个人在某种特殊条件下,一反常态地发了脾气,不能据此认为这个人具有暴躁的性格特征。

3. 性格是人格的核心特征

性格最能表现人格的差异,直接影响着气质、能力的表现特点与发展方向,是具有核心意义的个性心理特征。

(二)性格的结构

人的性格是非常复杂的,从组成性格的各个方面来分析,可以把性格分解为态度特征、意志特征、情绪特征和理智特征四个组成部分。这四个组成部分彼此关联,相互制约,有机地组成了个体的性格。

1. 性格的态度特征

性格的态度特征表现为人对现实态度方面的特点。由以下三方面组成:

(1)对社会、集体和他人的态度(集体主义、同情心、诚实、正直等)。

(2)对工作和学习的态度(勤劳、有责任心、认真、有创新性等)。

(3)对自己的态度(谦虚、自信等)。

2. 性格的意志特征

性格的意志特征表现为人自觉调节自己行为方面的特点。由以下四方面组成:

(1)对行为目的的明确程度(冲动性、独立性、纪律性等)。

(2)对行为的自觉控制水平(主动性、自制力等)。

(3)在长期工作中表现出来的特征(恒心、坚韧性、顽固性等)。

(4)在紧急或困难情况下表现出来的特征(勇敢、果断、镇定、顽强等)。

3. 性格的情绪特征

性格的情绪特征表现为人受情绪影响的程度和情绪受意志控制的程度。由以下四方面组成:

(1)情绪的强度(是否易受感染及反应强度)。

(2)情绪的稳定性(波动与否)。

（3）情绪的持久性（持续时间长短）。

（4）主动心境（愉快与否）。

4. 性格的理智特征

性格的理智特征也称人的认知风格。它表现为人的认识活动方面的特点。由以下四方面组成：

（1）感知（观察的主动性、目的性、快速性及精确性）。

（2）想象（想象的主动性和大胆性）。

（3）记忆（记忆的主动性和记忆的深度）。

（4）思维（思维的独立性、分析性和综合性）。

（三）性格与气质的关系

性格、气质都属于个体的个性心理特征，二者既有联系，又有区别。

1. 性格与气质的区别

（1）性格与气质的性质不同。性格受后天环境的影响，更多地体现了个性的社会属性，具有较为明显的社会化的特性和社会道德评价的意义，直接反映了一个人的道德风貌。个体之间的个性差异的核心是性格的差异。气质是人们心理活动和行为稳定的动力特点，受遗传影响较大，人们生来的气质差异就比较明显，气质更多地体现了个性的生物属性。

（2）性格与气质的生理基础不同。气质的生理基础是高级神经活动的类型特点，气质的特点也源于高级神经活动的类型特点。性格的生理基础则是在高级神经活动的类型基础上，后天建立的条件反射系统。

2. 性格与气质的联系

性格与气质之间是相互作用和相互影响的。

（1）基于后天经验的性格可以掩蔽和改造气质，指导气质的发展，使它更有利于个体适应周围的生活环境。

（2）气质又会影响一个人对待事物的态度和行为风格，使性格带上某种气质的色彩。

（3）气质还影响性格的形成和发展，对一定的性格特性起着促进或阻碍的作用。比如具有胆汁质与多血质特点的人，更容易培养勇敢和果断的性格品质。气质对性格的形成与表现虽然发生一定的影响，但它并不决定一个人最终形成什么样的性格。气质不同的人可能形成相同的性格品质，同一气质类型的人也可能形成不同性格。

二、学前儿童性格的形成

学前儿童性格在萌芽初期受个体气质类型、依恋关系以及教养方式等的影响，表现出性格的差异性。但同时随着年龄的增长，又表现出共同的年龄特点。

（一）性格的萌芽

1. 影响因素

（1）依恋关系影响婴儿性格的萌芽。性格是儿童在与周围环境相互作用的过程中形成的。一般来说，亲子关系尤其是母子关系在婴儿性格的萌芽过程中起着最重要的作用。在母亲良好照顾下的婴儿从小能够获得安全感，产生安全型的依恋关系，会为今后良好性格的养成打下扎实的基础。

（2）教养方式影响婴儿性格的萌芽。成人的教养方式影响到婴儿性格的萌芽，并对儿童性格的最初形成起到决定性作用。比如，胆汁型的婴儿脾气急躁，肚子饿了会大哭大闹，这使得成人不得不马上满足他的要求，立即放下手中的事情给他喂奶；而黏液质的孩子脾气平和，饿了也不会哭闹，使得成人往往会延迟满足他的需求。久而久之，前面脾气急躁的孩子可能养成不会等待的性格，而后面的孩子则养成了自制的性格。

2. 性格差异

随着个体各种心理过程、心理状态和自我意识的发展，2 岁左右的幼儿便出现了最初的性格差异，主要表现在以下方面：

（1）合群性。合群是一种愿意与他人乃至群体在一起的倾向。2 岁左右的幼儿在与同伴相处时就可以看到个体间性格的差异。比如，有的幼儿性格随和，很少与同伴发生争执，即使有了矛盾也表现得比较宽容，容易让步；而有的幼儿性格比较强势，与同伴相处易发生争执，且争执时爱咬人、打人，表现出较为明显的攻击性行为。

（2）独立性。独立性是个体发展较快的一种性格特征，大约在 2～3 岁时变得明显。比如，独立性强的幼儿 2 岁以后就可以自己穿衣服、自己洗手、自己用筷子吃饭、独自睡觉等，而独立性差的幼儿则时刻离不开成人，穿衣、洗手、吃饭等都需要成人帮忙，表现出很强的依赖性。

（3）自制力。到 3 岁左右，幼儿在正确的教育下能够掌握初步的行为规范，学会自我控制。比如，自制力强的幼儿知道不随便要东西、不抢他人的玩具，当要求得不到满足时也不会无休止地哭闹；而自制力差的幼儿往往会在要求得不到满足时以哭闹为手段要挟成人。

（4）活动性。一名幼儿是活泼还是文静，2 岁左右时基本上就已经表现出来了。比如，活泼好动的幼儿总是手脚不停，对任何事物都表现出很强的兴趣，精力充沛，喜欢各种运动；而文静的幼儿则喜欢安静，喜欢一个人看书、玩拼图等。

幼儿最初的性格差异还表现在坚持性、好奇心及情绪等方面。

（二）性格的发展

幼儿期的典型性格也就是幼儿性格的年龄特点。幼儿在这一时期最突出的性格特点表现为以下方面：

1. 活泼好动

活泼好动是幼儿的天性，也是幼儿期儿童性格最明显的特征之一，不论何种类型的幼儿都是如此。即使那些非常内向、羞怯的幼儿,在家里或者与非常熟悉的小伙伴玩耍时,也会自然而然、流露无遗地表现出活泼好动的天性。

2. 好奇好问

好奇心是一种认识兴趣,它是人在认识事物过程中表现出来的短暂的探索性行为。幼儿的好奇心很强,主要表现在探索行为和提出问题两个方面。幼儿不仅喜欢用眼睛观察事物(感官探究),用手去触摸、摆弄事物(动作探究),而且他们还非常喜欢提出问题(言语探究)。

3. 喜欢交往

随着幼儿年龄的增长,他们越来越喜欢和同龄或年龄相近的小朋友交往。这时候,同伴关系在他们的生活中将会变得越来越重要。

4. 独立性不断发展

3 岁以前幼儿的心理活动几乎完全是直接依赖于外界环境的影响,随着外界环境的改变而变化,没有自己的目的性和独立性。3 岁左右,幼儿独立性的发展进入一个新的阶段。他们不再满足于按照成人的直接命令来行动,而开始渴望像成人一样独立行动。幼儿独立性发展最后表现在他们能够自己进行各种活动,不再完全依赖和成人共同进行活动。比如,幼儿在游戏中能够自己确定主题、角色和规则。如果成人对幼儿的游戏干涉过多,幼儿就会自觉或不自觉地反抗。

5. 模仿性强

模仿性强是幼儿期性格的典型特征,小班幼儿表现尤为突出。幼儿往往没有主见,常常随外界环境影响而改变自己的意见,易受暗示。幼儿模仿的对象可以是成人,也可以是其他小朋友。此外,儿童之间会相互模仿。同时,父母是幼儿的第一模仿对象。

6. 坚持性随年龄增长不断提高

坚持性表现为坚持行动,努力达到预定的目的。幼儿初期行动的坚持性很差,在游戏中,3 岁左右的幼儿常常有违反游戏规则的现象,要他们坚持 10 分钟坐着不动是困难的。幼儿的坚持性随着年龄的增长不断提高,4~5 岁是幼儿坚持性发展最快的年龄,也是幼儿坚持性发展的关键期。

7. 易冲动且自制力差

易冲动且自制力差是幼儿性格的一个非常突出的特点。幼儿很容易受外界情境或他人的影响而情绪激动,或者因自己主观情绪或兴趣的左右而行为冲动。幼儿心理与行为受外界刺激和自身主观情绪的支配性很大,而自我控制能力较差。和这一特征相联系的是幼儿又具有坦率、诚实的性格特征,他们的情绪、思想比较外露,喜怒形于色,对人真诚不虚伪。

三、学前儿童性格形成的影响因素

学前儿童性格的形成和发展既受到自身的遗传物质以及个性倾向性的影响,同时也受到来自外界的家庭、幼儿园等社会环境的影响。

（一）遗传的作用

人的神经系统类型在性格形成中有一定的作用,人的气质影响着性格特征的外部表现。比如,在不利的客观条件下,抑郁质的人比胆汁质的人更容易退缩;多血质的人善于与人交往,而黏液质的人难以与人相识等。研究还表明,神经系统的某些遗传特性可能影响到某些性格的形成,加速或延缓某些行为方式的产生和发展。

（二）家庭的影响

家庭是社会的基本单位和社会生活中各种道德观念的集合点,也是幼儿出生后最先接触并长期生活的场所,因此,家庭被称为"制造人类性格的工厂"。家长的教育态度和教养方式对儿童性格的形成与发展有着直接的影响作用。研究表明,父母的不同教养方式会导致幼儿形成不同的性格,具体见表11-5。

表11-5　父母教养方式与幼儿性格的关系

父母教养方式	幼儿性格
支配型	消极、顺从、依赖、缺乏独立性
溺爱型	任性、骄傲、自私、缺乏独立性、情绪不稳定
过于保护型	缺乏社会性、依赖、被动、胆怯、沉默、亲切
过于严厉型	顽固、冷酷、残忍、独立,或者怯懦、盲从、不诚实、缺乏自信心和自尊心
忽视型	猜忌、情绪不安、创造性差,甚至有厌世轻生情绪
民主型	独立、直爽、协作、亲切、善社交、机灵、安全、快乐、坚韧、大胆、有毅力和创造精神
意见分歧型	易生气、警惕性高,或者有两面讨好、投机取巧、爱说谎的习惯

家庭生活的气氛和父母的性格特征对幼儿的性格也有明显的影响。家庭成员互助互爱、民主团结、通情达理、和睦相处的家庭,有助于幼儿良好性格特征的形成,反之,气氛紧张,成员经常争吵、打斗的家庭易导致幼儿不良性格特征的形成。

此外,家庭的政治和经济地位、父母的文化素养水平、为人处事方式,幼儿的出生顺序等因素也在潜移默化中影响着幼儿性格特征的形成与发展。

（三）幼儿园教育的作用

幼儿园的教育和教学对儿童性格的形成起主导作用。第一,幼儿园教育的方针、内容、方法,以及幼儿园的传统、规章制度、师生关系、团队生活、游戏活动等都影响着儿童性格的形成。第二,教师的榜样示范作用对儿童的性格也有重要影响。学前儿童具有好模仿的特点,教师的榜样有形无形地影响着儿童性格的形成。第三,幼儿园的集体组织及其活动,特别是班集体的特点、要求、舆论和评价对儿童性格的形成与发展均产生了具体且较为深远的影响。

（四）社会文化的影响

幼儿所生活的社会环境也会影响其性格的发展，其中与儿童接触最早的图书、报刊、影视制品、音像制品等对儿童的影响最深刻。文化作品中的英雄榜样、典型人物等常常是幼儿学习和模仿的对象，会激起他们强烈的情感和丰富的想象，成为他们前进的动力；而格调低下、恶劣的内容则会污染幼儿的心灵，诱发其不健康的联想和体验，会在其成长过程中使其走上错误甚至犯罪的道路。因此，在净化对幼儿影响较大的文化作品的同时，成人要对幼儿接触的动画片、故事书等进行严格把关，要充分发挥优良文化作品在幼儿性格形成和发展中的积极作用。

（五）个性倾向性

家庭、幼儿园教育、社会文化等都是性格形成的外部条件，虽然它们对于性格的形成和发展起着巨大的影响作用，但却不能直接形成人的性格，它必须通过个体的内部因素才能起作用。个体性格的形成过程，实际上就是个体把外部社会的要求逐渐内化为自己内部要求的过程。在内化过程中，个人的理解和领悟，个人的需要、动机和态度起着调节和控制的作用。如果外部要求与自己的态度相吻合，就可能转化为内部要求，并见之于行动，形成自己的态度体系和稳定的行为方式；如果外部要求不符合个人的需要和动机，那么客观的外部要求就很难转化为内部需求，也就无法形成个人的性格特征。所以，幼儿的需要、动机、兴趣、理想、信念、价值与世界观等个性倾向性会影响幼儿性格的形成。

四、学前儿童性格的培养策略

性格主要是在社会环境和教育的影响下逐步发展起来的，良好性格的形成是家庭、幼儿园和社会共同教育的结果。

（一）培养幼儿的道德意识

性格具有社会性，是一个人道德品质的表现。在幼儿良好性格的形成中，道德意识起着重要的作用。它使幼儿明确道德行为的标准，产生道德体验，进一步形成道德行为。幼儿的道德认识具有具体形象性。因此，在培养幼儿道德意识、对其进行道德教育时，父母和教师应根据幼儿心理发展的特点，采取生动有效的方法，通过具体形象的典范，把道德教育渗透到日常生活和各种活动中，并坚持正面教育，使幼儿能够分辨简单的是非，而不能只讲道德标准或者提抽象的道德要求。

（二）引导幼儿参加集体活动

集体活动为幼儿的社会性发展提供了平台，因此是塑造性格的重要条件。尤其是对于独生子女家庭的孩子来说，集体活动能促进其与他人互动，对性格的发展更有积极意义。集体生活和实践活动中的意见和要求，制约着幼儿对待事物的态度和行为方式。同时集体生活和实践活动也能使幼儿已经形成的某些不良性格得到遏制或纠正，使性格趋于完善。

（三）为幼儿树立模仿榜样

幼儿好模仿,成人的态度和行为方式生动形象地呈现在幼儿面前,幼儿更容易模仿,无论是父母还是幼儿园教师都是幼儿主要的模仿对象。因此,父母和幼儿园教师要重视榜样在幼儿性格塑造中的作用,在幼儿生活中树立起模仿榜样,发挥好榜样的示范作用。

（四）善于运用适宜的强化措施

父母和教师要采用适宜的强化措施,及时肯定和表扬幼儿所表现出的良好性格特征。对于幼儿的点滴进步,都要及时给予鼓励和表扬,促进其持之以恒。同时要指导和帮助幼儿纠正不正确的态度和行为方式,促使其不良性格逐渐向良好性格改变。正如蒙台梭利所说:"像所有的人类一样,儿童本身也有自己独特的人格。儿童美妙而应该受到尊重的创造力,绝对不能被抹杀;儿童纯真敏感的心灵,更需要我们小心翼翼地呵护。"①

拓展阅读

诺贝尔奖得主:我一生中最重要的东西,是在幼儿园学到的!②

1978 年,75 位诺贝尔奖获得者在巴黎聚会。会上,有位媒体记者问当年的诺贝尔物理学奖得主卡皮察:"在您的一生里,您认为最重要的东西是在哪所大学、哪所实验室里学到的?"

这位白发苍苍的诺贝尔奖得主平静地回答:"不是在大学,也不是在实验室,而是在幼儿园。"

在场确实有不少人为之感到震惊。记者接着问:"那您在幼儿园学到了什么呢?"

卡皮察说:"把自己的东西分一半给小伙伴们,不是自己的东西不要拿,东西要放整齐,吃饭前要洗手,做了错事要表示歉意,午饭后要休息,学习要多思考,要仔细观察大自然。从根本上说,我学到的全部东西就是这些。"

本节小结

性格是个体对待现实的稳定态度以及与之相适应的习惯化的行为方式,是具有核心意义的个性心理特征。性格有态度特征、意志特征、情绪特征和理智特征四个组成部分。依恋关系、教养方式影响婴儿性格的萌芽,2 岁左右的婴幼儿便出现了最初的性格差异,主要表现在合群性、独立性、自制力和活动性等方面。随着年龄的增长,幼儿的性格呈现出活泼好动,好奇好问,喜欢交往,独立性不断发展,易受暗示、模仿性强,坚持性随年龄

---

①　玛丽亚·蒙台梭利.家庭中的儿童[M].郭景皓,郑艳,译.北京:中国发展出版社,2012:55.

②　李淑翠.大幼教回归幼教之道[M].武汉:武汉大学出版社,2022:12.(有改动)

增长不断提高,冲动、自制力差,同时自制力不断发展等特点。家庭、幼儿园教育、社会环境影响学前儿童性格的形成与发展。培养学前儿童形成良好的性格,需要从培养幼儿的道德意识,引导幼儿参加集体活动,为幼儿树立良好榜样以及运用适宜的强化措施,促进幼儿良好性格特征的形成。

第六节　学前儿童能力的发展

从出生开始婴儿就有了运动能力,他们从最初的啼哭、吃奶再到抬头、翻身、坐、爬、走、跑等。《3~6岁儿童学习与发展指南》将学前儿童的学习与发展分为健康、语言、社会、科学、艺术五个领域,并对3~4岁、4~5岁、5~6岁这三个年龄层次的学前儿童在每个领域的应知、应会和应发展水平提出了合理的期望。由此可知,不同年龄阶段的学前儿童,其能力的发展和构成是不同的。同时随着个体心理的发展,其能力的发展也表现出了差异性。

一、能力

能力是指人们成功地完成某种活动所必需的个性心理特征。比如,在评价一个人时,经常会说某人具有很强的"语言表达能力""组织协调能力""人际交往能力"等,而这些能力都是通过人的活动表现出来的,同时这些能力又是个体成功完成某种活动的必备条件。

一般认为,能力有两种含义:一是指已经发展出或是表现出的实际能力;二是指可能发展的潜在能力。潜在能力只是各种实际能力展现的可能性,只有通过学习才有可能转变为实际能力。潜在能力是实际能力形成的基础和条件,实际能力则是潜在能力的展现,实际能力和潜在能力密切地联系着。研究表明,个体表现出来的实际能力只有20%,还有80%的潜能未被发掘。

（一）能力的类型

1.一般能力和特殊能力

按照能力发挥作用的范围不同,可将能力分为一般能力和特殊能力。一般能力指个体从事大多数活动所共同需要的能力,如观察力、记忆力、思维力、想象力和注意力等,也就是通常所说的智力。一般能力以抽象概括能力为核心。特殊能力指个体从事某项专门活动所必需的能力,又称专门能力。它只在特殊领域内发挥作用,是完成有关活动不可缺少的能力。如画家的色彩鉴别力、音乐家区别旋律与感受音乐节奏的能力、教师的教学能力等。

2.模仿能力和创造能力

按照能力创造程度不同,可将能力分为模仿能力和创造能力。模仿能力指个体仿效他人的举止行为而引起的与之相类似活动的能力。如学前儿童在游戏中模仿医生、理发师、护士等角色的言行、表情和动作。创造能力是指个体按照预先设定的目标,利用一切已有的信息,创造出新颖、独特、具有个人或社会价值的新事物的能力。如作家在头脑中构想新的人物,创作出新作品。模仿能力和创造能力是相互联系的。模仿能力是个体学习的基础,创造能力是在模仿能力的基础上发展起来的,是个体成功地完成任务及适应不断变化的新环境的必备条件。

3.认知能力、操作能力和社交能力

按照功能的不同,可将能力分为认知能力、操作能力和社交能力。认知能力是指人脑加工、储存和提取信息的能力。也就是学习、研究、理解、概括和分析问题的能力,如观察力、记忆力、想象力等。个体认识客观世界,获得各种各样的知识,主要依赖于认知能力。操作能力是指个体操作自己的身体去完成各种活动的能力,如劳动能力、艺术表演能力、运动能力等。社交能力是指个体在社会交往活动中所表现出来的能力,如沟通能力、调解纠纷能力、处理事故的能力等。

4.液体能力和晶体能力

按照生理基础的不同,可将能力分为液体能力和晶体能力。液体能力,也叫流体智力,是一种以生理为基础的认知能力,如知觉、记忆、运算速度、推理能力等。液体能力的高低受教育和文化的影响较少,取决于个人的禀赋,与年龄有密切的关系。液体能力在20多岁到顶峰,30岁以后将随年龄的增长而降低。晶体能力,也叫晶体智力,指个体从社会文化中习得、在实践(学习、生活和劳动)中形成的能力。晶体能力在人的一生中一直在发展,只是25岁之后发展速度渐趋平缓。

晶体能力的发展依赖于液体能力,具有相同经历的人,液体能力高,晶体能力发展较好。对于晶体能力发展,只有液体能力是不够的,还需要环境作用。一个液体能力高的人,假若生活在一个不良的环境中,其晶体能力的发展水平也不会高。

5.情绪理解、控制和利用的能力

情绪能力包括一系列心理过程,这些过程可以概括为四个方面:一是准确和适当地知觉、评价与表达情绪的能力;二是运用情感促进思维的能力;三是理解和分析情绪,有效地运用情绪知识的能力;四是调节情绪,以促进情绪和智力发展的能力。

人的能力是多种多样的,同时也是千差万别的。正如爱因斯坦所说:"每个人都是天才。但如果你根据能不能爬树来判断一只鱼的能力,那你一生都会认为它是愚蠢的。"因此,成人要用发展的眼光和正确的方法来看待和衡量儿童能力的发展,并通过因材施教帮助儿童发展其能力。

(二)能力与知识、技能的关系

现实生活中,人们常常将知识、能力、技能三者混为一谈,或只强调知识的学习,或只片面地强调技能的训练,事实上,知识、技能、能力三者之间既有联系又有区别。

1. 能力与知识、技能的区别

（1）分属范畴不同。能力是指人们成功地完成某种活动所必需的个性心理特征。知识是人脑对客观事物的主观表征。技能是指人们通过练习而获得的动作方式和动作系统，也是人的个体经验，但主要表现为动作执行的经验。

（2）发展水平不同步。知识获得快，技能需要练习过程，能力的形成与发展比知识获得和技能掌握晚。

2. 能力与知识、技能的联系

能力是在掌握知识和技能的过程中形成和发展起来的，依赖知识、技能的获得；能力是获得和掌握知识与技能的前提，又是获得和掌握知识与技能的结果；能力高低影响知识和技能的水平；技能是知识转化为能力的中间环节，知识和能力又是掌握技能的前提，技能的形成和发展有助于知识的获得和巩固。

二、学前儿童能力发展的特点

在学前儿童心理的发展过程中，个体的能力呈现出以下发展特点。

（一）操作能力最早表现并逐步发展

个体自出生起就已具备运动能力。6 个月左右，婴儿手的运动能力开始发展成为具有操纵物体的能力，即操作能力；从 1 岁开始，幼儿的操作能力在游戏活动中逐渐发展、成熟。

（二）认知能力迅速发展

0~6 岁是个体认识能力发生、发展的过程。新生儿在出生时只具备基本的感知能力。如对声音刺激的感受，5~6 个月时出现认生的现象等。随着年龄的增长，个体各种认知能力逐渐发生、发展。到了 3~6 岁，幼儿的各种认知能力及认知活动的有意性都迅速发展，并逐渐向比较高级的心理水平发展，为其学习和个性发展提供了必要的前提。

（三）模仿能力迅速发展

个体模仿能力的发展随着延迟模仿一同出现，发生在 18~24 个月时。幼儿的延迟模仿既可以发生在言语方面，也可以发生在动作方面。模仿能力的发展对幼儿心理的发展具有重要意义，是幼儿学习的基础。

（四）言语能力发展迅速

幼儿的言语能力在婴儿时期就已开始发展。3 岁以后儿童言语进入迅速发展时期，儿童在掌握语音、语法和口语表达能力方面都有迅速发展；到 5~6 岁时，幼儿在言语的连贯性、完整性和逻辑性方面发展迅速，为其学习和交往创造了良好的条件。

（五）特殊能力有所表现

在 3~6 岁时，幼儿的某些特殊才能已经开始有所表现，如音乐、绘画、体育、计算、语言等，其中，在音乐与绘画领域的能力最为常见。有研究表明，音乐才能在 3~5 岁时出现得最多，具体见表 11-6。

表 11-6　最早出现音乐能力的年龄阶段①

性别	3 岁前	3~5 岁	6~8 岁	9~11 岁	12~14 岁	15~17 岁	18 岁以上	合计
男	22.4%	27.3%	19.5%	16.5%	10.7%	2.4%	1.2%	100%
女	31.5%	21.8%	19.1%	19.6%	6.5%	1.0%	0.5%	100%

3~6 岁的幼儿在接受教育、参加游戏和学习等活动的过程中,积累了知识,学会了技能,能力得到了进一步发展。成人如果能在此阶段有计划、有目的地指导幼儿观察、认识事物,帮助幼儿学会讲述故事、进行计算,鼓励幼儿积极参加音乐、美术、体育等活动,就能很好地培养幼儿的能力,并促进其能力的不断发展。

(六)创造能力萌芽

创造能力是指产生新的思想和新的产品的能力。一个具有创造力的人往往能在习以为常的事物和现象中发现新的联系和关系,提出新的思想,产生新的作品。

幼儿的创造能力发展得较晚,但到了 5~6 岁时就出现了创造力的萌芽,且在幼儿的绘画作品和建构游戏中表现得较为明显。

(七)主导能力萌芽并出现差异

主导能力又称优势能力,在个体各种能力的有机结合中,往往有一种能力起主要作用而另一些能力处于从属地位。在 3~6 岁时,幼儿已经出现了主导能力的差异。比如,有的幼儿绘画能力强,有的幼儿在语言方面表现出优势,有的幼儿有音乐特殊才能等。同时,在同一种活动中,不同的幼儿其能力结合的方式也不同。如在美术活动中,有的幼儿对色彩有敏锐的感知,但观察力差一些。

幼儿主导能力的差异在幼儿园的各种活动中都能体现,教师要注意观察并分析不同幼儿的能力特点,从而采取不同的教育措施和方法,在发挥幼儿主导能力优势的同时,加强对较弱能力的培养,进而带动其他能力的全面发展。这个全面发展是指各种能力在配合主导能力发展的过程中都可在原有的基础上得到发展和进步,并非同时、同等程度的发展。例如,同样是观察能力,有的幼儿擅长事物观察,有的擅长情绪观察,教师就可以将这两类幼儿组成一组,让他们在合作中相互学习、共同进步。

(八)智力随年龄增长而变化

美国心理学家布鲁姆通过对近千名儿童进行从幼儿期到少年期的追踪研究得出结论,1~4 岁是智力发展最迅速的时期,17 岁为智力发展的最高点。假定 17 岁时的智力为 100%,则各年龄儿童智力发展的百分比分别为:1 岁 20%、4 岁 50%、8 岁 80%、13 岁 92%、17 岁 100%。

---

① 刘军.学前儿童发展心理学[M].南京:南京师范大学出版社,2020:229.

从个体脑生理的研究来看,7 岁时个体的脑重已达到 1280 克,逾成人脑重(1400 克)的 90%;从脑神经的研究来看,脑的高级中枢额叶部分到 7 岁时已经基本成熟。从脑的研究来看,个体脑发展的第一个高峰期是在 5 ~ 6 岁,而第二个高峰期是在 13 ~ 14 岁。脑的发育是幼儿智力发展的生理基础,这些数据均可以证明,3 ~ 6 岁是幼儿智力发展的关键时期。

在智力发展的过程中,幼儿的智力最初已经是复合的、多维度的,其发展趋势是各种智力因素的比重和地位不断变化,复合性因素比重越来越大。不同年龄幼儿智力的主要因素是不同的,随着幼儿年龄的增长,复合的因素越来越重要。比如,10 个月以前,在幼儿智力中比重最大的是视觉跟踪、社会性反应能力、感觉探索、手的灵活性。10 ~ 30 个月,在幼儿智力中最大比重变为知觉的探求(这种早期的能力继续保持下去),语言发生交际能力、对物体的有意义接触能力、知觉辨别力。30 ~ 50 个月,在幼儿智力中最重要的是与物体的关系、形状记忆、语言知识。50 ~ 70 个月,在幼儿智力中最重要的是形状记忆、语言知识。70 ~ 90 个月,语言知识、复合空间关系和词汇占重要地位,而形状记忆的重要性减退。

因此,成人需要根据不同年龄幼儿的心理特点,在不同的阶段,对其智力培养的内容进行调整,使教育内容有所不同和侧重。

三、加德纳的多元智能理论

(一)概述

多元智能理论是由美国教育家、心理学家霍华德·加德纳(Howard Gardner)提出的。他根据哈佛教育研究所多年来对认知科学、神经科学和不同文化知识发展及人类潜能开发进行研究所得到的结果,提出"智力应该是在某一特定文化情境或社群中所展现出来的解决问题或制作生产的能力"。

霍华德·加德纳教授通过对脑部受伤群体的研究发现,人的学习能力是不一样的。由此,他提出多元智能理论。他认为,人类的智能是多元化而非单一的,由言语/语言智能、逻辑/数学智能、视觉/空间智能、身体/运动智能、音乐/节奏智能、人际交往智能、自我反省智能、自然观察智能、存在智能等组成,每个人都不同程度上拥有这些智能。[①] 每一种智能代表着一种区别于其他智能的独特思考模式,而受到遗传因素和教育环境的影响。这些智能在不同的个体身上表现出不同的差异。这些智能之间是相互依赖、相互补充的。

(二)多元智能理论对教育工作的启示

多元智能理论告诉我们人的智能是多元的,而不是单一的,每个人都有着不同的智能优势组合。在实施教育的过程中应注意做到以下几点:

---

① Howard Gardne. 智力的重构:21 世纪的多元智力[M].霍力岩,房阳洋,译.北京:中国轻工业出版社,2004:50-78.

1. 关注幼儿发展的所有领域

对幼儿而言,各种智能的发展水平的确存在差异,但没有一种智能是可有可无的。一个健全的个体,应该尽可能发展每一种智能,使每一种智能在原有水平上都得到提高。因此,幼儿的发展应该是各个智能领域的全面发展,教育不但要关注所有幼儿,而且要关心发展的所有领域。

2. 关注幼儿的个体差异

"一花一世界。"每一个孩子都是一个独特的存在。教师除了关注全体幼儿的需要,还应该关注个别幼儿的特殊需要,确认每一个幼儿都有被关注的权利,不忽视和拒斥任何幼儿。

3. 注重幼儿的参与体验

多元智能理论强调的学习是解决问题的学习,不是简单的知识识记。幼儿参与的、探究式的学习,才是真正指向智能发展的学习。因此,在教育中,应为幼儿准备有探究价值的环境,让幼儿以多种途径和渠道参与到学习过程之中,充分利用多种感官去学习,学会解决困难和问题,促进多种智能的全面发展。

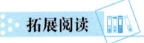

拓展阅读

多元智力理论①

美国教育家、心理学家霍华德·加德纳认为,智力的基本性质是多元的——不是一种能力而是一组能力,其基本结构也是多元的——各种能力不是以整合的形式存在而是以相对独立的形式存在。加德纳认为人的智力至少可以分为以下八个范畴:

1. 语言智力(linguistic intelligence)。是指对外语的听、说、读、写的能力,表现为个人能够顺利而高效地利用语言描述事件、表达思想并与人交流的能力。这种智力在记者、编辑、作家、演说家和政治领袖身上有比较突出的表现,例如由记者转变为演说家、作家和政治领袖的丘吉尔。这是一种与生俱来的口才能力,但是和知识面无关。

2. 音乐智力(musical intelligence)。是指感受、辨别、记忆、改变和表达音乐的能力,具体表现为个人对音乐美感反应出的包含节奏、音准、音色和旋律在内的感知度,以及通过作曲、演奏和歌唱等表达音乐的能力。这种智力在作曲家、指挥家、歌唱家、演奏家、乐器制造者和乐器调音师身上有比较突出的表现,例如音乐天才莫扎特。

3. 逻辑数学智力(logical-mathematical intelligence)。是指运算和推理的能力,表现为对事物间各种关系如类比、对比、因果和逻辑等关系的敏感,以及通过数理运算和逻辑推理等进行思维的能力。它是一种对于理性逻辑思维较显著的智力体现。在侦探、律师、

---

① 谢东华,王华英.互联网+环境下高职语文教学模式改革研究[M].长春:吉林人民出版社,2017:67-70.(有改动)

工程师、科学家和数学家身上有比较突出的表现,例如相对论的提出者爱因斯坦。

4. 空间智力(spatial intelligence)。是指感受、辨别、记忆、改变物体的空间关系并借此表达思想和情感的能力,表现为对线条、形状、结构、色彩和空间关系的敏感,以及通过平面图形和立体造型将它们表现出来的能力。这种智力在画家、雕刻家、建筑师、航海家、博物学家和军事战略家身上有比较突出的表现,例如画家达·芬奇。

5. 身体–动觉智力(bodily kinesthetic intelligence)。是所有体育运动员,世界奥运冠军们必须具备的一项智力。运用四肢和躯干的能力,表现为能够较好地控制自己的身体,对事件能够做出恰当的身体反应,以及善于利用身体语言表达自己的思想和情感的能力。这种智力在运动员、舞蹈家、外科医生、赛车手和发明家身上有比较突出的表现,例如美国篮球运动员迈克尔·乔丹。

6. 内省智力(intrapersonal intelligence)。是指认识洞察和反省自身的能力,表现为能够正确地意识和评价自身的情感、动机、欲望、个性、意志,并在正确的自我意识和自我评价的基础上形成自尊、自律和自制的能力。这种智力在哲学家、思想家、小说家身上有比较突出的表现,例如哲学家柏拉图。

7. 人际关系智力(interpersonal intelligence)。是指与人相处和交往的能力,表现为觉察、体验他人情绪、情感和意图并据此做出适宜反应的能力。也是情商的最好展现。这种智力在教师、律师、推销员、公关人员、谈话节目主持人、管理者和政治家身上有比较突出的表现,例如美国黑人民权运动领袖、社会活动家马丁·路德·金。

8. 自然智力(natural intelligence)。是指认识世界、适应世界的能力,是一种在自然世界里辨别差异的能力,如植物区系和动物区系、地质特征和气候。对我们自己身处的这个大自然环境的规律认知,如历史、人体构造、季节变化、方向的确立、磁极的存在、能适应不同环境的生存能力。

每个人都在不同程度上拥有上述八种基本智力,智力之间的不同组合表现出个体间的智力差异。

本节小结

能力是人们成功地完成某种活动所必需的个性心理特征。按照能力发挥的作用的范围不同,可将能力分为一般能力和特殊能力;按照能力创造程度不同,可将能力分为模仿能力和创造能力;按照功能的不同,可将能力分为认知能力、操作能力和社交能力。学前儿童操作能力最早表现,言语能力在婴儿期发展迅速,模仿能力、认知能力迅速发展,特殊才能有所表现,创造力开始萌芽。学前儿童智力发展遵循先快后慢的发展规律,并已经出现主导能力的差异。美国教育家、心理学家加德纳认为人类至少存在八种智能,分别是语言智能、音乐智能、逻辑–数学智能、空间智能、身体–动觉智能、人际智能、内省智能,以及自然智能。这些智能在不同的个体身上表现出不同的差异,并且相互依赖、相互补充。

思考与练习

一、选择题

1. 人的个性心理特征中,出现最早、变化最缓慢的是(　　　)。

    A. 性格 　　　　　　　　　　 B. 气质

    C. 能力 　　　　　　　　　　 D. 兴趣

2. 让脸上抹有红点的婴儿站在镜子前,观察其行为表现。这个实验测试的是婴儿(　　　)方面的发展?

    A. 自我意识 　　　　　　　　 B. 防御意识

    C. 性别意识 　　　　　　　　 D. 道德意识

3. 研究儿童自我控制能力和行为的实验是(　　　)。

    A. 陌生情景实验 　　　　　　 B. 点红实验

    C. 延迟满足实验 　　　　　　 D. 三山实验

二、简答题

1. 学前儿童自我评价的特点有哪些?

2. 简述促进学前儿童自我意识发展的策略。

3. 简述学前儿童性格培养的策略。

4. 简述加德纳的多元智能理论的主要观点、智能种类及教育启示。

三、材料分析题

材料:

    小明精力旺盛,爱打抱不平,但是做事急躁、马虎、爱指挥人,稍有不如意,便大发脾气,甚至动手打人,事后虽也后悔但遇事总是难以克制……

    请根据小明的上述行为表现,回答下列问题:

    (1)你认为小明的气质属于什么类型? 为什么?

    (2)如果你是小明的老师,你准备如何根据小明气质类型的特征对其实施教育?

第十二章　学前儿童社会性的发展

学习目标

素养目标：

认识学前儿童社会性发展的基本规律，树立正确的儿童观。

知识目标：

1. 掌握学前儿童社会性发展的基本理论知识。

2. 掌握学前儿童亲子关系、同伴关系、性别角色行为以及社会性行为发展的基本特点和影响因素。

能力目标：

能够运用学前儿童社会性发展的基本理论知识，分析学前儿童社会性发展的具体表现，并尝试评价其社会性发展的现实状况。

内容导航

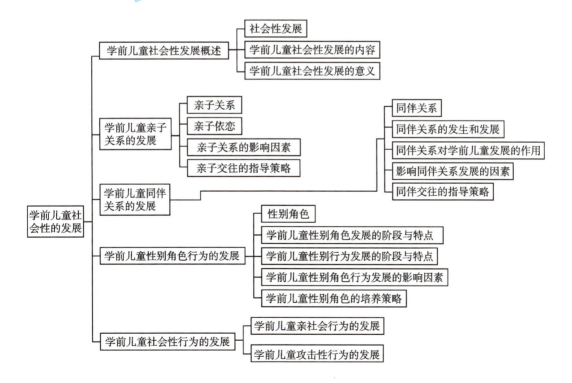

案例导入

　　中班的栋栋个子高,脾气暴躁,班上的小朋友都挺怕他,没人爱和他玩。一天,区域活动时,栋栋不停地转来转去,转了半天也没有找到自己想要玩的玩具。然后,他就凑到正在玩耍的明明跟前捣乱,嘲笑明明玩法不对,并动手抢明明的玩具。明明对栋栋说:"请你走开,离我远一点儿。"栋栋听到后,非常不满,动手推了明明一下。两个人扭打了起来,其他小朋友看到了跑去报告老师。

　　上述案例向我们展示了幼儿园中,幼儿之间互动的真实状况。在幼儿园里,幼儿和同龄的小伙伴在一起的时间最多,他们之间的关系对幼儿有着重要的意义。学前儿童是如何与他人建立关系的? 如何引导学前儿童建立起良好的同伴关系? 这些都涉及幼儿社会性发展问题。本章我们来讨论学前儿童社会性发展的特点,并通过学习了解学前儿童社会性发展基本特点和影响因素,分析幼儿社会性发展的具体表现,并尝试评价其社会性发展的现实状况。

第一节　学前儿童社会性发展概述

　　马克思曾说:"人的本质并不是单个人所固有的抽象物,实际上,它是一切社会关系的总和。"从某种程度上说,人的本质属性是社会性。个体从出生就生活在各种关系中,充当着各种角色,表现着自己的"社会性"——如何与他人打交道、对他人的态度应该是什么样、怎样影响他人……所有这一切,都是一个人社会性的表现。社会性发展是研究学前儿童心理发展中不可忽视的部分,对其心理健康、智力发展及学习等方面都具有重要影响。

一、社会性发展

所谓社会性,是指作为社会成员的个体,为适应社会生活所表现出的符合社会传统习俗的行为方式和心理特征。个体的社会性不是生而就有的,也不是一成不变的。在生命早期,个体只初步具有一些基本的生理反应,到 1 岁左右他们才能够独立地与外界的人和物产生交流与互动;随着交往范围的扩大,个体的社会认知、社会情感以及社会交往技能也在不断地发展、变化。因此,个体的社会性发展是从婴儿期就开始的一个漫长的发展过程。

社会性发展(也称儿童社会化)是指幼儿在生物性基础上,在与社会环境的交互作用中,通过与父母、同伴、教师等重要他人的交流、对话与合作,逐渐学会独立地掌握社会规范,形成自我意识,学习社会角色,正确处理人际关系,并以独特的个性与人交往、适应社会生活的心理发展过程。

假如一个人远离了社会生活,失去了人际交往,那他只能是个自然人,不会有社会性发展,也不具有社会人所具有的社会性。印度狼孩卡玛拉刚被发现时,年龄七八岁,生活习性与狼一样:用四肢行走;白天睡觉,晚上出来活动,怕火、光和水;只知道饿了找吃的,吃饱了就睡;不吃素食而要吃肉(不用手拿,放在地上用牙齿撕开吃);不会讲话,每到午夜后像狼似的引颈长嚎。卡玛拉经过 7 年的教育,才掌握四五个词,勉强地学几句话,开始朝人的生活习性迈进。她死时估计已有 16 岁左右,但其智力只相当于三四岁的孩子。卡玛拉的故事告诉我们,长期脱离人类社会环境的幼童,就不会产生人所具有的脑的功能,也不可能产生与语言相联系的抽象思维和人的意识。

二、学前儿童社会性发展的内容

学前儿童社会性发展主要包括四个方面的内容,即人际关系、性别角色、亲社会行为、攻击性行为。

(一)人际关系

人际关系是指人与人之间通过交往与相互作用而形成的直接的心理关系,即人与人心理上的关系或心理上的距离,主要表现在认知、情感和行为三个方面。在这三个相互联系的心理成分中,情感因素是最重要的成分。人们彼此在情感上的满足与不满足、好感与恶感就成了评价人际关系心理的主要标志。它反映了个体或群体满足社会需要的心理状态,它的发展变化决定于双方社会需要满足的程度。人际关系既是儿童社会性发展的核心内容,又是影响儿童社会性发展的重要因素。儿童在早期的社会交往中主要存在三种人际关系:亲子关系、师幼关系和同伴关系。

亲子关系主要是家庭中父母与子女的关系,以父母与子女之间的情感联系为主,也可将子女与隔代亲人的关系算入其中。师幼关系指的是儿童在幼儿园一日生活中与教师在保教过程中形成的较稳定的人际关系,师幼关系具有事务性与情感性双重属性。同伴关系指的是儿童同生理及心理年龄相仿或临近的其他儿童之间的交往关系。相比前两种人际关系,在同伴关系中,幼儿是主动的参与者,人际互动具有平等、互惠的特点。

（二）性别角色

性别角色是进行社会分工的一个重要依据,它指的是个体由性别差异而引起的、能够促使儿童表现出符合社会成员期待的行为模式的心理特征。性别角色意识的形成对个体的自我认同、自我意识的发展以及社会秩序的维护都具有重要作用。性别角色的发展是个体通过对自身性别的认知以及社会生活中的观察学习所获得的一系列适应当下社会文化的社会行为模式,是个体社会性发展的主要方面。

（三）亲社会行为

亲社会行为是指个体在社会交往过程中所表现出的符合社会规范与社会期望,并且对他人、群体以及社会产生有利影响的社会行为,如帮助、分享、合作、谦让、同情等。亲社会行为的发展状况是个体社会性发展质量的一个重要标尺,与儿童的道德发展密不可分。亲社会行为是儿童形成良好道德品质的核心和基础,是建立良好的人际关系、提升集体合作意识等良好道德品质的前提条件。

（四）攻击性行为

攻击性行为是指不符合社会规范且故意伤害他人的行为,与亲社会行为同属于儿童道德发展的范畴。在幼儿园中,攻击性行为主要指的是儿童主动伤害、扰乱他人等一系列不符合社会规范的行为,如抓、挠、打他人,扰乱游戏秩序,损坏同伴物品等。这些攻击性行为是造成儿童不受欢迎、被他人排斥的主要因素。在游戏中儿童因过失或不小心而扰乱游戏秩序或伤害他人的行为都不属于攻击性行为,因为其并不以伤害他人为目的。

三、学前儿童社会性发展的意义

儿童从一出生就开始了其社会性发展,他在与外界的人和物交流与互动,学会与人交往,学习互助、合作和分享,增强其自尊心和自信心,建构自己的社会态度,培养积极的社会情感,等等。学前儿童社会性发展对其健全人格的发展以及社会适应性的发展起着极其重要的作用,是学前教育不可或缺的一部分。

（一）社会性发展是儿童身心健全发展的重要组成部分

培养身心健全的人是教育的最根本目标。社会性发展是学前儿童心理发展的重要组成部分,它与"体格发展""认知发展"共同构成了儿童发展的三大方面。21世纪综合国力的竞争就是教育的竞争,伴随着各项科技革命的展开,现代社会对人的要求也越来越高,智力不再是唯一的竞争力,完美的人格、良好的道德水平和社会交往能力对其智慧和能力的发展以及事业的成功具有促进作用。儿童社会性发展是其进行人格的自我完善和健全的过程,是幼儿时期学习的重要内容,这个过程同时也是其社会性发展和建立的过程,同时儿童社会性发展状况在一定程度上映射其成人之后的社会交往状态。因此,社会性教育已经成为学前教育不可或缺的一部分。

(二)社会性发展是学前儿童适应社会生活的重要基础

儿童社会性发展的重要性主要体现在对儿童未来社会生活的支持作用上。个体自出生以来就处于复杂的社会环境中,其社会性发展来自与他人及群体的交流、互动,同时,儿童良好的社会性发展状态能够给其带来超越智力发展的优越性,为未来人格的发展奠定基础。因此,儿童社会性发展最终"取之于生活,用之于生活"。幼儿期是儿童社会性发展的重要时期,幼年时期的社会交往、经历以及社会性发展状况将影响其一生。

拓展阅读

哈洛的恒河猴实验①(节选)

20世纪50年代末,美国威斯康星大学动物心理学家哈里·哈洛做了一系列实验,将刚出生的小猴子和猴妈妈及同类隔离开。哈洛和他的同事们把一只刚出生的婴猴放进一个隔离的笼子中养育,并用两个假猴子替代真母猴。这两个代母猴分别是用铁丝和绒布做成的,实验者在"铁丝母猴"胸前特别安置了一个可以提供奶水的橡皮奶头。按哈洛的说法就是"一个是柔软、温暖的母亲,一个是有着无限耐心、可以24小时提供奶水的母亲"。刚开始,婴猴多围着"铁丝母猴",但没过几天,令人惊讶的事情就发生了:婴猴只在饥饿的时候才到"铁丝母猴"那里喝几口奶水,其他更多的时候都是与"绒布母猴"待在一起;婴猴在遭到不熟悉的物体,如一只木制大蜘蛛的威胁时,会跑到"绒布母猴"身边并紧紧抱住它,似乎"绒布母猴"会给婴猴更多的安全感。

哈洛从这个"代母养育实验"中观察到了一些问题:那些由"绒布母猴"抚养大的猴子不能和其他猴子一起玩耍,性格极其孤僻,甚至性成熟后不能进行交配。于是,哈洛对实验进行了改进,为婴猴制作了一个可以摇摆的"绒布母猴",并保证它每天都会有一个半小时的时间和真正的猴子在一起玩耍。改进后的实验表明,这样哺育大的猴子基本上正常了。

哈洛等人的实验研究结果,用他的话说就是"证明了爱存在三个变量:触摸、运动、玩耍。如果你能提供这三个变量,那就能满足一个灵长类动物的全部需要"。

---

① 徐晓飞.情绪与健康[M].北京:中国科学技术大学出版社,2021:86-89.(有改动)

本节小结

学前儿童社会性发展是指儿童在与社会环境的交互作用中,通过与父母、同伴、教师等重要他人的交流、对话与合作,逐渐学会独立地掌握社会规范,形成自我意识,学习社会角色,正确处理人际关系,并以独特的个性与人交往、适应社会生活的心理发展过程。儿童社会性发展主要包括人际关系、性别角色、亲社会行为、攻击性行为等四个方面的内容。其中,人际关系既是儿童社会性发展的核心内容,又是影响儿童社会性发展的重要因素;性别角色意识的形成对个体的自我认同、自我意识的发展以及社会秩序的维护都具有重要作用;亲社会行为是形成儿童良好道德品质的核心和基础,是儿童建立良好的人际关系、提升集体合作意识等良好道德品质的前提条件。学前儿童社会性发展是其健全发展的重要组成部分和适应社会生活的重要基础。

第二节　学前儿童亲子关系的发展

家庭是学前儿童最初的生活场所,儿童社会性发展首先从家庭开始。家庭中父母是儿童主要的抚养者、照顾者与教育者,与儿童接触最早、机会最多,父母的一言一行影响着儿童,儿童通过父母的抚养与教育,获得知识和技能,掌握各种行为规则和社会规范,并在与父母相处的过程中逐渐形成并发展起亲子关系。亲子关系是儿童接触到第一个人际关系,也是儿童建立其他人际关系的重要参考。

一、亲子关系

亲子关系是以血缘关系和共同生活为基础,以抚育、教养、赡养为基本内容的自然关系和社会关系的结合,是家庭中儿童与父母间建立的情感联系。亲子关系有广义和狭义之分。广义的亲子关系,是指父母与子女的相互作用方式,即父母的教养态度与方式;狭义的亲子关系,是指学前儿童早期与父母的情感关系,即依恋。

亲子关系是儿童最早的人际关系,亲子关系的好坏直接影响儿童对社会的认知,影响儿童将来的各种人际关系和社会性行为。因此,早期的亲子关系是以后儿童建立同他人关系的基础。广义的亲子关系则直接影响到儿童个性品质的形成,是儿童人格发展的最重要影响因素。

二、亲子依恋

依恋是指婴儿与抚养者之间建立的一种积极的、充满深情的情感联结。由于婴儿的抚养者多为其父母,故又称为亲子依恋。

（一）亲子依恋的特点

与其他社会关系相比，亲子依恋具有以下显著特点：

1. 选择性

亲子依恋在对象上具有选择性。婴儿倾向于依恋那些能够引起特定的情感体验与行为反应、满足自身需要的个体，而非依恋所有的人。

2. 亲近性

亲子依恋在行为上具有亲近性。依恋者寻求与依恋对象身体的接近，且相互间能保持行为与情感的呼应与协调。

3. 支持性

亲子依恋在结果上具有支持性。依恋双方尤其是依恋者，可以从依恋关系中获得一种慰藉和安全感以及心理支持，当婴儿遇到压力、困难和挫折时，母亲的保护、抚慰能有效地使其平静下来。

4. 长期性

亲子依恋在影响上具有长期性。在依恋双方的交往中，婴儿建立了一个内部工作模型，该模型内化了对依恋双方及两者关系的内在心理表征，具有稳定的倾向，对儿童的发展产生了长期的影响。

（二）亲子依恋的发展阶段

依恋不是突然产生的，而是婴儿同主要照看者在较长时间的相互作用中逐渐建立的。一般认为，婴儿与主要照料者（如母亲）的依恋大约在第六至第七个月里形成。与此同时，对陌生人开始出现害怕的表现，即所谓的"认生"。其发展可分为以下四个阶段：

1. 无差别社会性反应的阶段（出生～3个月）

这一时期婴儿对人的反应最大特点就是不加区别、无差别。婴儿对所有人的反应几乎都一样，喜欢听到所有人的声音，注视所有人的脸，只要看到人的面孔或听到人的声音就会微笑，手舞足蹈，咿呀作语。

2. 有差别的社会反应阶段（3～6个月）

这一时期婴儿对人的反应有了区别，对母亲和他所熟悉的人及陌生人的反应是不同的，婴儿对母亲更为偏爱。

3. 特殊的情感联结阶段（6个月～2岁）

这一时期婴儿对母亲的存在进一步关注，特别愿意和母亲在一起，出现了明显的对母亲的依恋，形成了专门的对母亲的情感联结。若母亲离开，婴儿会哭喊着不让离开；而只要有母亲在身边，婴儿就能安心玩耍，母亲是其安全的基地。与此同时，婴儿对陌生人的态度也发生很大变化，会产生怯生，表现出紧张、恐惧，甚至哭泣等。

4. 目标调整的伙伴关系阶段（2岁以后）

2岁以后，婴儿能够认识并理解母亲的情感、需要、愿望，知道她爱自己，不会抛弃自己。此时,婴儿把母亲作为一个交往的伙伴,并知道交往时要考虑到她的需要和兴趣,据此调整自己的情绪和行为反应。这时婴儿与母亲在空间上的邻近性就变得不那么重要了。

(三)亲子依恋的类型

尽管所有的婴儿都存在着依恋行为,但由于婴儿和依恋对象的交往程度、质量不同,婴儿的依恋存在不同的类型。美国心理学家玛丽·安斯沃斯等人通过"陌生情境"研究法,把婴儿依恋行为分为三种类型:安全型依恋、回避型依恋、反抗型依恋(矛盾型依恋)。

1. 安全型依恋

安全型依恋的婴儿与母亲在一起时,能安逸地玩弄玩具,并不总是依偎在母亲身旁,只是偶尔需要靠近或接触母亲,更多的是用眼睛看母亲、对母亲微笑或与母亲有距离地交谈。母亲在场使婴儿感到足够的安全,能在陌生的环境中进行积极的探索和操作,对陌生人的反应也比较积极。当母亲离开时,其操作、探索行为会受到影响,婴儿明显表现出苦恼、不安,想寻找母亲回来。当母亲回来时,婴儿会立即寻找与母亲的接触,并且很容易抚慰并平静下来,继续去做游戏。这类婴儿占65%~70%。

2. 回避型依恋

回避型依恋的婴儿对母亲在不在场都无所谓,母亲离开时,他们并不表示反抗,很少有紧张、不安的表现;当母亲回来时,也往往不予理会,表示忽略而不是高兴,自己玩自己的。有时也会欢迎母亲的回来,但只是非常短暂的,接近一下就又走开了。因此,实际上这类婴儿对母亲并未形成特别密切的感情联结,所以,有人也把这类婴儿称作"无依恋婴儿"。这类婴儿约占20%。

3. 反抗型依恋

反抗型依恋的婴儿每次在母亲要离开前就显得很警惕,当母亲离开时表现得非常苦恼、极度反抗,任何一次短暂的分离都会引起大喊大叫。但是当母亲回来时,其对母亲的态度又是矛盾的,既寻求与母亲的接触,同时又反抗与母亲的接触,当母亲亲近他,比如抱他时,他会生气地拒绝、推开。但是若让婴儿重新回去做游戏似乎又不太容易,他会不时地看向母亲。所以,这种类型又常被称为"矛盾型依恋"。这类婴儿占10%~15%。

安全型依恋为良好、积极的依恋,而回避型和反抗型依恋又称为不安全型依恋,是消极、不良的依恋。

(四)亲子依恋的影响因素

研究发现,照看者、照看质量、婴儿自身的特点以及家庭的因素等都会影响亲子依恋关系的形成。

1. 稳定的照看者

稳定的照看者是学前儿童亲子依恋形成的必要条件。通常,这个人是母亲。母亲在婴儿依恋的形成过程中扮演着非常重要的角色。如果由于某种原因导致照看者不稳定,将对学前儿童亲子依恋的形成起到破坏性作用。

2.照看的质量

婴儿与照看者之间互动的方式,决定着依恋形成的性质。安斯沃斯根据"敏感—不敏感""接受—拒绝""合作—干涉""易接受—冷漠"四个维度来评定母亲的照看方式,结果发现安全型依恋的婴儿,其母亲的照看方式在以上四个维度上的分数都高。其中,母亲对婴儿的敏感性是影响婴儿亲子依恋形成的关键因素。敏感的母亲对婴儿是易接近的、接受的、合作的。安斯沃斯发现,婴儿出生头三个月中,哺乳过程中敏感性高的母亲,其婴儿在 1 岁时一般都显示安全型依恋模式。来自照看者的关心的、温馨的、适时的抚养,有助于婴儿形成安全型依恋。如果母亲采取拒绝的态度或不敏感,教养行为又不适当,婴儿则会形成不安全型依恋。

3.婴儿的特点

依恋关系是亲子双方共同构筑的,因此婴儿自身的特点也决定了建立这种关系的程度。一些心理学家在研究中发现,早期儿童的行为特性、活动水平、挫折耐受力与生活的节律性有明显的个体差异。婴儿的气质特点影响依恋关系类型。如对于难以照看型和敏感退缩型气质的儿童,其母亲的抚养困难程度显著高于容易照看型气质的儿童的母亲。同时,婴儿智力水平及生理缺陷对依恋的发展也具有重要影响。大多数有智力障碍的儿童在与母亲交往中往往消极被动,交往的主动权在母亲,不像正常儿童那样能够把握主动权。智力正常的儿童比智力障碍的儿童更爱注视母亲。

4.家庭的因素

在婴儿生存环境中,家庭是第一要素。失业、婚姻的失败、经济困难和其他一些因素都会影响父母对孩子照看的质量,从而破坏依恋关系的形成。同时,婴儿在养育环境中是否得到关爱,是否被精心抚养,会直接影响到其依恋安全。有一项研究表明,第一个出生的孩子会因第二个孩子的出生而降低依恋安全性。在正常家庭,尤其是婚姻美满、成人之间充满温馨、较少有家庭摩擦的幸福家庭,会使孩子依恋的安全感增强。相反,如果成人之间的交往充满愤怒,对孩子不适宜地照看,将会直接影响孩子的安全依恋形成。

(五)良好亲子依恋形成的措施

由上面亲子依恋的影响因素可知,建立良好、积极的亲子依恋,需要父母从以下方面入手。

1.注意母性敏感期的母子接触

在孩子出生后的那一刻,母亲会发展出一种超乎常人的能力——超强的观察力和敏感性,该时期被称为"母性敏感期"。母性敏感期可以让母亲比其他任何人更快、更准确地接收孩子的各种细微的信号,及时满足孩子的需求,以帮助孩子在刚出生最软弱的时候生存下来。研究表明,最佳依恋的发展需要在母性敏感期使孩子与母亲接触。

该研究通过把正常医院条件下的母子接触(出生时让妈妈看一下孩子,10 个小时后孩子再在妈妈身边稍留一会儿,然后每隔 4 小时喂奶一次)和理想条件下的接触(出生后 3 小时起便有定时的母子接触,在开始的 3 天里,每天另有 5 小时让妈妈搂抱孩子)做比较,结果发现,理想条件下的孩子与妈妈关系更密切,面对面注视的次数更多,并且后期依恋关系更好。

2.尽量避免与孩子长期分离

研究表明,孩子与父母长期分离会造成孩子的"分离焦虑",并且随着时间的推移,孩子会逐渐淡化对父母的依恋,甚至会导致亲子之间长期失去感情。6~8个月的婴儿处在与他人建立情感联系的关键时期,如果此时亲子之间长期分离,其对父母的依恋就难以形成。

3.与孩子保持经常的身体接触

身体接触主要涉及人体的触觉系统。父母与孩子在亲密接触时的体温能够抚慰孩子的情绪,缓解身体的不适,给孩子带来一种安全感。另外,父母与孩子亲密的拥抱、亲吻、牵手等身体上的交流也是一种爱的表达。因此,父母与孩子间保持经常性的身体接触有利于良好亲子依恋关系的形成。

4.及时回应孩子发出的信号

由于婴儿身心发展的独特性,使其不能够直接用语言表达他们的各种需要。因此,父母要敏感地通过孩子发出的行为信号判断其行为背后的原因,给出及时、积极、恰当的反应。比如,当孩子哭闹时,父母要分辨是因饥饿而哭,还是因为困倦而哭,并及时给予相应的照料。

三、亲子关系的影响因素

亲子关系是儿童来到世界上建立的第一种人际关系,亲子关系的好坏,直接影响到孩子的身心健康发展。家庭环境、父母的教育素质、学前儿童的个性特征等都会影响到良好亲子关系的建立。

(一)家庭环境

家庭中家庭结构、家庭氛围都会影响亲子之间的相处方式,进而影响良好亲子关系的建立。

1.家庭结构

家庭结构是家庭成员之间的组合模式。按照家庭代际层次和亲属关系可分为核心家庭、主干家庭、联合家庭和其他家庭等。家庭结构决定学前儿童在家庭中所扮演的角色,直接影响亲子关系。在现阶段,我国核心家庭和主干家庭占大多数。核心家庭是指由父母和未婚子女组成的家庭,其家庭人口少,代际层次单一,子女与父母有更多的交流互动,更容易建立起和谐亲密的亲子关系。主干家庭是由两代或者两代以上夫妻组成,每代最多不超过一对夫妻且中间无断代的家庭。主干家庭人口较多,规模较大,代际关系(如亲子关系、夫妻关系、祖孙关系等)较为复杂。在主干家庭中,祖辈具有权威性,当父辈的教养方式和态度与祖辈产生差异时,祖辈对孙辈的祖护和迁就,易形成亲子间感情隔阂和情绪抵触。

2. 家庭氛围

夫妻关系的状况影响着亲子关系的形成。和谐的夫妻关系能够稳定夫妻双方的情绪情感,有利于夫妻双方主动承担起家庭责任,并在相互支持、相互配合、互相爱护的家庭行为中影响幼儿。幼儿在这样的家庭环境中成长,可以得到父母的宽容、体谅、鼓励和支持,自信心会充分发育,勇于尝试各种事务,利于想象力、创造力的培养,易形成良好的亲子关系。在夫妻关系不和谐的家庭中,幼儿深陷父母无休止的争吵与冷战中,孤僻、自卑,没有幸福感,更谈不上良好亲子关系的建立。

(二)父母的教育素质

父母的教育素质主要体现在父母的教育观念、教育态度、教养方式上,会影响父母对孩子的态度、教育孩子的方式等,进而影响良好亲子关系的建立。

1. 教育观念

教育观念是指父母在对儿童进行教养的过程中,对儿童个体发展、教育等所持有的观点,主要包括人才观、亲子观、儿童观、教子观等。教育观念直接影响着父母对儿童成长成才的价值取向和对儿童的期望,进而影响亲子之间关系的建立。

2. 教育态度

态度是个体对特定对象(人、观念、情感或者事件等)所持有的稳定的心理倾向。这种心理倾向蕴含着个体的主观评价及由此产生的行为倾向性。孩子在成长过程中需要父母指导他如何生活、如何学习技能和积累经验,但孩子在接受父母教育的同时却很在乎他们的态度,这些态度影响亲子关系,进而影响孩子对父母教育的接受程度。

3. 教养方式

教养方式是指父母在对子女进行教养的过程中运用的方法和形式,是教育观念作用于教育行为上的综合表现。学界一般将父母的教养方式归纳为两个维度:一是情感维度,即父母对待儿童的接受与拒绝维度;二是要求与控制维度,即父母对儿童的控制与容许维度。在情感维度的接受端,家长以积极、肯定、耐心的态度对待儿童,尽可能满足儿童的各项要求;在情感维度的拒绝端,家长常以排斥的态度对待儿童,对他们不闻不问。在要求与控制维度的控制端,家长为儿童制订了较高的标准,并要求他们努力达到这些要求;在要求与控制维度的容许端,家长宽容放任,对儿童缺乏管教。[①] 根据这两个维度的不同组合,可以形成四种教养方式,即权威型、专制型、放纵型和忽视型。

(1)权威型。权威型教养方式是在要求上属于高控制、在情感上偏于接纳的教养方式,是能够为儿童的心理发展带来积极影响的抚养方式。在要求与控制维度上,父母对孩子有一定的控制,常对孩子提出明确而又合理的要求,为其设定适当的目标,将控制、引导性的训练与积极鼓励孩子的自主性和独立性相结合,对其不良行为表示愤怒。在情

---

① 高闰青,郭玉珍.家庭教育原理[M].郑州:河南科学技术出版社,2021:62.

感维度上,父母对待孩子的态度是慈祥的、诚恳的,善于与孩子交流,支持孩子的正当要求,尊重孩子的需要,积极支持子女的爱好、兴趣。在这种教养方式下成长的幼儿其个性得到良好的发展。

(2)专制型。专制型教养方式是父母把儿童当作自己的附属物或私有财产。在要求与控制维度上,父母要求孩子绝对地服从自己,并把自己的意志强加给孩子,迫使孩子听命。在情感维度上,父母给孩子的温暖、培养、慈祥、同情较少,常以冷漠、忽视的态度对待孩子,对孩子过多地干预和禁止,态度简单粗暴,甚至不通情达理,不尊重孩子的需要,对孩子的合理要求不予满足,不支持孩子的爱好兴趣,更不允许孩子对父母的决定和规定有不同的表示。在这种教养方式下成长的幼儿或是变得驯服、缺乏生气、创造性受到压抑、无主动性、情绪不安,甚至带有神经质、不喜欢与同伴交往、忧虑、退缩、怀疑,或是变得以自我为中心和胆大妄为,在家长面前和背后言行不一。

(3)放纵型。放纵型教养方式是在要求上属于低控制、在情感上偏于接纳的教养方式。在要求与控制维度上,父母对孩子持以积极肯定的态度,但缺乏有效控制。在情感维度上,父母对孩子的态度一般是关怀过度、百依百顺、宠爱娇惯,或是消极的,不关心、不信任、缺乏交谈、忽视他们的要求;或只看到他们的错误和缺点,对孩子否定过多;或任其自然发展。在这种教养方式下成长的幼儿往往形成好吃懒做、生活不能自理、胆小怯懦、自命不凡、意志薄弱、缺乏独立性等许多不良品质。

(4)忽视型。忽视型教养方式是在要求上属于低控制、在情感上偏于拒绝的教养方式。采用这种教养方式的父母对孩子缺少必要的行为要求和控制,也缺乏爱与期望的情感和积极反应,亲子间的交往、互动很少,父母对孩子缺乏基本的爱和关注,对孩子的行为反应缺乏回应与反馈,对其成长经常流露出漠不关心的态度。在这种教养方式下成长的幼儿往往具有较强的冲动性和攻击性,很少懂得换位思考,对他人缺乏热心与关心,对事物缺乏兴趣和热情。相较于前三类教养方式下成长的幼儿,这类幼儿在成长过程中更容易出现不良的行为。

(三)学前儿童的个性特征

学前儿童在行为特性、活动水平、挫折耐受力以及生活节律性等方面存在明显的个性差异,同时个体的发展水平和发展特点都会影响父母的反应性和敏感性,从而影响亲子关系。比如,困难型儿童生活适应能力相对较弱,其在睡眠、进食、大小便等问题上较难形成规律,对陌生人表现出强烈的恐惧,对新事物采取拒绝态度,情绪反应多为消极的且不稳定,好哭、好动。此时就需要父母要有足够的耐心和宽容,要在养育过程中接受孩子的不良情绪状态。若父母不了解该类型儿童的特点,缺乏耐心和宽容,一味地责备、惩罚幼儿,则会导致亲子关系紧张。

四、亲子交往的指导策略

由亲子关系的影响因素可知,建立良好的亲子关系,需要父母从以下方面入手:

（一）营造温馨的家庭氛围

在家庭中，夫妻关系和谐、家庭和睦是父母送给孩子最好的礼物。温馨的家庭氛围可以给人安全感、归属感，提高自尊心，增强力量感，有利于学前儿童身心健康；良好的夫妻关系会给孩子营造一个和谐、宽松的家庭氛围，为孩子的成长提供肥沃的土壤。夫妻关系不和谐，孩子则极易形成孤僻、自卑的个性，没有幸福感，不利于健康成长。

（二）树立正确的儿童观

儿童是人，是未成年人，是具有个性特点的人，是终将成为独立个体的人。这是儿童的最大特点。父母只有认识到这一特点，才能在教育孩子的过程中，尊重孩子的人格，重视孩子的愿望与需要，平等地与孩子沟通和交流，取得孩子的信任，相互间才能建立起良好的心理交往关系，进而促进良好亲子关系的建立。若父母凡事以自己的意志为转移，不尊重孩子的独立人格，不了解孩子成长时期的心理需求，只是将孩子看成自己的私有财产，则亲子之间易产生心理上的疏离、不信任或畏惧，甚至矛盾冲突等。

（三）父母高质量的陪伴

高质量的陪伴有利于儿童心智的发展，有利于良好亲子关系的形成。然而高质量的陪伴，需要父母秉承身教重于言教的原则，走在孩子前面，树立榜样，以身作则，与孩子共同成长；需要父母遵循孩子的发展规律，了解孩子的心理需求，鼓励与批评有机结合，促进孩子的发展；需要父母与孩子心灵同频，具有与孩子共振共情的能力。俗话说："父爱如山，母爱如水。"在孩子的成长过程中，父亲和母亲的陪伴都是不可缺失的。母亲给予孩子的是细致入微的日常照顾，父亲则更多是在孩子成长的重要阶段或是关键选择时给出指导意见。通过父母陪伴，孩子可以获得性别意识，培养足够的能力和信心，与父母建立起安全型依恋关系。

（四）进行有效的沟通

沟通是人们分享信息、思想和情感的过程。这种过程不仅包含口头语言和书面语言，也包含形体语言、个人的习气和方式、物质环境等赋予信息含义的任何东西。家庭生活中，父母的言行举止潜移默化地影响着孩子，是孩子模仿与学习的榜样。同时，作为独立的个体，幼儿又有着自身的特点、发展规律及个性与需要。幼儿通过与父母沟通，实现心灵对话、情感交融、思想碰撞，使彼此更加了解。父母需要掌握并按照孩子的实际发展水平和需要，提出相应的要求和指导，以此建立良好的双向互动关系。父母与孩子的角色地位不同，沟通时需要秉持理解、尊重、接纳和信任的原则，注重倾听和正面引导，把握好沟通的方式、内容和频率。父母在倾听孩子的过程中，可以参考四个步骤：第一步，观察到（听到/看到/留意到），是一种照相机、录音机式记录；第二步，听感受，你觉得失望、沮丧；第三步，听需要，你希望/你很看重；第四步，听期待，你想要怎么样？完整有效的倾听过程，是有效沟通的前提。孩子的语言有他自己特殊的编码，需要懂他们的父母才能解码，父母要用心倾听孩子的声音，尤其是要听话外音。只有父母认真倾听孩子的声音，才能知道他的心声,才能用智慧来和孩子进行沟通。①

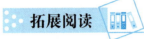 拓展阅读

陌生情境实验②

由美国心理学家安斯沃斯等人设计的一种心理实验,用来研究婴儿在陌生的环境中并与母亲分离后的行为和情绪表现。

实验过程是由母亲带婴儿进入实验场所(陌生环境),实验者作为陌生人出现在实验场所里,但不干涉母子的活动,片刻后母亲独自离开,由婴儿单独与实验者相处,由实验者观察婴儿的表现,再片刻后母亲返回。实验者记录这个过程中婴儿从始至终的行为和情绪表现情况。这个测验给婴儿提供了三种潜在的难以适应的情境,即陌生环境(实验场所)、与亲人分离和与陌生人相处,通过测验来研究婴儿在这几种不同的情境下表现出的探索行为、分离焦虑反应和依恋行为等。

陌生情境大体包含8个片段(episode):

片段	现有的人	持续时间	情境变化
1	母亲、婴儿和实验者	30秒	实验者向母亲和婴儿作简单介绍
2	母亲、婴儿	3分钟	进入房间
3	母亲、婴儿、生人	3分钟	生人进入房间
4	婴儿、生人	3分钟以下	母亲离去
5	母亲、婴儿	3分钟以上	母亲回来、生人离去
6	婴儿	3分钟以下	母亲再离去
7	婴儿、生人	3分钟以下	母亲回来、生人离去
8	母亲、婴儿	3分钟	母亲回来、生人离去

1973年,安斯沃斯采用陌生情境(strange situation)测验,从婴儿和母亲的研究中界定了亲子关系的三种基本类型:

1. 安全型关系(securely attached)。妈妈在这种关系中对孩子关心、负责。体验到这种依恋的婴儿知道妈妈的负责和亲切,甚至妈妈不在时也这样想。安全型婴儿一般比较快乐和自信。

2. 焦虑/矛盾型关系(insecurely attached:ambivalent)。妈妈在这种关系中对孩子的需要不是特别关心和敏感。婴儿在妈妈离开后很焦虑,一分离就大哭。别的大人不易让他们安静下来,这些孩子还害怕陌生环境。

3. 回避型关系(insecurely attached:avoidant)。这种关系中的妈妈对孩子也不很负

———

① 高闰青.家庭教育理论研究与实践[M].郑州:郑州大学出版社,2022:154.

② 杨健梅,于昊,杨见奎.大学生心理健康教育[M].北京:九州出版社,2021:21-25.(有改动)

责。孩子则对妈妈疏远、冷漠。当妈妈离开时孩子不焦虑,母亲回来也不特别高兴。

本节小结

亲子关系是学前儿童在家庭生活中与父母相处的过程中逐渐形成并发展起来的,是学前儿童接触到的第一个人际关系,也是学前儿童建立其他人际关系的重要参考。广义的亲子关系是指父母与子女的相互作用方式,狭义的亲子关系是指学前儿童早期与父母的情感关系,即依恋。依恋具有选择性、亲近性、支持性、长期性等典型特征。亲子依恋有安全型依恋、回避型依恋、反抗型依恋(矛盾型依恋)三种类型,一般在第六至第七个月里形成。稳定的照看者、照看质量、儿童的特点以及家庭因素影响亲子依恋类型的形成。良好亲子关系的形成受到家庭、父母教育素质以及学前儿童个性心理特征的影响。良好亲子关系的形成需要营造温馨的家庭氛围、树立正确的儿童观、进行有效的沟通和父母高质量的陪伴。

第三节　学前儿童同伴关系的发展

学前儿童在与同伴交往的过程中不仅学习到如何与他人一起玩游戏,还学会如何与他人沟通,如何看待他人,如何看待自己,如何分工,如何合作,如何解决问题,如何处理矛盾等一系列问题。通过与同伴相处,学前儿童的社交能力得到提升,逐渐从自然人过渡到社会人。因此,良好的同伴关系不仅是学前儿童心理健康发展的重要精神环境,也是其良好的社会性行为形成的重要因素,有利于个体良好个性品质的形成。

一、同伴关系

同伴关系是指年龄相同或相近的个体间或心理发展水平相当的个体间在交往过程中建立和发展起来的一种人际关系。个体在与同伴的交往中,可以形成同伴群体关系和友谊关系,前者表明个体在同伴集体当中的社交地位,即被接纳或被拒绝;后者表明个体和朋友之间的情感联系,是相互的、一对一的关系。学前儿童尚不能形成稳定的、一对一的友谊关系,因此,本书所讲的同伴关系指的是前者,即群体关系。

根据同伴关系的不同,一般将儿童划分为受欢迎型、一般型、被拒绝型、被忽视型和矛盾型五种。

(一)受欢迎型儿童

此类型的儿童喜欢与人交往,主动积极并表现较好,被大多数同伴接纳、喜欢。他们在同伴中的交往地位高,影响力大。

（二）一般型儿童

此类型的儿童表现一般，既不主动、友好，也不消极、敌对，既不为同伴所特别喜爱，也不令人讨厌。

（三）被拒绝型儿童

此类型的儿童交往活跃，但常做出不友好的、攻击性的举动（如强行加入、争夺玩具、大声喊叫等），为大多数同伴所不喜欢或常被拒绝。

（四）被忽视型儿童

此类型的儿童不喜欢交往，常一个人玩，在群体交往中显得退缩、害羞、不起眼，常常被冷落。

（五）矛盾型儿童

此类型的儿童被某些同伴喜爱，同时又被其他同伴不喜欢。

二、同伴关系的发生和发展

学前儿童同伴关系是随着年龄的发展，而逐步发生和发展起来的，具体如下：

（一）同伴关系的发生

学前儿童很早就能够对同伴关系的出现和行为做出反应。2个月时，婴儿能注视同伴；3～6个月时，婴儿能够相互触摸和观望。但这些反应并不真正具有社会性，因为，婴儿的行为往往是单向的，缺乏互惠性。有学者将该阶段的同伴关系称为客体中心阶段。处于该阶段的婴儿相互间的作用主要集中在玩具或物体上，而不是婴儿本身。10个月之前的婴儿即使在一起玩，也只是把对方当成活的物体或玩具。比如，6个月前的婴儿可能会把同伴当作玩具或者物体，表现为抓对方的头发、鼻子等，不能主动地寻求或期待从另一个婴儿那里得到相应的社会性回应。

（二）同伴关系的发展

学前儿童同伴关系的发展经历了简单的相互作用阶段、互补的相互作用阶段和以游戏促进同伴关系发展三个阶段。

1. 简单的相互作用阶段（1岁左右）

该阶段幼儿已经能对同伴的行为做出反应，并常常试图控制对方的行为。1岁左右婴幼儿之间简单交往最突出的特征是出现了应答性的社交技巧，表明婴幼儿之间的直接接触和互动开始发生。此时的婴儿常会出现以下几种重要的社会性行为和技能：一是看上去有意地朝向他们的同伴微笑、皱眉、打手势；二是仔细地观察同伴，表现出明显的社会性兴趣迹象；三是常常友善地对同伴的行为做出反应。例如，儿童A由于不小心碰疼了自己的手而大哭，儿童B看见儿童A哭了，也跟着大哭起来。而儿童A看见儿童B跟着他哭，似乎觉得很好玩，哭的声音就会更大。

2. 互补的相互作用阶段(2~3岁)

该阶段的幼儿社会交往已较为复杂,模仿行为也更普遍,并且有了互补或互惠的角色游戏。2岁时,随着运动和语言交流能力的出现,已经开始学步的幼儿的社会性交流变得更加复杂,同伴间互动的时间也会更长。这时,幼儿之间出现了较多的互惠性游戏,在游戏中,他们会互换角色,而且逐渐学会轮流扮演角色;到了2岁末,幼儿花在社会性游戏上的时间会比单独游戏要多得多,有时即使母亲在场,他们与同伴一起玩的时间也比与母亲一起玩的时间要长,且能逐渐地将玩具融入游戏中,并能同时注意到物体和同伴,因而这时婴幼儿的活动显得比较和谐。但是,幼儿在发生积极的相互作用的过程中,还伴有如打架、揪头发、抓脸和争夺玩具等消极行为的发生。

3. 以游戏促进同伴关系发展(3~6岁)

3岁左右的幼儿以单独游戏或平行游戏为主,彼此之间没有联系;4岁左右,联合游戏逐渐增多,幼儿在游戏中互借玩具、彼此间进行语言交流、共同合作的现象逐渐增多。在游戏中幼儿已经开始形成真正的社会交往。但这种联系是偶然的、没有组织的,彼此间的交往也不密切,是幼儿游戏中社会性交往发展的初级阶段;5岁后,幼儿的合作游戏开始发展,大家为共同的游戏目标而在一起,彼此进行分工与合作。此时,幼儿的同伴交往的主动性和协调性也逐渐得到发展。儿童游戏水平的提高,反映儿童社会性交往能力的发展。

三、同伴关系对学前儿童发展的作用

从发展的角度来看,同伴交往对学前儿童的发展有着极其重要的作用,这已成为发展心理学的共识。同伴的作用可以促进学前儿童积极情感、认知和自我意识及社交技能的发展。

(一)为学前儿童提供情感支持

马斯洛的需要层次理论告诉我们,个体都有归属的需要。学前儿童通过与同伴交往,表达交流情感,得到同伴的接受,成为同伴群体的一员,可以增强其归属感和安全感。当学前儿童能够被团体中的其他成员肯定和承认时,他将更愿意参与到这个群体中,遵守群体的规范,易表现出友好、谦虚的品质和低焦虑的社会化情绪,更具有对环境进行积极探索的精神;而没有同伴的学前儿童常常会产生消极情绪,久之就会固化成一种不良的自我感觉,从而严重阻碍其心理发展和社会化进程。

例如,1997年福特等人进行了一项实验,以探讨在有同伴和没有同伴情境下儿童的活动差异。实验要求成对的儿童一起看幽默卡通片。其中一种实验条件是两个儿童认识,另一种实验条件是两个儿童不认识。由此观察两种不同条件下儿童的行为表现。研究发现,两人认识的儿童比不认识的儿童在看动画片的过程中获得了更大的快乐,前者大笑和微笑得更多,并且有更多的交谈和相互注视,也表现出更多的社会反应,如分享彼此的情感等。

（二）帮助学前儿童发现自我

同伴关系不仅可以为学前儿童自我评价提供对照标准,而且在与同伴交往的过程中,学前儿童也在不断地调整着自己的行为,以便更好地融入同伴中去。在这种同伴互动中,能够帮助其发现自我。

1. 为自我评价提供了有效的对照标准

同伴交往为学前儿童进行自我评价提供了有效的对照标准,使学前儿童能通过对照,逐渐认识到他人的特点及自己在他人心目中的形象和地位,进而为学前儿童形成自我概念打下最初的基础。比如,4岁左右的学前儿童已经能够将自己与同伴做简单的对比,他们常常会对另一名幼儿说"我比你跑得快""你没有我长得高""我唱歌比你好"等。这是学前儿童最初的社会比较。

2. 有助于自我调节能力的发展

学前儿童在参与群体的共同活动中,通过自己在交往中的不同行为导致同伴的不同反应,而学会调节控制自己的行为。比如,打人会使同伴拒绝或逃避,而微笑则会换回同伴的友好与合作。学前儿童从同伴的不同反应中,既了解了自己行为的结果与性质,又了解了自己是否为他人所接受,并认识到调整自己行为的必要性以及必须调节、控制自己的哪些行为,从而进一步调控自己。

（三）促进学前儿童社会知觉发展

自我中心主义是学前儿童认知特点的典型特征之一。随着游戏的开始,学前儿童在建立平等互惠的同伴关系的同时,可以体验冲突、谈判或协商,从而扩大对社会的认知视野,逐渐学会站在他人的角度思考问题,获得合作、共享、谦让、同情、助人、宽容等亲社会行为,并逐渐形成社会知觉。同时,在同伴交往中,学前儿童还学会了与同伴发生冲突时如何坚持自己的正确意见或放弃自己的想法,从而使儿童的社会技能迅速提高。

（四）为学前儿童提供榜样和强化者

随着学前儿童的成长,同伴作为榜样和强化者的重要性越来越突出。学前儿童在同伴交往中,一方面,发出社交行为,如微笑、请求、邀请等,尝试、练习自己学会的社交技能和策略,并相应地进行调整,使之巩固;另一方面,通过观察对方的交往行为,积极探索尝试,进而丰富自己的社交行为。同时,学前儿童倾向于模仿群体中的支配性人物和那些热情、有能力、受到他人称赞以及他们认为和自己相似的人。其中,支配性人物往往有好的社会技能,这使学前儿童能通过模仿学到新的社会技能;大多数学前儿童喜欢受到别人的模仿,因此成为榜样能够强化学前儿童的自我控制。

案例

中班的孩子们正在吃午饭,今天的菜品里有菠菜。小王老师发现许多小朋友都不动碗里的菠菜。这时候,昭昭小朋友已经把饭菜吃完了。小王老师问昭昭:"昭昭,你把菠菜都吃光了,真棒! 你给大家说一下为什么要吃菠菜呢? 它的味道如何?"昭昭自豪地说:"菠菜的味道涩涩的,但老师和妈妈都告诉我,吃菠菜能增强抵抗力,让身体棒棒的,所以我就吃完了。""嗯,还有谁也想让身体棒棒的呢?"小王老师问大家。不一会儿,就有好几个小朋友都向小王老师汇报自己把菠菜吃完了。

四、影响同伴关系发展的因素

学前儿童同伴关系的发展受到来自家庭、托幼机构以及学前儿童自身等因素的影响。

(一)家庭因素

父母的支持、家庭氛围以及早期亲子交往的经验都会影响同伴关系的发展。幼儿自己寻找游戏伙伴的能力是有限的,通常需要依靠父母为彼此间的接触提供便利的条件,同时父母自身的社交风格以及给予孩子的交往建议都对幼儿同伴交往产生影响。幼儿在社会化过程中,交往中心经历了一个由家庭向同辈群体转化的时期。家庭是幼儿社会交往的重要场所。如果家庭温馨和睦,气氛和谐民主,成员间互相关心,在这种良好氛围影响下,学前儿童会逐渐懂得关心、爱护同伴,与他人建立良好关系。反之,在一个家庭成员间冷漠甚至互相仇视的环境里,学前儿童就会学会争吵、打架等,常与同伴发生矛盾和冲突,与同伴的关系也就很难协调。同时,亲子关系对今后的同伴关系有预告和定型的作用,而更近一些的观点则认为二者是相互影响的。幼儿在与父母的交往过程中不但实际练习着社交方式,而且发现自己的行为可以引起父母的反应,由此可以获得一种最初的"自我肯定"的概念。这种概念是幼儿将来自信心和自尊感的基础,也是其同伴交往积极健康发展的先决条件之一。

(二)托幼机构因素

托幼机构中教师、活动材料和活动性质均对幼儿同伴关系产生影响。幼儿在教师心目中的地位如何,会间接地影响到同伴对其的评价。社会心理学家认为,在同伴群体中的评价标准出现之前,教师是影响儿童最有力的人物。因此,作为教师,在教育过程中必须注意自己的言行对学前儿童的影响。同时,活动材料,特别是玩具,是幼儿同伴交往的一个不可忽视的影响因素,尤其是婴儿期到幼儿初期,幼儿之间的交往大多围绕着玩具发生。活动性质对同伴交往的影响主要体现在自由游戏的情境下,不同社交类型的幼儿表现出交往行为上的巨大差异。而在有一定任务的情境下,如在表演游戏或集体活动中,即使是不受同伴欢迎的幼儿,也能与同伴进行一定的配合、协作,因为活动情境本身已规定了同伴间的作用关系,对其行为有许多制约性。

(三)个体因素

幼儿的性别、年龄、外貌以及气质、性格、能力等个性、情感特征,不仅制约着同伴对他的态度和接纳程度以及受欢迎程度,同时也决定了他们自身在交往时的行为方式。同时,幼儿也倾向于选择与自己同年龄、同性别的儿童做朋友。而对于年幼儿童来说,外表往往成为影响同伴交往的一个重要因素,这一点和成人相似。例如在纪录片《幼儿园》

中,当一个小朋友被问及"为什么喜欢她"时,该小朋友回答:"她长得很漂亮。"幼儿园的孩子更喜欢和那些漂亮、穿戴漂亮干净整齐的孩子玩。

五、同伴交往的指导策略

学前期是从自然人过渡到社会人的关键期,教师和父母要尽量帮助那些交友困难的儿童,与同伴建立相应的同伴关系,使其能够在一个积极健康的环境中来建立起自尊、自信、自强、自爱,从而建立完整的人格。

(一)创设温馨的家庭氛围

在家庭里,父母要创设温馨(民主、平等、和谐)的家庭氛围,使幼儿对社会交往产生积极的心理期待。父母要言传身教,要以自身关爱他人的实际行动感染孩子,为孩子创造更多的交往机会。

(二)创设良好的心理氛围

教师对学前儿童的期望、看法和评价,会影响其被其他同伴的接纳和受欢迎度。因此,在幼儿园,教师要和孩子建立良好的师幼关系,平等地与孩子交往,敏锐地捕捉学前儿童发出的信息,并做出积极的反馈、支持和引导,创设良好的心理氛围。同时,教师还应创设不同的游戏活动区,注重对幼儿角色游戏的指导。

(三)注重培养同伴交往技巧

学前阶段的思维简单而直接,语言表达能力强的幼儿能让同伴更好地理解自己并产生认同。父母和教师应注重对幼儿语言表达能力的培养,使幼儿能够完整清晰地表达自己的意愿,在同伴交往中赢得认同。同时要注重培养幼儿的分享意识,教会幼儿认同他人、欣赏同伴,遵守交往规则,克服胆小羞怯心理,充满自信等,以此来赢得同伴的认可和支持,促进同伴关系的建立。

拓展阅读

罗森塔尔效应[①]

罗森塔尔效应,亦称"皮格马利翁效应""人际期望效应",是一种社会心理效应,指的是教师对学生的殷切希望能戏剧性地收到预期效果的现象。由美国心理学家罗森塔尔和L.雅各布森于1968年通过实验发现。一般而言,这种效应主要是因为教师对高成就者和低成就者分别期望着不同的行为,并以不同的方式对待他们,从而维持了他们原有的行为模式。

---

① 汪豪,尹雨诗.极简管理　管理进阶的88个定律[M].北京:中国经济出版社,2021:150-151.(有改动)

实验过程:1968 年的一天,美国心理学家罗森塔尔和 L. 雅各布森来到一所小学,说要进行 7 项实验。他们从一至六年级各选了 3 个班,对这 18 个班的学生进行了"未来发展趋势测验"。之后,罗森塔尔以赞许的口吻将一份"最有发展前途者"的名单交给了校长和相关老师,并叮嘱他们务必保密,以免影响实验的正确性。其实,罗森塔尔撒了一个"权威性谎言",因为名单上的学生是随便挑选出来的。8 个月后,罗森塔尔和助手们对那 18 个班的学生进行复试,结果奇迹出现了:凡是上了名单的学生,个个成绩有了较大的进步,且性格活泼开朗,自信心强,求知欲旺盛,更乐于和别人打交道。

效应原理:实验者认为,教师因收到实验者的暗示,不仅对名单上的学生抱有更高期望,而且有意无意地通过态度、表情、体谅和给予更多提问、辅导、赞许等行为方式,将隐含的期望传递给这些学生,学生则给老师以积极的反馈;这种反馈又激起老师更大的教育热情,维持其原有期望,并对这些学生给予更多关照。如此循环往复,使这些学生的智力、学业成绩以及社会行为朝着教师期望的方向靠拢,使期望成为现实。

■ 本节小结

同伴关系是指年龄相同或相近的个体间或心理发展水平相当的个体间在交往过程中建立和发展起来的一种人际关系。同伴关系有受欢迎型、一般型、被拒绝型、被忽视型和矛盾型五种类型。学前儿童同伴关系大多是在游戏情境中发展起来的,学前儿童游戏水平的提高,反映儿童社会性交往能力的发展。同伴的作用可以促进学前儿童积极情感、认知和自我意识及社交技能的发展。家庭、托幼机构、学前儿童个性心理特征等因素影响良好同伴关系的形成,父母和教师应从营造和谐的家庭氛围、创设良好的心理氛围、注重培养同伴交往技巧等入手促进学前儿童形成良好的同伴关系。

第四节　学前儿童性别角色行为的发展

社会对不同的性别角色有不同的期待。性别角色是学前儿童社会化的重要组成部分。幼儿要成为社会成员,就必须知道自己的性别特征和社会对不同性别的期望,并将这类信息整合到自我概念系统中,形成独特的个性特征和行为方式。性别虽由遗传决定,但男女在家庭生活和社会生活中扮演什么角色,则是从婴幼儿时期起接受成人影响、教育的结果。

一、性别角色

性别角色是社会认可的男性和女性在社会上的一种地位,也是社会对男性和女性在行为方式和态度上期望的总称,包括性别概念、性别角色知识、性别行为等三个方面。

性别角色来自人类早期的社会分工,属于一种社会规范对男性和女性行为的社会期望。如在中国传统的社会观念中,要求"男主外,女主内",男人应当刚强,承担起养家糊口的职责;女人则应当温柔,做好家务、看好孩子等。

性别角色的发展是以幼儿掌握性别概念为前提的,即幼儿知道男孩和女孩是不同的,才能进一步掌握男孩和女孩不同的行为标准。

性别行为是男女儿童通过对同性别长者的模仿形成自己的性别行为方式。

二、学前儿童性别角色发展的阶段与特点

对于学龄前儿童来说,性别角色主要经历三个阶段的发展。

(一)第一阶段:知道自己的性别,并初步掌握性别角色知识(2~3岁)

幼儿能区别出一个人是男的还是女的,就说明他已经具有了性别概念。其性别概念包括两个方面,一是对自己性别的认识,二是对他人性别的认识。幼儿对他人性别的认识是从2岁开始的,但这时还不能准确说出自己是男孩还是女孩。大约2岁半到3岁左右,绝大多数孩子能准确说出自己的性别。同时,这个年龄的孩子已经有了一些关于性别角色的初步知识,如知道女孩要玩娃娃,男孩要玩汽车等。

(二)第二阶段:自我中心地认识性别角色(3~4岁)

此阶段的幼儿已经能明确分辨自己是男还是女,并对性别角色的知识逐渐增多,如知道男孩和女孩在穿衣服和游戏、玩具方面的不同等。但对于三四岁的孩子来说,他们能接受各种与性别习惯不符的行为偏差,如认为男孩穿裙子也很好,几乎不会认为这是违反了常规。这说明他们对性别角色的认识还不很明确,具有明显的以自我为中心的特点。

(三)第三阶段:刻板地认识性别角色(5~7岁)

在前一阶段发展的基础上,幼儿不仅对男孩和女孩在行为方面的区别认识越来越清楚,同时开始认识到一些与性别有关的心理因素,如男孩要胆大、勇敢、不能哭,女孩要文静、不能粗野等。与幼儿对其他方面的认识发展规律一样,他们对性别角色的认识也表现出刻板性,认为违反性别角色习惯是错误的,并会受到惩罚和耻笑。如一个男孩玩娃娃就会遭到同性别孩子的反对,被认为不符合男子汉的行为。幼儿性别角色概念形成后,会逐步建立起性别认同。

美国心理学教授戴维·谢弗(David R. Shaffer)将性别概念的发展分为4个阶段:基本性别意识阶段、性别认同阶段、性别稳定阶段和性别恒常性阶段。(见表12-1)

表 12-1　儿童性别概念的发展①

阶段	年龄	表现	测验问题
基本性别意识阶段	0～18 个月	初步认识成人对自己所贴的性别标签	观察儿童在成人用性别形容词描述自己和他人时的反应
性别认同阶段	18 个月～3 岁	把自己和他人认作男性或女性	你是男孩还是女孩?
性别稳定阶段	3～4 岁	理解人的一生性别保持不变	你长大后是当妈妈还是当爸爸?
性别恒常性阶段	5～7 岁	意识到性别不依赖于外表(如头发、服饰等)	如果男孩穿上女孩的衣服,他会是女孩吗?

三、学前儿童性别行为发展的阶段与特点

学前儿童性别行为随着学前儿童年龄的增长不断发展,并表现出鲜明的性别特征。

(一)性别行为的产生(2 岁左右)

2 岁左右是学前儿童性别行为初步产生的时期,具体体现在学前儿童的活动兴趣、同伴选择及社会性发展三方面。比如,14～22 个月的儿童中,通常男孩在所有玩具中更喜欢卡车和汽车,而女孩则更喜欢玩具娃娃或"过家家"玩具。学前儿童对同性别玩伴的偏好也出现得很早。在托幼机构中,2 岁的女孩就表现出更喜欢与其他女孩玩,而不喜欢跟吵吵闹闹的男孩玩;2 岁时女孩对于父母和其他成人的要求就有更多的遵从,而男孩对父母的要求的反应更趋向多样化。

(二)幼儿性别行为的发展(3～7 岁)

3 岁以后幼儿的性别行为差异日益稳定、明显,具体体现在以下方面:

1.游戏活动兴趣方面的差异

在学龄前期男孩女孩的游戏活动中,已经可以看到明显的差异。男孩更喜欢运动性、竞赛性游戏,女孩则更喜欢"过家家"的角色游戏。

2.选择同伴及同伴相互作用方面的差异

3 岁以后,学前儿童选择同性别伙伴的倾向日益明显。研究发现,3 岁的男孩在选择同伴时就明显地选择男孩而不选择女孩作为伙伴,在幼儿期,这种特点日趋明显。研究还发现,男孩和女孩在同伴之间的相互作用方式也不相同:男孩之间更多的是打闹、争斗和喊叫;女孩则很少有身体上的接触,更多的是通过规则协调。

---

① 宋丽博,王颖,戚瑞丰.学前儿童发展心理学[M].北京:首都师范大学出版社,2020:291.

3.个性和社会性方面的差异

幼儿期已经开始有了个性和社会性方面比较明显的性别差异,并且这种差异在不断发展中。一项跨文化研究发现,在所有文化中女孩早在3岁时就对照看比她们小的婴儿感兴趣。还有研究显示,4岁的女孩在独立能力、自控能力、关心他人三个方面优于同龄男孩;6岁的男孩在好奇心、情绪稳定性和观察力方面优于女孩,6岁的女孩在对人与物的关心方面优于男孩。

四、学前儿童性别角色行为发展的影响因素

个体的生物因素、认知因素以及社会文化因素均影响学前儿童性别行为的发展。

(一)生物因素

1.性激素

研究发现,在胎儿期雄性激素过多的女孩,在抚养过程中虽然按女孩养,但仍然具有典型的"假小子"的特征,她们喜欢消耗较多精力的体育活动,不喜欢玩娃娃。在异常生理状况下,个体可能分泌过多的与自己生理性别不符的激素。除非能及时借助外科手术改变其激素分泌状况,否则将很难纠正,往往会出现不当的性别化和心理适应不良。

2.大脑半球

脑研究表明,行为在一定程度上决定于大脑两半球的组织方式。大脑右半球更多参与空间信息加工,左半球更多加工言语信息。大脑的功能随着年龄的增长越来越特异化和两侧分化。一般女性的两侧发展更平衡。比如,男孩通过触摸识别图形时用左手更准确,女孩则用左手和右手同样准确。而大脑半球功能的分化最初往往是受胎儿期分泌的性激素影响的。也就是说,胎儿期激素能使女性大脑更有效地加工言语,使男性大脑更有效地加工空间信息。

当然,总的来看,生物因素只是构成了某些性别差异的早期基础,它往往与社会因素交互起作用。比如,当一名男性在搏斗中反复失败时,他的雄性激素会降低;一名女性如果生长在对抗性的环境中,她的雄性激素则会增多。所以生物因素并不能起决定性作用。

(二)认知因素

获得性别概念对于性别行为的形成是重要的,正常发展的儿童在获得性别角色和行为的过程中需要发展出性别认同、性别稳定性和性别恒常性。儿童在发展过程中,还会了解到社会、家庭对他的性别角色的期望,即他认为男性应该做什么,女性应该做什么。

(三)社会文化因素

父母以及社会文化都会影响学前儿童性别角色行为的发展。

1.家庭内父母的影响

(1)父母是孩子性别行为的引导者。在孩子还不知道自己的性别及应具有什么样的

行为之前,父母就已经开始对孩子性别行为进行引导了。如孩子出生以后,大多数父母对孩子房间的布置、玩具的选择、衣服的式样与颜色的安排等,都是根据孩子的性别决定的。随着孩子年龄的增长,父母就更明显地用男孩或女孩的行为模式来约束自己的孩子,如男孩应该勇敢,像个男子汉,女孩则应该温柔、文静等。父母的态度行为直接引导孩子朝着符合自己性别的行为方向发展。

(2)父母用不同行为方式对孩子性别行为的强化。从孩子刚出生,父母就用不同的方式对待男孩和女孩。比如,在英国和德国,对于新生儿家长会用蓝色毯子包裹男婴,用红色毯子包裹女婴,以示性别的不同。在我们中国的传统社会中,当女儿做出女性行为(如安静、不淘气)时,母亲就会做出积极的反应;而当女儿做出男性行为(如爱活动、淘气)时,母亲会做出消极的反应。父母的这种强化在孩子形成性别行为过程中起着重要作用,使他们逐渐形成符合自己性别的行为。

(3)父母自身的特点也会对孩子性别意识产生影响。父母是孩子性别行为的模仿对象,孩子自从知道自己是男孩或女孩开始,一般会把自己的同性别父亲(或母亲)作为模仿对象。比如,小女孩就开始学妈妈的样子给娃娃喂饭、拍娃娃睡觉等;男孩则更容易看到爸爸做什么就学做什么。如果一个男孩父亲软弱而母亲具有支配权力,那么这个男孩往往表现出女性化特征;而高度男性化男孩,其父亲在奖惩的限制和宽容上往往是果断而有支配性的。

在儿童性别角色发展中,父母双方都起着一定的作用,但是父亲的作用通常更大一些;尤其对男孩,作用、影响更大。研究表明,男孩在4岁前失去父亲,会使他们缺乏攻击性,在性别角色中倾向于女性化的表现,喜欢非身体性的、非竞赛性的活动,如看书、看电视、听故事、猜谜语等。女孩在5岁前失去父亲,在青春期与男孩交往上会表现得焦虑、不确定、羞怯或者无所适从。

2. 家庭外社会文化的影响

在家庭以外,儿童还会受到其他各类复杂因素的影响,比如电视、同伴、教师等。电视等媒体通常会向儿童呈现传统性别角色和行为模式,同伴则会以接纳或排斥的态度来对待儿童性别化的行为,这些都会帮助儿童塑造符合其性别角色的行为模式。与此同时,社会对男孩和女孩在性别化上的评判标准不同,也会影响到儿童的性别化。如男孩的跨性别行为更易受到老师、同伴的批评,对女孩则更宽容。

五、学前儿童性别角色的培养策略

学前儿童性别角色的培养需要家庭、幼儿园和全社会的共同参与。

(一)父母共同参与树立榜样

弗洛伊德的精神分析理论认为,当儿童认同同性别父亲(或母亲)时,性别认同就出现。学前儿童通常会选择他们认为强大或养育他们的人作为榜样,通过模仿榜样的性别行为来获得性别角色,增强性别认同。最典型的榜样就是同性别的父母。因此,父母自身性别角色的榜样力量不容忽视。父母应该共同参与学前儿童的早期教育,让学前儿童发现父母之间性别角色的差异性,深化对性别角色的认识,促进其社会性发展。同时,父母的共同参与也能够适当弥补因幼儿园男女教师比例失调造成的男性性别教育的缺失。

(二)幼儿园积极开展性别角色教育

教师可通过环境营造、游戏角色教育和教学活动渗透等方式帮助儿童形成正确的性别角色认同。首先,营造教育环境。学校的环境会潜移默化地影响幼儿的角色认同发展。学校应做到男女厕所分开。另外,在环境布置、物品选择上,要充分考虑到儿童的性别因素,创设有利于性别发展的物质环境,体现儿童的性别差异、角色特点,合理地传递出"男性化""女性化"的不同信息。其次,以角色游戏为载体,增强幼儿性别角色认同感。例如,让幼儿玩"过家家"游戏,女孩扮演妈妈,男孩扮演爸爸,这样的角色扮演有利于儿童性别角色认同的健康发展。最后,在教学活动中,教师应注意自己的言语、行为和态度,避免对幼儿男女性别的主观倾向,保证幼儿性别角色认知的健康发展。同时,成人也要为儿童树立良好的榜样,在生活中提供清晰的性别导向。

另外,教师也可以选择合适的科学读物作为教育素材,如《男孩和女孩》《身体都有什么》等,借助具体形象的素材帮助幼儿顺利完成自我的性别认同。

(三)增加幼儿园男教师数量

学前儿童正处于学习模仿他人言行举止的关键时期,教师的言行举止对幼儿的学习及未来发展产生重要影响,尤其是男女教师的不同行为会有不同的影响。男教师对运动的热爱、思维活跃,女教师的穿衣打扮、做事细心认真、行为谨慎等风格都会影响儿童的发展。女教师倾向于温柔、耐心、细致、富于爱心和母性,易让学前儿童体会到家一样的温暖;而男教师倾向于力量、坚强与果断,能让孩子们学到勇气、决断、逻辑、担当和幽默感。然而,当前幼儿园的男女教师比例严重失衡,出现女多男少的现象,影响学前儿童性别角色的发展。所以,应增加幼儿园男教师的数量,让学前儿童对男女性别有正确的认识,更好地促进心理和人格的健康发展。

(四)发挥社会和大众传媒的正确导向作用

在当前经济科技迅猛发展的社会,大众传媒在潜移默化地影响着儿童对性别的认知,对儿童的性别角色教育发展也起到一定的引导作用。首先,大众媒体要了解当前先进的性别角色教育理念和男女性别的角色特征,树立正确的性别角色意识,坚持性别平等的原则,消除性别刻板印象,才能向学前儿童、家长、教师传递正确、科学、先进的性别角色教育价值观,发挥大众传媒的积极作用。其次,大众传媒在刻画人物时,要摒弃传统性别角色的固定观念,塑造具有双性化人格特征的人物和角色,实现男女学前儿童和谐发展的目的。最后,注重大众传媒内容的选择。通过大众传媒的影响,为学前儿童的性别认知发展提供更多的想象空间。

拓展阅读

双性化教育①

双性化的心理学概念分为两种:一种是从发展心理学角度反映两性由生理差异造成的心理特征的兼具或统一的状态,如"同时具有男性气质和女性气质的心理特征""男女两性特征在个体身上的混合";另一种概念从社会心理学角度强调两性心理气质的社会功能的协调,具有动力性和系统性,如 J. H. Blovk 就将"双性化"理解为协调能动性(agency)与合群性(communion)两方面需求的最佳平衡过程。

美国心理学家曾对两千余名儿童作过调查,结果发现一个非常有趣的现象,过于男性化的男孩和过于女性化的女孩,其智力、体力和性格的发展一般较为片面,智商、情商均较低。具体表现为:综合学习成绩不理想(特别是偏科现象严重),缺乏想象力和创造力,遇到问题时要么缺少主见,要么固执己见,同时难以灵活自如地应付环境。相反,那些兼有温柔、细致等气质的男孩,兼有刚强、勇敢等气质的女孩,却大多智力、体力和性格发展全面,文理科成绩均较好,往往受到老师和同学的喜爱。成年后,兼有"两性之长"的男女在竞争激烈的现代社会里,更能占据优势地位。

这个发现印证了今日美国日益流行的一个崭新的教育思路——双性化教育。所谓"双性化教育",是摒弃了传统的、绝对的"单性化教育"后应运而生的一种家庭教育新理念。

研究者认为,在教育幼儿时,过于严格、绝对的性别定型(即男孩只培养其粗犷、刚强等男性气质,女孩只培养其温柔、细致等女性特点),只会限制他们智力、个性健康全面的发展,进而可能令男孩过于粗犷、勇猛而缺少平和、细腻气质,无法学会关心体贴他人及拥有细腻的情感世界,令女孩过于柔弱、内敛而缺少勇气、自立精神,缺乏竞争心及刚强的心理素质,最终在社会适应、情绪调控、压力化解以及处理包括家庭在内的各种人际关系上,都劣于那些"双性化"的男女。女孩可能因此缺乏独立性和上进心,放弃对事业的追求和对自己的严格要求,最终难以成材;男孩可能变得刚愎自用、难解人意、冷酷冷漠,或干脆成了工作狂,不仅在事业上难有竞争优势,在社交圈中也不受欢迎。

美国专家提出了如下建议:

(1)鼓励学习。不论是男孩还是女孩,都应该在发挥自己的"性别"优势的同时,主动向异性学习,克服自己性别上天然的弱项,促进身心的全面发展和人格的完善。如男孩多多学习女孩的细心、善于表达和善解人意,女孩则多多学习男孩的刚毅、坚定和开朗。

(2)增加机会。孩子向异性学习应通过自然而然的接触,故应为他们提供共同交流、一起玩耍的机会。

---

①　周湘斌.性的生理、心理与文化[M].北京:冶金工业出版社,2012:30-40.(有改动)

（3）不宜过清。不少性格或行为特征（如热情活泼、独立自主、坚忍不拔、富有责任心、善解人意、无私善良等），应是男女两性共同具备的，不宜被视为某种性别专有，家长在培养孩子时不宜区分过清，而应兼收并蓄——这正是"双性化教育"内涵的重要组成部分。

（4）顺其自然。在鼓励孩子向异性学习时，必须顺其自然，切忌威逼强迫，不然效果会适得其反。

（5）避免极端。鼓励孩子向异性学习也要有"分寸"。要是男孩学过了头，就会显得"娘娘腔"；女孩学过了头，就会成为"假小子"，这自然就不是"双性化教育"的初衷了。

本节小结

性别角色是社会认可的男性和女性在社会上的一种地位，也是社会对男性和女性在行为方式和态度上期望的总称，是学前儿童社会化的重要组成部分。学前儿童性别角色的发展了经历了从2~3岁知道自己的性别并初步掌握性别角色知识、3~4岁以自我为中心地认识性别角色和5~7岁刻板地认识性别角色三个阶段。2岁左右是学前儿童性别行为初步产生的时期，具体体现在学前儿童的活动兴趣、同伴选择及社会性发展三方面。进入幼儿期后，学前儿童之间在游戏活动兴趣、选择同伴及同伴相互作用以及个性和社会性方面的性别行为差异日益稳定和明显。生物因素、认知因素和社会文化因素影响学前儿童性别角色行为的形成。培养学前儿童性别角色可以从幼儿园开展性别角色认同教育，增加男教师数量，以及父母共同参与、发挥社会和大众传媒的正确导向作用等方面入手。

第五节　学前儿童社会性行为的发展

社会性行为是指人们在交往活动中对他人或某一事件表现出的态度、言语和行为反应。根据动机和目的不同，社会性行为可以分为亲社会行为和反社会行为两大类。儿童出生后就处于各种社会关系和社会交往中，其在与他人交往的过程中所表现出的态度和行为反应，就是社会性行为。在日常生活中，我们很容易感受到学前儿童行为上、言语上的一些差异：有的喜静、轻声轻语，有的喜欢打斗、爱好争吵；有的喜欢与他人合作、乐于助人，有的爱独自玩耍、有点儿自私……这些都是学前儿童社会性行为的不同表现。

一、学前儿童亲社会行为的发展

亲社会行为又叫积极的社会行为，通常是指个体在社会交往中所表现出来的一切有益于他人和社会的行为，包括分享、谦让、合作、助人、安慰、尊重等。亲社会行为的发展是学前儿童道德发展的核心问题,对学前儿童发展具有重要影响。《3～6岁儿童学习与发展指南》对幼儿的亲社会行为发展做出了描述性的规定,主要涉及同情、安慰、帮助、分享、合作和社会公德行为等与其发展水平相适应的行为。

亲社会行为既是个体社会化的重要指标,又是社会化的结果,具有社会性、规范性和利他性三个方面的特征。亲社会行为是个体在社会交往中表现出来的行为,因此具有社会性。同时,亲社会行为又是符合社会准则、受到社会鼓励的行为,所以具有社会规范性。最后,不论动机如何,亲社会行为对于他人或社会都具有积极作用,因此具有利他性。

（一）学前儿童亲社会行为发展的阶段

幼儿亲社会行为因受到年龄、个体差异以及外界环境等多种因素的影响,会表现出不同的发展趋势,但是总体来看,其亲社会行为的频率随着年龄的增长而增加。

1. 亲社会行为的萌芽（2岁左右）

研究表明,1岁之前的婴儿已经能够对别人微笑或发声,当看到别人处在摔倒、伤心等困境时,他们会加以关注并出现皱眉、伤心的表情。到1岁左右,婴儿还能做出积极的抚慰动作,如轻拍或抚摸等。

2岁左右幼儿的亲社会行为已经萌发。2岁以后,随着生活范围的交往经验的增多,儿童亲社会行为进一步发展,他们逐渐能够依据一些不太明显的细微变化来识别他人的情绪体验,推断他人的处境,并做出相应的抚慰或帮助行为。而且他们越来越明显地表现出同情、分享和助人等利他行为,经常把自己玩的玩具拿给别人看,或送给别人玩。

> **案例**
>
> 栋栋和淘淘家是对门邻居,他们今年都3岁了,是从小一起玩大的好朋友。一天,他们正在楼下玩耍,淘淘突然咳嗽了两声,栋栋连忙用小手轻拍淘淘的背部,还问淘淘:"你怎么了? 是不是不舒服?"

2. **各种亲社会行为迅速发展**,并出现明显个别差异（3～7岁）

（1）合作行为发展迅速。合作行为是一种重要的亲社会行为,是儿童社会化的重要方面。所谓合作,是指两个或两个以上的个体为达到目标而协调活动,以促进一种既有利于自己又有利于他人的结果出现的行为。

有研究发现,在幼儿亲社会行为中,合作行为的发生频率最高,占一半以上。同时研究还发现,那些具有高水平"自我—他人"区分能力的幼儿更善于同伴合作,且合作的范围能够由两人合作发展为多人合作。许多研究表明,4～5岁是幼儿合作水平提高较快的时期,是合作形成的关键期。在这一年龄阶段,能较好地完成合作任务的幼儿大幅度增加。在出现意见不一致或者分工纠纷时,占半数幼儿除了能够主动谦让以外,还有一部分幼儿能够通过一些有效解决问题的策略来解决他们之间的矛盾。

案例

在插塑区域活动中，小班幼儿在进行雪花片拼插活动中，当幼儿发现雪花片数量不够时，往往只会问询老师添加，因为小班幼儿认为，雪花片只能从老师那里取；进入中大班，有些幼儿不再向老师要雪花片，而是与同伴之间相互借用或索要雪花片。如天天问旁边的小海："你能借我两片雪花片吗？"小海回答："给你吧！"还有的幼儿觉得这种方法还是不能满足对雪花片数量的需求，于是，两名幼儿把所有的雪花片进行"合体"。

(2)分享行为受物品的特点、数量以及分享对象的不同而变化。分享行为是典型的亲社会行为，是指个人拿出自己拥有的物品让他人使用，从而使他人受益的行为。分享行为是幼儿期亲社会行为发展的主要方面。

有研究发现，幼儿分享行为的发展具有如下特点：

第一，幼儿的"均分"观念占主导地位。

第二，幼儿的分享水平受分享物品数量的影响，当物品在人手一份仍有多余的时候，幼儿倾向于将多余的那份分给需要的幼儿，非需要的幼儿则不被重视。

第三，当分享对象不同时，幼儿的分享反应也不同。与玩具相比，幼儿更注重食物的均分。

一般而言，3 ~6 岁幼儿分享行为的发展可分为如下三个阶段：

第一阶段，3 ~4 岁。此年龄段的幼儿分享行为的出现频率较 2 ~3 岁时有所下降。3 岁后的幼儿开始建立对于物品的所有权概念，其高度的自我中心意识主要表现为非常珍视自己所拥有的东西。他们虽然已经萌发了分享的意识，但其认知和行为严重脱节，在行为层面上还很难做到真正意义上的分享。

第二阶段，4 ~5 岁。此年龄段的幼儿产生了"均分"意识，即他们的分享建立在维护自身利益的基础上，表现为在分享后要求对方一定要有所回报。

第三阶段，5 ~6 岁。此年龄段的幼儿表现出"慷慨"的分享行为，即分享后不要求回报。

案例

3 岁的笑笑要上幼儿园了，妈妈对笑笑说："笑笑，我们明天把家里的绘本带到幼儿园，让小朋友们一起看，好吗？"可笑笑却噘着嘴说："这是妈妈买给我的书，为什么要拿给别人看呢？"说什么也不同意将绘本带到幼儿园给小朋友看。

中班的糖糖早上带来了许多绘本要分享给全班小伙伴，一天里无数次地问道："老师，什么时候能分发我带来的绘本啊？"

大班的阳阳在儿童节时给同班的小朋友带来了许多卡片。他悄悄找来最要好的毛毛小朋友，小声对他说："你最喜欢哪张卡片，你先选！"

(3)出现明显的个性差异。有研究考察某儿童被另一儿童欺负时，附近其他儿童对这一事件的反应。结果发现，毫无反应的儿童极少，只占 7%；目睹事件的儿童有一半呈现面部表情;有 17% 的儿童直接去安慰大哭者。其他同情行为包括:10% 的儿童去寻找成人帮助,5% 的儿童去威胁肇事者,12% 的儿童回避,2% 的儿童表现了明显的非同情性反应。上述研究表明,幼儿的亲社会行为存在个别差异,幼儿的亲社会行为的发展需要适当的引导和教育。

(二)学前儿童亲社会行为发展的特点

王美芳、庞维国对 3~6 岁幼儿在幼儿园的亲社会行为进行了观察研究,归纳出学前儿童亲社会行为具有三个特点:第一,幼儿亲社会行为主要指向同伴,极少指向教师;第二,幼儿亲社会行为指向同性伙伴和异性伙伴的次数存在着年龄差异:小班幼儿指向同性、异性同伴的次数接近,而中班和大班幼儿指向同性伙伴的次数不断增多,指向异性伙伴的次数不断减少;第三,在幼儿亲社会行为中,合作行为最为常见,其次是分享行为和助人行为,安慰行为和公德行为较少发生。

(三)学前儿童亲社会行为发展的影响因素

学前儿童亲社会行为发展受到家庭环境、社会文化环境、同伴关系以及幼儿自身等因素的影响。

1. 家庭环境

家庭是幼儿形成亲社会行为的主要影响因素。儿童社会性发展首先是在家庭中开始的。家庭对孩子亲社会行为的影响主要表现在两个方面:第一,父母的榜样作用。父母自身的亲社会行为成为孩子模仿学习的对象。第二,父母的教养方式是关键因素。霍夫曼的研究表明,权威型的父母趋向抚养利他幼儿,父母与幼儿的平等、温和养育关系对幼儿亲社会行为有重要的作用。例如,民主家庭的父母是支持孩子独立活动的,他们经常对孩子的行为进行奖赏和指导;大量研究证明父母如果做出了亲社会行为的榜样,同时又为幼儿提供了表现这些亲社会行为的机会,更有利于激发其亲社会行为。同时,家庭的物质生活条件、结构、成员关系等都会对幼儿亲社会行为产生潜移默化的影响。

2. 社会文化环境

社会文化环境对幼儿亲社会行为的影响主要体现在两个方面:社会文化和大众媒介。每一种文化在赞同和鼓励亲社会行为方面是不同的。东方文化中强调群体和谐,因而赞扬亲社会行为。这种倾向使亚洲国家的人们重视在幼儿早期就鼓励儿童的亲社会行为,从而使幼儿游戏和幼儿之间的社会互动为孩子进入成人社会打下了基础,因此,从宏观上讲,亲社会行为是社会文化的产物。

大众媒介对幼儿亲社会行为也会产生影响,电视是幼儿学习亲社会行为的一个重要途径。有实验表明,观看亲社会节目的五六岁幼儿不仅能懂得节目的特定亲社会内容,而且能将其应用到其他情境。

3. 同伴关系

同伴关系对幼儿亲社会行为具有非常重要的影响。美国心理学家对此有较为一致的看法,即在儿童的安慰、帮助、同情等能力形成过程中,同龄人起着决定性的作用。调查表明,对亲社会行为的影响有60%来自同龄人,40%来自成人。同伴的作用不外乎模仿和强化两个方面。幼儿之所以能在特定情境中表现出亲社会行为,是因为其在类似的情境中学会了怎样去做。

4.幼儿自身

幼儿对他人亲社会行为的认同、理解和模仿会影响其亲社会行为的形成和表现,尤其是幼儿移情能力对其亲社会行为的形成具有重要作用。移情是对他人情绪情感状态的一种替代性的情感体验,是一种非常重要而高级的社会性道德情感。移情是幼儿亲社会行为的重要内在因素,对其亲社会行为具有动机功能和信息功能。幼儿移情能力越强,其亲社会行为会越多。

霍夫曼等人的研究表明,幼儿已具有较强的移情能力,会由他人的情绪情感状态而引起自己与之相一致的情感反应。移情能力表明儿童能将自己置身于他人处境,设身处地地为他人着想,接受他人的情绪情感。我国学者张莉的研究进一步证实,移情训练能导致儿童良好道德行为的明显增多和攻击行为的减少。

对于幼儿来说,由于其认识的局限,特别是容易以自我为中心地考虑问题,因此,帮助幼儿从他人角度去考虑问题,提高其移情能力,是发展其亲社会行为的主要途径。

(四)学前儿童亲社会行为的培养策略

根据行为主义发展理论,我们可以通过榜样示范法、角色扮演法以及表扬强化法等策略促进学前儿童亲社会行为的发展。

1.榜样示范法

社会学习理论者主张以呈现范例的方式来培养幼儿的亲社会行为。实验证明,幼儿的亲社会行为可以通过榜样示范的方法获得,且这种方法的影响是长期的。所以成人一定要做好榜样和示范。

2.角色扮演法

角色扮演法也是一种有效的助人行为训练方式。有实验表明,经历过角色扮演训练的幼儿在日常生活中表现出的帮助行为会比没有经历过训练的幼儿多。

3.表扬强化法

幼儿的亲社会行为较不稳定,需要成人或外部群体的不断强化。所以,成人在幼儿表现出亲社会行为时应及时给予强化和鼓励,以帮助幼儿逐渐形成稳定的亲社会行为。

📖 案例

在一次区域自由活动时,堂堂要去厕所,在向教师说明以后就急匆匆地往厕所冲去,可是当他经过建构区时,他放慢了脚步,轻轻地从旁边绕了过去。在活动结束后,教师把堂堂去厕所路上的行为与幼儿分享,并鼓掌称赞他的做法。之后,堂堂的相关行为出现得更多了,而其他幼儿也在向堂堂学习。教师的认可为堂堂带来了继续做好的决心,教师的表扬也为其他幼儿带来模仿堂堂行为的动力,使他们的亲社会行为都得到了很好的发展。

二、学前儿童攻击性行为的发展

攻击性行为又称侵犯性行为，是以伤害他人或他物为目的的有意伤害行为，是学前儿童发展过程中一种不良的社会性行为。它往往会造成其与同伴、成人间的矛盾、冲突，如果不及时纠正，这种行为延续至青年和成年，就会出现社交困难或暴力倾向等，不利于幼儿形成良好的人际关系，严重的还会妨碍其一生的发展。

（一）学前儿童攻击性行为的分类

根据表现的形式和发生的目的不同，可将攻击性行为分为以下类型：

1. 根据表现的形式分类

根据表现的形式不同，攻击性行为可以分为直接的身体攻击、语言攻击和间接的心理攻击。3~6岁幼儿较多出现的是身体攻击和语言攻击。身体攻击指攻击者利用身体动作直接对被攻击者实施的攻击行为，如打、掐、抓等。语言攻击指攻击者利用语言对被攻击者实施攻击的行为，如辱骂、嘲笑等。间接的心理攻击指攻击者借助于第三方或其他中介对被攻击者实施的攻击行为，如背后说坏话、造谣等。

2. 根据发生的目的分类

根据发生的目的不同，攻击性行为可以分为敌意性攻击和工具性攻击。敌意性攻击的目的主要是伤害他人，给他人造成伤害或痛苦，并以此为乐。工具性攻击虽然存在伤害他人的动机，但目的不是伤害他人，而是为了达到其他的目的。需要注意的是，幼儿在一起玩耍时无敌意的推拉动作不是攻击性行为。攻击性行为在不同年龄阶段的幼儿身上都会有或多或少的表现，它一般表现为打人、推人、踢人、抢别人的东西等。

（二）学前儿童攻击性行为的特点

学前儿童攻击性行为的特点体现在不同年龄阶段的学前儿童其攻击性行为在产生原因、行为方式、行为类型上均存在着差异，同时学前儿童的攻击性行为存在显著的性别差异。

1. 发生原因不同

年龄小的幼儿发生攻击性行为的原因多数是因争抢东西而产生的。有研究发现，从1岁左右开始儿童就发生了因为物品和玩具的争抢而产生的攻击性行为。随着年龄的增长，由游戏规则、社会行为等社会性问题引起的攻击性行为占的比率越来越重。

2. 行为方式不同

年龄小的幼儿更多采用身体攻击，随着年龄的增长，身体攻击的比率逐渐下降，言语攻击所占的比率逐渐增多。比如，小班幼儿因为玩具数量不足而引发的攻击性行为多为直接的身体推搡、抢夺；而在大班，在出现身体攻击的同时，幼儿还会通过嘲笑、起外号等方式对他人进行攻击。

3. 行为类型不同

年龄小的幼儿工具性攻击多于敌意性攻击；随着年龄的增长，敌意性攻击所占的比率逐渐超过工具性攻击。

4. 存在显著的性别差异

表现为男孩参与更多的冲突,男孩比女孩更多地卷入攻击事件;男孩倾向于采取身体攻击,女孩更倾向于采取语言攻击或间接的心理攻击。

(三)影响学前儿童攻击性行为的因素

个体自身的生物因素、生活的家庭环境、幼儿园中教师的教育行为以及大众传媒等,均会导致学前儿童攻击性行为的形成。

1. 生物因素

生物因素对 3～6 岁幼儿攻击性行为的影响主要体现在个体的气质类型方面。胆汁质的幼儿在与他人的相处过程中极易与他人发生冲突,表现出攻击性行为。

2. 家庭因素

夫妻关系不和谐和不良的教养方式会影响学前儿童的攻击性行为。社会学习理论认为,儿童是通过学习和模仿习得行为的。父母是孩子的第一任教师,父母间关系不和,彼此间经常使用暴力、攻击性言行,为孩子树立了不良的模仿对象。专制型和放纵型的教养方式下的儿童出现攻击性行为比权威型教养方式下的儿童频繁。在专制型教养方式下成长的儿童会因经常遭受体罚或压制而习得相应的攻击性行为;在放纵型教养方式下成长的儿童会因习惯了父母的"唯命是从"而养成骄横的习惯,一旦遭遇拒绝或挫折,就很容易产生攻击性行为。

3. 幼儿园因素

幼儿园对幼儿攻击性行为产生的影响主要体现在幼儿的需要得不到及时满足和教师的负强化两个方面。悬殊的师幼比例使教师无法较好地照顾到每名幼儿的需求。在此背景下,处于被教师忽视边缘状态的幼儿可能会通过突然的、爆发性的攻击性行为引起教师对自己的关注;在特殊家庭教养方式下养成任性、霸道、不愿受委屈等性格特点的幼儿会在遭到同伴拒绝或挫折时产生攻击性行为。同时,对于幼儿的攻击性行为,教师保持沉默或不由分说地批评指责等都是错误的做法。前者是在沉默的过程中默认了幼儿的攻击性行为,从而起到了强化的作用;后者很有可能在批评指责的过程中,使教师不当的言行成为幼儿学习的榜样,从而强化幼儿的攻击性行为。

4. 大众传媒

大众传媒上的攻击性榜样会增加儿童的攻击性行为。幼儿会从电视、电影等各类媒体播放出的暴力情节中观察、学习到各种具体的攻击性行为。

(四)减少学前儿童攻击性行为的策略

在教养学前儿童的过程中,父母和教师可通过以下方法减少其攻击性行为的发生。

1. 营造和谐的家庭氛围

家长是幼儿最好的老师。父母平时的所作所为,对幼儿的影响非常大。父母要和谐相处,平等、民主地对待幼儿,营造和谐、幸福、美满的家庭氛围。在家庭中,父母要运用精神奖励,强化孩子积极的行为,有效地促进其亲社会行为的发展;要消除或者避免引起攻击性行为的环境因素,使孩子不接触或少接触攻击性行为;有效地与孩子开展沟通交流,引导孩子正确地表达自己的情绪情感,通过适当的方式宣泄烦恼与愤怒,转化其内心的消极情绪,抑制孩子的攻击行为。需要特别注意的是,应避免让幼儿通过摔打物品的方式来发泄其内心的不满情绪,因为大量的研究表明,这样的宣泄并不能减少儿童的攻击性行为,有可能还会在其宣泄后习得更多的攻击技能,产生更加强烈的攻击倾向。

2. 创设良好的幼儿园环境

幼儿园各活动区域的布局要合理,避免幼儿因空间拥挤引起碰撞;在婴幼儿期,攻击的主要原因是物品的抢夺,资源的短缺会造成幼儿之间的冲突进而引发攻击行为,所以玩具数量要充足,减少幼儿因彼此争抢玩具而产生矛盾冲突。同时,幼儿的心理需要是其发展的动因。教师要尽量满足幼儿合理的心理需要,公正地对待每个幼儿,尽可能多地关注和尊重每一个幼儿,让每个幼儿都有成功和表现自我的机会。特别是对待具有攻击性行为的幼儿,教师要有爱心和耐心,寻找契机与其交流,真诚地表达自己的关怀。在生活中为幼儿提供适合模仿的榜样,在幼儿面前回避矛盾、不说脏话、杜绝暴力行为,为幼儿营造一个和谐温馨的环境。

3. 提高幼儿的自控能力和交往技能

易发生攻击性行为的幼儿大多情绪易冲动、自控能力差。因此可以通过提高幼儿的自控能力来减少攻击性行为的发生,常用的方法如轮流等待法、放松疗法、警告暂停法、正强化法、消退法等。例如,当其他幼儿坐错座位时,小班幼儿往往采用拖、拽、拉、扯、挤、推等攻击性方法,迫使别人离开座位。而年龄较大的幼儿就会采用不同的解决策略。有的会向别人声明这是自己的座位,请别人自动离座;有的会据理力争,要回自己的座位等。当幼儿遇到自身无法解决的社会性冲突问题时,父母和教师要教会幼儿向成人请教,或者教师利用角色扮演、共情训练、价值澄清等方法,开展故事讲述、情境表演、谈话活动等,组织幼儿积极参与学习、观察、讨论,为幼儿提供正确的榜样示范。

4. 提高幼儿的社会认知水平和共情能力

只有丰富幼儿相关的社会性知识和经验才能提高儿童的社会认知水平。让攻击者更多地了解他的攻击行为给对方造成的不良后果,觉察和体验到别人的痛苦,就能有效地减少攻击性行为,其中角色扮演法、共情训练法等在发展幼儿社会理解力、减少攻击性行为、改善同伴关系方面起着非常重要的作用。

5. 及时表扬和奖励幼儿亲社会行为

当幼儿采取与同伴之间的友好合作时,成人要给予积极的关注,及时地给予表扬和奖励。这样,幼儿的攻击性行为就会明显减少。这些做法,对于提高攻击性幼儿解决社会性冲突问题的技能和策略能够达到正强化的作用。有些幼儿的攻击性表现仅仅是为了引起成人的关注,这时成人采取的策略可以是不予理睬。当幼儿知道这种方法并不能达到目的时,就会终止自己的攻击性行为。此外,也可以采用暂时隔离的方法,消除强化因素,矫正攻击性行为。成人的这种做法在一定程度上可以适当减少幼儿攻击性行为的出现。

 拓展阅读

波波玩偶实验①

波波玩偶实验是美国心理学家阿尔波特·班杜拉在 1961 年进行的关于攻击性暴力行为研究的一个重要实验。他在 1963 年和 1965 年又对此专题继续进行深入研究。波波玩偶是与儿童体形接近的一种充气玩具。波波玩偶实验对于班杜拉研究观察学习、创建其社会学习理论起了关键作用。

1. 实验方法

在斯坦福大学幼儿园参与实验的是 36 位男孩和 36 位女孩,年龄 3～6 岁,平均年龄是 4 岁零 4 个月。这些孩子被分为 8 个实验组。在这些参与实验的孩子中,24 位被安排在实验对照组,其他的被分为两组,每组 24 人。其中的一组去观察攻击性行为成人模特,另外一组去观察非攻击性行为成人模特。最后这些孩子又被分为男孩和女孩两个组,在每一组中有一半是观察过同性成人模特的,另一半是观察过异性成人模特的。在试验之前班杜拉对孩子们的攻击性做了评估,每个组参与实验孩子的攻击性平均是大体相等的。

2. 实验过程

每个儿童在实验过程中都保证不会受到其他儿童的影响。孩子们被带进一个游戏室,在那里模特展示出不同的行为。实验员把一个成人模特带进房间,让他(她)坐在凳子上,然后参与孩子们的活动。10 分钟过后,让他们开始玩一套套零件玩具。在非攻击性一组中,成人模特在整个过程中只是摆弄玩具,完全忽视了波波玩偶。在攻击性一组中,成人模特则猛烈地攻击波波玩偶。

10 分钟之后,孩子们被带进另一个房间,那里摆放着一些吸引人的玩具,其中包括一套洋娃娃、消防车模型和飞机模型等。但是孩子们被告知,不允许去玩这些有人的玩具,目的是让儿童产生一种挫折感。

最后,每个儿童都分别被带进最后一个实验室,这间房子里有几样攻击性玩具,也有一些非攻击性玩具。孩子们被允许在这个房间玩 20 分钟,实验的评价人从镜子里观察每个孩子的行为,并给出每个孩子攻击性行为的等级。

---

① 廖全明,杨柯,张灏,晏祥辉,刘杨.心理学典型实验教学案例[M].成都:西南交通大学出版社,2021:108-110.(有改动)

3.实验结果

（1）成人模特不在场的时候,观察暴力行为一组的孩子们的倾向是模仿他们所看到的行为。

（2）观察非暴力行为的一组的孩子们会比对照组的攻击行为弱一些。其中观察异性模特的男孩的攻击行为似乎比对照组稍微强一点儿。

（3）无论被观察的模特是同性还是异性,孩子们性别上的差异是很重要的。

本节小结

亲社会行为的发展是学前儿童道德发展的核心问题,对学前儿童发展具有重要影响。亲社会行为是指个体在社会交往中所表现出来的一切有益于他人和社会的行为,包括分享、谦让、合作、助人、安慰、尊重等,具有社会性、社会规范性和利他性特征。学前儿童亲社会行为的频率随着年龄的增长而增加。家庭环境、社会文化环境、同伴关系以及个体内在因素影响学前儿童亲社会行为的发展,通过榜样示范法、角色扮演法和表扬强化法可以促进学前儿童亲社会行为的发展。攻击性行为是以伤害他人或他物为目的的有意伤害行为,是学前儿童发展过程中的一种不良的社会性行为。攻击性行为根据表现的形式可以分为直接的身体攻击、语言攻击和间接的心理攻击;根据发生的目的可以分为敌意性攻击和工具性攻击。生物因素、家庭因素、幼儿园因素、大众传媒影响学前儿童攻击性行为,通过营造和谐的家庭氛围、创设良好的幼儿园环境、提高幼儿的自控能力、交往技能、社会认知水平和共情能力以及及时表扬和奖励幼儿亲社会行为减少学前儿童攻击性行为。

思考与练习

一、选择题

1.有些婴幼儿既寻求与母亲接触,又拒绝母亲的爱抚,其依恋类型属于(　　)。

  A.回避型依恋   B.安全型依恋

  C.反抗型依恋   D.紊乱型依恋

2.初入幼儿园的幼儿常常有哭闹、不安等不愉快的情绪,说明幼儿表现出了(　　)。

  A.回避型依恋   B.抗拒性格

  C.分离焦虑   D.黏液质气质

3.幼儿如果能够认识到他们的性别不会随着年龄的增长而发生改变,说明他已经具有(　　)。

  A.性别倾向性   B.性别差异性

  C.性别独特性   D.性别稳定性

二、简答题

1. 简述建立安全型亲子依恋的策略。

2. 简述学前儿童亲社会行为的特点。

3. 简述学前儿童亲社会行为的培养策略。

三、材料分析题

材料：

4岁的糖糖在班上朋友不多，一次，他看见童童一个人在玩，就冲上去紧紧抱住童童。童童感到非常不舒服，一把推开糖糖。糖糖跺脚大喊："我是想和你做朋友啊！"

问题：

(1)请根据上述材料，分析糖糖在班里朋友不多的原因。

(2)如果你是老师，该如何帮助糖糖改善朋友不多的现状？